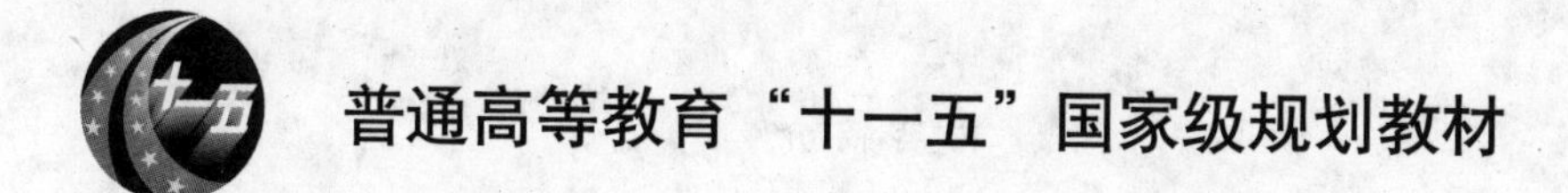


普通高等教育“十一五”国家级规划教材

高等学校教材

计算机科学与技术

# 计算机网络安全
# （第2版）

刘远生　辛　一　主编

清华大学出版社
北京

## 内容简介

本书系统地介绍了网络安全知识、安全技术及其应用，重点介绍了网络系统的安全运行和网络信息的安全保护，内容包括网络操作系统安全、网络数据库与数据安全、网络实体安全、数据加密与鉴别、防火墙安全、网络攻击与防范、入侵检测与防护、网络扫描和网络监控、Internet服务安全和典型的网络安全应用实例。

本书对网络安全的原理和技术难点的介绍适度，重点介绍网络安全的概念、技术和应用，在内容上将理论知识和实际应用紧密地结合在一起，典型实例的应用性和可操作性强，章末配有多样化的习题，便于教学和自学。本书内容安排合理，逻辑性较强，语言通俗易懂。

本书可作为高等院校计算机、通信、信息安全等专业本科生的教材，也可作为网络管理人员、网络工程技术人员和信息安全管理人员及对网络安全感兴趣的读者的参考书。



**图书在版编目(CIP)数据**

计算机网络安全/刘远生，辛一主编. —2版. —北京：清华大学出版社，2009.6
(高等学校教材·计算机科学与技术)
ISBN 978-7-302-19377-7

Ⅰ.计… Ⅱ.①刘… ②辛… Ⅲ.计算机网络－安全技术－高等学校－教材 Ⅳ.TP393.08

中国版本图书馆CIP数据核字(2009)第012411号

责任编辑：付弘宇 王冰飞
责任校对：时翠兰
责任印制：何 芊
出版发行：清华大学出版社 地 址：北京清华大学学研大厦A座
http://www.tup.com.cn 邮 编：100084
社 总 机：010-62770175 邮 购：010-62786544
投稿与读者服务：010-62776969，c-service@tup.tsinghua.edu.cn
质 量 反 馈：010-62772015，zhiliang@tup.tsinghua.edu.cn
印 刷 者：北京密云胶印厂
装 订 者：北京市密云县京文制本装订厂
经 销：全国新华书店
开 本：185×260 印 张：19.75 字 数：490千字
版 次：2009年6月第2版 印 次：2009年6月第1次印刷
印 数：1～4000
定 价：29.00元

---

本书如存在文字不清、漏印、缺页、倒页、脱页等印装质量问题，请与清华大学出版社出版部联系调换。联系电话：(010)62770177转3103 产品编号：030296-01

高等学校教材·计算机科学与技术

# 编审委员会成员

（按地区排序）

# 出版说明

改革开放以来，特别是党的十五大以来，我国教育事业取得了举世瞩目的辉煌成就，高等教育实现了历史性的跨越，已由精英教育阶段进入国际公认的大众化教育阶段。在质量不断提高的基础上，高等教育规模取得如此快速的发展，创造了世界教育发展史上的奇迹。当前，教育工作既面临着千载难逢的良好机遇，同时也面临着前所未有的严峻挑战。社会不断增长的高等教育需求同教育供给特别是优质教育供给不足的矛盾，是现阶段教育发展面临的基本矛盾。

教育部一直十分重视高等教育质量工作。2001 年 8 月，教育部下发了《关于加强高等学校本科教学工作，提高教学质量的若干意见》，提出了十二条加强本科教学工作提高教学质量的措施和意见。2003 年 6 月和 2004 年 2 月，教育部分别下发了《关于启动高等学校教学质量与教学改革工程精品课程建设工作的通知》和《教育部实施精品课程建设提高高校教学质量和人才培养质量》文件，指出"高等学校教学质量和教学改革工程"是教育部正在制定的《2003—2007 年教育振兴行动计划》的重要组成部分，精品课程建设是"质量工程"的重要内容之一。教育部计划用五年时间(2003—2007 年)建设 1500 门国家级精品课程，利用现代化的教育信息技术手段将精品课程的相关内容上网并免费开放，以实现优质教学资源共享，提高高等学校教学质量和人才培养质量。

为了深入贯彻落实教育部《关于加强高等学校本科教学工作，提高教学质量的若干意见》精神，紧密配合教育部已经启动的"高等学校教学质量与教学改革工程精品课程建设工作"，在有关专家、教授的倡议和有关部门的大力支持下，我们组织并成立了"清华大学出版社教材编审委员会"(以下简称"编委会")，旨在配合教育部制定精品课程教材的出版规划，讨论并实施精品课程教材的编写与出版工作。"编委会"成员皆来自全国各类高等学校教学与科研第一线的骨干教师，其中许多教师为各校相关院、系主管教学的院长或系主任。

按照教育部的要求，"编委会"一致认为，精品课程的建设工作从开始就要坚持高标准、严要求，处于一个比较高的起点上；精品课程教材应该能够反映各高校教学改革与课程建设的需要，要有特色风格、有创新性(新体系、新内容、新手段、新思路，教材的内容体系有较高的科学创新、技术创新和理念创新的含量)、先进性(对原有的学科体系有实质性的改革和发展、顺应并符合新世纪教学发展的规律、代表并引领课程发展的趋势和方向)、示范性(教材所体现的课程体系具有较广泛的辐射性和示范性)和一定的前瞻性。教材由个人申报或各校推荐(通过所在高校的“编委会”成员推荐),经“编委会”认真评审,最后由清华大学出版社审定出版。

目前,针对计算机类和电子信息类相关专业成立了两个“编委会”,即“清华大学出版社计算机教材编审委员会”和“清华大学出版社电子信息教材编审委员会”。首批推出的特色精品教材包括:

(1) 高等学校教材·计算机应用——高等学校各类专业,特别是非计算机专业的计算机应用类教材。

(2) 高等学校教材·计算机科学与技术——高等学校计算机相关专业的教材。

(3) 高等学校教材·电子信息——高等学校电子信息相关专业的教材。

(4) 高等学校教材·软件工程——高等学校软件工程相关专业的教材。

(5) 高等学校教材·信息管理与信息系统。

(6) 高等学校教材·财经管理与计算机应用。

清华大学出版社经过20年的努力,在教材尤其是计算机和电子信息类专业教材出版方面树立了权威品牌,为我国的高等教育事业做出了重要贡献。清华版教材形成了技术准确、内容严谨的独特风格,这种风格将延续并反映在特色精品教材的建设中。

**清华大学出版社教材编审委员会**

**E-mail:dingl@tup.tsinghua.edu.cn**

# 第2版前言

计算机网络的发展,特别是Internet的发展和普及应用,为人类带来了新的工作、学习和生活方式,使人们与计算机网络的联系越来越密切。计算机网络系统提供了丰富的资源以便用户共享,提高了系统的灵活性和便捷性,也正是这些特点,增加了网络系统的脆弱性、网络受威胁和攻击的可能性以及网络安全的复杂性。因此,随着资源共享程度的加强,计算机网络系统的安全问题也变得日益突出和复杂。在计算机网络应用中,人们发现自己的系统不断受到侵害,系统信息不断遭到破坏,其形式的多样化、技术的先进且复杂化,令人防不胜防。因此,如何使计算机网络系统不受破坏,提高系统的安全可靠性,已成为人们关注和亟须解决的问题。每个网络机构的管理人员、网络系统用户和工程技术人员都应该掌握一定的计算机网络安全技术,以使自己的信息系统能够安全稳定地运行并提供正常的安全服务。

当然,解决网络系统的安全问题是一个系统工程,它不仅涉及技术问题,还涉及管理、法律和道德,也是一个社会问题。

本书自2006年5月出版以来已多次印刷,2006年又被批准为"十一五"国家级规划教材。由于计算机网络安全的相关技术更新和发展很快,为了使读者能较全面、及时地了解和应用计算机网络安全技术,掌握有关网络安全的实践技能和实际应用,编者对原书进行了修订和补充。这次修订的主要思路是:减少和压缩网络安全的概念和理论介绍,去掉不实用和过时的内容,重点增加一些实用的网络安全新技术和软件的应用实践。具体的修订和补充之处是:增加了网络系统安全的日常管理及操作,网络的日志管理,网络操作系统的漏洞的补丁程序安装,Windows 2003系统安全及系统安全设置,Linux操作系统安全及服务器的配置,交换机、路由器的安全与配置实践,防病毒软件的应用实例,木马的清除方法,缓冲区溢出攻击实例,网络扫描软件应用实例,电子邮件安全策略和设置,全面防御软件等应用实例;去掉了NetWare系统及其安全、网络备份系统、电子商务安全技术和防火墙的选择等内容;将第1版第7章(病毒及防治)和第8章(安全检测和响应)合并为第7章"计算机网络攻防技术与应用",大大压缩了计算机病毒的篇幅;取消了原第10章,将其中的部分网络安全应用实例安排在前面各章中。

修订后全书共有8章,内容包括计算机网络安全概述、网络操作系统安全、计算机网络实体安全、网络数据库与数据安全、数据加密与鉴别、防火墙、计算机网络攻防技术与应用(包括网络病毒与防范、黑客与网络攻击、入侵检测与防护系统、网络扫描和网络监听、计算机紧急响应)、Internet 安全。

本书以网络安全通常采取的防护、检测、响应和恢复措施(对策)为主线，较系统地介绍了网络安全知识、安全技术及其应用，重点介绍了网络系统的安全运行和网络信息安全保护。通过对本书的学习，可使读者较全面地了解网络系统安全的基本概念、网络安全技术和应用，增强对网络安全工具(软件)应用的认识，了解和掌握对网络安全保护的实际操作技能。

本书原理、技术难点的介绍适度，重点介绍网络安全的概念和应用，典型实例的应用性和可操作性强，章末配有多样化的习题，便于教学和自学。本书内容安排合理，逻辑性强，重点突出，文字简明，通俗易懂。本书可作为高等院校计算机专业、通信专业及相关专业的本科生、大专生教材，也可作为网络管理人员、网络工程技术人员和信息安全管理人员以及对网络安全感兴趣的读者的参考书。本书涉及的内容比较广泛，读者在学习和参考时，可在内容、重点和深度上酌情选取。

本书由刘远生、辛一任主编，薛庆水、李建勇、丛晓红参加编写。薛庆水审阅了编写大纲和部分书稿，全书由刘远生定稿。

在本书的修订编写和申报“十一五”国家级规划教材的过程中得到了清华大学出版社各位同志的大力支持和帮助，在此编者表示衷心的感谢。

网络安全内容庞杂，技术发展迅速，由于编者水平有限，加之时间仓促，书中难免存在错误或叙述不当之处，希望读者提出宝贵意见，并恳请各位专家、学者给予批评指正。编者也希望与读者多交流，编者的联系方式(E-mail)为 ysliu@sjtu. edu. cn。

编者的另一本教材《网络安全技术与应用实践》也即将与读者见面。该书中除了介绍一般的网络安全、数据加密、操作系统安全、网络攻防技术及 Internet 安全的知识和实践案例外，还将介绍网络设备安全技术、软件安全技术、VPN 安全技术和无线网安全等应用，希望广大读者、专家给予关注，并欢迎批评与建议。

本书的配套课件可以从清华大学出版社网站 http://www. tup. tsinghua. edu. cn 下载。如果在本书的阅读或课件的下载使用中遇到问题，请联系 fuhy@tup. tsinghua. edu. cn。

编　者
2009 年 3 月
于上海交通大学

# 目 录

# 引 言

Internet已成为全球规模最大、信息资源最丰富的计算机网络，利用它组成的企业内部专用网Intranet和企业间的外联网Extranet，已经得到广泛应用。Internet所具有的开放性、全球性、低成本和高效率的特点也已成为电子商务的内在特征，并使得电子商务大大超越了作为一种新的贸易形式所具有的价值。它不仅改变了企业自身的生产、经营和管理活动，而且将影响到整个社会的经济运行结构。

电子商务是以Internet为基础进行的商务活动，是商务活动的电子化运用。它通过Internet进行包括政府、商业、教育、保健和娱乐等活动。与传统商务相比，电子商务在三方面有了新的内涵和突破：一是交易的内容（电子商务信息流绝大部分地取代了物流和资金流）；二是交易的场景（电子商务网络的虚拟交易取代了面对面的交易）；三是交易的工具（电子商务中无纸化交易取代了手工的货币交易）。

下面是一个日常网上购物（电子商务）活动的案例。

一个持有信用卡的消费者进行网上购物的流程如下：

① 消费者在客户机上浏览商家的网站，查看和浏览在线商品目录及性能等。

② 消费者选择中意的商品（放入购物车）。

③ 消费者填写订单，包括项目列表、单价、数量、金额、运费等。

④ 消费者选择付款方式，如网上支付。此时开始启动安全电子交易（SET）协议。

⑤ 消费者通过网络发送给商家一个完整的订单和要求付款的请求。

⑥ 商家接到订单后，通过支付网关向消费者信用卡的开户银行请求支付；在银行和发卡机构经检验确认和批准交易后，支付网关给商家返回确认信息。

⑦ 商家通过网络给消费者发送订单确认信息。

⑧ 商家请求银行将钱从消费者的信用卡账号中划拨到商家账号。

⑨ 商家为消费者配送货物，完成订购服务。

至此，一次网上购物过程结束。可以说该过程是简单且完整的过程。说该过程简单，是指人们日常进行的网上购物流程可包括如图0.1所示的5个过程；说该过程完整，是指每次网上购物涉及的这5个过程中每个过程都包含一些具体操作，甚至是很复杂的具体操作，

图0.1　简单的网上购物流程

如网上支付过程就涉及上述流程中的步骤④～⑧。网上支付所用的安全电子交易协议SET就很复杂，它与网上购物涉及的6个实体均有联系，如图0.2所示。

从上述网上购物流程可见，SET协议流程包括很多步骤，涉及网上交易的各方。它还涉及很复杂的网络安全管理和安全支付问题，如持卡人的数字签名、CA认证、信息流的加密和鉴别、数字证书等。

由此可见，电子商务活动需要有一个安全的环境基础，以保证数据在网络中存储和传输的保密性和完整性，实现交易各方的身份验证，防止交易中抵赖行为的发生。电子商务的安全基础是建立在安全的网络基础之上的，这包括CA安全认证体系和基本的安全技术。利用安全的网络技术来提供各种安全服务，保障电子商务活动安全、顺利地进行。由此看出，电子商务应用涉及包括计算机网络、信息安全、电子支付和网络营销等在内的各种技术，其中电子支付技术和安全技术是电子商务应用环境中的关键技术。

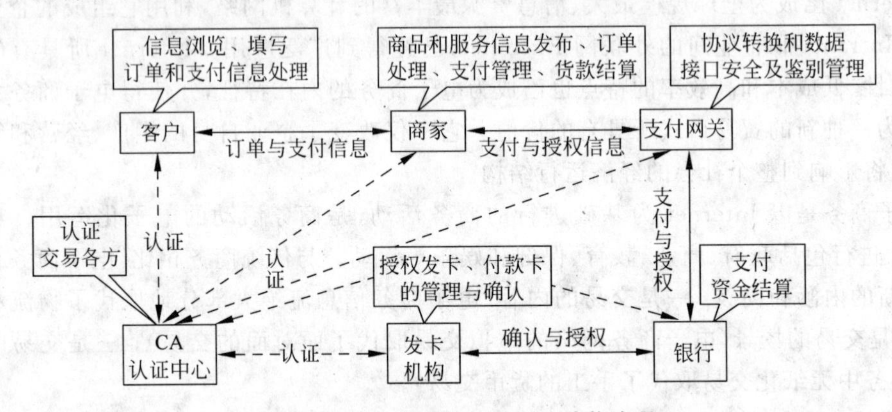

图0.2　利用SET协议的网上购物流程

除电子商务应用外，目前很多在Internet和其他网络上的应用也都涉及网络的信息安全技术，如数据加密、身份鉴别、病毒防治、网络数据库安全、访问控制、认证技术、网络实体安全、入侵检测、网络监听、应急处理等。本书将详细介绍相关的网络信息安全内容及其应用。

# 第1章

# 计算机网络安全概述

**本章要点**

- 网络安全的基本概念和特征；
- 网络的脆弱性和威胁；
- 网络安全体系结构；
- 网络安全措施；
- 网络安全级别；
- 网络系统安全的日常管理及操作。

随着计算机技术、现代通信技术和网络技术的发展，尤其是 Internet 的广泛应用，使得计算机的应用更加广泛与深入，计算机网络与人们的工作和生活的联系也越来越密切。通过网络，人们可以与远在天涯的朋友互发函件，可以足不出户地浏览世界各地的报刊杂志，搜索自己所需的信息，可以在家里与世界各个角落的陌生人打牌下棋……但与此同时，人们也发现自己的计算机信息系统不断受到侵害，其形式的多样化，技术的先进且复杂化，令人防不胜防。因此，计算机网络系统的安全问题也变得日益突出和复杂。一方面，计算机网络系统提供了丰富的资源以便用户共享；另一方面，也增加了网络系统的脆弱性和网络安全的复杂性，资源共享增加了网络受威胁和攻击的可能性。事实上，资源共享和网络安全是一对矛盾，随着资源共享的加强，网络安全的问题也日益突出。因此，为使计算机网络系统不受破坏，提高系统的安全可靠性已成为人们关注和必须解决的问题。每个计算机用户也应该掌握一定的计算机网络安全技术，以使自己的信息系统能够安全、稳定地运行。

网络安全问题涉及网络的组成、网络通信系统、网络的层次结构、网络协议、网络互连及互连设备、网络操作系统、网络管理和网络服务等内容，相关内容将在以后各章中做简要介绍。

## 1.1 计算机网络安全的概念

### 1.1.1 计算机网络的概念

计算机网络是利用通信线路把多个计算机系统和通信设备相连，在系统软件及协议的支持下而形成的一种复杂的计算机系统。网络系统使得在某地点的计算机用户能够享用另一地点的计算机系统所提供的数据处理功能和服务，从而达到共享资源和信息传递的目的。

资源共享就是指网络系统中的各计算机用户可以利用网内其他计算机系统中的全部或部分资源的过程。网络的基本资源包括硬件资源、软件资源和数据资源，共享资源即共享网络中的硬件、软件和数据库资源。

计算机网络技术是由现代通信技术和计算机技术的高速发展、密切结合而产生和发展的，是20世纪最伟大的科学技术成就之一。计算机网络的发展速度又超过了世界上任何一种其他科学技术的发展速度。计算机技术与通信技术的结合，极大地开拓了计算机的应用范围。虽然各种计算机网络系统的具体用途、系统结构、信息传输方式等各不相同，但各种网络系统都具有一些共同的特点，如可靠性高、可扩充性强、易于操作和维护、效率高、成本低等。

从系统组成的角度看，计算机网络是由硬件和软件两大部分组成的。计算机网络硬件主要包括主机、终端、用于信息变换和信息交换的通信节点设备、通信线路和网络互连设备（如网桥、路由器、交换机和网关）等。计算机网络软件包括操作系统软件、协议软件、管理软件、通信软件和应用软件等。

### 1.1.2 网络安全的含义

常见的有关计算机安全的名词有信息安全、网络安全、信息系统安全、网络信息安全、网络信息系统安全、计算机系统安全、计算机信息系统安全等等。这些不同的说法，归根到底就是两层意思，即确保计算机网络环境下信息系统的安全运行和在信息系统中存储、处理和传输的信息受到安全保护，这就是通常所说的保证网络系统运行的可靠性、确保信息的保密性、完整性和可用性。

由于现代的数据处理系统都是建立在计算机网络基础上的，计算机网络安全也就是信息系统安全。强调网络安全，可以理解为由于计算机网络的广泛应用而使得安全问题变得尤为突出的缘故。网络安全同样也包括系统安全运行和系统信息安全保护两方面，即网络安全是对信息系统的安全运行和对运行在信息系统中的信息进行安全保护（包括信息的保密性、完整性和可用性保护）的统称。信息系统的安全运行是信息系统提供有效服务（即可用性）的前提，信息的安全保护主要是确保数据信息的保密性和完整性。

网络安全是指利用各种网络管理、控制和技术措施，使网络系统的硬件、软件及其系统中的数据资源受到保护，不因一些不利因素影响而使这些资源遭到破坏、更改、泄露，保证网络系统连续、可靠、安全地运行。

网络安全是一门涉及计算机科学、网络技术、通信技术、密码技术、信息论、应用数学、信息安全技术等的综合性学科。

从不同的角度出发，对网络安全的具体理解也有不同。

- 网络用户（个人、企业等）希望涉及个人隐私或商业利益的信息在网络中传输时受到保密、完整和真实性的保护，避免其他人利用窃听、冒充、篡改和抵赖等手段侵犯或损坏他们的利益，同时也希望避免其他用户对存储用户信息的计算机系统进行非法访问和破坏。
- 网络运营和管理者希望对本地网络信息的访问、读写等操作受到保护和控制，避免出现病毒、非法存取、拒绝服务和网络资源的非法占用及非法控制等威胁，防御和制止网络黑客的攻击。

- 安全保密部门希望对非法的、有害的或涉及国家机密的信息进行过滤和堵截，避免机密信息泄露，避免对社会产生危害，给国家造成巨大损失，甚至威胁到国家安全。
- 社会教育和意识形态领域强调必须对网络上不健康的内容进行控制，因为这些信息将对社会的稳定和人类的发展产生不利影响。

为防范诸如病毒的破坏、黑客的入侵、计算机犯罪、其他的主动或被动攻击等威胁，应该采取一些措施，以保证网络系统的安全。

### 1.1.3 网络安全特征

网络安全主要涉及系统的可靠性、软件及数据的完整性、可用性和保密性几方面的问题。因此，网络系统的安全性可包括系统的可靠性、软件和数据的完整性、可用性和保密性等几个特征。

- 网络系统的可靠性(Reliability)：是指保证网络系统不因各种因素的影响而中断正常工作。
- 软件及数据的完整性(Integrity)：是指保护网络系统中存储和传输的软件(程序)及数据不被非法操作，即保证数据不被插入、替换和删除，数据分组不丢失、乱序，数据库中的数据或系统中的程序不被破坏等。
- 软件及数据的可用性(Availability)：是指在保证软件和数据完整性的同时，还要能使其被正常利用和操作。
- 软件及数据的保密性(Confidentiality)：主要是利用密码技术对软件和数据进行加密处理，保证在系统中存储和网络上传输的软件和数据不被无关人员识别。

## 1.2 计算机网络面临的不安全因素

影响网络系统安全的因素很多，但不外乎来自网络系统外部的威胁、破坏和来自系统内部的缺陷(脆弱性)。下面就网络系统的脆弱性和网络系统受到的主要威胁进行探讨。

### 1.2.1 网络系统的脆弱性

计算机网络本身存在一些固有的弱点(脆弱性)，非授权用户利用这些脆弱性可对网络系统进行非法访问，这种非法访问会使系统内数据的完整性受到威胁，也可能使信息遭到破坏而不能继续使用，更为严重的是有价值的信息被窃取而不留任何痕迹。

网络系统的脆弱性主要表现为以下几方面：

#### 1. 操作系统的脆弱性

网络操作系统体系结构本身就是不安全的，具体表现为：

- 动态联接。为了系统集成和系统扩充的需要，操作系统采用动态联接结构，系统的服务和I/O操作都可以补丁方式进行升级和动态联接。这种方式虽然为厂商和用户提供了方便,但同时也为黑客提供了入侵的方便(漏洞),这种动态联接也是计算机病毒产生的温床。

- 创建进程。操作系统可以创建进程,而且这些进程可在远程节点上被创建与激活,更加严重的是被创建的进程又可以继续创建其他进程。这样,若黑客在远程将“间谍”程序以补丁方式附在合法用户,特别是超级用户上,就能摆脱系统进程与作业监视程序的检测。
- 空口令和RPC。操作系统为维护方便而预留的无口令入口和提供的远程过程调用(RPC)服务都是黑客进入系统的通道。
- 超级用户。操作系统的另一个安全漏洞就是存在超级用户,如果入侵者得到了超级用户口令,整个系统将完全受控于入侵者。

#### 2. 计算机系统本身的脆弱性

计算机系统的硬件和软件故障可影响系统的正常运行,严重时系统会停止工作。系统的硬件故障通常有硬盘故障、电源故障、芯片主板故障、驱动器故障等;系统的软件故障通常有操作系统故障、应用软件故障和驱动程序故障等。

#### 3. 电磁泄露

计算机网络中的网络端口、传输线路和各种处理机都有可能因屏蔽不严或未屏蔽而造成电磁信息辐射,从而造成有用信息甚至机密信息泄露。

#### 4. 数据的可访问性

进入系统的用户可方便地复制系统数据而不留任何痕迹;网络用户在一定的条件下,可以访问系统中的所有数据,并可将其复制、删除或破坏掉。

#### 5. 通信系统和通信协议的弱点

网络系统的通信线路面对各种威胁显得非常脆弱,非法用户可对线路进行物理破坏、搭线窃听、通过未保护的外部线路访问系统内部信息等。

通信协议TCP/IP及FTP、E-mail、NFS、WWW等应用协议都存在安全漏洞,如FTP的匿名服务浪费系统资源;E-mail中潜伏着电子炸弹、病毒等威胁互联网安全;WWW中使用的通用网关接口(CGI)程序、Java Applet程序和SSI(Supplemental Security Income)等都可能成为黑客的工具;黑客可采用Sock、TCP预测或远程访问直接扫描等攻击防火墙。

#### 6. 数据库系统的脆弱性

由于数据库管理系统(DBMS)对数据库的管理是建立在分级管理的概念上,因此,DBMS的安全必须与操作系统的安全配套,这无疑是一个先天的不足之处。

黑客通过探访工具可强行登录和越权使用数据库数据,可能会带来巨大损失;数据加密往往与DBMS的功能发生冲突或影响数据库的运行效率。

由于服务器/浏览器(B/S)结构中的应用程序直接对数据库进行操作,所以,使用B/S结构的网络应用程序的某些缺陷可能威胁数据库的安全。

7. 网络存储介质的脆弱

各种存储器中存储大量的信息,这些存储介质很容易被盗窃或损坏,造成信息的丢失;存储器中的信息也很容易被复制而不留痕迹。

此外,网络系统的脆弱性还表现为保密的困难性、介质的剩磁效应和信息的聚生性等。

### 1.2.2 网络系统的威胁

网络系统面临的威胁主要来自外部的人为影响和自然环境的影响,它们包括对网络设备的威胁和对网络中信息的威胁。这些威胁的主要表现有:非法授权访问,假冒合法用户,病毒破坏,线路窃听,黑客入侵,干扰系统正常运行,修改或删除数据等。这些威胁大致可分为无意威胁和故意威胁两大类。

1. 无意威胁

无意威胁是在无预谋的情况下破坏系统的安全性、可靠性或信息的完整性。无意威胁主要是由一些偶然因素引起,如软、硬件的机能失常,人为误操作,电源故障和自然灾害等。

人为的失误现象有:人为误操作,管理不善而造成系统信息丢失、设备被盗、发生火灾、水灾,安全设置不当而留下的安全漏洞,用户口令不慎暴露,信息资源共享设置不当而被非法用户访问等。

自然灾害威胁如地震、风暴、泥石流、洪水、闪电雷击、虫鼠害及高温、各种污染等构成的威胁。

2. 故意威胁

故意威胁实际上就是"人为攻击"。由于网络本身存在脆弱性,因此总有某些人或某些组织想方设法利用网络系统达到某种目的,如从事工业、商业或军事情报搜集工作的"间谍",对相应领域的网络信息是最感兴趣的,他们对网络系统的安全构成了主要威胁。

攻击者对系统的攻击范围,可从随便浏览信息到使用特殊技术对系统进行攻击,以便得到有针对性的信息。这些攻击又可分为被动攻击和主动攻击。

被动攻击是指攻击者只通过监听网络线路上的信息流而获得信息内容,或获得信息的长度、传输频率等特征,以便进行信息流量分析攻击。被动攻击不干扰信息的正常流动,如被动地搭线窃听或非授权地阅读信息。被动攻击破坏了信息的保密性。

主动攻击是指攻击者对传输中的信息或存储的信息进行各种非法处理,有选择地更改、插入、延迟、删除或复制这些信息。主动攻击常用的方法有:篡改程序及数据、假冒合法用户入侵系统、破坏软件和数据、中断系统正常运行、传播计算机病毒、耗尽系统的服务资源而造成拒绝服务等。主动攻击的破坏力更大,它直接威胁网络系统的可靠性、信息的保密性、完整性和可用性。

被动攻击不容易被检测到，因为它没有影响信息的正常传输，发送和接受双方均不容易觉察。但被动攻击却容易防止，只要采用加密技术将传输的信息加密，即使该信息被窃取，非法接收者也不能识别信息的内容。

主动攻击较容易被检测到，但却难于防范。因为正常传输的信息被篡改或被伪造，接收方根据经验和规律能容易地觉察出来。除采用加密技术外，还要采用鉴别技术和其他保护机制和措施，才能有效地防止主动攻击。

被动攻击和主动攻击有以下四种具体类型，如图 1.1 所示。

- 窃取(Interception)：攻击者未经授权浏览了信息资源。这是对信息保密性的威胁，例如通过搭线捕获线路上传输的数据等。
- 中断(Interruption)：攻击者中断正常的信息传输，使接收方收不到信息，正常的信息变得无用或无法利用，这是对信息可用性的威胁，例如破坏存储介质、切断通信线路、侵犯文件管理系统等。
- 篡改(Modification)：攻击者未经授权而访问了信息资源，并篡改了信息。这是对信息完整性的威胁，例如修改文件中的数据、改变程序功能、修改传输的报文内容等。
- 伪造(Fabrication)：攻击者在系统中加入了伪造的内容。这也是对数据完整性的威胁，如向网络用户发送虚假信息，在文件中插入伪造的记录等。

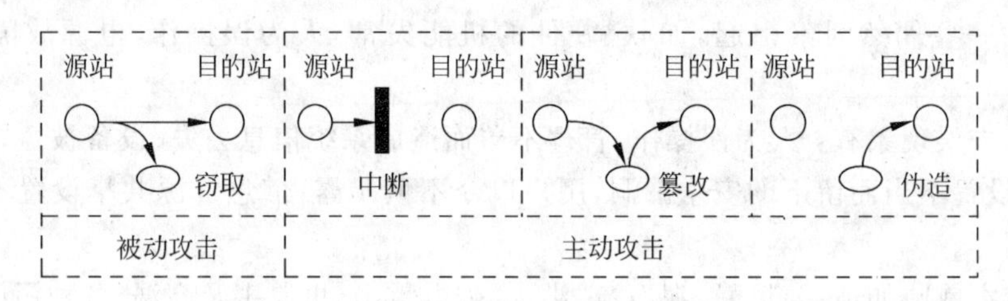


图 1.1 四种攻击类型

## 1.3 计算机网络安全体系结构

网络安全体系结构是网络安全层次的抽象描述。在大规模的网络工程建设、管理及基于网络安全系统的设计与开发过程中，需要从全局的体系结构角度考虑安全问题的整体解决方案，才能保证网络安全功能的完备性和一致性，降低安全代价和管理开销。这样一个网络安全体系结构对于网络安全的设计、实现与管理都有重要的意义。

网络安全是一个范围较广的研究领域，人们一般都只是在该领域中的一个小范围做自己的研究，开发能够解决某种特殊的网络安全问题方案。比如，有人专门研究加密和鉴别，有人专门研究入侵和检测，有人专门研究黑客攻击等。网络安全体系结构就是从系统化的角度去理解这些安全问题的解决方案，对研究、实现和管理网络安全的工作具有全局指导作用。

### 1.3.1 网络安全模型和框架

**1. 网络安全模型**

图 1.2 是网络安全的基本模型。众所周知，通信双方在网络上传输信息，需要先在发收之间建立一条逻辑通道。这就要先确定从发送端到接收端的路由，再选择该路由上使用的通信协议，如 TCP/IP。

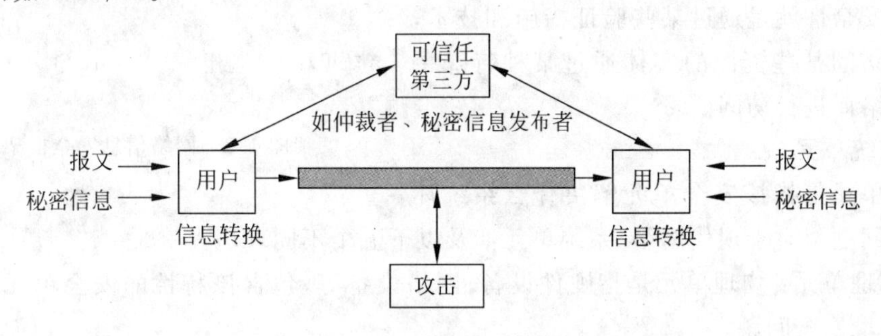


图 1.2 网络安全模型

为了在开放式的网络环境中安全地传输信息，需要对信息提供安全机制和安全服务。信息的安全传输包括两个基本部分：一是对发送的信息进行安全转换，如信息加密以便达到信息的保密性，附加一些特征码以便进行发送者身份验证等；二是发收双方共享的某些秘密信息，如加密密钥，除了对可信任的第三方外，对其他用户是保密的。

为了使信息安全传输，通常需要一个可信任的第三方，其作用是负责向通信双方分发秘密信息，以及在双方发生争议时进行仲裁。

一个安全的网络通信必须考虑以下内容：

- 实现与安全相关的信息转换的规则或算法。
- 用于信息转换算法的秘密信息(如密钥)。
- 秘密信息的分发和共享。
- 使用信息转换算法和秘密信息获取安全服务所需的协议。

**2. 网络信息安全框架**

网络信息安全可看成是多个安全单元的集合。其中，每个单元都是一个整体，包含了多个特性。一般，人们从三个主要特性——安全特性、安全层次和系统单元去理解安全单元。该安全单元集合可用一个三维安全空间描述，如图 1.3 所示。该三维安全空间反映了信息系统安全需求和安全结构的共性。

1）安全特性

安全特性指的是该安全单元可解决什么安全威胁。信息安全特性包括保密性、完整性、可用性和认证安全性。

保密性安全主要是指保护信息在存储和传输过程中不被未授权的实体识别。比如，网上传输的信用卡账号和密码不被识破。

完整性安全主要指信息在存储和传输过程中不被未授权的实体插入、删除、篡改和重发等，信息的内容不被改变。比如，用户发给别人的电子邮件，保证到接收端的内容没有改变。

可用性安全是指不能由于系统受到攻击而使用户无法正常去访问他本来有权正常访问的资源。比如，保护邮件服务器安全不因其遭到DoS（拒绝服务）攻击而无法正常工作，使用户能正常收发电子邮件。

认证安全性就是通过某些验证措施和技术，防止无权访问某些资源的实体通过某种特殊手段进入网络而进行访问。

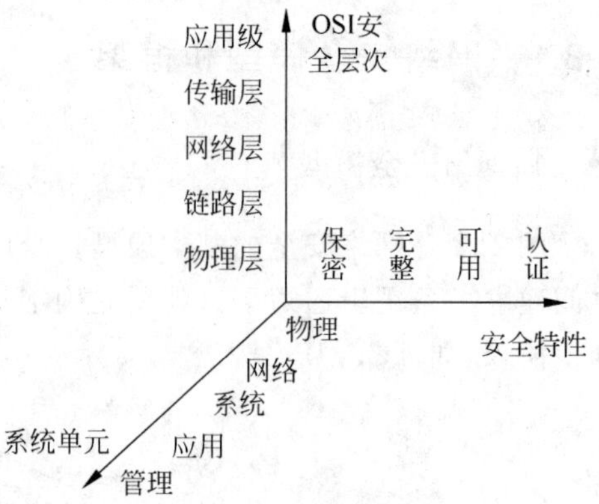

图 1.3　网络信息安全框架

2）系统单元

系统单元是指该安全单元解决什么系统环境的安全问题。对于现代网络，系统单元涉及以下五个不同环境。

- 物理单元：物理单元是指硬件设备、网络设备等，包含该特性的安全单元解决物理环境安全问题。
- 网络单元：网络单元是指网络传输，包含该特性的安全单元解决网络协议造成的网络传输安全问题。
- 系统单元：系统单元是指操作系统，包含该特性的安全单元解决端系统或中间系统的操作系统包含的安全问题。一般是指数据和资源在存储时的安全问题。
- 应用单元：应用单元是指应用程序，包含该特性的安全单元解决应用程序所包含的安全问题。
- 管理单元：管理单元是指网络安全管理环境，网络管理系统对网络资源进行安全管理。

### 1.3.2　OSI网络安全体系

OSI参考模型是国际标准化组织（ISO）为解决异种机互连而制定的开放式计算机网络层次结构模型。ISO提出OSI（开放系统互连）参考模型的目的，就是要使在各种终端设备之间、计算机之间、网络之间、操作系统进程之间以及人们之间互相交换信息的过程，能够逐步实现标准化。参照这种参考模型进行网络标准化的结果，就能使得各个系统之间都是“开放”的，而不是封闭的。OSI参考模型将计算机网络划分为七个层次，分别称为物理层、数据链路层、网络层、传输层、会话层、表示层和应用层。

ISO于1989年2月公布的ISO7498-2“网络安全体系结构”文件，给出了OSI参考模型的安全体系结构。这是一个普遍适用的安全体系结构，它对具体网络的安全体系结构具有指导意义，其核心内容是保证异构计算机系统之间远距离交换信息的安全。

OSI安全体系结构主要包括网络安全机制和网络安全服务两方面的内容，并给出了OSI网络层次、安全机制和安全服务之间的逻辑关系。

### 1. 网络安全机制

在ISO7498-2“网络安全体系结构”文件中规定的网络安全机制有八项：加密机制、数字签名机制、访问控制机制、数据完整性机制、鉴别交换机制、信息量填充机制、路由控制机制和公证机制。OSI安全体系结构、OSI安全服务、安全机制及OSI层次之间的关系见图1.4、表1.1和表1.2。

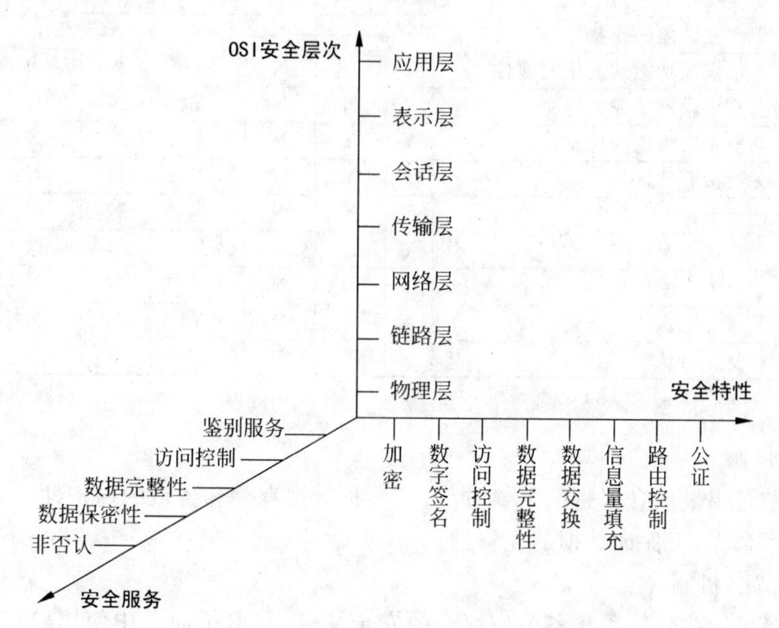


图1.4　OSI网络安全体系结构

**表1.1　与网络各层相关的OSI安全服务**

| 安全服务 | | OSI层次 | | | | | | |
|---|---|---|---|---|---|---|---|---|
| | | 1 | 2 | 3 | 4 | 5 | 6 | 7 |
| 鉴别服务 | 同等实体鉴别 | N | N | Y | Y | N | N | Y |
| | 数据源鉴别 | N | N | Y | Y | N | N | Y |
| 访问控制 | 访问控制服务 | N | N | Y | Y | N | N | Y |
| 数据完整性 | 带恢复功能的连接完整性 | Y | N | N | Y | N | N | Y |
| | 不带恢复功能的连接完整性 | N | N | Y | Y | N | N | Y |
| | 选择字段连接完整性 | N | N | N | N | N | N | Y |
| | 选择字段无连接完整性 | N | N | Y | Y | N | N | Y |
| | 无连接完整性 | N | N | N | N | N | N | Y |
| 数据保密性 | 连接保密性 | Y | Y | Y | Y | N | Y | Y |
| | 无连接保密性 | N | Y | Y | Y | N | Y | Y |
| | 信息流保密性 | Y | N | Y | N | N | N | Y |
| 非否认服务 | 发送非否认 | N | N | N | N | N | N | Y |
| | 接受非否认 | N | N | N | N | N | N | Y |

注：“Y”表示提供安全服务，“N”表示不提供安全服务。

表 1.2 OSI 安全服务与安全机制的关系

| 安全服务 | | 安全机制 | | | | | | | |
|---|---|---|---|---|---|---|---|---|---|
| | | 加密 | 数字签名 | 访问控制 | 数据完整性 | 鉴别交换 | 信息流填充 | 路由控制 | 公证 |
| 鉴别服务 | 同等实体鉴别 | Y | Y | N | N | Y | N | N | N |
| | 数据源鉴别 | Y | Y | N | N | N | N | N | N |
| 访问控制 | 访问控制服务 | N | N | Y | N | N | N | N | N |
| 数据完整性 | 带恢复功能的连接完整性 | Y | N | N | Y | N | N | N | N |
| | 不带恢复功能的连接完整性 | Y | N | N | Y | N | N | N | N |
| | 选择字段连接完整性 | Y | N | N | Y | N | N | N | N |
| | 选择字段无连接完整性 | Y | Y | N | Y | N | N | N | N |
| | 无连接完整性 | Y | Y | N | Y | N | N | N | N |
| 数据保密性 | 连接保密性 | Y | N | N | N | N | N | Y | N |
| | 无连接保密性 | Y | N | N | N | N | N | Y | N |
| | 信息流保密性 | Y | N | N | N | N | Y | Y | N |
| 非否认服务 | 发送非否认 | N | Y | N | Y | N | N | N | Y |
| | 接受非否认 | N | Y | N | Y | N | N | N | Y |

注："Y"表示提供安全服务，"N"表示不提供安全服务。

1）加密机制

数据加密是提供信息保密的主要方法，可保护数据存储和传输的保密性。此外，加密技术与其他技术合作，可保证数据的完整性。

2）数字签名机制

数字签名可解决传统手工签名中存在的安全缺陷，在电子商务中使用较广泛。数字签名主要解决否认问题（发送方否认他发送了信息）、伪造问题（某方伪造了文件却不承认）、冒充问题（冒充合法用户在网上发送文件）和篡改问题（接收方私自篡改文件内容）。

3）访问控制机制

访问控制机制可以控制哪些用户对哪些资源可以进行访问，对这些资源可以访问到什么程度；如非法用户企图访问资源，该机制则会加以拒绝，并将这一非法事件记录在审计报告中。访问控制可以直接支持数据的保密性、完整性、可用性，它对数据的保密性、完整性和可用性所起的作用是非常明显的。

4）数据完整性机制

数据完整性机制保护网络系统中存储和传输的软件（程序）和数据不被非法改变，如添加、删除、修改等。

5）交换鉴别机制

交换鉴别机制是通过相互交换信息来确定彼此的身份。在计算机中，鉴别主要有站点鉴别、报文鉴别、用户和进程的认证等，通常采用口令、密码技术、实体的特征或所有权等手段进行鉴别。

6）信息量填充机制

攻击者将对传输信息的长度、频率等特征进行统计，以便进行信息流量分析，从中可得到其有用的信息。采用信息量填充机制，可保持系统信息量基本恒定，因此能防止攻击者对系统进行信息流量分析。

7）路由控制机制

路由控制机制可以指定通过网络发送数据的路径，因此，采用该机制可以选择那些可信度高的节点传输信息。

8）公证机制

公证机制就是在网络中设立一个公证机构，来中转各方交换的信息，并从中提取相关证据，以便对可能发生的纠纷做出仲裁。

### 2. 网络安全服务

在文件中规定的网络安全服务有五项：鉴别服务、访问控制服务、数据完整性服务、数据保密性服务和非否认服务。

1）鉴别服务

鉴别服务包括同等实体鉴别和数据源鉴别两种服务。

使用同等实体鉴别服务可以对两个同等实体（用户或进程）在建立连接和开始传输数据时进行身份的合法性和真实性验证，以防止非法用户的假冒，也可防止非法用户伪造连接初始化攻击。

数据源鉴别服务可对信息源点进行鉴别，可确保数据是由合法用户发出，以防假冒。

2）访问控制服务

访问控制包括身份验证和权限验证。访问控制服务防止未授权用户非法访问网络资源，也防止合法用户越权访问网络资源。

3）数据完整性服务

数据完整性服务防止非法用户对正常数据的变更，如修改、插入、延时或删除，以及在数据交换过程中的数据丢失。数据完整性服务可分为以下 5 种情形，通过这些服务来满足不同用户、不同场合对数据完整性的要求：

- 带恢复功能的面向连接的数据完整性。
- 不带恢复功能的面向连接的数据完整性。
- 选择字段面向连接的数据完整性。
- 选择字段无连接的数据完整性。
- 无连接的数据完整性。

4）数据保密性服务

采用数据保密性服务的目的是保护网络中各通信实体之间交换的数据，即使被非法攻击者截获，也使其无法解读信息内容，以保证信息不失密。该服务也提供面向连接和无连接两种数据保密方式。保密性服务还提供给用户可选字段的数据保护和信息流安全，即对可能从观察信息流就能推导出的信息提供保护。信息流安全的目的是确保信息从源点到目的点的整个流通过程的安全。

5）非否认服务

非否认服务可防止发送方发送数据后否认自己发送过数据，也可防止接收方接收数据后否认已接收过数据。它由两种服务组成：一是发送（源点）非否认服务；二是接收（交付）非否认服务。这实际上是一种数字签名服务。

### 1.3.3 P2DR模型

一个常用的网络安全模型是P2DR模型，如图1.5所示。P2DR模型包含四个主要部分：Policy（安全策略）、Protection（防护）、Detection（检测）和Response（响应）。防护、检测和响应组成了一个所谓的“完整、动态”的安全循环。在整体安全策略的控制和指导下，在综合运用防护工具（如防火墙、身份认证、加密等手段）的同时，利用检测工具（如漏洞评估、入侵检测等系统）了解和评估系统的安全状态，通过适当的反应将系统调整到“最安全”和“风险最低”的状态。P2DR是由PDR（Protection、Detection、Response）模型引申出的概念模型，增加了Policy功能，并突出了管理策略在信息安全工程中的主导地位。该模型指出：安全技术措施是围绕安全策略的具体需求有序地组织在一起，构架一个“动态”的安全防范体系。

图1.5　P2DR模型示意图

P2DR模型有自己的理论体系，有数学模型作为其论述基础：基于时间的安全理论（Time Based Security）。该理论的最基本原理认为，与信息安全相关的所有活动，不管是攻击行为、防护行为、检测行为和响应行为等都要消耗时间。因此可以用时间来衡量一个体系的安全性和安全能力。

P2DR模型是可适应网络安全理论或称为动态信息安全理论的主要模型。P2DR模型是TCSEC模型的发展，也是目前被普遍采用的安全模型。安全策略是整个网络安全的依据。不同的网络需要不同的策略，在制定策略前，需要全面考虑局域网中如何在网络层实现安全性，如何控制远程用户访问的安全性，在广域网上的数据实现安全保密传输和用户认证等问题。对这些问题做出详细回答，并确定相应的防护手段和实施办法，就是针对网络系统的一份完整的安全策略。策略一旦制订，应当作为整个网络系统安全行为的准则。围绕着P2DR模型的思想建立一个完整的信息安全体系框架。

#### 1. Policy（安全策略）

我们在考虑建立网络安全系统时，在了解了网络信息安全系统等级划分和评估网络安全风险后，一个重要的任务就是要制订一个网络安全策略。一个策略体系的建立包括：安全策略的制订、安全策略的评估、安全策略的执行等。网络安全策略一般包括两部分：总体的安全策略和具体的安全规则。总体的安全策略用于阐述本部门的网络安全的总体思想和指导方针；而具体的安全规则是根据总体安全策略提出的具体的网络安全实施规则，它用于说明网络上什么活动是被允许的，什么活动是被禁止的。由于安全策略是安全管理的核心，所以要想实施动态网络安全循环过程，必须制定网络系统的安全策略，所有的防护、检测、响应都是依据安全策略实施的，网络系统安全策略为安全管理提供管理方向和支持手段。

#### 2. Protection（防护）

防护就是根据系统可能出现的安全问题采取一些预防措施，是通过一些传统的静态安全技术及方法来实现的。通常采用的主动防护技术有：数据加密、身份验证、访问控制、授权和虚拟网络(VPN)技术；被动防护技术有：防火墙技术、安全扫描、入侵检测、路由过滤、数据备份和归档、物理安全、安全管理等。

防护是P2DR模型中最重要的部分，通过它可以预防大多数的入侵事件。防护可分为三类：系统安全防护、网络安全防护和信息安全防护。系统安全防护指操作系统的安全防护，即各个操作系统的安全配置、使用和打补丁等，不同操作系统有不同的防护措施和相应的安全工具。网络安全防护指网络管理的安全及网络传输的安全。信息安全防护指数据本身的保密性、完整性和可用性，数据加密就是信息安全防护的重要技术。

3. Detection(**检测**)

攻击者如果穿过防护系统，检测系统就会将其检测出来。如检测入侵者的身份，包括攻击源、系统损失等。防护系统可以阻止大多数的入侵事件，但不能阻止所有的入侵事件，特别是那些利用新的系统缺陷、新攻击手段的入侵。如果入侵事件发生，就要启动检测系统进行检测。

检测与防护有根本的区别。防护主要是修补系统和网络缺陷，增加系统安全性能，从而消除攻击和入侵的条件，避免攻击的发生；而检测是根据入侵事件的特征进行的。因黑客往往是利用网络和系统缺陷进行攻击的，因此，入侵事件的特征一般与系统缺陷特征有关。在P2DR模型中，防护和检测有互补关系。如果防护系统过硬，绝大部分入侵事件被阻止，那么检测系统的任务就减少了。

检测是动态响应的依据，也是强制落实安全策略的有力工具，通过不断地检测和监控网络系统来发现新的威胁和弱点，通过循环反馈来及时做出有效的响应。

4. Response(**响应**)

系统一旦检测出入侵，响应系统则开始响应，进行事件处理。P2DR中的响应就是在已知入侵事件发生后进行的紧急响应(事件处理)。响应工作可由特殊部门——计算机紧急响应小组负责。世界上第一个计算机紧急响应小组简称CERT(Computer Emergency Response Team)，我国的第一个计算机紧急响应小组是中国教育与科研计算机网络建立的，简称“CCERT”。不同机构的网络系统也有相应的计算机紧急响应小组。

响应的主要工作可分为两种：紧急响应和恢复处理。紧急响应就是当安全事件发生时采取的应对措施；恢复处理是指事件发生后，把系统恢复到原来状态或比原来更安全的状态。

紧急响应在安全系统中占有重要的地位，是解决潜在安全性最有效的办法。从某种意义上讲，安全问题就是要解决紧急响应和异常处理问题。要解决好紧急响应问题，就要制订好紧急响应方案，做好紧急响应方案中的一切准备工作。

恢复包括系统恢复和信息恢复两方面内容。系统恢复是指修补缺陷和消除后门，不让黑客再利用这些缺陷入侵系统。消除后门是系统恢复的一项重要工作。一般说来，黑客第一次入侵是利用系统缺陷，在入侵成功后，黑客就在系统中留下一些后门，如安装木马程序，因此尽管缺陷被补丁修复，黑客还可再通过他留下的后门入侵系统。信息恢复是指恢复丢失的数据。丢失数据可能是由于黑客入侵所致，也可能是系统故障、自然灾害等原因所致。

P2DR 安全模型也存在一个明显的弱点，就是忽略了内在的变化因素。如人员的流动、人员的素质差异和策略贯彻的不稳定性。实际上，安全问题牵涉面广，除了涉及到防护、检测和响应，系统本身安全的“免疫力”的增强、系统和整个网络的优化，以及人员素质的提升，都是该安全模型没有考虑到的问题。

## 1.4 计算机网络安全措施

可采取相应的网络安全措施来实施上述网络的安全策略。实现网络安全，不但要靠法律的约束、安全的管理和教育，更重要的是要靠先进的网络安全技术支持。

先进的网络安全技术是网络安全的根本保证。用户对自身面临的威胁进行风险评估，决定其所需要的安全服务种类，选择相应的安全机制，再集成先进的安全技术，就形成一个可信赖的安全系统。一般采用以下几个层次的安全措施来保证计算机网络的安全。

### 1.4.1 安全立法

计算机犯罪是一种高技术犯罪活动，也是未来社会的主要犯罪形式之一，因此，面对日益严重的计算机犯罪，必须建立相关的法律、法规进行约束。通过建立国际、国内和地方计算机信息安全法来减少计算机犯罪案（如盗窃网络设施、非法侵入网络来破坏和盗窃信息资源、故意制造病毒破坏网络系统等）的发生。由于法律具有强制性、规范性、公正性、威慑性和权威性，因此它在很多方面具有不可替代的作用。制定并实施计算机信息安全法律，加强对计算机网络安全的宏观控制，对危害计算机网络安全的行为进行制裁，为网络信息系统提供一个良好的社会环境是十分必要的。

#### 1. 国外的计算机信息安全立法

在国际上，由于发达国家的计算机应用已非常普及，因此，其计算机安全立法工作也早已进行。不同形式的法律，如《计算机安全法》、《信息自由法》、《伪造访问设备和计算机欺骗与滥用法》、《数据保护法》、《计算机犯罪法》、《计算机软件保护法》、《电子资金转账法》、《保密法》、《个人隐私法》等均已出台，一些国家还将计算机犯罪与刑法、民法联系在一起，修改有关条款，颁布实施，收到了较好的效果。

#### 2. 我国的计算机信息安全立法

我国的计算机信息安全立法模式，基本上属于“渗透型”，国家未制定统一的计算机信息安全法，而是将涉及信息安全的法律规范渗透和融入相关法律、行政法规、部门规章和地方法规中，初步形成了由不同法律效力层构成的计算机信息安全法律规范体系。

我国信息安全立法有四个层次：一是由全国人大常委会通过的法律，除警察法、刑法、保守国家秘密法外，涉及计算机信息安全的法律还有《全国人大常委会关于维护互联网安全的决定》等；二是国务院为执行宪法和法律而制定的行政法规，主要有《中华人民共和国计算机信息系统安全保护条例》、《计算机信息网络国际联网安全保护管理办法》和《互联网上网服务营业场所管理条例》等；三是国务院各部委根据法律和行政法规在本部门权限范围内制定的规章及规范性文件，主要有《计算机病毒防治管理办法》、《互联网电子公告服务管理规定》、《国际互联网出入信道管理办法》、《中国互联网络域名注册实施细则》、《互联网信息服务管理办法》等；四是各省市自治区制定的地方性法规，如《××省计算机信息系统安全保护管理规定》等。

我国缔约或参加的有关计算机及网络信息的国际公约有：《建立世界知识产权组织公约》、《保护文化艺术作品的伯尔尼公约》、《世界版权公约》、《与贸易有关的知识产权（包括假冒商品贸易）协议》等。

### 1.4.2 安全管理

各计算机网络使用机构、企业或单位，应建立相应的网络安全管理制度，加强内部管理，建立合适的网络安全管理系统，建立安全审计和跟踪机制，提高整体网络的安全体系。

网络安全管理措施包括建立健全安全管理机构、行政人事管理和系统安全管理制度等。

#### 1. 安全管理机构

为保证计算机网络系统的安全运行，网络系统的使用单位应当成立计算机安全管理机构，设立专职安全人员。这些安全人员包括安全管理、安全审计、系统分析、软硬件管理、通信及保安人员等。

网络安全管理机构的设置与系统的规模直接相关。若是一个庞大系统，且终端客户遍布世界各地，则在每个区域内都应有一个这样的管理机构。所以，一个网络系统设置多少安全管理机构是不定的，但机构中各有关方面人员的职责是固定的。

#### 2. 安全行政人事管理

对计算机网络信息系统的大部分威胁都来自人为因素。因此，无论系统如何自动化，总是由人设计和操作使用的。而人本身是很复杂的，是有感情的，受自身生理和心理因素的影响和制约，有时为了达到某种目的而不惜铤而走险，利用计算机系统进行犯罪活动。据研究表明，从事计算机职业犯罪的人员中，70%是信息系统运行和管理人员。因此，对信息系统的运行和管理人员进行教育、奖惩、培养和训练，加强行政和人事管理，保证网络信息安全和保密是非常必要的。

行政人事管理的职责是：制定严格的人事管理、岗位分工、奖惩分明和责任追究等规章制度，使网络系统工作人员做到各司其职、各负其责、互相监督和制约，保证系统安全运行。

#### 3. 系统安全管理

一般来说，网络系统的安全管理主要是确定安全管理原则和相应的安全管理制度。网络系统安全管理机构应根据多人负责制、职责分离、任期有限和最小权限等原则，制定相应的管理制度或规范。

首先，确定网络系统的安全等级，根据系统的安全等级，确定系统的安全管理范围。对安全等级要求较高的系统，要进行分区控制，限制工作人员出入与己无关的区域；人员的出入管理可采用身份证件识别，或安装自动识别登记系统，采用磁卡、身份卡等手段对出入人员进行识别和登记。

其次，制定安全管理制度，如制定计算机机房安全管理制度、机房设备和数据管理制度等。

此外，还要有对操作系统和数据库的访问的监控措施，制定严格的操作规程，制定完备的系统维护制度，制定计算机网络系统的灾害处理对策、灾难恢复计划和具体恢复措施等。

### 1.4.3 实体安全技术

网络实体安全保护就是指采取一定措施对网络的硬件系统、数据和软件系统等实体进行保护和对自然与人为灾害进行防御。

对网络硬件的安全保护包括对网络机房和环境的安全保护、网络设备设施（如通信电缆等）的安全保护、信息存储介质的安全保护和电磁辐射的安全保护等。

对网络数据和软件的安全保护包括对网络操作系统、网络应用软件和网络数据库数据的安全保护。

对自然与人为灾害的防御包括对网络系统环境采取防火、防水、防雷电、防电磁干扰、防振动以及防风暴、防地震等措施。

对网络硬件的安全保护、对自然与人为灾害的防御的详细内容见第3章，对操作系统、网络数据和软件的安全保护详见第2章和第4章。

### 1.4.4 访问控制技术

访问控制就是规定哪些用户可访问网络系统，对要求入网的用户进行身份验证和确认，这些用户能访问系统的哪些资源，他们对于这些资源能使用到什么程度等问题。访问控制的基本任务就是保证网络系统中所有的访问操作都是经过认可的、合法的，防止非法用户进入网络和合法用户对网络系统资源的非授权访问。

访问控制措施通常采用设置口令和入网限制，采取CA认证、数字证书、数字签名等技术对用户身份进行验证和确认，规定不同软件及数据资源的属性和访问权限，进行网络监视，设置网络审计和跟踪，使用防火墙系统、入侵检测和防护系统等方法实现。

与网络访问控制有关的内容详见第2、6、7章和第5.7节。

### 1.4.5 数据保密技术

数据加密保护就是采取一定的技术和措施，对网络系统中存储的数据和在线路上传输的数据进行变换（加密），使得变换后的数据不能被无关的用户识别，保证数据的保密性。

数据加密保护通常是采用密码技术对信息（数据和程序）进行加密、数字签名、用户验证和非否认鉴别等措施实现。

数据加密技术的详细内容见第5章。

# 1.5 计算机网络的安全级别

## 1.5.1 可信计算机标准评价准则

1983年美国国防部发表的《可信计算机标准评价准则》(简称为TCSEC)把计算机安全等级分为4类7级。根据安全性从低到高的级别,依次为D、C1、C2、B1、B2、B3、A级,每级包括它下级的所有特性,见表1.3。

表1.3 TCSEC

| 级别 | 名 称 | 特 征 |
|---|---|---|
| A | 验证设计安全级 | 形式化的最高级描述和验证,形式化的隐蔽通道分析,非形式化的代码一致性证明 |
| B3 | 安全域级 | 安全内核,高抗渗透能力 |
| B2 | 结构化安全保护级 | 面向安全的体系结构,遵循最小授权原则,有较好的抗渗透能力,对所有的主体和客体提供访问控制保护,对系统进行隐蔽通道分析 |
| B1 | 标记安全保护级 | 在C2安全级上增加安全策略模型、数据标记(安全和属性)、托管访问控制 |
| C2 | 访问控制环境保护级 | 访问控制,以用户为单位进行广泛的审计 |
| C1 | 选择性安全保护级 | 有选择的访问控制,用户与数据分离,数据以用户组为单位进行保护 |
| D | 最低安全保护级 | 保护措施很少,没有安全功能 |

D级(最低安全级):该级不设置任何安全保护措施,软硬件都容易被侵袭。MS-DOS、Windows 95/98等系统属于该级。

C1级(选择性安全保护级):C1级对硬件采取简单的安全措施(比如加锁),用户要有登录认证和访问权限限制,但不能控制已登录用户的访问级别。早期的UNIX/Xenix、NetWare 3.0以下版本系统均属于该级。

C2级(访问控制环境级):C2级比C1级增加了系统审计、跟踪记录、安全事件等特性。UNIX/Xenix、NetWare 3.x及以上版本、Windows NT等系统属于该级。该级也是保证敏感信息安全的最低级。

B1级(标记安全保护级):B1级的系统安全措施支持多级(网络、应用程序和工作站等)安全。"label"(标记)是指网上的一个对象,该对象在安全保护计划中是可识别且受保护的。该级别是支持秘密、绝密信息保护的第一个级别。B1级系统拥有者主要为政府机构和防御承包商。

B2级(结构化安全保护级):B2级要求系统中所有对象都加标记,并给各设备分配安全级别,如允许用户访问一台工作站,却不允许访问含有特定资料的磁盘子系统。

B3级(安全域级):B3级要求用户工作站或终端通过可信任途径连接网络系统。该级还采用硬件来保护安全系统的存储区。

A级(验证设计安全级):A级是最高安全级,包含了低级别所有的特性。A级包括一个严格的设计、控制和验证过程。设计必须是从数学角度经过验证的，且必须进行隐蔽通道和可信任分析。

### 1.5.2 计算机信息安全保护等级划分准则

我国于2001年1月1日起实施的《计算机信息系统安全保护等级划分准则》将计算机安全保护等级划分为五个级别。

第一级叫用户自主保护级。该级使用户具备自主安全保护能力，保护用户和用户组信息，避免被其他用户非法读写和破坏。

第二级叫系统审计保护级。它具备第一级的保护能力，并创建和维护访问审计跟踪记录，以记录与系统安全相关事件发生的日期、时间、用户及事件类型等信息，使所有用户对自己的行为负责。

第三级叫安全标记保护级。它具备第二级的保护能力，并为访问者和访问对象指定安全标记，以访问对象标记的安全级别限制访问者的访问权限，实现对访问对象的强制保护。

第四级叫结构化保护级。它具备第三级的保护功能，并将安全保护机制划分为关键部分和非关键部分两层结构，其中的关键部分直接控制访问者对访问对象的访问。该级具有很强的抗渗透能力。

第五级叫安全域保护级。它具备第四级的保护功能，并增加了访问验证功能，负责仲裁访问者对访问对象的所有访问活动。该级具有极强的抗渗透能力。

## 1.6 网络系统安全的日常管理及操作

对于网络系统的安全管理和维护，不仅需要有配套的安全防御措施，还需要规范的管理制度和流程，更需要高素质的安全管理和操作人员。

### 1.6.1 网络系统的日常管理

一般网络管理人员所面对的网络管理环境大都已经采取了某些安全措施，构成了一定的防御体系。同时，从管理的角度讲，比较重视网络安全的企业或事业单位，都设有专门的安全管理机构，制定了相应的安全制度和规范。从网络管理人员的素质讲，一般都具有一定的安全技能，如分析日志、了解攻击特点、熟悉各类操作系统，以及本网络的拓扑、IP分配情况、设备配置情况、系统配置情况、应用系统情况。但这些还远远没有达到网络安全日常维护的要求。

网络系统的安全维护通常有以下方面。

#### 1. 口令（密码）管理

口令问题容易被人忽视。许多系统建设得非常完美，但在口令管理上不够严格，甚至漏洞百出。试想，即便是世界上最坚固的保险柜，如果其密码是“0000”，那么这个“坚固”的躯壳就成为摆设了。

一般网络工作人员常犯的口令错误有：多个账号使用同一个密码；密码全部采用数字组合或字母组合；密码从不更新；密码被记录于易见的媒体上；远程登录系统时，账号和密码在网络中以明文形式传输等。

作为网络安全管理人员，在口令管理上应该养成好习惯，比如：选取数字、字母、符号相间的口令；口令不随便书写在易见的媒体上；适时更新口令；及时删除已撤销的账号和口令；远程登录时使用加密口令；更严格情况可采用口令鉴别和PKI验证过程。

#### 2. 病毒防护

建议网络系统的所有计算机都安装统一的网络防病毒软件，这样容易解决病毒库的及时升级问题。通过对防病毒服务器进行及时升级，可以做到众多的客户端病毒库及时升级，这样可对最新的病毒进行及时防杀，减少病毒危害。

对于作为服务器的主机，无论是使用Windows操作系统还是非Windows操作系统，防病毒软件对于主机系统的性能都会有不同程度的影响。但是，网络防病毒软件还是要尽可能地覆盖所有的主机，并及时进行病毒库升级。在日常维护中，最好是每隔两三天就检查一次是否需要升级病毒库，在必要时及时进行升级。

谈到病毒防护，不要以为防病毒软件对任何病毒都有作用。防病毒软件并不能防杀掉所有类型的病毒，比如蠕虫病毒。造成这种情况的原因很多，如用户没有及时升级病毒库，或者该病毒的特征定义不准确等。蠕虫病毒带有黑客攻击性质，对于黑客攻击特征的研究，可以借助于入侵检测系统等监控设备，进行及时监控，找到有问题的机器，及时修补漏洞。

#### 3. 漏洞扫描

网络管理员应密切跟踪最新的漏洞和攻击技术，及时对网络设备进行加固。如果及时对IIS打补丁，就不会发生红色代码蠕虫问题；如果及时对SQL Server打补丁，就不会发生SQL蠕虫问题；如果及时加强口令的控制，关闭不必要的服务，就不会发生被他人远程控制问题；如果在出口进行源路由控制，就不会有DDoS（分布式拒绝服务）攻击从本网发动，等等。

通过漏洞扫描系统对网络设备进行扫描，可以从设备之外的网络角度来审视网络上还有哪些漏洞没有修补，正在提供什么样的服务，以此找到需要关闭的服务，甚至也可以发现部分密码设置过于简单的账号。

建立一个列表，列出网络中所有主机应该提供的服务和端口，使用扫描系统，检查每台主机，看看是否有不必要的服务没有关闭，或有漏洞的地方，及时做出调整及修补。如果有机器被人利用，应启动应急响应流程，分析原因，找到攻击者使用的方法；必要时，需要对全网安全策略进行调整。在日常维护中，每十天左右可对重要的主机进行一次扫描。由于扫描要占用带宽，可根据带宽情况和设备数量，合理调整扫描周期和时间。

#### 4. 边界控制

边界可理解为所管辖的内部网与外部网的连接，如连接Internet的边界，连接第三方网络的边界；也可以理解为在一个广域网中，各局域网之间的连接边界。

网络之间的连接设备一般都是路由器，为了加强安全控制，通常在路由器上配备防火墙软件，使之构成网络层防火墙。当然，网络之间可能还有其他类型的隔离设备，如网闸等。在加强对路由器、防火墙本身的安全控制之外，也要利用这些设备对边界访问进行控制，特别是连接Internet的边界。事实上，网络管理员没有足够的能力去管理Internet上的行为，但有足够的权限控制所辖内部网络。边界访问控制得比较好，就能有效地减少来自Internet的攻击风险。比如，在路由器上可以采用访问列表来控制内外的访问；采用源路由器控制方法，过滤非本地的IP报文发送到Internet上，可避免黑客的IP欺骗，也可控制发自本网络内部的伪造源地址的蠕虫病毒和DDoS攻击。

加强局域网之间的边界控制，可以减少攻击威胁的范围。比如，SQL蠕虫病毒在某局域网内爆发，由于边界控制设备关闭了SQL Server连接的端口，因此，至少可以避免该病毒从本局域网传染到其他局域网。

#### 5. 实时监控

以上措施都能提高网络的组成元素的安全强度，但这还不够。因为网络访问是动态的，网络管理员要时时刻刻监视网络的访问情况，特别是密切注意潜在的攻击行为，采取必要手段进行及时控制；对已攻击成功的事件，应启动应急响应流程，分析黑客是利用了网络中的哪些薄弱环节、使用什么攻击方式进行的，考虑应如何调整和加强安全措施等。

利用入侵检测系统(IDS)建立全网的监控系统，既可以实施对网络的实时全面监控，也可以对某个或某些安全事件进行特别监控。管理员要充分利用事件的自定义功能，将自己认为有必要监控的网络访问进行自定义。在日常网络的安全维护中，应根据实际情况，实行每周7天的全天候(7天×24小时)监控或5天×8小时监控。

#### 6. 日志审核

这里所说的日志是指操作系统日志、应用程序日志和防火墙日志。如果网络范围比较大，设备比较多，日志量就比较大。如果没有专门的日志分析工具，网络管理员应只对特别重要的服务器日志进行常规的日志分析。通过这些分析，可以发现服务器上是否有异常活动。日志分析审核是对网络安全监控系统的一个补充，在日常维护中，建议每月进行一次。

#### 7. 应急响应

采取再多的安全措施，也不会造就绝对安全的网络系统。在网络安全方面，"攻"和"防"是一对既互相对立、又互相促进的矛盾体，它们总是在实践中的不断较量中相互制约和不断发展的，往往是先有新的"攻击"手段和方法出现，随后再有相应的"防御"措施出台，此所谓"道高一尺，魔高一丈"。因此，在攻击者侵入网络后，需要有及时的应急响应措施，对安全事件进行分析、追踪，实施修补。

希望每个较大的网络系统安全管理员都建立自己的紧急响应流程，使所有安全管理人员都知道，在出现紧急安全事件时应如何处理。如果暂不具备对安全事件分析的实力，可由有能力提供紧急响应安全服务的服务提供商进行支持。此外，应及时对每次应急响应进行总结，修正应急响应流程。

8. 软件和数据文件的保护

软件和数据文件包括系统软件、应用软件及应用系统的数据库各项文件等。操作系统软件的安全性体现在对程序保护的支持和对内存保护的支持上。在现代信息系统中，硬件对操作系统的支持比较完善，如使用硬件技术中的特权指令、重定位和界限寄存器、分页、分段等功能实现对资源的合理分配，将用户的程序和数据管理起来，避免相互间的干扰和分时冲突。

在虚拟存储技术中采用段页表进行地址映射，在这些表中规定了对内存信息的访问权限。操作系统正是由内存管理程序对内存资源进行控制和保护的。因为操作系统管理了系统的全部资源，因此它必须避免一般用户的进入。因该特定入口是由管理程序控制的，所以当一般用户试图通过特定入口（陷阱）向操作系统请求服务时，就无法进入该管理程序。对于多进程的系统，可以采取优先级控制的方法防止进程之间的干扰和对系统区的非法访问。

目前，各种应用软件、软件工具和数据文件的数量正以惊人的速度增长，以满足日益增长的计算机应用的需要。但非法复制、非授权侵入和修改是对软件（数据文件）的主要危害。从销售商的角度看，需要一些保护措施防止销售的软件被非法复制。非法复制除给软件销售商带来经济损失外，更重要的是，一旦对国家经济、工商、金融、外贸以及军政部门的机密软件和系统软件（文件）进行非法复制，将造成不可估量的损失，甚至严重威胁到国家安全。

通常采用市场策略、技术策略和法律策略三种保护策略对付软件的非法复制。

1）市场策略

比较典型的市场策略是对软件商品标以诱人的低廉价格，使每个潜在用户都愿意购买它，因为购买后还可以得到所需文件和后续的技术支持。

2）技术策略

技术策略涉及较多具体的软件保护技术，如抗软件分析法、唯一签名法、软件加密法和数据加密法等。抗软件分析法可使攻击者不能动态跟踪与分析软件程序。唯一签名法可保证软件不被非法复制。但随着科学技术的不断发展，各种各样的复制软件工具不断出现，攻击者可以通过复制软件的源代码进行静态分析。为防止这种静态分析，可对整个程序或程序的关键部分进行加密。软件加密是将介质上存储的程序代码变换成一种密文形式，使得攻击者即使是复制了该软件也无法读懂它，因而也就无法分析和使用它。

3）法律策略

利用软件保护法等相应的法律法规的约束和威慑力使人们对非法侵权有所顾忌，不得不去购买正版软件。虽然法律本身的作用是有限的，但把几种策略结合起来使用还是有效的。

### 1.6.2 网络日志管理

网络日志不仅能用来进行安全检查，而且还能够帮助用户更好地从事网络管理工作。网络管理员的一个十分重要的工作就是做好网络日志。有效地利用网络日志进行网络安全管理是一项十分重要的工作。

现就如何利用网络日志进行网络管理工作做一些简要介绍，并通过一些日常的范例来说明。最后介绍一个网络日志分析工具及其应用。

### 1. 网络日志是日常管理的FAQ

在日常的网络管理工作中，要形成一种习惯，就是将当天遇到的问题与解决方法填写在网络日志中，然后定期地将这些内容进行整理归类到一个名为网络管理的FAQ（日常问答）中。FAQ以一问一答的方式收集内容，以Web形式共享。这样，当网络管理员此后再遇到问题时，可以先在这里寻找答案，这样可大大提高解决问题、排除故障的效率。

### 2. 网络日志是排除故障的黑匣子

网络日志对于故障排除也能起到飞机黑匣子的功能。下面通过几个案例来说明网络日志对排除网络故障的帮助。

**例1-1** 某企业内部有一台应用服务器，操作系统是Windows NT 4.0，在上面运行着一个通信网关程序。有一天网络管理人员一上班就发现这个通信网关程序罢工了。结果一检查，该程序已异常退出，而且再也启动不了。

这时，网络管理人员迅速查找网络日志，发现在前一天下班时，另一名网络管理人员为了提高安全性，在该服务器上打了SP6补丁，然后关机下班。网络管理人员马上与该程序的开发商取得联系，确认了该程序与SP6不兼容，并得到了修改该故障的新版程序，顺利地解决了问题。在本例中，通过查看网络日志，寻找到了变动因素，从而找到引起该故障的原因。

**例1-2** 有一段时间，某企业内部网络出现了一个奇怪的现象，每天中午大家都无法正常收发E-mail，接收邮件经常超时，数据传输很慢。开始大家认为可能是由于中午上网人多而引起的。

为了能够找出原因，网络管理员连续几个中午进行网络流量监测，并将结果记录下来。然后翻开网络日志，查看在发生该情况之前的网络流量数据，结果发现这几天中午的网络流量居然是平时最大值的十多倍。他们觉得这样的情况肯定不是上网人数简单增加引起的。他们就继续进行网络监控，试图寻找出原因。结果用Sniffer监听到了一台PC在源源不断地向外广播大量的数据包。找到这台PC的用户后才知道，该用户是在用“超级解霸”看VCD，当打开他的“超级解霸”时发现他误设置了打开DVB数字视频广播，结果在他看VCD的同时也向整个局域网用户进行视频广播，因此导致了网络阻塞。试想如果没有网络日志数据，他们可能无法得知网络数据的增长到底有多大，是不是与上网人数增加有关系，就可能会盲目地采用增加带宽的方式来解决该问题了。

### 3. 网络日志是网络升级的指示仪

网络日志记录了网络日常运行的状态信息，这些信息显示了网络的动态情况，有了这些情况，就可以正确地做出网络升级的决策，使得网络升级能够落到实处。同时，网络日志还为网络升级提供了详细的数据依据。

例如，每年年底企业领导都要求网络管理部门提交一个关于新一年中网络升级的需求报告，这时网络管理员就可打开网络日志，对网络日志中的网络流量数据进行分类统计，获取网络流量的增长率、网络流量的高峰时期等信息；对网络中病毒记录进行统计，可以得知现行的病毒防治策略是否有效；还可以从网络日志中发现每一个网络服务器的负载变化情况，再根据这一情况制定网络服务器软硬件的更新。基于网络日志提供的上述各种数据信息，网络管理部门即可制订出一个较完美的升级计划向领导汇报了。

总之，如果行之有效地利用网络日志中的数据记录，将能够帮助网络管理员更好地完成网络管理工作。

#### 4. 网络设备的日志管理

在一个完整的信息系统里，日志系统是一个非常重要的组成部分。查看交换机、路由器和其他网络设备的日志，可以帮助网络管理员迅速了解和诊断问题。一些网络管理员认为日志管理是信息安全管理的内容，与系统管理关系不大，这绝对是错误的。很多硬件设备的操作系统也具有独立的日志功能。下面以常见的 Cisco 设备为例介绍在网络设备日志管理中最基本的日志记录方法与功能。

在 Cisco 设备管理中，日志消息通常是指 Cisco IOS 中的系统错误消息。其中每条错误信息都被定一个级别，并伴随着一些指示性问题或事件的描述信息。Cisco IOS 发送日志消息(包括 debug 命令的输出)到日志记录。默认情况下，只发送到控制台接口，但也可以将日志记录到路由器内部缓存。在实际管理工作中，一般将日志发送到终端线路，如辅助和 VTY 线路、系统日志服务器和 SNMP 管理数据库等。

例如，一个消息经常出现在 Catalyst 4000 交换机上，假设日志消息已经启用了时间戳和序列号。对于日志消息，首先看到的是序列号，紧接着是时间戳，然后才是真正的消息，如 %SYS-4-P2_WARN：1/Invalid traffic from multicast source address 81：00：01：00：00：00 on port 2/1。

通过查阅 Cisco 在线文档，或者利用“错误信息解码器工具”分析就可判断出，当交换机收到信息包带有组播 MAC 地址作为源 MAC 时，“无效的数据流从组播源地址”系统日志消息生成。在 MAC 地址作为源 MAC 地址时，帧不符合标准情况，但交换机仍然转发从组播 MAC 地址发出的数据流。解决该问题的方法是设法识别产生帧带有组播源 MAC 地址的终端站。一般来说，共享组播 MAC 地址的这个帧由数据流生成器或第三方设备传输。

#### 5. 网络日志便于系统运行维护管理

以保障系统稳定运行为目的，通过采集各种网络设备、操作系统及系统软件平台的运行日志及各种消息、主动探测运行状态等手段，全面地监测、记录各种平台的动态信息及配置变更，实时地提供报警信息并输出各种综合日志分析报告，为系统管理人员提供了一个监测面广、响应及时、具有强大分析能力的信息系统基础设施——日志监测管理平台。这样可大大降低系统运行维护人员的工作量和定位故障的时间，快速完成系统运行维护任务。

#### 6. 日志分析工具及应用

当网络日志(如IIS或Apache)的数量非常大的时候,人工分析的效率是极低的。这时我们需要工具来帮忙,AWStats、Faststs Analyzer、Logs2Intrusions v.1.0等都是很不错的网络日志分析工具。下面介绍Apache/IIS日志分析工具AWStats。

AWStats是一个基于Perl的Web日志分析工具。AWStats是Perl语言书写的程序,所以必须先安装ActivePerl(for win32)程序。

1) 安装ActivePerl

下载ActivePerl的压缩包并解压缩之后,运行Installer.bat。输入要安装的目录,如D:\Perl。接下来基本上一路回车确认就可以了。当要求输入Apache路径时,如果没有就输入"none"。最后按照提示,输入"return"结束Perl安装。

2) 测试ActivePerl

AWStats要显示的输出结果有CGI和HTML两种方式,推荐使用CGI。

若按照默认的方式安装ActivePerl,则在IIS中会默认添加.pl文件的解析映射。否则就要手工添加了。

在IIS 6.0中,还需要在"Web服务扩展"中启用"Perl CGI Extension"和"Perl ISAPI Extension",如图1.6所示。

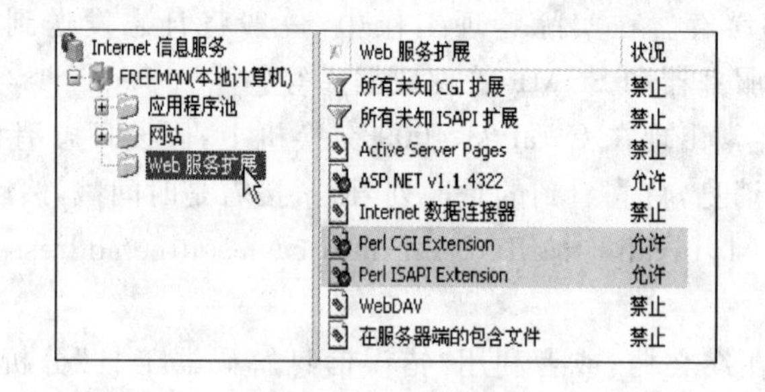


图1.6 Web服务扩展

再新建立一个虚拟目录。在设置访问权限时要选择"执行(如ISAPI应用程序或CGI)",如图1.7所示。如虚拟目录为test,对应的物理路径为D:\test新建test.pl文件,保存到D:\test\下,输入下面代码:

```
# ----------------------------------------
# 测试Web服务器是否支持perl语言解析的测试程序
# ------------------------------------------------------ 代码开始
print"content-type:text/html","\n\n";
print "<html>\n";
print "<head><title>test</title></head>\n";
print "<body><center>\n";
print "这是 CGI 测试。\n";
print "恭喜你,你的服务器已支持 PERL。\n";
print "</center></body>\n";
print "</html>\n"   # 代码结束
```

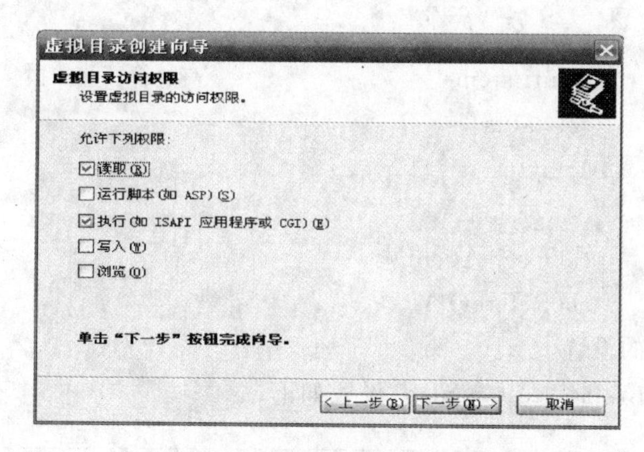


图 1.7　虚拟目录创建向导

打开 IE,在地址栏中输入 http://localhost/test/test.pl。如果在 IE 中出现居中的"这是 CGI 测试。恭喜你,你的服务器已支持 PERL。"说明设置成功,如图 1.8 所示。

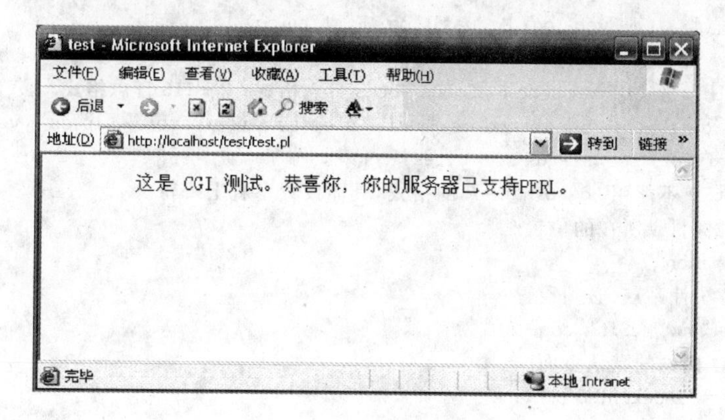


图 1.8　CGI 测试设置

3）安装 AWStats

在安装前会检测环境变量 path 中是否包含 perl 所在的目录(如刚才安装后的路径 D:\Perl\bin)。

如果 path 中没有 perl 路径,AWStats 会弹出消息,可以选择"跳过(skip)",但为了保证以后使用的方便,建议将 perl.exe 所在目录添加到 path 中。

安装结束前,系统会提示是否新建一个配置文件,选择"是(y)",输入要统计的站点名(如 www.mysite.com)即可。

4）使用 AWStats

(1) 设置 IIS 的日志选项

默认日志以天为单位,日志字段按照下面设置:

- 日期　　date
- 时间　　time
- 客户 IP 地址　　c-ip
- 用户名　　cs-username

- 方法　　　　　cs-method
- URI 资源　　 cs-uri-stem
- 协议状态　　　sc-status
- 发送字节数　　sc-bytes
- 协议版本　　　cs-version
- 用户代理　　　cs(User-Agent)
- 引用站点　　　cs(Referer)

(2) .conf 文件的设置

假设文件名为 awstats. test. conf，其设置如下：

```
# -----------------------------------------------------------------
# 以下说明为常用的基本设置,其他设置使用默认设置就可以了
# -----------------------------------------------------------------
LogFile: 日志文件的位置(ex%YY-24%MM-24%DD-24 为过去 24 小时格式)
LogFile = "C:/WINDOWS/system32/LogFiles/W3SVC1/ex%YY-24%MM-24%DD-24.log"
LogType: 日志类型(W-web log; M-mail log; F-ftp log)
LogType = W
LogFormat: 日志格式(1-Apache or Lotus Notes 日志格式; 2-IIS 日志格式)
LogFormat = "date time cs-method cs-uri-stem cs-username c-ip cs-version cs(User-
Agent) cs(Referer) sc-status sc-bytes"
*注意: IIS6.0 不能用 LogFormat = 2 的格式,具体设置参看上一行。
DirIcons: 图标目录所在的位置
DirIcons = "/icon"
SiteDomain: 统计站点(必须设置)
SiteDomain = "www.mySite.com"
DefaultFile: 网站的默认页面
DefaultFile = "index.html"
Logo = "corplogo.jpg"
LogoLink = "http://www.mySite.com"
*logo 必须是在 icon/other 目录下
StyleSheet: 样式表所在位置
StyleSheet = "/css/awstats_default.css"
HTMLHeadSection = "<center><h1>这个是网页头</h1></center>"
HTMLEndSection = "<center><h1>这个是网页尾</h1></center>"
*可以书写 HTML 代码
Include: 包含另外一个 conf 文件
Include "awstats.public.conf"
```

说明：先继承另外一个 conf 文件的设置（比如一个公共的设置），该文件的设置覆盖所继承文件的设置。这样可方便多个站点的统计。在公共设置中设置好统计的选项，其他的配置文件只需要修改日志位置（LogFile）、统计站点的名称（SiteDomain）就可以了。

(3) 统计日志

建立一个批处理文件（比如 makelog. bat），输入以下内容：

```
perl X:\AWStats\wwwroot\cgi-bin\awstats.pl -update -lang=cn -config=mysite
perl X:\AWStats\wwwroot\cgi-bin\awstats.pl -update -lang=cn -config=config1
perl X:\AWStats\wwwroot\cgi-bin\awstats.pl -update -lang=cn -config=config2
```

注：需要统计几个站点就写几行，修改-config＝XXXX为要统计的站点的配置文件。每天定时运行该批处理文件(可以做成计划任务)。

(4) 访问统计结果

建立一个虚拟目录(比如awstats)，映射到AWStats的wwwroot文件夹，访问权限要选择"执行(如ISAPI应用程序或CGI)"，在地址栏输入 http://localhost/awstats/cgi-bin/awstats.pl?config=test，确认后就会得到较详细的访问统计结果。

# 习题和思考题

**一、问答题**

1. 何为计算机网络安全？网络安全有哪几个特征？各特征的含义是什么？
2. 网络系统的脆弱性主要表现在哪几个方面？
3. 网络安全的威胁主要来自哪些方面？通常说网络威胁有哪两大类？
4. OSI网络安全体系涉及哪几个方面？网络安全服务和安全机制各有哪几项？
5. P2DR模型中的P、P、D、R的含义是什么？
6. 请列出你熟悉的几种常用的网络安全防护措施。

**二、填空题**

1. 网络系统的________是指保证网络系统不因各种因素的影响而中断正常工作。
2. 数据的________是指在保证软件和数据完整性的同时，还要能使其被正常利用和操作。
3. 网络威胁主要来自人为影响和外部________的影响，它们包括对网络设备的威胁和对________的威胁。
4. 某些人或某些组织想方设法利用网络系统来获取相应领域的敏感信息，这种威胁属于________威胁。
5. 软、硬件的机能失常、人为误操作、管理不善而引起的威胁属于________威胁。
6. 使用特殊技术对系统进行攻击，以便得到有针对性的信息就是一种________攻击。
7. 被动攻击的特点是偷听或监视传送，其目的是获得________。
8. TCSEC将计算机系统的安全分为________个级别，________是最低级别，________是最高级别，________级是保护敏感信息的最低级别。

**三、单项选择题**

1. 网络系统面临的威胁主要是来自(1)影响，这些威胁大致可分为(2)两大类。入侵者对传输中的信息或存储的信息进行各种非法处理，如有选择地更改、插入、延迟、删除或复制这些信息，这是属于(3)。入侵者通过观察网络线路上的信息，而不干扰信息的正常流动，如搭线窃听或非授权地阅读信息，这是属于(4)。

(1) A. 无意威胁和故意威胁　　B. 人为和自然环境
　　C. 主动攻击和被动攻击　　D. 软件系统和硬件系统

(2) A. 无意威胁和故意威胁　　B. 人为和自然环境
　　C. 主动攻击和被动攻击　　D. 软件系统和硬件系统

(3) A. 系统缺陷　　B. 漏洞威胁　　C. 主动攻击　　D. 被动攻击

(4) A. 系统缺陷　　B. 漏洞威胁　　C. 主动攻击　　D. 被动攻击

2. 网络安全包括(1)安全运行和(2)安全保护两方面的内容。这就是通常所说的可靠性、保密性、完整性和可用性。(3)是指保护网络系统中存储和传输的数据不被非法操作；(4)是指在保证数据完整性的同时，还要能使其被正常利用和操作；(5)主要是利用密码技术对数据进行加密处理，保证在系统中传输的数据不被无关人员识别。

(1) A. 系统　　B. 通信　　C. 信息　　D. 传输

(2) A. 系统　　B. 通信　　C. 信息　　D. 传输

(3) A. 保密性　　B. 完整性　　C. 可靠性　　D. 可用性

(4) A. 保密性　　B. 完整性　　C. 可靠性　　D. 可用性

(5) A. 保密性　　B. 完整性　　C. 可靠性　　D. 可用性

# 第2章

# 网络操作系统安全

**本章要点**

- 操作系统安全；
- 访问控制的概念、类型及措施；
- Windows NT/2000/2003系统的完全性；
- UNIX和Linux系统的安全性。

## 2.1 网络操作系统简介

计算机网络是由多个相互独立的计算机系统通过通信媒体连接起来的。各计算机都具有一个完整独立的操作系统，网络操作系统(NOS)是建立在这些独立的操作系统基础上用以扩充网络功能的系统(系统平台)。

网络操作系统是为使网络用户能方便而有效地共享网络资源而提供各种服务的软件及相关规程，它是整个网络的核心，通过对网络资源的管理，使网上用户能方便、快捷、有效地共享网络资源。操作系统的主要功能包括：进程控制和调度、信息处理、存储器管理、文件管理、输入/输出管理、资源管理等。NOS是一种运行在硬件基础上的网络操作和管理软件，是网络软件系统的基础，它建立一种集成的网络系统环境，为用户方便而有效地使用和管理网络资源提供网络接口和网络服务。NOS除了具有一般操作系统所具有的处理机管理、存储器管理、设备管理和文件管理功能外，还提供高效而可靠的网络通信环境和多种网络服务功能，如文件服务、打印服务、记账服务、数据库服务以及支持Internet和Intranet服务。

目前，常用的网络操作系统有Windows NT/2000 Server、Windows Server 2003、UNIX和Linux等。

### 2.1.1 Windows NT系统

Windows NT是Microsoft公司在LAN Manager网络操作系统基础上于1993年推出的具有更高性能的NOS(Windows NT 3.1)；1994年9月经过许多改进的Windows NT 3.5版面世，这是NT网络技术较成熟的版本；1996年，与Windows 95有相同用户界面的

Windows NT 4.0 推出。强劲的网络性能和 Microsoft 强大的市场营销能力，使 Windows NT 的发展势头更加迅猛，成为有史以来市场占有率增长最快的网络操作系统。短短几年时间，网络操作系统一直由 NetWare 垄断的局面被打破。尤其在视窗环境下的用户界面，方便灵活的系统管理，使得越来越多的计算机用户转向 Windows NT 系统。

在 Windows NT 的产品系列中，有 Windows NT 3.5、Windows NT 4.0 和 Windows NT 5.0，每个版本都有 Windows NT Workstation（简称 Windows NTWS）和 Windows NT Server（简称 Windows NTS）两个软件产品，它们在 Windows NT 网络中扮演不同的角色。Windows NTS 主要用于网络上的服务器，包括文件服务器、打印服务器和 Windows NT 网络的主域控制器等；Windows NTWS 则主要服务于高档客户。从网络角度看，Windows NTS 属于管理网络的主服务器软件，而 Windows NTWS 则用于管理特殊工作站或用户工作站。两者相比，服务器软件附带有较强的管理功能和较完善的 Internet 功能，如可以使用附带的 IIS 软件建立企业网的 Internet 信息服务器，而工作站软件只有较简单的单一 Web 服务功能。

Windows NT 是一种 32 位多用户、多任务的网络操作系统，也是一种面向分布式图形应用程序的完整的平台系统。Windows NT 为网络管理提供了完善的解决方案，具备担负大型项目需求的能力，提供了健全的安全保护能力和具有独特的支持多平台的优势等。

Windows NT 是功能强大的网络操作系统，既适合于大型业务机构的实时、分时数据处理，又能为工作组、商业和企业的不同机构提供一种优化的文件和打印服务，其 Client/Server 平台还可以集成各种新技术，通过该平台为信息存取提供优越的环境。

Windows NT 操作系统在其核心内置了容错技术，可以在应用软件和系统硬件故障时，保证系统能正常可靠地工作；提供了相当多的易于实施的网络管理及网络安全功能，如创建用户组和用户，用户入网安全限制，进行各种 CPU 和内存的测试与分析等。

虽然工作站软件也可以被安装在计算机上作为服务器使用，但由于受其先天设计思想的限制，使多数服务器版本的软件无法在该环境中使用，因此在多数场合中不适宜作服务器使用。然而，对于那些希望享受比 Windows 95 更稳定、更安全的操作系统的用户来说，使用 Windows NTWS 作为自己桌面的操作系统，可能是一个最佳选择。

### 2.1.2 Windows 2000系统

在 Windows NT 之后，Microsoft 公司又推出了 Windows 2000 网络操作系统。它集 Windows 98 和 Windows NT 4.0 的很多优良功能和性能于一身，超越了 Windows NT 的原来含义。与 Windows NT 相比，Windows 2000 在许多方面都做了较大的改动，在安全性、可操作性等方面都有了质的飞跃。

Windows 2000 系列操作平台，继承了 Windows NT 的高性能，融入了 Windows 9x 易操作的特点，又发展了一些新的特性。Windows 2000 使用了活动目录、分布式文件系统、智能镜像、管理咨询等新技术，它具备了强大的网络功能，可作为各种网络的操作平台，尤其是 Windows 2000 强化的网络通信，提供了强大的 Internet 功能。

Windows 2000 系列操作系统有 Windows 2000 Datacenter Server、Windows 2000 Advanced Server、Windows 2000 Server 和 Windows 2000 Professional 4 个产品。Windows

2000 Datacenter Server 是一个新的品种,它支持 32 个以上的 CPU 和 64GB 的内存,以及 4 个节点的集群服务。Windows 2000 Server 和 Advanced Server 分别是 Windows NT Server 4.0 及其企业版的升级产品。Windows 2000 Professional 是一个商业用户的桌面操作系统,也适合移动用户,是 Windows NT Workstation 4.0 的升级。

Windows 2000 平台包括了 Windows 2000 Professional 和 Windows 2000 Server 前后台的集成,它具有如下的新特性和新功能。

### 1. 活动目录

Microsoft 在 Windows 2000 Server 中进一步发展了活动目录的概念——安全可扩展、可伸缩的目录服务。活动目录也是 Windows 2000 新增的功能之一,是一个可扩展的层次型目录服务,可与 Novell 的 NDS 相媲美。

活动目录是一个存储在网络中多台服务器上的分布式数据库。该数据库中存储了整个网络的账户信息。当用户登录网络时,活动目录进行目录信息逻辑和分层组织,在活动目录中使用了树和森林的概念。活动目录与 DNS 紧密地集成在一起,使用 DNS 作为定位服务。Windows 2000 Server 中的域名是 DNS 域名。这就意味着活动目录能够自动地适应 Internet 和 Intranet 环境,客户可以更容易地找到目录服务器,企业可以直接将活动目录服务连接到 Internet 上,以促进与用户的安全通信和电子商务活动。活动目录采用 DNS 域名,是实现树和森林的基础。如果企业网中域名连续衔接,像一个分叉的树,则应该建立域树;如网络中域名可以构成多个互不相连的树,就可以成为一个森林。

活动目录是高度可伸缩的,它可采用 Internet 标准技术建立,并在操作系统级完成企业级目录服务。它为运行在 Windows 上的应用程序提供全面的目录服务,同时还被设计成一个统一的集合点,用于隔离、迁移和集中管理企业拥有的目录,并减少目录的数目。这样,活动目录可以在任何系统中正常工作,从只有几百个对象、一台服务器的小型系统到拥有数百万个对象、上千万台服务器的庞大系统,使其成为企业信息共享和网络资源通用管理的理想平台。

### 2. 分布式文件系统

Windows 2000 在 Windows NT Server 4.0 的高效文件服务基础上,加强或新增了分布式文件系统(Distributed File System,DFS)。DFS 的作用是不管文件的物理分布情况,可以把文件组织成为树状的分层次逻辑结构,便于用户访问网络文件资源、加强容错能力和网络负载均衡等。该系统可将许多不同服务器上的若干逻辑磁盘分区或卷标组合在一起,使它们好像一个完整的逻辑驱动器。DFS 能够在服务器和共享区上实现文件系统对硬盘所做的所有工作,并能对基本相同的存储区进行一致性存取。

建立了分布式文件系统之后,可以从文件树的根节点开始寻找文件,再也不会迷失方向,也无需考虑文件的物理存储位置。即使文件的物理存储位置有变动,也不会影响用户的使用。这是一个透明的高扩展性的文件管理方案。

DFS 还打破了 PC 环境下一个磁盘分区总是以一个逻辑驱动器方式存在的结构,在复杂环境中,解决了驱动器命名的限制问题。以往的非 DFS 技术具有缺乏容错能力、灵活性与伸缩性的限制和缺乏可伸缩性等局限性。通过使用 DFS,以同样的文件结构可以定位来自不同服务器的共享区。

### 3. 管理咨询

Windows 2000 在服务器和用户环境的管理方面作了很大的改进，这些改进归功于 Microsoft 管理控制台 MMC。MMC 不是一个孤立的管理工具，而是可显示管理信息的框架系统，是以前所有管理系统的集合。它是一个图像化的控制平台，其中包含的程序给出了管理 NT 环境某部分的入口。各种插件以树状结构组织起来，并包含管理员执行特定任务所需要的工具和信息。MMC 中的各窗口都可显示树状结构的某个部分，从而可直接执行某一任务。

MMC 对管理任务而言，是一个完整的解决方案，它可以融于已有的 HP Open View 管理工具中，并可启动其他管理系统，且还可像其他任何程序一样被调用创建指向可执行文件、脚本或 URL 的快捷方式。与其他管理控制平台相比，MMC 不依赖于任何协议或底层资源。MMC 不仅可以消除用户界面的差别，还可以根据自己的需要，设定特定的可裁剪视图。每个管理员可根据具体任务的不同而进行不同的安装。

### 4. 智能镜像技术

智能镜像是一系列改变和配置管理功能的总称，是 Windows 2000 提供的特有的强大功能，同时发挥服务器和客户机的不同特性。它综合了中心计算的优点和分布计算的性能和灵活性。Windows 2000 的改变和配置管理由智能镜像和远程操作系统安装服务组成。智能镜像包括用户的数据管理和用户的计算机设置管理。智能镜像的目的是使一个用户的数据、应用程序和设置紧随该用户，不管该用户在网络上的任何地点登录，其专用信息可随时出现。例如，用户在办公室的计算机上设置了自己喜欢的和常用的桌面配置，用户在其他任何网络上登录计算机，就会看到自己熟悉的桌面，而不需要用户再重新设置。

### 5. 强化的网络通信

Windows 2000 中的网络通信部分得到了较大的增强，提供了一种新版本网络设备接口规范（NDIS）的网络结构，其中包括异步传输模式（ATM）、服务质量 QoS 和无线 WAN。Windows 2000 中的 TCP/IP 支持多目通信、快速传输与恢复、地址的冲突检测等，这使它成为当前最流行的通信方式之一。Windows 2000 强化的通信功能表现在以下几个方面。

- 虚拟专用网（VPN）。利用 VPN 企业可以很容易地与那些不在办公室的职员连接，并可运行虚拟专用网络，以降低成本。Windows 2000 的多重协议可优化连接方式，而透明性使这一切对于终端用户来说非常容易。Windows 2000 Server 支持许多新的、更安全的协议。其中有两层通道协议，为连通、地址分配和身份验证提供更安全的性能。
- 路由和远程访问服务。路由和远程访问服务是一个独立集成的服务。该服务为拨号网络或 VPN 客户提供连接或路由服务，或者两者同时提供。它为 Windows 2000 Server 提供了作为远程服务器、VPN 服务器或者分支路由器应具有的特征。
- 路由和网关。Windows 2000 Server 继承了可编程的网络基础结构，包括一系列丰富的路由和网关服务，以满足不同的需求。管理员可以选择一种被支持的连接性选项，以便将 Windows 2000 Server 创建为多连接路由器。Windows 2000 Server 包括一整套路由和网关设置，这样，就可以自由地连接企业网络及其周边分支网络。

- 网络地址转换。网络地址转换器能将专用内部地址转换为公用外部地址。相对于外部地址，从内部隐藏了 IP 地址的管理，它允许用户在内部使用未注册的 IP 地址，这样，就可以降低 IP 地址的注册费用。网络地址转换器还屏蔽了内部的网络结构，从而降低了由于服务器被拒绝而攻击内部系统的风险。

### 2.1.3　Windows 2003 系统

在微软的企业级操作系统中，如果说 Windows 2000 全面继承了 NT 技术，那么 Windows Server 2003 则是依据.NET 架构对 NT 技术进行了重要发展和实质性改进，并部分实现了.NET 战略，构筑了.NET 战略中最基础的一环。Windows Server 2003 作为.NET 架构提出以来最重要、最基础性的产品，它的推出受到了业内人士的关注。

Windows Server 2003 是一款微软推出的全新操作系统。Windows Server 2003 简体中文版分 Web、Standard、Enterprise 和 Datacenter 4 个版本。Enterprise 版最大支持 8 个处理器和 32GB 内存，最小配置为 CPU 速度不低于 133MHz，内存不少于 128MB。因此，Windows Server 2003 具有硬件适应面广和伸缩性强的特点。

Windows Server 2003 不仅改进了 Windows 2000 原有的服务，提高了这些服务的性能和扩充了许多功能，而且还增加了新的服务。

#### 1. 安全性

原来的 Windows 系统的安全性总是不尽如人意，直到 Windows 2000 才有较大改观，但依然存在缺憾，如登录时的输入法漏洞、IIS 特殊网址漏洞等。Windows Server 2003 在安全上下了很大功夫，不仅堵住了已发现的 NT 漏洞，而且还重新设计了安全子系统，增加了新的安全认证，改进了安全算法。

在本地安全策略方面，Windows 2003 区别于 Windows 2000 之处在于软件限制策略(SRP)。Windows 2003 的 SRP 允许用户控制在本地计算机系统上运行哪些软件。用户可在选项中规定系统要运行的软件，因此可阻止不被信任的软件运行。用户可定义默认的安全级别为 Unrestricted(允许未明确拒绝的)或 Disallowed(拒绝未明确允许的)。后者有较好的安全级别，但限制过于严格。

在用户组策略方面，Windows 2003 系统在组策略中增加了两项内容：软件限制策略(SRP)和无线网络策略(IEEE 802.11)。软件限制策略的功能与本地安全策略相同，但它可应用到站点、域或机构单位(OU)。无线网络策略允许管理员管理无线网络，定义优先的无线网络，并对任何系统定义 IEEE 802.1X 身份验证。

Windows 2003 的安全中心是活动目录(AD)。它集成了最新版本的 Windows 操作系统中的目录服务。Windows 2003 的活动目录比 Windows 2000 的活动目录的灵活性和可管理性更强，可以处理森林域信任关系。

### 2. 可管理性

Windows Server 2003 的可管理性较 Windows 2000 有了很大增强,主要体现在各种服务的配置上。利用"配置您的服务器"和"管理您的服务器"向导,系统管理员可以轻松地进行服务器角色的安装和管理,从而完成各种服务器的安装和配置,其简单、方便和全面均非 Windows 2000 可比。Windows Server 2003 已内置了文件服务器、打印服务器、应用程序服务器、邮件服务器、终端服务器、远程访问/VPN 服务器、域控制器、DNS 服务器、DHCP 服务器、流式媒体服务器、WINS 服务器等服务器角色,几乎囊括了所有的服务器应用。利用这些内置的服务器角色,只需简单的操作即可完成相应服务器的配置。用户还可以利用"管理您的服务器"对流媒体服务器的一些参数和选项进行调整。删除服务器也很简单,只需在"管理您的服务器"中删除相应的服务器角色即可。

### 3. 系统性能

通过实测,在相同硬件配置下,Windows Server 2003 的启动速度和程序运行速度比 Windows 2000 Server 要快许多,在低档硬件配置下和运行像 Photoshop 类的大型软件时表现得更明显。这无疑是 Windows Server 2003 核心得到改进、各种设备的管理得到优化的结果,同时也表明 Windows Server 2003 作为服务器操作系统有十分突出的内存管理、磁盘管理和线程管理性能。作为新一代网络操作系统,Windows Server 2003 有自己独有的设备管理模式,所以硬件驱动程序要安装 ForWin 2003 产品,而且最好是经微软认证获得数字签名的产品,这样才能保证 Windows Server 2003 的稳定性和安全性。Windows Server 2003 已内置了大多数主流硬件的驱动程序,这些程序与硬件厂商提供的驱动程序相比,其稳定性和兼容性都很好。

### 4. 安装和界面

Windows Server 2003 的安装类似于 Windows XP,其区别是屏幕左上角的 Windows Server 2003 提醒。安装分为升级安装和全新安装两种。Windows Server 2003 Enterprise 版只能从 Windows NT Server 4.0+SP5 或更高版本以及 Windows 2000 Server 的各个版本升级。如果未达到上述版本,只能先升级到以上版本后再升级到 Windows Server 2003。

Windows Server 2003 已全面更换为 Windows XP 界面,同时也为习惯于传统 Windows 版本的操作者准备了传统的 Windows 界面。微软计划将所有产品的界面统一于 Windows XP 式样以适应.NET 战略,这在 Windows Server 2003 中得到了再次体现,也将在 Office 2003、Visual Studio .NET 2003 等产品中得到进一步体现。

### 5. 功能

Windows Server 2003 改进并增强了如下功能:

- 远程控制功能。Windows Server 2003 增加了原来通过 Netmeeting 才能实现的"远程桌面连接",使系统管理员对网络的控制和管理大大加强。
- .NET Framework 计算平台。为了适应.NET 战略,Windows Server 2003 提供了.NET Framework 计算平台。它简化了 Internet 分布式环境中应用程序的开发(如

开发 ASP.NET 应用程序和 XML Web 服务),并为这些应用程序提供了良好的支持和可缩放的服务端运行环境。

- IIS 6.0。Windows Server 2003 内置了 IIS 6.0 版,它较 Windows 2000 中的 IIS 5.0 在可靠性、安全性、可管理性等方面有了长足进步,尤其是在全面支持.NET 架构上,提供了出色的 ASP.NET 运行环境和 Web 应用程序开发和运行机制。
- 流媒体服务。对流媒体服务器的改进,使微软作为流媒体技术领导者的地位得到进一步加强。流媒体服务器(Windows Media Services)版本已升至 9.0,它与客户端的 Windows Media Player 9.0 的配合非常密切。流媒体服务器改进了客户端和服务器的连接方式,使数据流在较差的网络环境下也能流畅地播放。流媒体服务器还提供了 SDK 开发包和各种调用接口,使程序开发人员可以定制和打造个性化的流媒体服务。
- 关闭事件跟踪功能。Windows Server 2003 在关机和重启模块中,增加了"关闭事件跟踪程序"选项,使用户在关机前进行选择。该功能对客户端无关紧要,但对服务器系统却很重要,因为服务器是连续工作的,非计划的关机或重启意味着事故,所以必须记录在案。

### 2.1.4 UNIX 系统

#### 1. UNIX 概述

1970 年,在美国电报电话公司(AT&T)的贝尔(Bell)实验室研制出了一种新的计算机操作系统,这就是 UNIX。UNIX 是一种分时操作系统,主要用在大型机、超级小型机、RISC 计算机和高档微机上。在整个 20 世纪 70 年代它得到了广泛的普及和发展。许多工作站生产厂家使用 UNIX 作为其工作站的操作系统。在 20 世纪 80 年代,由于世界上各大公司纷纷开发并形成自己的 UNIX 版本,出现了分裂局面,加之受到了 NetWare 的极大冲击,UNIX 曾一度衰败。20 世纪 90 年代,开发和使用 UNIX 的各大公司再次加强了合作和对 UNIX 的统一进程,并加强了 UNIX 系统网络功能的深入研究,不断推出了功能更强大的新版本,并以此拓展全球网络市场。20 世纪 90 年代中期,UNIX 作为一种成熟、可靠、功能强大的操作系统平台,特别是对 TCP/IP 的支持以及大量的应用系统,使得它继续拥有相当规模的市场,并保持了连续数年的两位数字的增长。

UNIX 系统的再次成功取决于它将 TCP/IP 协议运行于 UNIX 操作系统上,使之成为 UNIX 操作系统的核心,从而构成了 UNIX 网络操作系统。UNIX 操作系统在各种机器上都得到了广泛的应用,它已成为最流行的网络操作系统之一和事实上标准的网络操作系统。UNIX 系统服务器可以与 Windows 及 DOS 工作站通过 TCP/IP 协议连接成网络。UNIX 服务器具有支持网络文件系统服务、提供数据库应用等优点。

#### 2. UNIX 操作系统的特点

- UNIX 系统是一个可供多用户同时操作的会话式分时操作系统。不同的用户可以在不同的终端上,通过会话方式控制系统操作。

- UNIX系统继承了以往操作系统的先进技术，又在总体设计思想上有所创新。在操作系统功能设计上力求简捷、高效。
- UNIX系统在结构上分为内核和核外程序两部分。内核部分就是一般所说的UNIX操作系统。能够从内核中分离出来的部分，则以核外程序形式存在并在用户环境下运行。内核向核外程序提供了充分而强大的支持，而核外程序灵活地运用了内核的支持。
- UNIX系统向用户提供了两种界面：一种是用户使用命令，通过终端与系统进行交互的界面，即用户界面；另一种是用于用户程序与系统的接口，即系统调用。
- UNIX系统采用树型结构的文件系统。它由基本文件系统和可装卸的若干个子文件系统组成。它既能扩大文件存储空间，又具有良好的安全性、保密性和可维护性。
- UNIX系统提供了丰富的核外系统程序，其中包含有丰富的语言处理程序、系统实用程序和开发软件的工具。这些程序为用户提供了相当完备的程序设计环境。
- UNIX系统基本上是用C语言编写的，这使系统易于理解、修改和扩充，且使系统具有良好的可移植性。
- UNIX系统是能在笔记本电脑、PC、工作站、中小型机乃至巨型机上运行的操作系统。因此，UNIX系统具有极强的可伸缩性。

### 2.1.5 Linux系统

#### 1. Linux概述

Linux是一种类似于UNIX操作系统的自由软件，它是由芬兰赫尔辛基大学的一位叫Linus的大学生发明的。1991年8月，Linus在Internet上公布了他开发的Linux的原代码。由于Linux具有结构清晰、功能简捷和完全开放等特点，许多大学生和科研机构的研究人员纷纷将其作为学习和研究对象。他们在修改原Linux版本中错误的同时，也不断为Linux增加新的功能。在全世界众多热心者的努力下，Linux操作系统得以迅速发展，成为一个稳定可靠、功能完善的操作系统，并赢得了许多公司的支持，包括提供技术支持，开发Linux应用软件，并将其应用推而广之，这也大大加快了Linux系统商业化的进程。国际上许多著名IT厂商和软件商纷纷宣布支持Linux。Linux很快被移植到Alpha、PowerPC、Mips和Sparc等平台上，从Netscape、IBM、Oracle、Informix到Sybase均已推出Linux产品。Netscape对Linux的支持，大大加强了Linux在Internet应用领域中的竞争地位。大型数据库软件公司对Linux的支持，则对其进入大中型企业的信息系统建设和应用领域奠定了基础。

在中国，随着Internet的发展和网民的迅速增加，一支主要由高校学生和ISP技术人员组成的Linux爱好者队伍已蓬勃发展起来，曾兴起“Linux热”。随后Linux在国内得到了大规模的应用和普及。可以说，随着Internet的普及应用，免费而性能优异的Linux操作系统将发挥越来越大的作用。

Linux之所以发展得如此之快，不能不说是Internet的功劳，因为对Linux的讨论和研究都是通过Internet进行的。Linux和Internet的发展相辅相成，没有Internet，就没有Linux的诞生和发展。反过来，Linux的发展也大大促进了Internet的发展，因为Linux是一个完全公开的操作系统，每个人都可以得到它的源代码，这使得许多人的才能有了用武之地。在 Internet 上，自学成为 Linux 专家已成为年轻人的最大梦想之一。

### 2. Linux 的特点

Linux 继承了 UNIX 的很多优点（如多任务、多用户），但也具有如下自身独特的优点：

- 共享内存页面。在 Linux 下，多个进程可以使用同一个内存页面，只有在某一个进程试图对这个页面进行写操作时，Linux 才将这个页面复制到内存的另一块区域。因此该特点加快了程序运行的速度，还节约了宝贵的物理内存。
- 使用分页技术的虚拟内存。在 Linux 下，系统核心并不把整个进程交换到硬盘上，而是按照内存页面来交换。虚拟内存的载体，不仅可以是一个单独的分区，也可以是一个文件。Linux 还可以在系统运行时临时增加交换内存，而不是像某些 UNIX 系统那样重新启动才能使用新的交换空间。
- 动态链接共享库。Linux 既可使用静态链接共享库，也可提供动态链接共享库功能，因此可大大减少 Linux 应用程序所占用的空间。如一个普通的应用程序使用静态链接编译时占用空间 2MB，而在使用动态链接编译时可能占用空间仅为 50KB 左右。
- 支持多个虚拟控制台。用户可以在一个真实的控制台前登录多个虚拟控制台，可以使用热键在这些虚拟控制台之间切换。
- 调度磁盘缓冲功能。Linux 最突出的一个优点就是它的磁盘 I/O 速度快，因为它将系统没用到的剩余物理内存全部用来做硬盘的高速缓冲，当对内存要求比较大的应用程序运行时，它会自动地将这部分内存释放出给应用程序使用。
- 支持多平台。虽然 Linux 系统主要在 x86 平台上运行，但它也可在 Alpha 和 Sparc 平台上运行。RedHat 公司已推出了适合后两种平台的开发套件，对其他硬件平台的移植工作也在进行中。
- 与其他 UNIX 系统兼容。Linux 与大多数 POSIX、SYSTEM V 等 UNIX 系统在源代码级兼容，通过 iBCS2 兼容的模拟模块，Linux 可直接运行 SCO、SVR3、SVR4 的可执行程序。
- 提供全部源代码。Linux 最重要的特性就是它的源代码是免费公开的，这包括整个系统核心、所有的驱动程序、开发工具包以及所有的应用程序。

此外，Linux 还具有支持多种 CPU、多种硬件，软件移植性好等特点。

## 2.2 网络操作系统的安全与管理

网络操作系统在网络应用中发挥着十分重要的作用。因此，网络操作系统本身的安全，就成为网络安全保护中的重要内容。

操作系统主要的安全功能包括：存储器保护（限定存储区和地址重定位，保护存储信息）、文件保护（保护用户和系统文件，防止非授权用户访问）、访问控制、身份认证（识别请求访问的用户权限和身份）等。

网络操作系统主要有以下两大类安全漏洞：

- 输入/输出(I/O)非法访问。在一些操作系统中,一旦I/O操作被检查通过后,该操作系统就继续执行操作而不再进行检查,这样就可能造成后续操作的非法访问。某些操作系统使用公共的系统缓冲区,任何用户都可以搜索该缓冲区。如果该缓冲区没有严格的安全措施,那么其中的机密信息(用户的认证数据、身份证号码、密码等)就有可能被泄露。
- 操作系统陷门。某些操作系统为了维护方便,使系统兼容性和开放性更好,在设计时预留了一些端口或保留了某些特殊的管理程序功能。但这些端口和功能在安全性方面未受到严格的监视和控制,为黑客留下了入侵系统的"后门"。

### 2.2.1 操作系统安全的概念

操作系统安全保护的研究,通常包括以下内容:第一,操作系统本身提供的安全功能和安全服务。现代操作系统本身往往要提供一定的访问控制、认证和授权等方面的安全服务。如何对操作系统本身的安全性能进行研究和开发,使之符合特定的环境和需求,是操作系统安全保护的一个方面。第二,针对各种常用的操作系统,进行相关配置,使之能正确对付和防御各种入侵。第三,保证网络操作系统本身所提供的网络服务能得到安全配置。

网络操作系统安全是整个网络系统安全的基础。操作系统安全机制主要包括访问控制和隔离控制。隔离控制主要有物理(设备或部件)隔离、时间隔离、逻辑隔离和加密隔离等实现方法;而访问控制是安全机制的关键,也是操作系统安全中最有效、最直接的安全措施。

访问控制系统一般包括:

- 主体(subject)。主体是指发出访问操作、存取请求的主动方,它包括用户、用户组、主机、终端或应用进程等。主体可以访问客体。
- 客体(object)。客体是指被调用的程序或要存取的数据访问,它包括文件、程序、内存、目录、队列、进程间报文、I/O设备和物理介质等。
- 安全访问政策。安全访问政策是一套规则,可用于确定一个主体是否对客体拥有访问能力。

操作系统内的活动都可以看做是主体对计算机系统内部所有客体的一系列操作。操作系统中任何含有数据的东西都是客体,可能是一个字节、字段或记录程序等。能访问或使用客体活动的实体是主体,主体一般是用户或者代表用户进行操作的进程。

在计算机系统中,对于给定的主体和客体,必须有一套严格的规则来确定一个主体是否被授权获得对客体的访问。

一般来说,如果一个计算机系统是安全的,即指该系统能通过特定的安全功能控制主体对客体信息的访问,也就是说只有经过授权的主体才能读、写、创建或删除客体信息。

### 2.2.2 网络的访问控制

#### 1. 访问控制的概念

为了系统信息的保密性和完整性,对网络系统需要实施访问控制。访问控制也叫授权,它是对用户访问网络系统资源进行的控制过程。只有被授予一定权限的用户,才有资格去访问有关的资源。访问控制具体包括两方面含义,一是指对用户进入系统的控制,最简单最常用的方法是用户账户和口令限制,其次还有一些身份验证措施;二是用户进入系统后对其所能访问的资源进行的限制,最常用的方法是访问权限和资源属性限制。

访问控制所考虑的是对主体访问客体的控制。主体一般是以用户为单位实施访问控制(划分用户组只是对相同访问权限用户的一种管理方法),此外,网络用户也有以IP地址为单位实施访问控制的。客体的访问控制范围可以是整个应用系统,包括网络系统、服务器系统、操作系统、数据库管理系统以及文件、数据库、数据库中的某个表甚至是某个记录或字段等。一般来说,对整个应用系统的访问,宏观上通常是采用身份鉴别的方法进行控制,而微观控制通常是指在操作系统、数据库管理系统中所提供的用户对文件或数据库表、记录/字段的访问所进行的控制。

### 2. 访问控制的类型

访问控制可分为自主访问控制和强制访问控制两大类。

所谓自主访问控制,是指由系统提供用户有权对自身所创建的访问对象(文件、数据表等)进行访问,并可将这些对象的访问权授予其他用户或从授予权限的用户处收回其访问权限。访问对象的创建者还有权进行"权限转让",即将"授予其他用户访问权限"的权限转让给别的用户。需要指出的是,在一些系统中,往往是由系统管理员充当访问对象的创建者,并进行访问授权,而在其后通过"授权转让"将权限转让给指定用户。

自主访问控制允许用户自行定义其所创建的数据,它以一个访问矩阵来表示包括读、写、执行、附加以及控制等访问模式。

所谓强制访问控制,是指由系统(通过专门设置的系统安全员)对用户所创建的对象进行统一的强制性控制,按照规定的规则决定哪些用户可以对哪些对象进行何种操作系统类型的访问,即使是创建者用户,在创建一个对象后,也可能无权访问该对象。

强制访问控制策略以等级和范畴作为其主、客体的敏感标记。这样的等级和范畴,必须由专门设置的系统安全员,通过由系统提供的专门界面来进行设置和维护,敏感标记的改变意味着访问权限的改变。因此可以说,所有用户的访问权限完全是由安全员根据需要确定的。强制访问控制还有其他安全策略,如"角色授权管理"。该策略将系统中的访问操作按角色进行分组管理,一种角色执行一种操作,由系统安全员进行统一授权。当授予某一用户某个角色时,该用户就有执行该角色所对应的一组操作的权限。当安全员撤销其授予用户的某一角色时,相应的操作权限也同时被撤销。

### 3. 访问控制措施

访问控制是保证网络系统安全的主要措施,也是维护网络系统安全、保护网络资源的重要手段。通常具体的访问控制措施有以下几种。

1) 入网访问控制

入网访问控制是为用户安全访问网络设置的第一道关口。它是通过对某些条件的设置来控制用户是否能进入网络的一种安全控制方法。它能控制哪些用户可以登录网络,在什么时间、地点(站点)登录网络等。

入网访问控制主要就是对要进入系统的用户进行识别,并验证其合法身份。系统可以采用用户账户和口令、账户锁定、安全标识符及其他一些身份验证等方法实现。

(1) 用户名和口令验证

每个用户在进行网络注册时，都要由系统指定或由用户自己选择一个用户账户(用户名)和用户口令。这些用户账户及口令信息都被存储于系统的用户信息数据库中。也就是说，每个要入网的合法用户都有一个系统认可的用户名和用户口令。

当用户要登录网络时，首先要输入自己的用户名和用户口令，然后服务器将验证用户输入的用户名和用户口令信息是否合法。如果验证通过，用户即可进入网络，去访问其所需要且有权访问的资源，否则用户将被拒于网络之外。

为保证用户口令的安全性，要从口令的选取和口令的保护两方面着眼。

一般对口令的选取有一定的限制，比如：口令长度尽量长(不得少于若干个字符)；口令不能是一个普通的英语单词、英文名字、昵称或其变形；口令中要含有一些特殊字符；口令中要字母、数字和其他符号交叉混用；不要使用系统的默认口令；不要选择用户的明显标识作为口令(如用户的电话号码、出生日期、自己或家人姓名的拼音组合、自家的门/车牌号等)。这样的口令选取限制可有效地减少口令被猜中的可能性。

一般进行口令保护的方式有：不要将口令告诉别人，不要与别人共用一个口令；不要将其记录在笔记本或计算机等明显位置；要定期或不定期地更改口令；使用系统安全程序测试口令的安全性；重要的口令要进行加密处理等。

(2) 账户锁定

为了防止非法用户冒充合法用户尝试用穷举法猜测口令而登录系统，系统应为用户设定尝试登录的最大次数。在达到该次数数值后，系统将自动锁定该用户，不允许其再尝试登录。

(3) 用户账户的默认限制

必要时，系统为用户建立的账户中还可包含用户的入网时间、入网站点、入网次数和用户访问的资源容量等限制。

- 入网时间限制。系统可对用户的入网时间段加以限制。比如限制某用户只能在一星期中的星期一、三、五上午 8：00～11：00 点时间段内入网，除此时间段外用户均不得入网。
- 入网站点限制。管理员可对用户入网使用的站点进行限制。比如限制某用户只能在第 15 号机上入网。这种限制可采取用户账户与站点的物理地址绑定的方法实现。
- 入网次数限制。系统可设定对同一个用户名的入网次数进行限制。
- 资源容量限制。系统可以对某用户账号使用的磁盘空间进行限制，或用户对交费网络的访问"资费"用尽时，系统应能对该账户进行限制，不允许其再登录网络。

2) 权限访问控制

一个用户登录入网后，并不意味着他能够访问网络中的所有资源。用户访问网络资源的能力将受到访问权限的限制。访问权限控制一个用户能访问哪些资源(目录和文件)，以及对这些资源能进行哪些操作。

在系统为用户指定用户账户后，系统根据该用户在网络系统中要做的工作及相关要求，可为用户访问系统资源设定访问权限。用户要访问的系统资源包括目录、子目录、文件和设备；用户对这些资源的访问操作包括读、写、建立、删除、更改等。

3）属性访问控制

属性是文件、目录等资源的访问特性。系统可直接对目录、文件等资源规定其访问属性。通过设置资源属性可以控制用户对资源的访问。属性是在权限安全性的基础上提供的进一步的安全性。

属性是系统直接设置给资源的，它对所有用户都具有约束权，一旦目录、文件等资源具有了某些属性，用户（包括超级用户）都不能进行超出这些属性规定的访问，即不论用户的访问权限如何，只按照资源自身的属性实施访问控制。如某文件具有只读属性，对其有读写权限的用户也不能对该文件进行写操作。要修改目录或文件的属性，必须有对该目录或文件的修改权；要改变用户对目录或文件的权限，用户必须具有对该目录或文件的访问控制权。属性可以控制访问权限不能控制的权限，如可以控制一个文件是否可以同时被多个用户使用等。

4）身份验证

身份验证是证明某人是否为合法用户的过程，它是信息安全体系中的重要组成部分。

身份验证的方法有很多种，不同方法适合于不同的环境，网络组织可以根据自己的情况加以选择。以下是几种常用的身份验证方法。

- 用户名和口令验证。这是一种最简单的身份验证方法，也是大家用得最多、最熟悉的方法，在前面已经有所介绍。
- 数字证书验证。数字证书是CA认证中心签发的用于对用户进行身份验证的一种“执照”。数字证书的内容将在5.7.3节中介绍。
- Security ID验证。Security ID已成为令牌身份验证事实上的标准，许多应用软件都能配置成支持Security ID作为身份验证手段的模式。Security ID需要有一个能够验证用户身份的硬件装置（安全卡），该卡上有一个显示一串数字的液晶屏幕，其数字每分钟变化一次。用户在登录时先输入自己的用户名，然后输入卡上显示的数字。系统通过对用户输入的数字进行验证，如果数字正确，用户则通过了身份验证，即可进入系统了。
- 用户的生理特征验证。该验证是通过对用户人体的一处或多处生理特征检测而进行的验证。众所周知，每个人的指纹是不一样的，因此指纹是最常见的人体特征，可用来进行身份验证。此外，人们的视网膜、面部轮廓、笔迹、声音等都可作为人体特征用来进行身份验证。
- 智能卡验证。智能卡的外观和手感就像一张信用卡，但其原理就像一台小型计算机。智能卡是可编程的，卡里有一个处理器，具有存储和处理能力，可用来对数值进行运算，可无数次地接收写入信息，可下载应用软件和数据，然后可多次反复地使用它。用户在登录计算机网络时，可用它来证明自己的身份。不仅如此，它还可以代替身份证、旅行证件、信用卡、出入证等多种现代生活中离不开的证件。

5）网络端口和节点的安全控制

网络中服务器的端口往往使用自动回呼设备、静默调制解调器加以保护，并以加密的形式来识别节点的身份。自动回呼设备用于防止假冒合法用户，静默调制解调器用以防范黑客的自动拨号程序对计算机进行的攻击。网络还常对服务器端和用户端采取控制，用户必须携带证实身份的验证器(如智能卡、磁卡、安全密码发生器等)，在对用户的身份进行验证合法之后，才允许用户进入用户端。然后，用户端和服务器端再进行相互验证。

# 2.3 Windows NT 系统安全

Windows NT 系统在设计之初就将网络的安全问题作为其主要功能之一。Windows NT 就是被设计建立在一套完整的安全机制基础上的，因而，使用 Windows NT 的任何部门都必须明确本系统的入网限制、访问控制、信息保护和系统审核的要求。通过对 Windows NT 系统的配置，可以对信息进行安全管理和控制非法用户的访问。Windows NT 3.5 和 Windows NT 4.0 版都已达到 TCSEC 的 C2 安全级；其部分程序，如身份验证、审计和把操作员和管理员账号分开等功能达到了更高的 B2 安全级。在 Windows NT 中，C2 级安全特性表现为：可自由决定访问控制(允许管理员和用户自己定义对所拥有对象的访问控制)；对象重用；身份确认和验证；安全审计(建立和维护访问记录以便于管理员进行审计)。

## 2.3.1 Windows NT 的安全基础

Windows NT 系统可使用户将网络资源作为对象组进行管理，并实施身份验证和访问控制。只有将部门的安全要求与 Windows NT 系统底层的安全机制有机地结合起来，才能充分发挥 Windows NT 的各项安全特性。

### 1. Windows NT 中的对象

Windows NT 的安全机制是建立在对象的基础上的，因此，对象的概念与安全问题密切相关。

对象是构成 Windows NT 操作系统的基本元素，它可以是文件、目录、存储器、驱动器或系统程序。

对象为 Windows NT 操作系统提供了较高的安全级别。对外部用户，其数据封装在对象中，并只按对象的功能所定义的方式提供数据。对所有对象的操作都必须事先得到授权并由操作系统来执行。这就建立起一个保护层，可以有效地防止外部程序直接访问网络数据。Windows NT 正是通过组织程序直接访问对象来获得较好的安全性的。

在 Windows NT 中，对象的属性可由安全描述器和存储标识来设定和保护。可被设定的属性包括：对象的所有者和使用者的安全身份标识(SID)，可移植性操作系统界面子系统使用的组安全身份标识(GID)，用户和组访问权限的访问控制列表(ACL)，审核信息生成的系统访问控制列表(ACL)。

### 2. Windows NT 中的网络模型

Windows NT 系统中有两种基本的网络模型：工作组模型和域模型。

1) 工作组模型

工作组是一组由网络连接在一起的计算机群，但它们的资源与管理是分散在网络的各个计算机上的，与域的集中式管理不同。每台运行 Windows NT 的计算机都有自己的目录数据库。网络中没有专门的域控制器和服务器。这是一种“对等网”结构，工作组中的每台计算机既可以是工作站，也可以是服务器。它们分别管理自己账号的同时，只要经过适当的权限设置，每台计算机就可访问其他计算机的资源，也可以提供资源给其他计算机使用。这种结构的设计和实现容易，易于维护，适合于用户较少的网络，一旦用户增多，效率将迅速下降。

2）域模型

域(Domain)是一个共享公共目录数据库和安全策略的计算机及用户的集合，它提供登录认证，并具有唯一的域名。域也是 Windows NT 网络环境中一个基本的安全集中管理单位，是 Windows NT 目录服务的基本单元。在一个单机工作站上，域就是计算机本身。每个域都有自己的安全策略以及与其他域相关的安全关系。

一个域必须有一台运行 Windows NT Server 并被配置为主域控制器的计算机。为了安全起见，还可以设置一台备份域控制器，平时它可分担主域控制器的负荷。一旦主域控制器出现故障，备份域控制器将自动“升格”为主域控制器，从而可保证整个域仍能正常工作。

域与域之间要建立一种连接关系，叫做信任关系或委托关系。这种关系可以执行对经过委托的域内用户的登录审核工作。域之间经过委托后，用户只要在某一个域内有一个用户账号，就可以使用建立了委托关系的其他域内的网络资源。信任关系分为单向和双向两种。若 A 域信任委托 B 域，则 B 域的用户可以访问 A 域的资源，而 A 域的用户则不能访问 B 域的资源，这就是单向委托；若 A 域的用户也想访问 B 域的资源，那么必须再建立 B 域信任 A 域的委托关系，这就是双向委托。

### 3. 用户账户、权力和权限

每个要登录 Windows NT 的用户，都要有一个用户账户，该账户是由系统管理员创建的，用户账户中包括用户的名称、口令、用户权力、访问权限等信息。创建账户后，Windows NT 再为账户指定一个唯一的安全标识符(SID)。

用户和组都有一定的权力，权力定义了用户在系统中能做什么。用户和组的普通权力有从网络中访问计算机、向域中添加工作站和成员服务器、备份文件和目录、改变系统时间、强制从远程系统退出、装/卸设备驱动器、本地登录、恢复文件和目录等。这些权力大多数只指定给负责管理的用户。

用户和组要有权限才能使用对象。权限可由系统管理员赋予用户，也可由文件、目录等对象的所有者赋予用户。Windows NT 的权限有列表、读取、添加、修改、添加并读取、完全控制等。

### 4. 目录数据库

目录数据库是整个网络系统中不可缺少的重要组成部分。目录数据库用来存放域中所有的安全数据和用户账户信息。用户登录时，用它来核对、检验用户输入的数据是否符合其相应的身份和使用权限。该数据库被存放在主域控制器中，在备份域控制器中也有它的备份。

5. 注册表

注册表是包括应用程序、硬件设备、设备驱动程序配置、网络协议和网卡设置等信息的数据库。它是一个具有容错功能的数据库,如果系统出现错误,日志文件使用 Windows NT 能够恢复和修改数据库,以保证系统正常运行。注册表数据结构包含 4 个子树:HKEY_ LOCAL_ MACHINE(含有本地系统的硬件设置、操作系统设置、启动控制数据和驱动器驱动程序等部分信息)、HKEY_CLASSES_ROOT(含有与对象的连接及文件级关联相关的信息)、HKEY_ CURRENT_USER(含有正登录上网的用户信息)和 HKEY_USERS(含有所有登录入网的用户信息)。

### 2.3.2 Windows NT 的安全性机制和技术

1. 安全性机制

Windows NT Server 采用域模型来建立网络安全环境。每个域都有一个唯一的名称,并由一个域控制器对一个域的网络用户和资源进行安全管理。这种域模型采用的是 Client/Server 结构。Windows NT 的安全管理主要包括账号规则、用户权限规则、审计规则和域管理机制等。

1) 账号规则

账号规则就是对用户账号和口令进行安全管理,即入网访问控制。

Windows NT 的安全机制可根据用户请求,为要入网的用户分配一个用户账号和用户密码,以便进行入网安全控制。该用户账号是 Windows NT 基本的安全措施,它决定着用户对网络资源的访问能力和权限。用户账号主要包括:

- 用户名。每个用户都要使用用户名来标识,且在网络中用户名必须是唯一的。用户必须使用用户名登录入网。
- 用户密码。每个用户都可以设置一个密码,密码将被加密并存储起来。通常,密码要有最小长度、最短修改周期、最长使用期限、密码唯一性等限制。

此外,用户账号还包括对用户入网的时间限制、入网站点限制、账号锁定、用户对特定文件/目录的访问权限限制和用户使用的网络环境的限制等。

2) 用户权限规则

用户入网后,并不意味着能访问网络中的所有资源。用户访问网络资源的能力将受到访问权限的控制。Windows NT Server 采用两类访问权限:用户访问权限和资源访问权限。

用户访问权限(也称共享权限)规定了入网用户以何种权限使用网络资源。Windows NT Server 的用户访问权限有完全控制、更改、读写和拒绝访问,其中完全控制权限最大。

资源访问权限是由资源的属性决定的。在 Windows NT 网络中,磁盘文件、目录等资源的属性也称为访问权限,并取决于 Windows NT 系统安装时所采用的文件系统。

Windows NT 网络支持两种文件系统:FAT 和 NTFS。FAT 是与 DOS 相兼容的文件系统,但不提供任何资源访问权限,网络访问控制只能依赖于用户的访问权限;NTFS 是

Windows NT 特有的文件系统，具有严格的目录和文件访问限制。用户对网络资源的访问将受到 NTFS 访问权限和用户访问权限的双重限制，以 NTFS 访问权限为主。

NTFS 允许用两种访问权限来控制用户对特定目录和文件的访问：一种是标准权限，是口径较宽的基本安全性措施；另一种是特殊权限，是口径较窄的精确性安全措施。

在标准权限中，文件访问权限有：No Access（不可访问）、Read（读）、Change（改变）和 Full Control（完全控制）；目录访问权限有：No Access（不可访问）、List（列表）、Read（读）、Add（增加）、Change（改变）和 Full Control（完全控制）。在特殊权限中，文件访问权限有：Read（读）、Write（写）、Execute（执行）、Delete（删除）、Change Permission（改变权限）和 Take Ownership（获取所有权）；目录访问权限也是这六种，但它与文件访问权限的使用范围和限制程度不同。

在一般情况下，使用标准权限来控制用户对特定目录和文件的访问。当访问权不能满足系统安全性需要时，可以进一步使用特殊权限进行更精确的安全性控制。如果 Windows NT Server 安装时采用的是 NTFS，则系统的主要目录都被自动设置了相应的标准权限，在这些目录中所建立的文件将自动继承其父目录的访问权限。

3）审核规则

审核是系统对用户操作行为的跟踪，管理员可根据审核结果来控制用户的操作。Windows NT 可对如下事件进行审核：登录和注销、文件和对象的访问、用户权限的使用、用户和组的管理、安全性策略的改变、启动与关闭系统的安全性和进程的跟踪等。跟踪审核结果存放在安全日志文件中。

4）域管理机制

用户每次登录的是整个域，而不是某一服务器。用户所在域的物理范围即使相隔较远，但在逻辑上是一个域，这样就便于管理。在网络环境下，使用域管理机制就显得更为有效。在 Windows NT 中，域所使用的安全机制信息或用户账号信息都存放在目录数据库中，这就是安全账号管理数据库。目录数据库存放在服务器中并复制到备份服务器中。在每次用户登录时，都要通过目录数据库检查用户账号信息，因此，在对 Windows NT 进行维护时，应特别注意目录数据库的完整性。

### 2. 安全性技术

1）Kerberos

Kerberos 是 Windows NT 系统的一种验证协议，它定义了客户端和密钥分配中心网络验证服务间的接口。Windows NT 5.0 密钥分配中心在域的每个域控制器上进行验证服务。Kerberos 客户端的运行是通过一个基于 SSPI（一个 Win32 的安全系统 API）的 Windows NT 安全性接口来实现的。Kerberos 协议已被完全集成到 Windows NT 5.0 的安全性结构中。

2）EFS

Windows NT 中提供了一种新型的 NTFS 加密文件系统（EFS）。系统中一个文件在使用之前不需要手工解密，因为 EFS 使加密和解密对用户都是透明的，加密和解密过程自动地发生在向硬盘中写入数据和从硬盘中读取数据时。当发生磁盘输入/输出时，EFS 能自动地检测对象是否为加密过的文件。如果是加密文件，EFS 从系统的密钥存储区得到一个用户的私有密钥。如果访问加密文件的用户不是原来对该文件加密的用户，他的私有密钥必然与加密用户的私有密钥是不同的，因此他也就得不到原文件的解密文件，而得到的却是一个对文件的拒绝访问信息。所有数据加密和解密都不需要用户的参与，用户访问一个经过加密的文件或目录，可以有两种结果，那就是允许访问或拒绝访问。

Windows NT 的 EFS 提供从单一文件到整个目录的加密和解密功能。如果对于一个目录进行加密，目录中所有的子目录和文件都被自动加密。

3）IP Security

为了防止来自网络内部的攻击，Windows NT 推出一种新的网络安全性方案——IP Security（因特网安全协议）。它符合 IETF（Internet 工程部）的 IP 安全性协议标准，支持在网络层一级的验证、数据完整性和加密。IP Security 与 Windows NT Server 内置的安全性集成在一起，为维护安全的 Internet 和 Intranet 通信提供了一个理想的平台。

IP Security 使用基于工业标准的算法和全面的安全性管理，为发生在企业防火墙两侧的基于 TCP/IP 的通信提供了安全性支持，使 Windows NT 能够同时抵御来自内部和外部的攻击。

Windows NT 的 IP Security 功能的实现是透明的。利用 IP Security 功能，网络管理员可为网络提供一层强有力的保护，所有的应用程序都自动地继承了 Windows NT 的新安全性。

### 2.3.3 Windows NT 的安全管理措施

Windows NT 在进行安全管理时，具体可采取如下一些安全措施。

#### 1. 账号和密码策略

Windows NT 域用户管理器通过为用户分配的账号和密码来验证用户身份，保证系统资源的安全。用户账号是系统根据用户的使用要求和网络所能给予的服务为用户分配的，账号名称通常是公开的。用户账号密码在密码的选取、密码的维护等方面都要符合安全性要求和使用方便的原则，用户账号密码是保密的。

#### 2. 控制授权用户的访问

在 Windows NT 域中配置适当的 NTFS 访问控制可增强网络安全。在系统默认情况下，每建立一个新的共享，Everyone 用户就享有“完全控制”的共享权限，因此在使用时要取消或更改默认情况下 Everyone 组的“完全控制”权限，要始终设置用户所能允许的最小目录和文件的访问权限。为安装后默认的 Guest 用户设置密码，以防被黑客利用。

为每个用户指定一个工作组，为工作组指定文件和目录访问权限，这样，当某个用户角色变更时，只要把该用户从工作组中删除或指定他属于另一组，即可收回或更改该用户的访问权限。所以说，将用户以“组”的方式进行管理，是用户管理的一个有效方法。

#### 3. 及时下载和更新补丁程序

经常光顾安全网站，下载最新补丁程序，或用最新的 Service Pack 升级 Windows NT

Server，因为 Service Pack 中有所有补丁程序和新发表的诸多安全补丁程序。

4. 控制远程访问服务

远程访问是入侵者攻击 Windows NT 系统的常用手段，因此可以采取控制远程服务的方法减少对系统的攻击。Windows NT 防止外来入侵最好的功能是认证系统。Windows 95/98 和 Windows NT Workstation 客户机不仅可以交换用户 ID 和口令数据，而且还使用 Windows 专用的响应协议，这可确保不会出现相同的认证数据，并可以有效地阻止内部黑客捕捉网络信息包。如条件允许，可使用回叫安全机制，并尽量采用数据加密技术，以保证数据安全。

5. 启动审查功能

为防止未经授权的访问，可以利用域用户管理器启用安全审查功能，以便在安全日志中记录未经授权的访问企图，以便尽早发现安全漏洞并及时补救。但要结合工作实际，设置合理的审计规则。

6. 应用系统的安全

在 Windows NT 上运行的应用系统，应及时通过各种途径获得补丁程序，以解决其安全问题。把 IIS 中的 sample、scripts、iisadmin 和 msadc 等 Web 目录设置为禁止匿名访问并限制 IP 地址。把 FTP、Telnet 的 TCP 端口改为非标准端口。Web 目录、CGI 目录、scripts 目录和 WinNT 目录只允许管理员完全控制。凡是涉及访问与系统有关的重要文件，除系统管理员账号 Administrator 外，其他账号均应设置为只读权限。

7. 取消 TCP/IP 上的 NetBIOS 绑定

Windows NT 系统管理员可以通过构造目标站 NetBIOS 名与其 IP 地址之间的影像，对 Internet 或 Intranet 上的其他服务器进行管理，但非法用户也可从中找到可乘之机。如果这种远程管理不是必需的，可立即取消(通过网络属性的绑定选项，取消 NetBIOS 与 TCP/IP 之间的绑定)，如禁用 NetBIOS 端口。

8. 数据保护

由于网络系统出现故障、数据丢失等原因致使系统不能可靠运行或系统不能正常启动时，Windows NT 系统可为网络用户提供快速、准确的服务，如系统修复或数据恢复，使系统能正常工作。

Windows NT 系统可提供以下的数据保护方法：

1）磁带备份

磁带备份就是将主机上的数据备份到其他存储介质上，以确保数据的安全，这是最简单也是最经济的数据保护方法。

磁带备份又分为完全备份、一般备份、日常备份、增量备份和差异备份。

完全备份是将所有文件(不管其数据是否有变化)都存入备份介质中；一般备份就是只

将没有备份的数据进行备份，但不将其标记为"已备份"；日常备份就是把那些一天中发生了改变却还没有备份的数据备份，也不将其标记为"已备份"；增量备份就是只备份那些自从上次备份以来发生了变化的数据；差异备份与增量备份差不多，只是差异备份不将备份后的数据作"已备份"标记。

2）UPS

UPS（不间断电源）保护可使 Windows NT 系统在突然断电的情况下继续使用一段时间，在电源恢复之前安全关机，从而避免因断电造成的数据丢失。

UPS 根据其工作方式的不同可分为后备式 UPS 和在线式 UPS 两种。后备式 UPS 只在交流电源出现故障时启动，价格较便宜，但安全性能较差；在线式 UPS 可以为服务器提供电压保护，平时工作时对系统电源实行监控，在电源掉电时自动接替电源工作，用户根本觉察不到，这种方式的安全性较好，但价格也较昂贵。

3）系统容错

系统容错技术可使计算机网络系统在发生故障时，保证系统仍能正常运行，继续完成预定的工作。Windows NT 网络系统的系统容错是建立在标准化的独立磁盘冗余阵列（RAID）基础上的，它采用软件解决方案提供了三种 RAID 容错手段（RAID0、RAID1、RAID5）和扇区备份。

### 9. 系统的恢复和修复

采用了容错技术的系统恢复的效果较好。但如果没有采用容错技术，由于各种原因使得 Windows NT 系统无法正常启动时，无论采取什么方法修复系统，效果都是有限的。以下是常用的 Windows NT 系统修复或恢复方法。

1）利用"系统配置"环境恢复 Windows NT 系统

当用户由于新增了驱动程序和用户修改了注册表 Registry 数据库后而无法正常启动 Windows NT 系统时，可以尝试利用上一次正确的"系统配置"环境启动系统。但它不适合由于驱动程序或文件损坏、丢失所造成的不能启动的情况。

2）利用"紧急修复磁盘"修复被损坏的 Windows NT 系统

在 Windows NT 系统工作站或服务器安装时，都允许用户制作一张"紧急修复磁盘"。该磁盘中包含了修复系统所必需的数据。当 Windows NT 系统文件、启动变量或启动分区被损坏时，无法利用上一次正确"系统配置"环境启动，则利用该磁盘可以恢复系统正常工作。作为网络管理员，应该及时制作该磁盘，并且要定期进行更新。

3）利用"Windows NT 启动盘"修复被损坏的系统

当 Windows NT 系统损坏而又无法启动时，用户可以利用自己制作的"Windows NT 启动盘"修复系统。当用户系统的部分启动文件损坏或映射磁盘区出现故障时，也可以使用"Windows NT 启动盘"进行修复。

利用"Windows NT 系统启动盘"修复系统的方法，要求用户事先制作一张"Windows NT 启动盘"。要注意的是，在本计算机上制作的"Windows NT 启动盘"只能用于本计算机，而不能用于其他计算机，这一点与"紧急修复磁盘"的使用情况不同。

# 2.4　Windows 2000 系统安全

Windows 2000 是在 Windows NT 基础上发展起来的，在安全性、可操作性等方面都做了较大的改进，又增加了活动目录、分布式文件系统、智能镜像技术、管理咨询和强大的网络通信等新的服务和管理功能，为广大用户所接受。Windows 2000 系统在 Windows NT 所具有的安全规则和安全措施基础上，增加了一些新的安全措施和技术，同时又改进、增强了一些安全措施和技术。下面介绍 Windows 2000 系统新增加和改进的相关安全措施和技术。

## 2.4.1　Windows 2000 的安全性措施

由于 Windows 2000 操作系统有良好的网络功能，在 Internet 中有部分网站服务器使用 Windows 2000 作为主操作系统，因此它也往往会被攻击者选为攻击对象。作为 Windows 2000 的用户，可以采取以下措施来提高 Windows 2000 系统的安全性。

### 1. 及时备份系统

为防止系统在使用过程中发生意外而不能正常运行，应对 Windows 2000 系统进行系统备份，最好是在完成 Windows 2000 系统安装后就对整个系统进行备份，以此作为完整的备份系统来验证系统的完整性，检查系统文件是否给非法修改过。如果发生系统文件被破坏，也可使用系统备份来恢复到正常状态。备份信息时，可以把完好的系统信息备份在 CD-ROM 光盘上。以后可以定期地将系统与光盘上的信息进行比较，以验证系统的完整性是否受到破坏。如果对安全级别的要求特别高，则可将光盘设置为可启动的，并将验证工作作为启动过程的一部分，这样，只要可以通过光盘启动，就说明系统是完整的。

### 2. 设置系统格式为 NTFS

安装 Windows 2000 时，应选择自定义安装，选择个人或单位必需的系统组件和服务，取消不必要的网络服务和协议。因为服务和协议安装得越多，入侵者可利用的途径就越多，潜在的系统安全隐患也就越大。在选择 Windows 2000 文件系统时，应选择 NTFS 文件系统，充分利用 NTFS 文件系统的安全性。NTFS 文件系统可将每个用户允许读写的文件限制在磁盘目录下的任何一个文件夹内，而且 Windows 2000 新增的磁盘限额服务还可以控制每个用户允许使用的磁盘空间大小。

### 3. 加密文件或文件夹

为提高文件的保密性，可利用 Windows 2000 系统提供的加密工具对文件或文件夹进行保护。其具体操作步骤为：在“资源管理器”中用鼠标右击想要加密的文件或文件夹，选择“属性”|“常规”|“高级”，然后选择“加密内容以保证数据安全”复选框即可。

#### 4. 取消共享目录的 EveryOne 组

默认情况下，Windows 2000 新增一个共享目录，操作系统会自动将 EveryOne 用户组添加到权限模块中。由于 EveryOne 组的默认权限是完全控制，结果会使任何用户都可对共享目录进行读写。因此，在新建共享目录后，要立即删除 EveryOne 组或将该组的权限设置为只读。

#### 5. 创建紧急修复磁盘

如果一不小心，使系统被破坏而不能正常启动时，就要用专用的系统启动盘来启动。为此，一定要记住在 Windows 2000 安装后，要创建一个紧急修复磁盘。可利用 Windows 2000 一个名为 NTBACKUP. EXE 的工具实现创建启动磁盘。运行 NTBACKUP. EXE，在工具栏中选择“Create an Emergency Repair Disk（创建紧急修复盘）”，然后在 A 驱动器中插一张空白软盘并单击“确定”按钮，直到完成后，再单击“确定”按钮。

#### 6. 使用好安全规则

严格管理和使用好 Windows 2000 的安全规则，如密码规则、账号锁定规则、用户权限分配规则、审核规则以及 IP 安全规则等。对用户进行合理地分组是进行系统安全设计的重要基础，因此，对所有用户都应按工作需要进行分组。利用安全规则可以限定用户口令的有效期、口令长度，设置账户锁定功能，并对用户备份文件、目录、关机、网络访问等各项行为进行有效控制。

#### 7. 对系统进行跟踪记录

为了能密切监视黑客的入侵活动，应该启动 Windows 2000 的日志文件来记录系统的运行情况。当黑客攻击系统时，其蛛丝马迹都会被记录在日志文件中。因此，有许多黑客在攻击系统时，往往首先通过修改系统的日志文件来隐藏自己的行踪。为此，必须限制对日志文件的访问，禁止一切权限的用户查看日志文件。当然，系统中内置的日志管理功能不是太强，可采用专门的日志程序来观察那些可疑的多次连接尝试。另外，还要保护好具有根权限的用户和密码，因为黑客一旦知道了具有根权限的用户账号后，就可以用修改日志文件方法来隐藏其踪迹。

### 2.4.2 Windows 2000 的安全性技术

#### 1. 活动目录

活动目录通过使用对象和用户数据的访问控制提供了对用户账号和组信息的安全存储保护。由于活动目录不仅存储用户数据，还存储访问控制信息，因此，登录的用户将同时获得访问系统资源的身份验证和权限。然后当用户试图使用网络服务时，系统检查由任意访问控制列表为该服务定义的属性。由于活动目录允许管理员创建组用户，因此管理员可以更有效地管理系统的安全性。比如，通过调节文件属性，管理员可使组中的所有用户读取文件。

### 2. 身份验证

身份验证是系统安全性的一个基本方面，它负责确认欲登录网络域或访问网络资源的任何用户的身份。Windows 2000 的身份验证赋予用户登录系统访问网络资源的能力，它允许对整个网络资源进行单独登记。采用单独登记的方法，用户可以使用单个密码或智能卡一次性登录到域，然后通过身份验证向域中的所有计算机表明身份。

Windows 2000 的安全系统提供了两种类型的身份验证。一种是交互式登录验证，它是根据用户的本地计算机或活动目录账户来确认用户的身份；另一种是网络身份验证，它是根据用户试图访问的任何网络服务来确认用户的身份。Windows 2000 提供了进行身份验证的三种身份验证机制：Kerberos V5 身份验证、公钥证书身份验证和 NTLM 身份验证。

### 3. 基于对象的访问控制

通过用户身份验证，Windows 2000 允许管理员控制用户对网上资源或对象的访问。Windows 2000 通过管理员为存储在活动目录中的对象分配安全描述符实现访问控制。安全描述符列出了允许访问对象的用户或组，以及分配给这些用户或组的特殊权限。安全描述符还指定了需要为对象审核的不同访问事件，文件、打印机和服务都是具体的对象。通过管理对象的属性，管理员可以设置权限，分配所有权以及监视用户访问。

管理员不仅可以控制对特殊对象的访问，也可以控制对该对象特定属性的访问。比如，通过适当配置对象的安全描述符，可以允许用户访问一部分特定信息而非全部信息。

### 4. 数据安全性技术

在用户登录网络时，系统的数据保护开始。Windows 2000 支持网络数据保护和存储数据保护两种数据保护方式。

网络数据保护是指对本地网络中的数据和不同网络间传输的数据的安全保护。对于本地网络的数据，可采用身份验证协议和 IP 安全协议(IP Security)加密实现保护；对于网络间传输的数据，可以采用 IP 安全协议加密、路由和远程访问服务(配置远程访问协议和路由)、代理服务(提供防火墙和代理服务器)等实现保护。

保护存储数据可用文件加密系统 EFS 和数字签名技术来实现。EFS 使用公钥加密技术对本地的 NTFS 数据进行加密，数字签名对软件进行签名以保证它们的合法性。

1) 认证服务

Windows 2000 提供了完全支持提供者界面(SSPI)，利用其 API 函数提供完整的认证功能。SSPI 为客户机/服务器双方的身份验证提供了上层应用的 API，屏蔽了网络安全的实现细节，减少了为支持多方认证而需要实现协议的代码量。此外，Windows 2000 还使用 Kerberos 认证协议作为认证系统。

2) 证书服务

Windows NT 中的证书服务器提供了证书请求、发布和管理等基本功能。在 Windows 2000 中更名为证书服务，它是借助于密码保护的加密数据文件，其中包含的数据可用于对传输系统进行鉴别。证书服务可以对数据库进行独立管理。

3）加密功能

Windows 2000 提供了 IP Security 和 EFS(加密文件系统)服务，它们可提供认证、加密、数据完整和数据过滤功能。

- IP Security。Windows 2000 的 IP Security 使用验证包头的方法来提供数据源验证。IP Security 不需发送方和接收方知道保密密钥。如果验证数据有效，接收方就可知道数据来自发送方，并且在传输中没受到破坏。
- EFS。Windows 2000 的 EFS 可对本地存储数据的安全保密提供更多的保证。EFS 可对本地计算机上指定的文件或目录进行加密，未经授权的人就无法读取这些文件。EFS 对保护便携式计算机的数据特别有用，配置 EFS 的这些计算机上的所有机密信息均可被加密。通过相应配置，使得 EFS 在保存文件时自动对其进行加密，并在用户再次打开文件时解密。EFS 使用各不相同的对称密钥对每个文件加密，然后再使用文件拥有者的公钥对加密密钥进行加密。如果有人想绕过 EFS，或即使文件被盗窃，也无法解密。

## 2.5 Windows 2003 系统安全

Windows Server 2003 是微软公司在 Windows 2000 系列的基础上改进推出的，它集成了功能强大的应用程序环境，具有更广泛的适应性和便捷的管理。

对于网络系统管理员来说，最关心的事情莫过于系统的安全。Windows Server 2003 作为 Microsoft 最新推出的服务器操作系统，相比 Windows 2000/XP 系统来说，各方面的功能确实得到了增强，尤其在安全性方面。但任何事物都不是十全十美的，Windows Server 2003 也存在着系统漏洞和安全隐患。无论用计算机欣赏音乐、上网冲浪、运行游戏，还是编写文档都不可避免地受到新病毒和恶意软件的威胁，如何让 Windows Server 2003 更加安全，就成为广大用户十分关注的问题。

关于 Windows Server 2003 系统的安全设置和管理内容很多，有些与 Windows NT/2000 系统的安全内容大同小异。在此只介绍 Windows Server 2003 系统的部分安全策略。

Windows Server 2003 系统不仅继承了 Windows 2000/XP 的易用性和稳定性，而且还提供了更高的硬件支持和更加强大的安全功能，无疑是中小型网络应用服务器的首选。Windows 2003 系统提供的提高密码的破解难度、启用账户锁定策略、限制用户登录、限制外部连接、系统审核机制、监视开放端口和连接、监视进程和系统信息等安全策略，可确保网络安全和服务器的正常运行。

### 1. 提高密码的破解难度

在 Windows Server 2003 系统中，可以通过在安全策略中设定“密码策略”来提高密码的破解难度。Windows Server 2003 系统的安全策略可以根据网络的情况，针对不同的场合和范围进行有针对性的设定。例如可以针对本地计算机、域及相应的组织单元进行设定，这将取决于该策略要影响的范围。以域安全策略为例，其作用范围是网中所指定域的所有成员。在域管理工具中运行“域安全策略”工具，就可以针对密码策略进行相应的设定。密码策略也可以在指定的计算机上用“本地安全策略”来设定，同时也可在网络中特定的组织单元通过组策略进行设定。

2. 启用账户锁定策略

账户锁定是指在某些情况下（如账户受到采用密码词典或暴力猜解方式的攻击），为保护该账户的安全而将此账户进行锁定，使其在一定的时间内不能再次使用。Windows 2003系统在默认情况下并没有设定这种锁定策略，用户可根据情况自行设置账户锁定。设定账户锁定的第一步是指定账户锁定的阈值，即确定该账户无效登录的次数。一般设定该数值为3，即只允许3次登录尝试，如果3次登录全部失败，系统就会锁定该账户。一旦该账户被锁定后，即使是合法用户也就无法使用了，只有管理员才能重新启用该账户。为方便用户，可以同时设定锁定的时间，这样从开始锁定账户时进行计时，当锁定时间超过该时间后系统自动解锁。虽然账户锁定会给用户的使用造成一些不便，但它可以有效地避免自动猜解工具的攻击。

3. 限制用户登录

用户还可以通过对其登录行为进行限制，来保障其账户的安全。这样即使是密码出现泄露，系统也可以在一定程度上阻止黑客入侵。Windows Server 2003 网络用户可运行“Active Directory 用户和计算机”管理工具，选择相应的用户并设置其“账户属性”。在“账户属性”设置中可对其登录时间和地点进行限制。另外，还可以通过“账户”选项限制登录时的行为，如使用“用户必须用智能卡登录”就可避免直接使用密码验证。此外，还可以引入指纹验证等更为严格的手段。

4. 限制外部连接

对于企业网络来说，通常需要为一些远程拨号用户（业务人员或客户）提供拨号接入服务。远程拨号访问技术实际上是通过低速拨号连接将远程计算机接入到企业内部网中。由于该连接无法隐藏，因此常常成为黑客入侵企业内部网的最佳入口，但采取一定的措施可以有效地降低此风险。基于 Windows Server 2003 的远程访问服务器，默认情况下将允许具有拨入权限的所有用户建立连接。因此，合理地设置用户账户的拨入权限，严格限制拨入权限的分配范围，即可很好地限制外部连接。在 Windows Server 2003 系统中，如果活动目录工作在 Native-mode（本机模式）下，就可以通过存储在访问服务器上或 Internet 验证服务器上的远程访问策略来管理。

5. 限制特权组成员

Windows Server 2003 系统还有一种非常有效的防范黑客入侵和管理疏忽的辅助手段，这就是利用“受限制的组”安全策略。该策略可保证组成员的组成是固定的。在域安全策略的管理工具中添加要限制的组，在“组”对话框中键入或查找要添加的组，然后就是配置该受限制的组成员。在这里选择受限制的组的“安全性(S)”选项，就可添加或删除成员。当安全策略生效后，可防止黑客将后门账户添加到该组中。

### 6. 启用系统审核机制

系统审核机制可以对系统中的各类事件进行跟踪记录并写入日志文件，以供管理员进行分析、查找系统和应用程序故障以及各类安全事件。对 Windows 2003 系统的服务器和工作站系统来说，为了不影响系统性能，默认的安全策略并不对安全事件进行审核。从“安全配置和分析”工具用 SecEdit 安全模板进行的分析结果可见，这些有特殊标记的审核策略应该已经启用，这可用来发现来自外部和内部的黑客的入侵行为。对于关键的应用服务器和文件服务器来说，应同时启用其余的安全策略。如果已经启用了“审核对象访问”策略，那么就要求必须使用 NTFS 文件系统。NTFS 文件系统不仅提供对用户的访问控制，而且还可以对用户的访问操作进行审核。但这种审核功能需要针对具体的对象来进行相应的配置。

在被审核对象“安全”属性的“高级”属性中添加要审核的用户和组。在该对话框中选择要审核的用户后，就可以设置对其进行审核的事件和结果。在所有的审核策略生效后，就可以通过检查系统的日志来发现黑客的蛛丝马迹。

### 7. 监视开放的端口和连接

在系统中启用安全审核策略后，管理员应经常查看安全日志记录，否则就失去了及时补救和防御的时机。对日志的监视只能发现已经发生的入侵事件，对正在进行的入侵和破坏行为却无能为力。这时，就需要管理员来掌握一些基本的实时监视技术。

黑客或病毒入侵系统后通常会在系统中留下后门，同时会与外界建立一个 Socket 会话连接进行通信，这时利用 netstat 命令进行会话状态的检查就可能发现它，在这里就可以查看已经打开的端口和已经建立的连接。当然也可以采用一些专用的检测程序对端口和连接进行检测。

### 8. 监视共享

黑客通过共享入侵系统是很方便的，最简单的方法就是利用系统隐含的管理共享。因此，只要黑客能扫描到用户的 IP 和密码，就可使用 netuse 命令连接到共享上。另外，当发现含有恶意脚本的网页时，此时计算机硬盘也可能被共享，因此，监测本机的共享连接是非常重要的。监测本机的共享连接的具体方法为：在 Windows Server 2003 系统计算机中，打开“计算机管理”工具，并展开“共享文件夹”选项，单击其中的“共享”选项就可以查看其右面窗口，以检查是否有新的可疑共享。如果有可疑共享，就应该立即删除。另外还可以通过选择“会话”选项，来查看连接到机器上所有共享的会话。

### 9. 监视进程和系统信息

对于木马和远程监控程序，除了监视开放的端口外，还应通过任务管理器的进程查看功能查看进程。在安装 Windows Server 2003 系统支持工具后，就可以获得一个进程查看工具 Process Viewer。隐藏的进程通常寄宿在其他进程下，因此查看进程的内存映像也许能发现异常。有些木马会把自己注册成一个服务，从而可避免在进程列表中现形。因此人们还应结合对系统中其他信息的监视，对系统信息中的软件环境下的各项进行相应的检查。

# 2.6 UNIX和Linux系统安全

## 2.6.1 UNIX系统安全

UNIX操作系统经历了几次更新换代,其功能和安全性都日臻完善,尽管如此,入侵者还是可以利用系统的一些漏洞进入系统。

### 1. UNIX系统的安全基础

文件系统安全是UNIX系统中的重要部分。在UNIX中,所有的对象都是文件。UNIX中的基本文件类型有正规文件、特殊文件、目录、链接、套接字、字符设备等,这些文件以一个分层的树型结构进行组织,以一个称为root的目录为起点,整个就是一个文件系统。UNIX中的每个用户有一个唯一的用户名和UID(用户ID号),每个用户属于一个或多个组。基本分组成员在/etc/passwd中定义,附加的分组成员在/etc/group中定义。每个文件和目录有三组权限:一组是文件的拥有者,一组是文件所属组的成员,一组是其他所有用户。在所有文件中,值得注意的是文件的SUID(置文件所有者ID号)位和SGID(置文件所在组ID号)位,因为一些入侵者常利用这些文件入侵留下后门。当用户执行一个SUID文件时,用户ID在程序运行过程中被置为文件拥有者的用户ID,如果文件属于root,则用户就成为超级用户。同样,当一个用户执行SGID文件时,用户的组被置为文件的组。UNIX系统实际上有两种类型的用户ID:实际ID和有效ID。实际ID是在登录过程中建立的用户ID,有效ID是用户运行进程时的有效权限。一般情况下,当一个用户执行一条命令时,进程继承了用户登录Shell的权限,这时,实际ID和有效ID是相同的。当SUID位被设置时,进程则继承了命令所有者的权限,通过创建一个SUID是root的Shell拷贝,攻击者可以借此建立后门。因此,系统管理员应定期查看系统中有哪些SUID和SGID文件。

UNIX早期版本的安全性能很差,仅达到TCSEC的C1安全级。但后来的新版本引进了受控访问环境的增强特性,增加了审计特性,进一步限制用户执行某些系统指令,审计特性可跟踪所有的“安全事件”和系统管理员的工作。UNIX系统达到了C2安全级。

### 2. UNIX系统漏洞与防范

1) RPC服务缓冲区溢出

远程过程调用(RPC)是Sun公司开发的用来在远程主机上执行特定任务的一种协议。RPC允许一台计算机上的程序执行另一台远程计算机上的程序。它被广泛用来提供网络远程服务,如NFS文件共享等。但由于代码实现的问题,RPC的几个服务进程很容易遭到远程缓冲区溢出的攻击。因为RPC不能进行必要的错误检查,所以缓冲区溢出允许攻击者发送程序不支持的数据,使这些数据被继续传送和处理。

采取安装补丁程序、从Internet直接访问的计算机上关闭或删除RPC服务、关闭RPC“oopback”端口、关闭路由器或防火墙中的RPC端口等措施可避免对该漏洞的攻击。

2) Sendmail漏洞

Sendmail是UNIX上用得最多的发送、接收和转发电子邮件的程序。Sendmail在

Internet上的广泛应用使其成为攻击者的主要目标,攻击者可利用Sendmail存在的缺陷进行攻击。最常见的攻击是攻击者发送一封特别的邮件消息给运行Sendmail的计算机,Sendmail会根据该消息要求被攻击的计算机将其口令文件发送给攻击者,这样,口令就会被暴露。

采取更新Sendmail为最新版本、及时下载或更新补丁程序、非邮件服务器或代理服务器不要在daemon模式下运行Sendmail等措施防范Sendmail攻击。

3) BIND的脆弱性

BIND是域名服务DNS中用得最多的软件包。它存在一定的缺陷,攻击者可利用BIND缺陷攻击DNS服务器,如删除系统日志、安装软件工具以获得管理员权限、编辑安装IRC工具和网络扫描工具、扫描网络以寻找更多的易受攻击的BIND。

采取以下措施可防范BIND攻击:在所有非DNS服务器的计算机上,取消BIND的"named";在DNS服务器的计算机上将DNS软件升级到最新版本或补丁版本;选择部分补丁程序,以非特权用户身份运行BIND,以防远程控制攻击等。

4) R命令缺陷

UNIX系统提供了"R"系列命令(rsh、rcp、rlogin和rcmd)和相应的"R"服务功能。UNIX管理员经常使用"R"服务使用的信任关系和"R"命令,从一个系统方便地切换到另一个系统。"R"命令允许一个人登录远程计算机而不必提供口令,远程计算机不用询问用户名和口令,而认可来自可信赖IP地址的任何人。如果攻击者获得了可信赖网络中的任何一台计算机,就能登录到任何信任该IP的计算机。

采取不允许以IP为基础的信任关系、不使用"R"命令和更安全的认证方式等措施可防范"R"命令的缺陷。

### 3. UNIX的主机安全性

UNIX系统主机的安全是信息网络安全的一个重要方面,黑客往往通过控制网络中系统主机来入侵信息系统和窃取数据信息,或通过已控制的系统主机来扩大已有的破坏行为。为UNIX操作系统安全规定较详细的安全性原则,可从技术层面指导用户对主机系统进行安全设置和管理,从而使信息系统的安全性达到一个更高的层次。

UNIX系统安全性措施包括用户与口令安全、文件系统安全和系统配置安全等。

1) 用户与口令安全性

- 设置/etc/passwd文件权限为400,且所有者为root。因为/etc/passwd文件中存放着系统的账号信息,只有root可以写。如果其他用户可写,就有可能出现设置后门、提升权限、增删用户等问题。
- 设置用户密码。空密码用户的存在将增加服务器被入侵的可能性,因此要为每个用户设置密码。密码要有一定的长度,要大小写字母、数字和符号相间,增加密码的复杂性,减少密码被猜中的可能性。
- 设置账号锁定功能。攻击者可能会使用一些软件工具通过重复登录来穷举密码,锁定账号可以使这种穷举密码攻击失效。
- 封闭不常用的账号。bin、sys、daemon、adm、lp、tftp、nobody等账号一般用不到,但有可能被攻击者利用,因此可将这些不用的账号删除。

- 启用审计功能。审计功能可为管理员提供用户登录、监视用户操作及使用网络资源等情况，因此，可使管理员很清楚服务器的使用现状。

2）文件系统安全性

- 设置内核文件的所有者为 root，且组和其他用户对内核文件不可写，防止其他用户修改内核文件。
- 禁止普通用户运行 crontab，并确保/usr/lib/crontab 和该表中列出的任何程序对任何人不可写。明确 crontab 运行的脚本中的路径和不安全的命令，因为 crontab 经常会被一些攻击者设置后门，所以要弄清楚 crontab 中的脚本用途。
- .netrc 文件中不能包含密码信息。ftp 命令在执行时会去寻找一个文件名为.netrc 的文件，如果此文件存在并且其中有 ftp 命令行中指定的主机名，则会执行.netrc 文件中的命令行。.netrc 文件中存放有远程主机名、注册用户名、用户密码和定义的宏，因此要为其设置权限 0600，并注意不包含密码信息。
- 对一些开机启动的文件设置正确的权限，因为这些文件很容易被放置木马。
- 文件/etc/inetd.conf 和/var/adm/inetd.sec 的访问权限设置为 0600，并且所有者为 root。这样可以使这些服务配置文件不能被 root 以外的用户读或修改。
- 文件/etc/services 被设置成组和其他用户不可读。
- 把所有人可以写和执行的文件重新设置权限，把无用户文件重新设置为用户权限。

3）系统配置安全性

- 禁止 root 远程 Telnet 登录和 FTP。Telnet 和 FTP 使用明文方式传输用户名和密码，很容易被窃听。因此，禁止 root 远程 Telnet 登录和 FTP，可减少 root 密码被窃取的可能。
- 禁止匿名 FTP。匿名 FTP 不需要账号密码就可执行 FTP 操作。因此，匿名 FTP 中可能会被人放置一些攻击文件和木马，也可能窃取一些系统资料。
- 在非邮件服务器上禁止运行 Sendmail。Sendmail 存在较多的安全漏洞，且它是以 root 用户权限运行的，如果发生缓冲区溢出，就会被攻击者获得 root 权限。
- snmp 密码不要设置为默认的 public 和 private。因为使用默认密码可以使攻击者得到很多关于系统的信息，甚至可以控制系统，所以尽量将 snmp 密码改掉。
- 没必要时不运行 NFS Server。NFS 提供不同机器间文件的共享，大部分系统的 NFS 服务默认下设定文件共享是可读写的，而且对访问的机器没有限制，所以很容易泄露和被删改。
- 关闭潜在的危险服务。Echo、chargen、rpc、finger 等服务并没有很重要的用途，但对于攻击者，它们可以提供系统信息，或可对它们进行各种溢出攻击，有的可能直接获取 root 权限。因此，在不必要时关闭这些服务。
- 禁止非路由器设备转发数据包。这样，可防止黑客使用 DoS(拒绝服务)来攻击，也可避免黑客利用该设备去 DoS 攻击其他服务器。
- 为系统打最新补丁。系统管理员要随时浏览安全网站信息，下载最新补丁程序来弥补各种系统漏洞。

### 2.6.2 Linux 系统安全

Linux 是一种类似 UNIX 操作系统的自由软件，是一种与 UNIX 系统兼容的新型网络操作系统。Linux 的安全级已达到 TCSEC 的 C2 级，一些版本达到了更高级别。Linux 的一些安全机制（措施）已被标准所接纳，下面具体介绍 Linux 的安全措施。

#### 1. 身份验证机制

在 Linux 中，用户的身份验证和用户权限是分开设计的，这样，用户的身份验证就比较简单。Linux 身份验证系统最基本的实现是 Linux login 程序，不过其他各应用程序也一样要通过身份验证来确定用户身份。

Linux 采用的最基本的验证体系有/password/shadow 体系和 PAM 体系。

- Shadow 身份验证体系是最简单也是最基本的，就是利用口令进行身份验证。系统将用户输入的口令与系统预设的口令相比较，若一致，用户即可进入系统。
- PAM 是安全验证模块体系，只有在编程时选择了 PAM 库支持，才能使用 PAM 验证。在这种情况下，程序调用 PAM 运行库，运行库则根据当前的 PAM 系统管理设定进行具体的验证过程，使得整个验证过程可以添加或删除特定的功能，从系统核心中分离出来。PAM 验证体系是由一组模块组成的，可以在一个 PAM 验证过程中使用多种验证模块，后面的验证过程的执行依赖于前面的验证结果。PAM 验证体系的功能有加密口令、用户使用资源控制、限制用户入网的时间和地点、允许随意 shadow 口令、支持 C/S 中的机器认证等。

#### 2. 用户权限体系

Linux 的用户权限体系包括用户权限、超级用户权限和 SUID 机制。

- 用户权限：Linux 使用标准的 UNIX 文件权限体系来实现 Linux 的基本用户隔离和存取授权功能。Linux 系统每个文件都有一个属主用户 user 和一个属主程序组 group，除此之外的用户都作为其他用户 other。这样，每个文件存在三种存取权限，即用户访问权限、组访问权限和其他用户访问权限。
- 超级用户权限：超级用户 root 作为系统管理者，其权限很大，可以访问任何文件并对其进行读写操作。通常说的入侵 Linux 系统，主要就是指获得 root 权限，比如知道 root 密码或获取一个具有 root 权限的 shell。
- SUID 机制：SUID 机制就是在权限组中增加 SUID 和 SGID 位。凡是 SUID 位被置“1”的文件，当它被执行时会自动获得文件属主的 UID；同样，SGID 位被置位时，也能自动获得文件属组的 GID。但后者实际使用得较少，主要是 SUID。

#### 3. 文件加密机制

加密技术在现代计算机系统中扮演着越来越重要的角色。文件加密机制就是将加密服务引入文件系统，从而提高计算机系统的安全性。文件加密机制可防止磁盘信息被盗窃、防止未授权的访问、防止信息的不完整等。

Linux 已有多种加密文件系统，如 CFS、TCFS、CRYPTFS 等，较有代表性的是 TCFS (Transparent Cryptographic File System)。TCFS 通过将加密服务和文件系统的紧密结合，使用户感觉不到文件的加密过程。TCFS 不修改文件系统的数据结构，备份、修复以及用户访问保密文件的语义也不变。TCFS 可使保密文件对合法拥有者以外的用户、对用户与远程文件系统通信线路上的偷听者、对文件系统服务器的超级用户都不可读，而对于合法用户，访问保密文件与访问普通文件没什么两样。

4. 安全系统日志和审计机制

即使网络采取了多种安全措施，还会存在一些漏洞。攻击者在漏洞修补之前会抓住机会攻击更多的机器。Linux 系统具有安全审计功能，它可对网络安全进行检测，利用系统日志记录攻击者的行踪。

日志就是对系统行为的记录，它可记录用户的登录/退出时间以及用户执行的命令、系统发生的错误等。日志是 Linux 安全结构中的重要内容，它能提供攻击发生的唯一真实证据。在检查网络入侵者的时候，日志信息是不可缺少的。在标准的 Linux 系统中，操作系统维护三种基本日志：连接时间日志、进程记账日志和 Syslog 日志。

- 连接时间日志用来记录用户的登录信息。这是最基本的日志系统，管理员可以利用它来记录哪些用户在什么时间进入系统。
- 进程记账日志用来记录系统执行的进程信息，如某进程消耗了多少 CPU 时间等。
- Syslog 系统日志不由系统内核维护，而是由 syslogd 或者其他一些相关程序完成。它是各种程序对运行中发生的事件的处理代码。

除以上安全机制外，Linux 还采取了很多具体安全措施，如提升系统的安全级别(将系统的安全级别从 C2 级提升到 B1 级或 B2 级)、SSH 安全工具、虚拟专用网(VPN)等。

5. 强制访问控制

强制访问控制(MAC)是一种由管理员从全系统角度定义和实施的访问控制。它通过标记系统中的主客体，强制性地限制信息的共享和流动，使不同的用户只能访问与其有关的、指定范围的信息，从根本上防止信息泄露和访问混乱的现象。

由于 Linux 是一种自由式操作系统，因此在其系统上实现的强制访问也有多种形式，比较典型的有 SELinux 和 RSBAC，采用的策略也各不相同。

SELinux 是一种安全体系结构，在该结构中，安全性策略的逻辑和通用接口一起封装在与操作系统独立的被称为安全服务器的组件中。SELinux 安全服务器定义了一种由类型实施(TE)、基于角色的访问控制(RBAC)和多级安全(MLS)组成的混合安全策略。通过替换安全服务器，可以支持不同的安全策略。

RSBAC(基于规则集的访问控制)是根据一种访问控制通用架构(GFAC)模型开发的，它可以基于多个模块提供灵活的访问控制。所有与安全相关的系统调用都扩展了安全实施代码。这些代码调用中央决策部件，该部件随后调用所有被激活的决策模块，形成一个综合决定，然后由系统调用扩展来实施该决定。

### 6. Linux 安全工具

网络上有各种各样的攻击工具，也有各种各样的安全工具。以下介绍的是 Linux 系统中的安全工具。与 Linux 本身类似，这些安全工具大多也是开放源代码的自由软件，恰当地使用它们，可提高系统的安全性。

1) tcpserver

tcpserver 是一个 inetd 类型的服务程序，它监听进入连接的请求，为要启动的服务设置各种环境变量，然后启动指定的服务。tcpserver 可限制同时连接一个服务的数量。当服务忙时，inetd 具有一种连接速率限制机制，可暂时停止服务。

2) xinetd

xinetd 与 inetd 非常相似，但较之于 inetd 又更强大更安全。许多发行的系统版本都带有 xinetd 程序，若提供的服务比较简单且负担较轻，则 xinetd 是一个较合适的选择。

xinetd 具有可支持 TCP、UDP、RPC 服务，基于时间段的访问控制，具有完备的 log 功能，可有效地防止 DoS 攻击，可限制同时运行同类服务器数目，可限制启动的服务数目，可作为其他系统的代理，可在特定端口绑定某项服务，从而实现只允许私有网络访问该服务等特点。

3) sudo

sudo 是一个允许系统管理员给予特定的普通用户（或用户组）有限的超级用户特权，使其能够以超级用户或其他用户身份运行命令并记录其所有命令和参数的程序。最基本的原则是在普通用户可以完成工作的范围内，给予尽可能少的特权。sudo 以命令方式操作，它不是 shell 的替代品。sudo 可以限制用户在每个主机上运行的命令；可对每个命令都进行记录，以便清楚地审核谁做了什么；可为“通行证系统”提供标记日期的文件。

4) 安全检查工具 nessus

nessus 是一个远程安全扫描器。它是自由软件，功能强大，更新快，易于使用。安全扫描器的功能是对指定的网络进行安全检查和弱点分析，确定是否有攻击者入侵或是否存在某种方式的误用，寻找导致对手攻击的安全漏洞。nessus 的安全检查是由 plug-ins 插件完成的，除该插件外，nessus 还提供描述攻击类型的脚本语言（NSSL）来进行附加的安全测试。

5) 监听工具 sniffit

sniffit 是可在 Linux 平台上运行的网络监听软件，它主要用来监听运行 TCP/IP 协议的计算机，以发现其不安全性。因为数据包必须经运行 sniffit 的计算机才能进行监听，所以它只能监听同一个网段上的计算机，可以为其增加某些插件，以实现额外功能。可以配置 sniffit 在后台运行，以检测 TCP/IP 端口上用户的输入/输出信息。用户可以选择源、目的地址或地址集合，还可以选择监听的端口、协议和网络接口等。sniffit 会将监听到的数据包内容存放在当前工作目录下，可以直接对其进行查看。

6) 扫描工具 nmap

nmap（network mapper）是开放源码的网络探测和安全扫描工具。它主要用来快速扫描大型网络，但在单机上也能很好地工作。nmap 可以查找到网络上有哪些主机，它们提供什么服务（端口），运行什么操作系统，过滤防火墙使用哪些类型的数据包以及其他许多特征。nmap可以在绝大多数计算机上运行,有命令行和图形界面版本。nmap具有灵活性好、功能强大、可移植性好、文档支持和技术支持良好、操作容易以及自由性、流行性好等特点。

## 2.7 网络操作系统安全实例

### 2.7.1 网络操作系统漏洞与补丁程序安装

#### 1. Windows系统的安全漏洞

虽然Windows NT系统采用了较强的安全性规则,但该系统还是存在许多安全漏洞。而Windows 2000系统面世不久,就被发现存在安全漏洞。如果用户不能对这些漏洞进行及时的补救,系统就可能被攻击,造成不必要的损失。下面简单介绍Windows NT/2000的漏洞及相应的应付策略。

1) SAM数据库漏洞

SAM(安全账户管理)数据库的一个拷贝能够被某些工具用来破解口令,这样的工具有PW Dump和NT Crack。Windows NT的Administrator账户、Administrator组中的所有成员、备份操作员、服务器操作员以及所有具有备份特权的用户,都可以拷贝SAM数据库的内容。SAM数据库的另一个漏洞是木马和病毒可能利用默认权限对SAM数据库进行备份,获取访问SAM数据库中的口令信息,或通过访问紧急修复磁盘的更新盘来获取信息。

2) SMB协议漏洞

SAM数据库和Windows NT服务器文件都可能被Windows NT的SMB(Server Message Block)所读取。而SMB协议存在一些尚未公开的漏洞,如SMB协议可不用授权即可存取SAM数据库和Windows NT上的文件;SMB协议允许远程访问共享目录。Registry数据库和其他一些系统服务;SMB协议在验证用户身份时,使用一种简易加密方法发送申请包,因此它的文件传输授权机制很容易被击溃。

3) Registry数据库权限漏洞

Windows NT上的默认数据库Registry的权限设置有很多不合适之处。Registry数据库的默认权限是将“完全控制”(Full control)和“创建”(Create)权限赋予了“所有人”,这样的设置可能引起Registry数据库文件被删除或改变。

4) 权限设置漏洞

Windows NT系统文件权限的设置上存在安全漏洞。如复制或移动一个文件到其他目录下,则该文件的权限将继承其新目录的权限。而在Windows NT系统中对文件进行复制和移动操作是很容易的。

5) 建立域别名漏洞

Windows NT域用户可以不断地建立新的用户组直至使系统资源枯竭。Windows NT能方便地建立用户组的特性很容易遭到拒绝服务的攻击。虽然微软公司针对该问题已开发了补丁程序,但用户发现该补丁程序与注册表的设置有冲突。

6）登录验证机制漏洞

在 Windows 2000 启动之后，按照屏幕提示按下 Alt＋Ctrl＋Del 键进行登录，在登录界面将光标移至用户名输入框，按键盘上的 Ctrl＋Shift 键进行输入法的切换，屏幕上出现输入法状态条，在出现的“全拼”输入法中将鼠标移至输入法状态条右击鼠标，在出现的选单中选择“帮助”，然后继续选择“输入法入门”，在窗口顶部会出现几个按钮，奥妙就在“选项按钮”上。如果是未安装 Windows 2000 Service Pack1 或 IE 5.5 的系统，用鼠标单击“选项”按钮，在出现的选单中选择“主页”，这时在已出现的帮助窗口的右侧会出现 IE 浏览器界面中的“此页不可显示”页面，其中有个“检测网络设置”的链接，点击它就会出现网络设置选项，这样任何人都可以对网络设置甚至控制面板做任何修改。单者在用鼠标单击“选项”按钮时，在出现的选单中选择“Internet 选项”，就可以对主页、连接、安全、高级选项等做任何修改。最为严重的是用鼠标右击先前提到的“选项”按钮会出现一个选单，选择“跳至URL”，这时会出现一个对话框，其中有一个跳至该 URL 输入框，输入你想看到的路径，比如 C:\，那么在已出现的帮助窗口的右侧会出现资源管理器 C 盘的界面显示，这时已经是使用系统管理员权限对 C 盘进行操作了。操作者可以对看到的数据做任何的操作，这样他就完全绕过了 Windows 2000 的登录验证机制。

7）NetBIOS 漏洞

NetBIOS 共享入侵问题从 Windows NT 问世时就从未解决，且它一直是 Windows NT 系统最常见的入侵手段。特别是 IPC $ Null Session（空对话）在 Windows NT 系统里是已知的安全隐患，虽然加了 SP3 补丁程序后可以通过修改注册表对其进行限制，但不知为什么 Windows 2000 中又原封不动地保留了该漏洞。

8）Telnet 漏洞

Windows 中的 Telnet 是网络管理员很喜欢的网络实用工具之一。在 Telnet 客户端通过 Windows 2000 系统登录的情况下，恶意用户可以通过欺骗手段使得受害人开启恶意 Telnet 服务器的对话窗口，黑客可以完全修改认证信息使其成为有力的认证条件从而使用户的计算机深信不疑。幸运的是，微软发布了一个有效的补丁从而排除了这一漏洞。

9）奇怪的系统崩溃漏洞

Windows 2000 系统有一个奇怪的漏洞：使用系统的终端用户通过按住右“Ctrl”键，同时再按两次“Scroll Lock”键，就可使整个 Windows 2000 系统完全崩溃。但同时又在 C:\WinNT\目录下删除完整的当前系统内存记录，内存记录文件名为 Memory.dmp。当然，这个奇怪的漏洞在默认状态下是关闭的，但可通过修改注册表的方法将其激活。如运行 regedt32.exe（Windows 2000 的 32 位注册表编辑器），进入到 HKEY_LOCAL_ MACHINE \SYSTEM\CurrentControlSet\Services \i8042prt\Parameters 下，新建一个名为 Crash OnCtrlScroll 的双字节值，然后再设置一个不为零的值，退出后重新启动。

当这一切做完后，按住右“Ctrl”键，同时再按两次“Scroll Lock”键，就可以尝试系统崩溃了，显示器出现黑屏，并伴有以下信息：

```
*** STOP: 0x000000e2(0x00000000,0x00000000,0x00000000,0x00000000)
The end-user manually generated the crashdump.
```

值得注意的是，该奇怪特性在 Windows NT 中也存在，不知这是不是微软程序员作测试的一个小功能。不过，要是被黑客或病毒利用是很危险的。

10) IIS服务泄露文件内容

Windows 的 IIS 是在大多数 Windows NT/2000 服务器上使用的服务器软件。安装了IIS后，就自动安装了多个 ISAPI(Internet 服务的应用编程接口)，允许开发人员使用 DLL 扩展 IIS 服务器的性能。

IIS 服务泄露文件内容漏洞：当 Windows IIS 4.0/5.0(远东地区版)在处理包含有不完整的双字节编码字符的 HTTP 命令请求时，将导致 Web 目录下的文件内容泄露给远程攻击者。

Windows IIS 的远东地区版本包括中文、韩文和日文版，这些都是使用双字节编码的格式。攻击者通过提交一个特殊的 URL，可使 IIS 使用某个 ISAPI 动态链接库打开某种不能解释的类型文件，并获得该文件的内容。依靠系统安装的 ISAPI 应用程序的类型，攻击者可以获得 Web 根目录或虚拟目录下的文件内容，这些文件可以是普通的文本文件，也可以是二进制文件。

黑客们可使用 Unicode(采用双字节对字符进行编码的统一的字符编码标准)方法对这个漏洞进行攻击。可以说这是近一段时期较为流行的攻击入侵手段，仅国内 2003 年初就有几大网络公司网站被这样攻击。

11) ICMP 漏洞

ICMP 是 Internet 控制报文协议，其主要作用是当系统出错时向源主机传输错误报告控制信息，以便源主机更好地重发失败的数据报信息。ICMP 的一个特点是无连接。只要发送端完成 ICMP 报文的封装，并将其传输给路由器，该报文就会自己去寻找目的地址。该特点使得 ICMP 协议非常灵活方便，但这同时也带来了致命的缺陷，信息包很容易被伪造。

任何人都可以伪造一个 ICMP 报文并发送出去。伪造者可以利用 SOCK_RAW 编程直接改写报文的 ICMP 首部和 IP 首部，这样的报文携带的源地址是伪造的，目的端根本无法追查。出现了不少基于 ICMP 的攻击软件，有的通过网络架构缺陷制造 ICMP 风暴，有的使用大报文堵塞网络，有的利用 ICMP 碎片攻击消耗服务器 CPU，甚至在通信时可以制造出不需要任何 TCP/UDP 端口的木马。

### 2. 补丁程序

补丁程序是指对于大型软件系统(如微软操作系统)在使用过程中暴露的问题(一般由黑客或病毒设计者发现)而发布的解决问题的小程序。就像发现衣服有破洞了就要打补丁一样，软件的补丁用来修补软件程序的“漏洞”。因为软件是人写的，编程人员在编程时也有考虑不周、不完善的地方，软件会出现 BUG，而补丁是专门修复这些 BUG 的。原来发布的软件存在缺陷，发现之后另外编制一个小程序对其缺陷进行弥补，使其完善，这种小程序就称为“补丁”。补丁是由软件的原作者制作的。

补丁程序主要有系统补丁和软件补丁。系统补丁顾名思义就是操作系统的不定期错误漏洞修复程序，如微软的、UNIX、Linux 等操作系统补丁。软件补丁通常是因为发现了软件的小错误，为了修复个别小错误而推出的，或者为了增强某些小功能而发布的，或者是为了增强文件抵抗电脑病毒感染而发布的补丁，如微软的 Office 为了抵抗宏病毒而打补丁。

### 3. 补丁程序的安装

常用的“打补丁”的方法有两种，即利用软件的自动更新(Update)功能和手工操作。

- 利用系统的 Update 功能打补丁。如果软件提供了 Update(自动更新)功能，打补丁就是一件非常简单的事情，只需要在“开始”菜单中找到 Update 命令，单击后即可自动上网搜索官方网站，检查有无最新版本或者补丁程序。
- 手工打补丁。多数补丁需要先在开发商网站或软件下载网站下载，然后再在本机上运行相应命令来完成。有些补丁需要按照一定操作步骤来完成，因此在打补丁之前要先仔细阅读其说明文档，以免产生错误，造成不可挽回的损失。

一些重要软件产品的补丁网址和主要公司的补丁网站如下：

“Windows 2000 安全补丁”(Windows 2000 Service Pack 2)的下载网址是 http://www8.pconline.com.cn/download/swdetail.phtml?id=1746。

“Windows 2000 安全补丁集”(Windows 2000 Security RollupPackage)的下载网址是 http://202.102.231.142/code/fixdown/down/download.asp?id=2209&tp=filename。

微软公司的补丁网站是 http://www.microsoft.com/china/msdownload/?MSCOMTB=MS_Products。

Macromedia 公司的补丁网站是 http://www.macromediachina.com/downloads。

专门的补丁网站地址是 http://www.mypatch.net。

## 2.7.2 Windows 2003 系统的安全操作与设置

Windows Server 2003 系统的安全设置和管理内容很多，在这里只介绍 Windows Server 2003 系统常用的安全操作和设置。

### 1. 清除默认共享隐患

使用 Windows Server 2003 的用户都会碰到一个问题，就是系统在默认安装时，都会产生默认的共享文件夹。虽然用户并没有设置共享，但每个盘符都被 Windows 自动设置了共享，其共享名为盘符后面加一个符号 $(共享名称分别为 c$、d$、ipc$ 等)。这样一来，只要攻击者知道了该系统的管理员密码，就有可能通过输入“\\工作站名\共享名称”来打开系统的指定文件夹，用户精心设置的安全防范就不安全了。因此应将 Windows Server 2003 系统默认的共享隐患从系统中清除掉，可采用以下步骤：

- 在开始菜单的“运行”中输入 gpedit.msc，确认后即可打开组策略编辑器。
- 单击“用户配置”→Windows 设置→脚本(登录/注销)→登录(见图 2.1)。
- 双击“登录”，在出现的“登录属性”窗口中单击“添加”。
- 在出现的“添加脚本”对话框窗口的“脚本名”栏中输入 delshare.bat，然后单击“确定”按钮即可(见图 2.2)。
- 重新启动计算机系统。

这样就可以自动将系统所有的隐藏共享文件夹全部取消，就能将系统安全隐患降到最低限度。

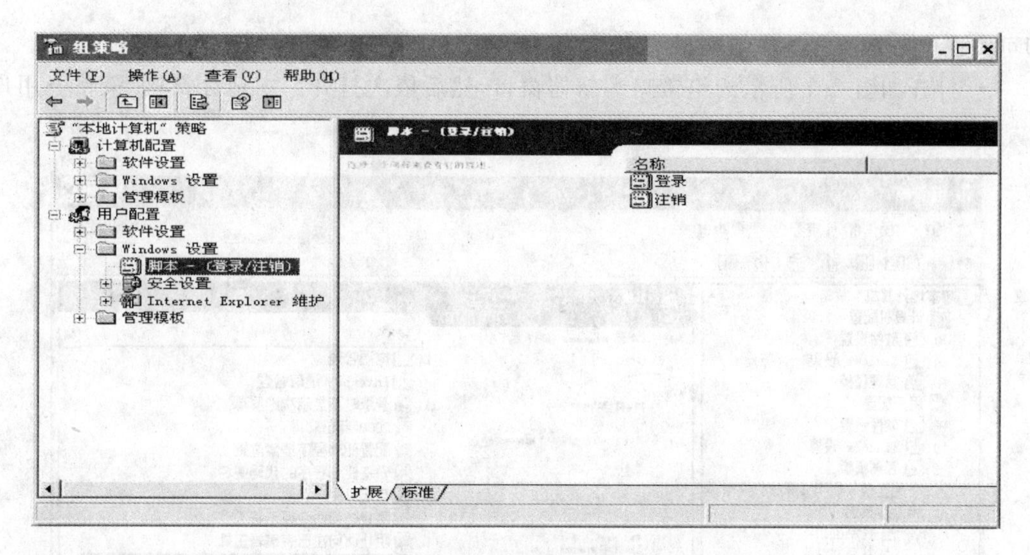


图 2.1 组策略编辑器

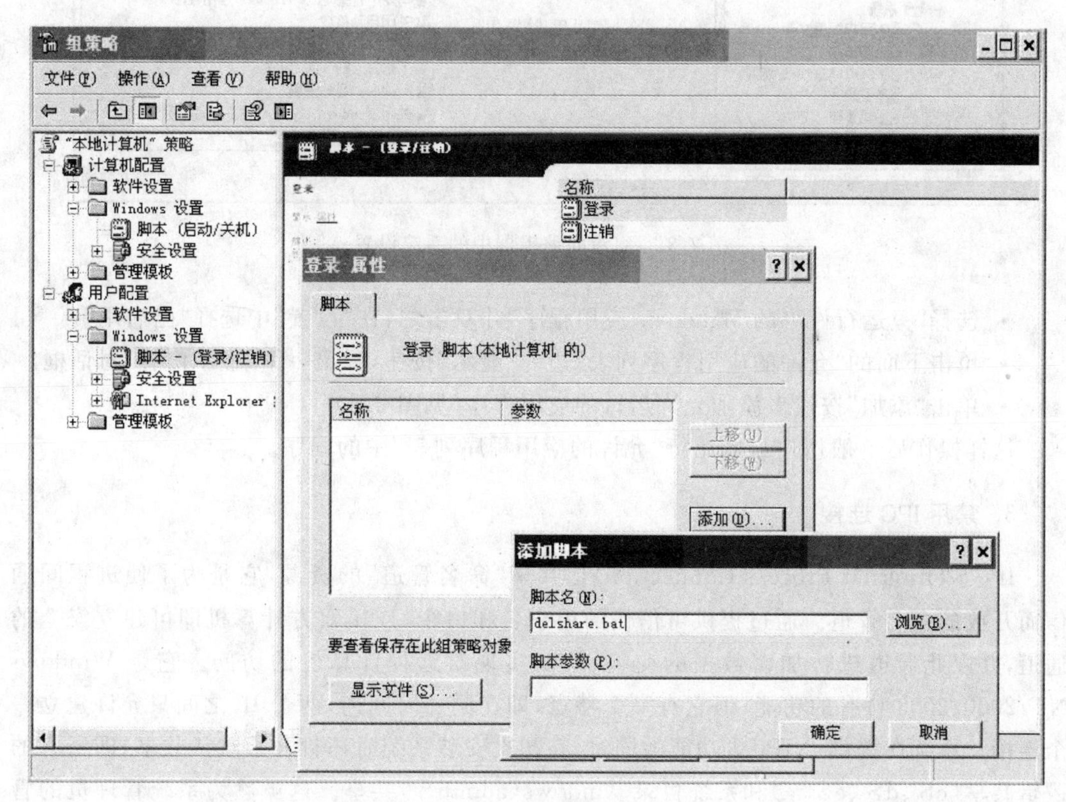


图 2.2 清除默认共享

**2. 杜绝非法访问应用程序**

Windows Server 2003 是一种服务器操作系统。为了防止非法用户登录到系统中并随意启动服务器中的应用程序，给服务器的正常运行带来不必要的麻烦，可根据不同用户的访问权限，来限制他们去调用应用程序。实际上我们只要使用组策略编辑器作进一步的设置，即可实现这一目的。具体步骤如下：

- 打开如图 2.1 所示的组策略编辑器窗口，然后依次打开"'本地计算机'策略→用户配置→管理模板→系统"（见图 2.3）。

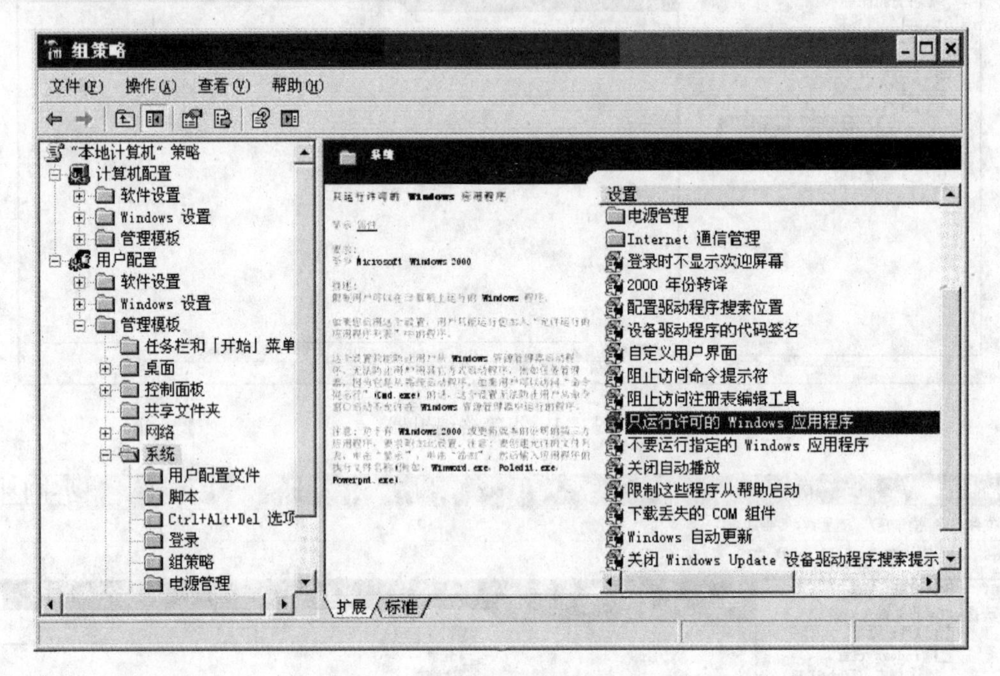


图 2.3　组策略编辑器中的系统设置

- 选择"只运行许可的 Windows 应用程序"并双击之，在"设置"中选择"已启用"。
- 单击下面的"允许的应用程序列表"边的"显示"按钮，弹出一个"显示内容"对话框。
- 单击"添加"按钮来添加允许运行的应用程序（见图 2.4）。

这样操作后一般用户只能运行"允许的应用程序列表"中的程序。

### 3. 禁用 IPC 连接

IPC$（Internet Process Connection）是共享"命名管道"的资源，它是为了使进程间通信而开放的命名管道。通过提供可信任的用户名和口令，连接双方计算机即可建立安全的通道，并以此通道进行加密数据的交换，从而实现对远程计算机的访问。它是 Windows NT/2000/2003 特有的功能，但它有一个特点，即在同一时间内，两个 IP 之间只允许建立一个连接。系统在提供了 IPC$ 功能的同时，在初次安装系统时还打开了默认共享，即所有的逻辑共享（c$、d$、e$ 等）和系统目录 windows（admin$）共享。这虽然为系统管理员的管理提供方便，但也为 IPC 入侵者提供了方便条件，导致系统的安全性能降低。因此，为了安全起见，禁用 IPC 连接。可以通过修改注册表来实现禁用 IPC 连接。

### 4. 清空远程可访问的注册表路径

众所周知，Windows Server 2003 系统提供了注册表的远程访问功能，只有将远程可访问的注册表路径设置为空，才能有效地防止黑客利用扫描器通过远程注册表读取计算机的

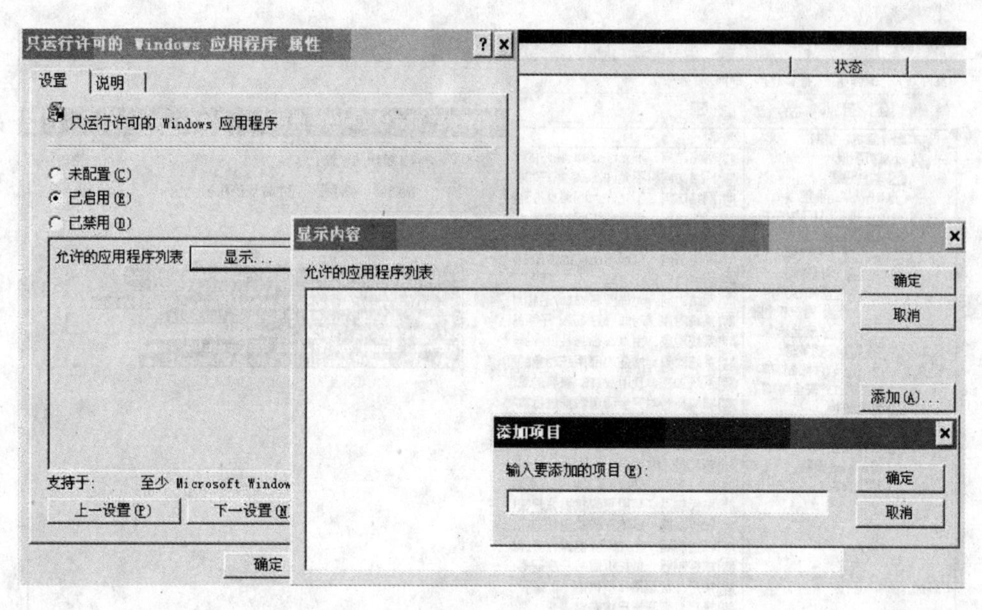


图 2.4 允许的应用程序列表对话框

系统信息。设置远程可访问的注册表路径为空的步骤如下：

- 打开组策略编辑器，在图 2.1 所示组策略中，展开“计算机配置→Windows 设置→安全设置→本地策略”。
- 单击“安全选项”，在右侧窗口中找到“网络访问：可远程访问的注册表路径”，并双击之，如图 2.5 所示。
- 在打开的“网络访问：可远程访问的注册表路径属性”窗口中，将可远程访问的注册表路径和子路径内容全部设置为空，再单击“确定”即可。

另外，在进行安全设置时，对如图 2.5 所示的本地策略的安全选项设置可以考虑将“网络访问：可匿名访问的共享”、“网络访问：可匿名访问的命名管道”和“网络访问：可远程访问的注册表路径和子路径”三项全部删除；将“不允许 SAM 账户的匿名枚举”、“不允许 SAM 账户和共享的匿名枚举”、“网络访问：不允许存储网络身份验证的凭据或 .NETPassports”和“网络访问：限制匿名访问命名管道和共享”四项更改为“已启用”。

### 5. 关闭不必要的端口和服务

对于个人用户来说，系统安装过程中默认的有些端口是没有什么用途的，应该关掉这些端口，即关闭无用的服务。

1) 关闭 139 端口

139 端口是 NetBIOS 协议所使用的会话服务端口，在安装了 TCP/IP 协议的同时，NetBIOS 也会被作为默认设置安装到系统中。该端口的开放意味着硬盘可能会在网络中共享，网上黑客可通过 NetBIOS 了解用户电脑中的一切。在以前的 Windows 版本中，只要不安装 Microsoft 网络的文件和打印共享协议，就可关闭 139 端口。但在 Windows Server 2003 系统中，要单独进行关闭 139 端口的操作才行。关闭 139 端口的具体步骤如下：

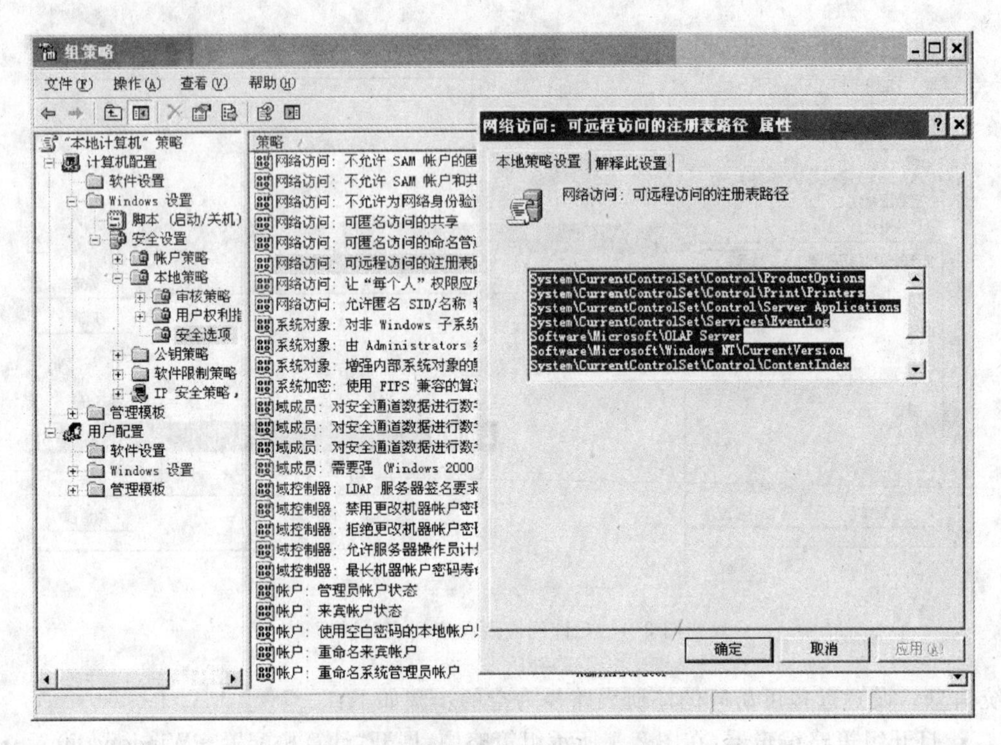


图 2.5　进入远程可访问的注册表路径

- 用鼠标右击“网络邻居”，选择“属性”，进入“网络和拨号连接”。
- 右击“本地连接”，选择“属性”，打开“本地连接属性”页。
- 去掉“Microsoft 网络的文件和打印共享”前面的“√”(如图 2.6 所示)。
- 选中“Internet 协议（TCP/IP）”，依次单击“属性”→“高级”→“WINS”，把“禁用TCP/IP上的 NetBIOS”选中，即可完成任务，如图 2.7 所示。

2）关闭 445 端口

445 端口是一把“双刃剑”，有了它用户可以在局域网中轻松访问各种共享文件夹或共享打印机，但也正是因为有了它，黑客们才有了可乘之机。他们可通过该端口偷偷共享用户的硬盘，甚至会在悄无声息中将用户的硬盘格式化掉。用户要做的就是想办法不让黑客有机可乘，封堵住 445 端口漏洞。

```
HKEY_LOCAL_MACHINE\System\CurrentControlSet\Services\NetBT\Parameters
```

选择“Parameters”项，右击，选择“新建”→“DWORD 值”，将 DWORD 值命名为“SMBDeviceEnabled”，数值为 0。

3）关闭 135 端口

关闭 135 端口的步骤如下：

- 单击“开始”→“运行”，输入“dcomcnfg”，单击“确定”，打开组件服务。
- 在“组件服务”对话框中，选择“计算机”选项，如图 2.8 所示。在“计算机”选项中，右击“我的电脑”，选择“属性”。

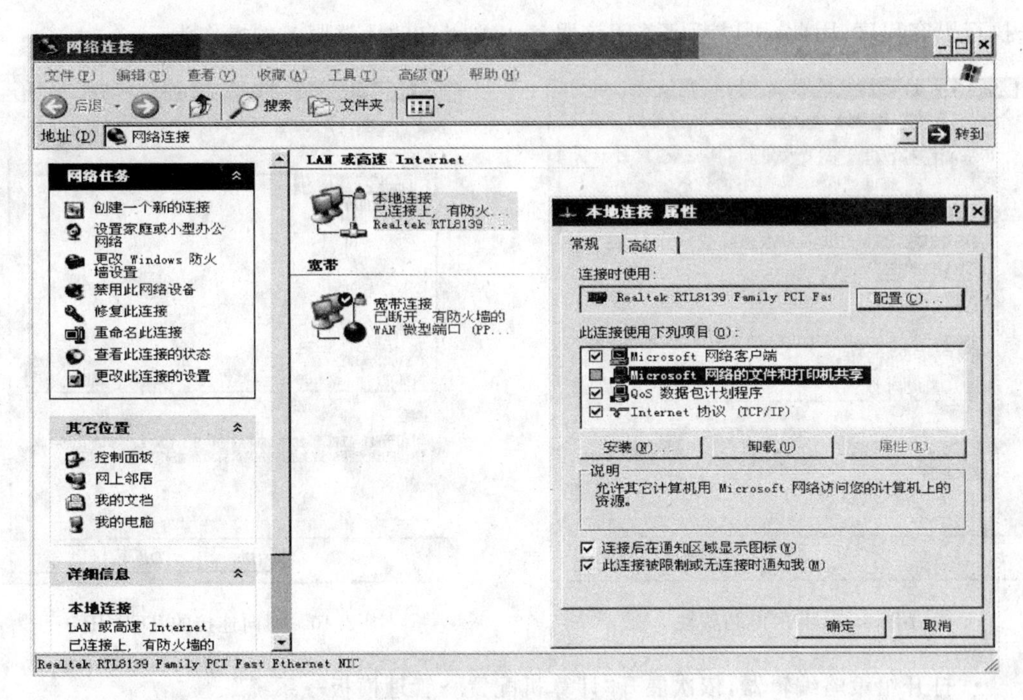


图 2.6　Microsoft 网络的文件和打印共享

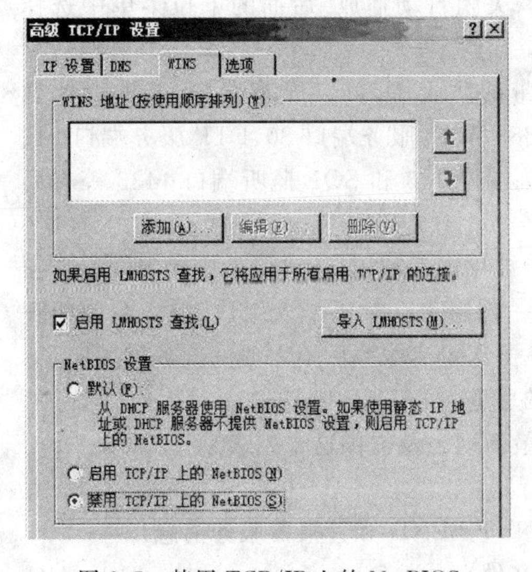


图 2.7　禁用 TCP/IP 上的 NetBIOS

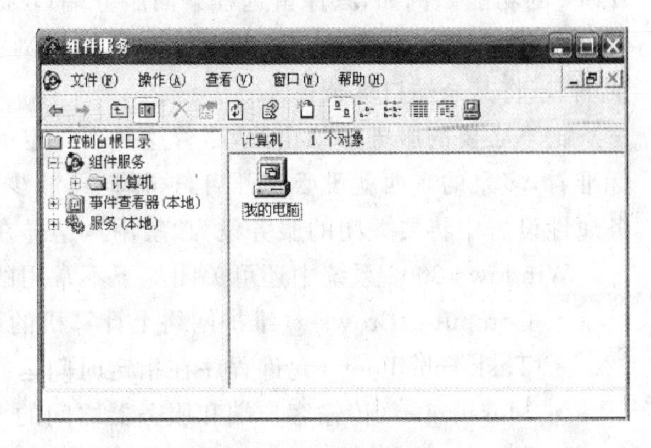


图 2.8　组件服务

• 在出现的“我的电脑属性”对话框“默认属性”选项卡中，不选中“在此计算机上启用分布式 COM”选项，如图 2.9 所示。
• 选择“默认协议”选项卡，选中“面向连接的 TCP/IP”，单击“删除”按钮。
• 单击“确定”按钮，设置完成，如图 2.10 所示。

重新启动后即可关闭 135 端口。

4) 关闭自动播放服务

自动播放功能不仅对光驱起作用，而且对其他驱动器也起作用，这样很容易被黑客利用来执行黑客程序，因此，可以考虑关闭该服务。关闭自动播放服务的操作为：

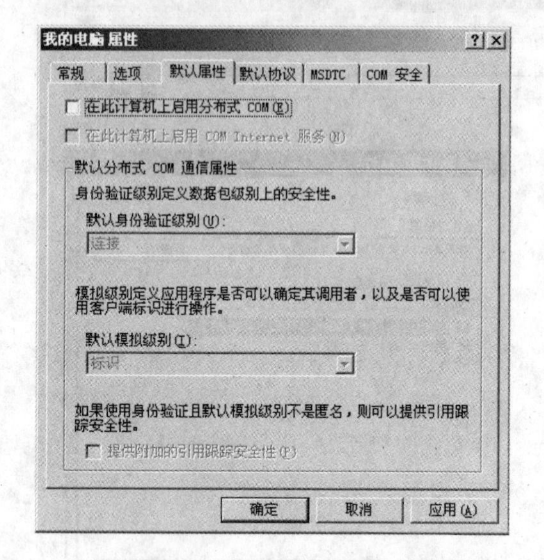


图 2.9　我的电脑属性

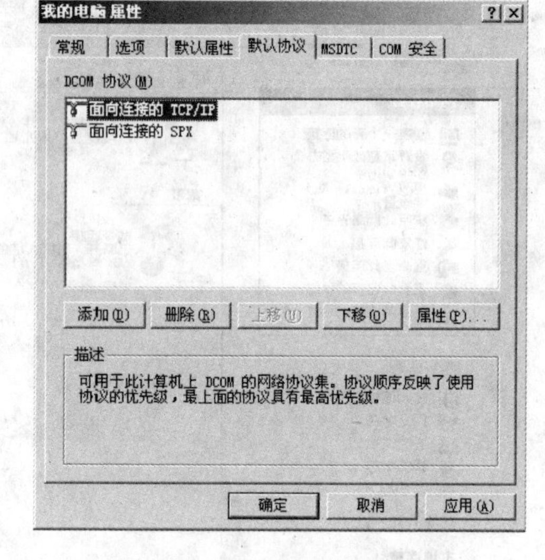


图 2.10　面向连接的 TCP/IP

- 打开组策略编辑器，依次展开“计算机配置→管理模板→系统”。
- 在右侧窗口中找到“关闭自动播放”（如图 2.3 所示）选项并双击。
- 在打开的对话框中选择“已启用”，然后在“关闭自动播放”后面的下拉菜单中选择“所有驱动器”，单击“确定”按钮即可生效。

另外，打开“本地连接”的 Windows 2003 自带的防火墙，可以屏蔽端口，基本可达到 IPSec 的功能。例如，只保留远程桌面服务端口 3389、Web 服务端口 80、FTP 服务端口 21、邮件服务器端口 25、POP3 服务端口 110、网页浏览端口 443 和 SQL 监听端口 1433 等有用的端口，将其余端口屏蔽掉。

把不必要的服务都禁止掉，尽管这些不一定能被攻击者利用得上，但是按照安全规则和标准看，多余的东西就没必要开启，这样还可减少一份隐患。对于个人用户，可以在各项服务属性设置中将要关闭的服务设为“禁用”，这样在下次重启服务后不需要的服务就关闭了。

Windows 2003 系统中还可关闭如下不常用的服务：

- Computer Browser（维护网络上计算机的最新列表及提供这个列表）。
- Task scheduler（允许程序在指定时间运行）。
- Messenger（传输客户端和服务器之间的 NET SEND 和警报器服务消息）。
- Distributed File System（局域网管理共享文件）。
- Distributed linktracking client（用于局域网更新连接信息）。
- Error reporting service（发送错误报告）。
- Microsoft Search（提供快速的单词搜索）。
- PrintSpooler（如果没有打印机可禁用）。
- Remote Registry（远程修改注册表）。
- Remote Desktop Help Session Manager（远程协助）。

#### 6. 删除不安全的组件

一些 ASP 木马或一些恶意程序都会使用到 WScript. Shell 和 Shell. application 这两个组件。采用如下方法可删除或卸载这两个组件：

删除注册表[HKEY_CLASSES_ROOT\CLSID\{72C24DD5-D70A-438B-8A42-98424B88AFB8}]对应的 WScript. Shell。

删除注册表[HKEY_CLASSES_ROOT\CLSID\{13709620-C279-11CE-A49E-444553540000}]对应的 Shell. application。

利用 regsvr32 /u wshom. ocx 卸载 WScript. Shell 组件。

利用 regsvr32 /u shell32. dll 卸载 Shell. application 组件。

#### 7. 账户锁定设置

账户锁定策略是一项 Active Directory 安全功能。在指定时间段内，如果登录尝试失败次数达到指定次数，它会锁定用户账户并禁止登录。允许尝试的次数和时间段基于为账户锁定设置的值。账户锁定策略还可以指定锁定期限。账户锁定设置有助于防止攻击者猜测用户密码，并且会降低对网络环境攻击成功的可能性。

单击“开始”→“运行”，输入 secpol. msc，打开本地安全设置界面，选定“账户锁定策略”，如图 2.11 所示。双击账户锁定阈值，在出现的对话框中输入允许尝试的最大登录次数，确认即可，如图 2.12 所示。

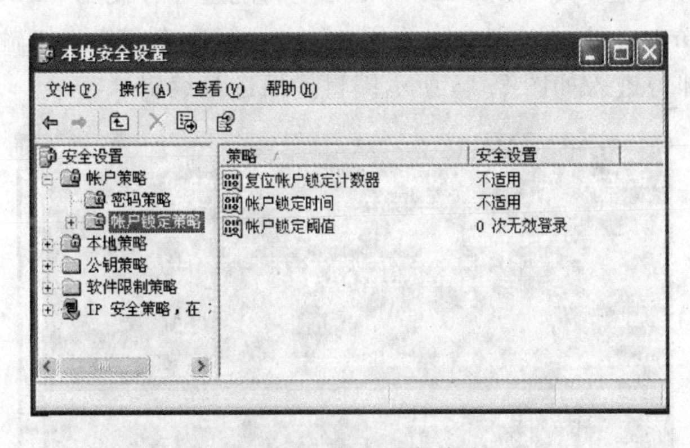


图 2.11 账户锁定策略

### 2.7.3 Linux 操作系统安全及服务器配置

人们普遍认为 Linux 比 Windows 安全，这是有道理的。因为 Windows 树大招风，这应该算是其中的一个原因吧。但 Linux 也不是绝对安全的，尤其是在默认设置情况下。本节介绍 Linux 系统的安全及基于 Linux 的服务器的安全设置。

#### 1. BIOS 的安全设置

首先用户要给自己的 BIOS 设置密码，这是最基本的要求。这样可以防止通过在 BIOS

本地安全设置
文件(F) 操作(A) 查看(V) 帮助(H)
安全设置
帐户策略
密码策略
帐户锁定策略
本地策略
公钥策略
软件限制策略
IP 安全策略，在 本地计
策略
复位帐户锁定计数器
帐户锁定时间
帐户锁定阈值
不适用
不适用
帐户锁定阈值 属性
本地安全设置
帐户锁定阈值
在发生以下情况之后，锁定帐户
次无效登录
确定
取消
应用(A)

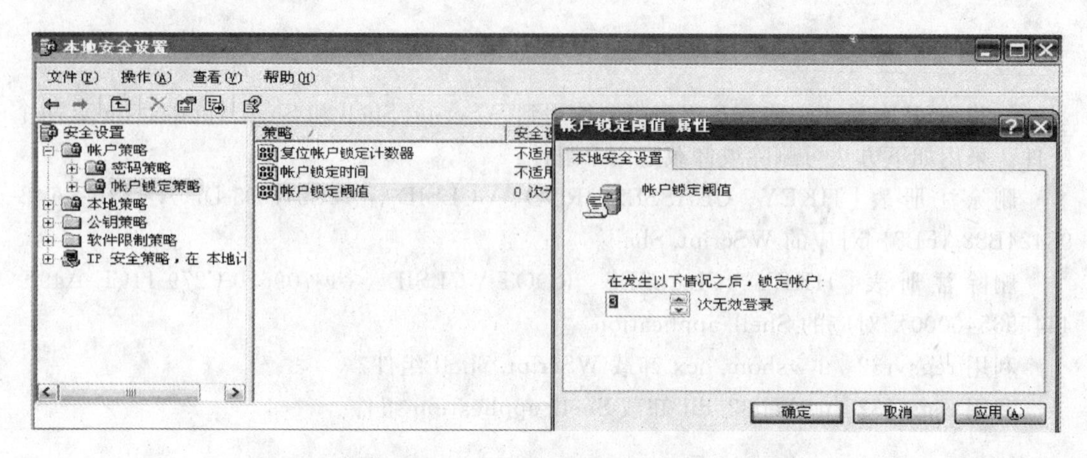

图 2.12　最大登录次数设定

中改变启动顺序，而从软盘启动。这样可以阻止别人试图用特殊的启动盘启动你的系统，还可以阻止别人进入 BIOS 改动其中的设置，使机器的硬件设置不能被别人随意改动。

### 2．GRUB 安全设置

1）设置全局口令锁定启动菜单

全局口令用于设置只允许用户选择启动菜单项进行启动。password 命令可为 GRUB 的启动菜单和菜单项设置口令，在 grub. conf 的全局配置部分使用 password，例如在第一个 title 上输入 password yaohoo。Linux 下用 vi/vim 命令来编辑，如输入命令"vi /boot/grub/grub. conf"，即可进入如图 2.13 所示编辑界面进行编辑。

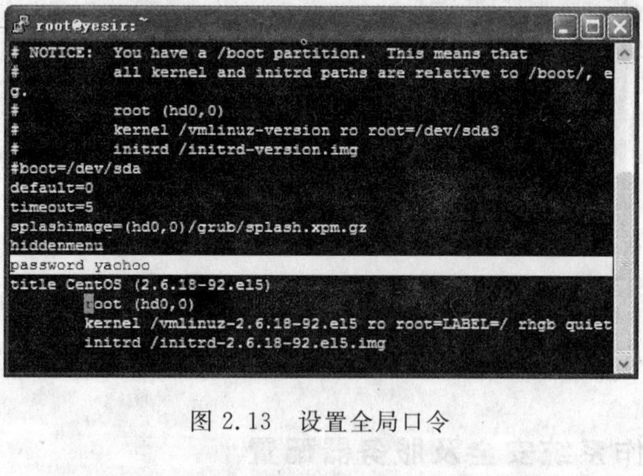

root@yesir:~
# NOTICE:  You have a /boot partition.  This means that
#          all kernel and initrd paths are relative to /boot/, e
g.
#          root (hd0,0)
#          kernel /vmlinuz-version ro root=/dev/sda3
#          initrd /initrd-version.img
#boot=/dev/sda
default=0
timeout=5
splashimage=(hd0,0)/grub/splash.xpm.gz
hiddenmenu
password yaohoo
title CentOS (2.6.18-92.el5)
root (hd0,0)
kernel /vmlinuz-2.6.18-92.el5 ro root=LABEL=/ rhgb quiet
initrd /initrd-2.6.18-92.el5.img

图 2.13　设置全局口令

设置全局口令后，GRUB 启动菜单被锁定，此时只允许选择菜单项进行启动。如需对菜单进行其他操作（如编辑、进入命令行界面等）都应先对启动菜单进行解锁。在锁定的启动菜单选"P"，输入口令解锁即可恢复正常的状态。

2）使用全局口令锁定启动菜单

GRUB 提供了菜单项级别的保护。对于需要保护的菜单项，可以使用已设置的全局口令进行锁定。如果启动该菜单项需先输入全局口令对该菜单项进行解锁。设置步骤如下：

① 设置 GRUB 全局口令。

② 在菜单项配置中使用 lock 命令锁定菜单项，如图 2.14 所示。Lock 的作用是使用全局口令锁定某启动菜单项。该命令没有参数，一般紧跟 title。锁定启动菜单项中 lock 之后的所有命令，直到输入正确的口令。

```
root@yesir:~
# NOTICE:  You have a /boot partition.  This means that
#          all kernel and initrd paths are relative to /boot/, e
g.
#          root (hd0,0)
#          kernel /vmlinuz-version ro root=/dev/sda3
#          initrd /initrd-version.img
#boot=/dev/sda
default=0
timeout=5
splashimage=(hd0,0)/grub/splash.xpm.gz
hiddenmenu
password yachoo
title CentOS (2.6.18-92.el5)
lock
        root (hd0,0)
        kernel /vmlinuz-2.6.18-92.el5 ro root=LABEL=/ rhgb quiet
-- INSERT --
```

图 2.14　使用 lock 命令锁定菜单

当需要对不同启动菜单项使用不同的口令进行验证管理时，可以在各菜单项中使用独立的 password 设置，如图 2.15 所示。这样，就可以实现全局口令和菜单项口令的分级管理。如为某菜单项设置独立口令最好先设置全局口令，并确保口令字各不相同，如不设置全局口令会造成菜单项口令的泄露。

```
root@yesir:~
# NOTICE:  You have a /boot partition.  This means that
#          all kernel and initrd paths are relative to /boot/, e
g.
#          root (hd0,0)
#          kernel /vmlinuz-version ro root=/dev/sda3
#          initrd /initrd-version.img
#boot=/dev/sda
default=0
timeout=5
splashimage=(hd0,0)/grub/splash.xpm.gz
hiddenmenu
password yachoo
title CentOS (2.6.18-92.el5)
password netyi
        root (hd0,0)
        kernel /vmlinuz-2.6.18-92.el5 ro root=LABEL=/ rhgb quiet
-- INSERT --
```

图 2.15　password 设置

3）使用 MD5 加密口令

为了避免在配置文件中使用明文口令，可采用 MD5 加密口令，如图 2.16 所示。

4）口令安全

口令可以说是系统的第一道防线，目前网上的大部分对系统的攻击都是从截获口令或者猜测口令开始的，所以我们应该选择更加安全的口令。

首先，要杜绝不设口令的账号存在。这可以通过查看/etc/passwd 文件发现。如果用户名为 test 的账号没有设置口令，则在/etc/passwd 文件中就有

```
test::100:9::/home/test:/bin/bash
```

该行的第二项为空，说明 test 账号没有设置口令，这是非常危险的，应将该类账号删除或者设置口令。

```
root@yesir:~
# NOTICE:  You have a /boot partition.  This means that
#          all kernel and initrd paths are relative to /boot/, e
g.
#          root (hd0,0)
#          kernel /vmlinuz-version ro root=/dev/sda3
#          initrd /initrd-version.img
#boot=/dev/sda
default=0
timeout=5
splashimage=(hd0,0)/grub/splash.xpm.gz
hiddenmenu
password --md5 $1$VB/Nc$9PyEDKiXZqReIZAEbXSAM1
title CentOS (2.6.18-92.el5)
        root (hd0,0)
        kernel /vmlinuz-2.6.18-92.el5 ro root=LABEL=/ rhgb quiet
        initrd /initrd-2.6.18-92.el5.img
```

图 2.16　采用 MD5 加密口令

其次，在旧版本的 Linux 中，/etc/passwd 文件中包含有加密的密码。这样会给系统的安全性带来很大的隐患，因为可以用暴力破解的方法来获得密码。可以使用命令

/usr/sbin/pwconv

或

/usr/sbin/grpconv

建立/etc/shadow 或/etc/gshadow 文件，这样在/etc/passwd 文件中不再包含加密的密码，而是将密码放在/etc/shadow 文件中，该文件只有超级用户 root 可读。

第三，修改一些系统账号的 Shell 变量。一定不要为 uucp、ftp、news 及一些仅仅需要 FTP 功能的账号设置/bin/bash 或/bin/sh 等 Shell 变量。可以在/etc/passwd 中将其 Shell 变量置空，例如设为/bin/false 或/dev/null 等，也可以使用“usermod -s /dev/null username”命令更改 username 的 Shell 为/dev/null。这样使用这些账号就不能 Telnet 远程登录到系统中来了。

第四，要修改默认的密码长度。在用户安装 Linux 时默认的密码长度是 5 个字节。但这似乎不够，应该再增加一些位数，比如把它设为 8 字节，如图 2.17 所示。修改最短密码长度需要编辑 login 程序的配置文件 login. defs(vi/etc/login. defs)。

```
root@yesir:~
#MAIL_FILE      .mail

# Password aging controls:
#
#       PASS_MAX_DAYS   Maximum number of days a password may be
 used.
#       PASS_MIN_DAYS   Minimum number of days allowed between p
assword changes.
#       PASS_MIN_LEN    Minimum acceptable password length.
#       PASS_WARN_AGE   Number of days warning given before a pa
ssword expires.
#
PASS_MAX_DAYS   99999
PASS_MIN_DAYS   0
PASS_MIN_LEN    5
PASS_WARN_AGE   7
```

图 2.17　修改默认密码长度

5）自动注销账号

UNIX/Linux 系统中 root 账户具有最高的权限。如果系统管理员在离开系统之前忘记注销 root 账户，那将会带来很大的安全隐患。因此，应该让系统自动注销该账号。这可

通过修改账户中“TMOUT”参数(如图 2.18 所示)来实现此功能。编辑系统的 profile 文件(vi /etc/profile,用/histsize\c 找到 HISTSIZE),在“HISTSIZE=”后面加入

```
TMOUT = 300
```

```
root@yesir:~
ulimit -S -c 0 > /dev/null 2>&1

if [ -x /usr/bin/id ]; then
        USER="`id -un`"
        LOGNAME=$USER
        MAIL="/var/spool/mail/$USER"
fi

HOSTNAME=`/bin/hostname`
HISTSIZE=1000
TMOUT=300

if [ -z "$INPUTRC" -a ! -f "$HOME/.inputrc" ]; then
    INPUTRC=/etc/inputrc
fi
```

图 2.18　设置账户 TMOUT 参数

TMOUT 是按秒计算的,这里的 300 表示 300 秒。这样,如果系统中登录的用户在 5 分钟内都没有动作,那么系统会自动注销这个账户。管理员也可以在个别用户的“.bashrc”文件中添加该值,以便系统对该用户实行特殊的自动注销。

改变该项设置后,必须先注销用户,再用该用户登录才能激活此功能。

6) 取消普通用户的控制台访问权限

可采用 shutdown、reboot、halt 等命令取消普通用户的控制台访问权限,如:

```
# rm -f /etc/security/console.apps/halt
# rm -f /etc/security/console.apps/poweroff
# rm -f /etc/security/console.apps/reboot
# rm -f /etc/security/console.apps/shutdown
# rm -f /etc/security/console.apps/xserver (此时只有 root 能用 x)
```

7) 取消并反安装所有不用的服务

在系统中取消并反安装所有不用的服务,就会减少很多风险。查看“/etc/inetd.conf”文件,通过注释取消所有不需要的服务(在该服务项目之前加一个“#”),然后用“sighup”命令升级“inetd.conf”文件。

第一步:更改“/etc/inetd.conf”权限为 600,只允许 root 来读写该文件。

```
# chmod 600 /etc/inetd.conf
```

第二步:确定“/etc/inetd.conf”文件所有者为 root。

第三步:编辑 /etc/inetd.conf 文件(vi /etc/inetd.conf),取消不需要的服务,如 ftp、telnet、shell、login、exec、talk、ntalk、imap、pop3、finger、auth 等。把不需要的服务关闭可以使系统的危险性降低很多。

第四步:给 inetd 进程发送一个 HUP 信号。

```
# killall -HUP inetd
```

第五步：用 chattr 命令把/ec/inetd. conf 文件设为不可修改，这样就可以防止对 inetd. conf 的任何修改。

```
# chattr +i /etc/inetd.conf
```

唯一可以取消该属性的用户只有 root。如果要修改 inetd. conf 文件，首先要用下行命令取消不可修改属性，修改后再把它的性质改回不可修改的。

```
# chattr -i /etc/inetd.conf
```

8）TCP_WRAPPERS

使用 TCP_WRAPPERS 可以使系统安全面对外部入侵。最好的策略就是阻止所有的主机（在"/etc/hosts. deny"文件中加入"ALL：ALL@ALL，PARANOID"）登录，然后再在"/etc/hosts. allow"文件中加入所有允许访问的主机列表。

第一步：编辑 hosts. deny 文件（vi /etc/hosts. deny），加入如下一行

```
# Deny access to everyone ALL: ALL@ALL, PARANOID
```

这表明除非该地址包在允许访问的主机列表中，否则阻塞所有的服务和地址。

第二步：编辑 hosts. allow 文件（vi /etc/hosts. allow），加入允许访问的主机列表，比如

```
ftp: 202.54.15.99 foo.com
```

这里的 202. 54. 15. 99 和 foo. com 是允许访问 FTP 服务的 IP 地址和主机名称。

第三步：tcpdchk 程序是 tepd wrapper 设置的检查程序，可用来检查 tcp wrapper 设置，并报告发现的潜在和真实的问题。设置完毕，运行如下命令即可。

```
# tcpdchk
```

9）修改"/etc/host. conf"文件

"/etc/host. conf"说明了如何解析地址。编辑"/etc/host. conf"文件（vi /etc/host. conf），加入如下命令：

```
# Lookup names via DNS first then fall back to /etc/hosts
    order bind,hosts
# We have machines with multiple IP addresses
    multi on
# Check for IP address spoofing
    nospoof on
```

上述第一项设置首先通过 DNS 解析 IP 地址，然后通过 hosts 文件解析；第二项设置检测"/etc/hosts"文件中的主机是否拥有多个 IP 地址（比如有多个以太口网卡）；第三项设置说明要注意对本机未经许可的电子欺骗。

10）禁止从不同的设备进行 root 登录

"/etc/securetty"文件允许你定义 root 用户可以从哪个 TTY 设备登录。你可以编辑"/etc/securetty"文件，在不允许登录的 TTY 设备前添加"#"标志，来禁止从该 TTY 设备进行 root 登录。如在/etc/inittab 文件中有如下一段话：

```
# Run gettys in standard runlevels
    1:2345:respawn:/sbin/mingetty tty1
```

```
2:2345:respawn:/sbin/mingetty tty2
#3:2345:respawn:/sbin/mingetty tty3
#4:2345:respawn:/sbin/mingetty tty4
#5:2345:respawn:/sbin/mingetty tty5
#6:2345:respawn:/sbin/mingetty tty6
```

系统默认的可以使用6个控制台。而在3、4、5、6序号前面加上禁止注释标志"#",表示禁止使用这四个控制台,而只有另两个控制台可供使用。然后重新启动init进程,改动即可生效。

11) Shell logging Bash

shell在"~/.bash_history"("~/"表示用户目录)文件中保存了500条使用过的命令,这样可以为用户在输入使用过的长命令时提供方便。每个在系统中拥有账号的用户在他的目录下都有一个".bash_history"文件。bash shell应该保存少量的命令,并且在每次用户注销时都把这些历史命令删除。

第一步:"/etc/profile"文件中的"HISTFILESIZE"和"HISTSIZE"行确定所有用户的".bash_history"文件中可以保存的旧命令条数。建议把"/etc/profile"文件中的"HISTFILESIZE"和"HISTSIZE"的值设为一个较小的数,比如30。编辑profile文件(vi/etc/profile),定义两个值如下:

```
HISTFILESIZE = 30
HISTSIZE = 30
```

这表示每个用户的".bash_history"文件可以保存30条旧命令。

第二步:在"/etc/skel/.bash_logout"文件中添加

```
rm -f $HOME/.bash_history
```

这样,当用户每次注销时,".bash_history"文件都会被删除。

编辑.bash_logout文件(vi /etc/skel/.bash_logout),添加如下行:

```
rm -f $HOME/.bash_history
```

12) 给"/etc/rc.d/init.d"下的script文件设置权限

给执行或关闭启动时执行的程序的script文件设置权限。运行下一行命令,说明只有root才允许读、写、执行该目录下的script文件。

```
# chmod -R 700 /etc/rc.d/init.d/*
```

13) 隐藏系统信息

在默认情况下登录到Linux系统时,将显示该Linux发行版的名称、版本、内核版本、服务器的名称。对于黑客来说这些信息足够它入侵系统的。因此,应将这些系统信息隐藏起来,只显示一个"login:"提示符。

编辑"/etc/rc.d/rc.local"文件,在下面各行前加一个"#",把输出信息的命令隐藏起来。

```
# This will overwrite /etc/issue at every boot. So,make any changes you
# want to make to /etc/issue here or you will lose them when you reboot
#echo "" > /etc/issue
```

```
#echo "$R" >> /etc/issue
#echo "Kernel $(uname -r) on $a $(uname -m)" >> /etc/issue
#
#cp -f /etc/issue /etc/issue.net
#echo >> /etc/issue
```

其次删除“/etc”目录下的“issue.net”和“issue”文件：

```
# rm -f /etc/issue
# rm -f /etc/issue.net
```

## 习题和思考题

### 一、问答题

1. 简述常用的访问控制措施。
2. 入网访问控制通常包括哪几方面？
3. 举例说出选择口令和保护口令的方法。
4. 简述 Windows NT 的安全技术。
5. 简述 Windows 2000 系统新增加和改进的安全措施和技术。
6. 简述 Linux 系统的安全性。

### 二、填空题

1. 网络访问控制可分为自主访问控制和________两大类。

2. ________访问控制指由系统提供用户有权对自身所创建的访问对象（文件、数据表等）进行访问，并可将对这些对象的访问权授予其他用户和从授予权限的用户收回其访问权限。

3. 常用的身份验证方法有用户名和口令验证、________、Security ID 验证和________等。

4. Windows NT 四种域模型为单域模型、________、多主域模型和________模型。

5. Windows NT 的安全管理主要包括________、用户权限规则、________和域管理机制等。

### 三、单项选择题

1. 网络访问控制可分为自主访问控制和强制访问控制两大类。(1) 是指由系统对用户所创建的对象进行统一的限制性规定。(2) 是指由系统提供用户有权对自身所创建的访问对象进行访问，并可将对这些对象的访问权授予其他用户和从授予权限的用户收回其访问权限。用户名/口令、权限安全、属性安全等都属于(3)。

(1) A. 服务器安全控制　　B. 检测和锁定控制
　　C. 自主访问控制　　D. 强制访问控制

(2) A. 服务器安全控制　　B. 检测和锁定控制
　　C. 自主访问控制　　D. 强制访问控制

(3) A. 服务器安全控制　　B. 检测和锁定控制
　　C. 自主访问控制　　D. 强制访问控制

2. 根据 TCSEC 安全准则，处理敏感信息所需最低安全级别是<u>(1)</u>，保护绝密信息的最低级别是<u>(2)</u>，UNIX 和 Linux 系统的最低安全级别是<u>(3)</u>，Windows 95/98 系统的安全级别是<u>(4)</u>。Windows NT/2000 系统的最低安全级别是<u>(5)</u>。

| | | | |
|---|---|---|---|
| (1) A. D | B. C1 | C. C2 | D. B1 |
| (2) A. D | B. C1 | C. C2 | D. B1 |
| (3) A. D | B. C1 | C. C2 | D. B1 |
| (4) A. D | B. C1 | C. C2 | D. B1 |
| (5) A. D | B. C1 | C. C2 | D. B1 |

# 第3章

# 计算机网络实体安全

**本章要点**

- 网络机房及环境安全；
- 网络实体的自然与人为灾害的防护；
- 系统存储介质的保护；
- 路由器的安全与配置；
- 交换机的安全与配置。

计算机网络实体是网络系统的核心，它既是对数据进行加工处理的中心，也是信息传输控制的中心。计算机网络实体包括网络系统的硬件实体、软件实体和数据资源。因此，保证计算机网络实体安全，就是保证网络的硬件和环境、存储介质、软件和数据的安全。

## 3.1 计算机网络机房设施及环境安全

计算机网络机房的安全特点是可控性强，但安全受到影响时损失也大。对计算机网络机房环境的保护包括机房的防火、防水、防雷及接地、防尘和防静电、防盗、防震等。

### 3.1.1 机房的安全保护

按计算机系统的安全要求，计算机机房的安全可分为A级、B级和C级三个基本级别。

- 对A级机房的安全有严格的要求，有完善的机房安全措施，有最高的安全性和可靠性等。A级机房对场地选择、防火、防电磁泄露、内部装修、供配电系统、空调系统、火灾报警和消防设施、防水、防静电、防雷击、防鼠害等均有要求。
- 对B级机房的安全有较严格的要求，有较完善的机房安全措施。
- 对C级机房的安全有基本的要求，有基本的机房安全措施。C级要求机房确保系统一般运行时的最低安全性和可靠性。C级机房仅对防火、供配电系统、空调系统、火灾报警和消防设施有基本的要求。

根据机房安全的要求，机房安全可按某一级执行，也可按某几级综合执行，如某机房按照安全要求可选电磁辐射防护A级、火灾报警及消防设施C级等。

### 1. 机房场地的安全

选择机房环境及场地时，安全方面应考虑以下几点：

- 为提高计算机机房的安全可靠性，机房应有一个良好的环境。因此，机房的场地选择应考虑避开有害气体来源以及存放腐蚀、易燃、易爆物品的地方，避开低洼、潮湿的地方，避开强振动源和强噪声源，避开电磁干扰源。
- 外部容易接近的进出口（如风道口、排风口、窗户、应急门等）应有栅栏或监控措施。机房周围应有一定的安全保障，如具有多层屏障、围墙、栅栏和安全入口等，以防止非法暴力入侵。
- 机房内应安装监视和报警装置。在机房内通风孔、隐蔽地方安装监视器和报警器，用来监视和检测入侵者，预报意外灾害等。
- 建筑物周围要有足够亮度的照明设施和防止非法进入的设施。
- 机房供电系统应将动力、照明、用电与计算机系统供电线路分开。

### 2. 机房装饰装修

在机房的装饰装修方面应考虑以下几点：

- 机房装修材料应符合 TJ16（《建筑设计防火规范》）中规定的难燃材料或非燃材料，还应具有防潮、吸音、不起尘、抗静电、防辐射等功能。
- 机房应安装活动地板，活动地板应由难燃材料或非燃材料制成，应有稳定的抗静电性能和承载能力，同时耐油、耐腐蚀、柔光、不起尘等。安装活动地板时，应采取相应措施，防止地板支脚倾斜、移位、横梁坠落等。
- 活动地板提供的各种规格的电线、电缆进出口应做得光滑，以免损伤电线、电缆。
- 活动地板下的建筑地面应平整、光洁、防潮、防尘。
- 机房应封闭门窗或采用双层密封玻璃等防音、防尘措施。
- 安装在活动地板下及吊顶上的送、回风口应采用难燃材料或非燃材料。新风系统应安装空气过滤器，新风设备主体部分应采用难燃材料或非燃材料。

### 3. 机房的出入管理

可制定完善的机房安全出入管理制度，通过特殊标志、口令、指纹、通行证等标识对进入机房的人员进行识别和验证，以及对机房的关键通道应加锁或设置警卫等，防止非法人员进入机房。

外来人员（如参观者）要进入机房，应先登记申请进入机房的时间和目的，经有关部门批准后由警卫领入或由相关人员陪同。进入机房时应佩戴临时标志，且要限制一次性进入机房的人员数量。

### 4. 机房的内部管理与维护

在机房的内部管理与维护方面应做到以下几点：

- 机房的空气要经过净化处理，要经常排除废气，换入新风。
- 工作人员要经常保护机房清洁卫生。

• 工作人员进入机房要穿工作服，佩戴标志或标识牌。
• 机房要制定一整套可行的管理制度和操作人员守则，并严格监督执行。

5. 机房的环境设备监控

随着社会信息化程度的不断提高，机房计算机系统的数量与日俱增，其环境设备也日益增多，机房环境设备必须时时刻刻为计算机系统提供正常的运行环境。因此，对机房设备及环境实施监控就显得尤为重要。

机房的环境设备监控系统主要是对机房设备（如供配电系统、UPS电源、防雷器、空调系统、消防系统、保安系统等）的运行状态、温度、湿度、洁净度，供电的电压、电流、频率，配电系统的开关状态、测漏系统等进行实时监控并记录历史数据，实现对机房遥测、遥信、遥控、遥调的管理功能，为机房高效的管理和安全运行提供有力的保证。

### 3.1.2 机房的温度、湿度和洁净度

为保证计算机网络系统的正常运行，对机房工作环境中的温度、湿度和洁净度都要有明确要求。为了使机房的这"三度"达到要求，机房应该配备空调系统、去/加湿机、除尘器等设备。甚至特殊场合要配备比公用空调系统在加湿、除尘等方面有更高要求的专用空调系统。

1. 温度

计算机系统内部有许多电子元器件，它们不仅散发大量的热，也对环境温度很敏感。温度过高不仅会使集成电路和半导体器件性能不稳定，而且也易使存储信息的磁介质损坏，使信息丢失，温度高到一定程度时将使磁介质失去磁性；而温度过低时，会导致硬盘无法启动，设备表面容易出现水珠凝聚和结露现象，这种潮湿现象将导致设备绝缘不好，机器锈蚀。

统计表明，当温度超过规定范围时，每升高10℃，设备的可靠性能就下降25%。一般，机房的温度应控制在10～35℃，更具体一些，温度要求在20±2℃，变化率为2℃/小时。

2. 湿度

湿度也是影响计算机网络系统正常运行的重要因素。湿度过高会使电路和元器件的绝缘能力降低，影响磁头的高速运转，降低纸介质强度，设备的金属部分生锈；湿度还会使灰尘的导电性能增强，电子器件失效的可能性增大；湿度过低将导致系统设备中的某些器件龟裂，印刷电路板变形，静电感应增加，工作人员的服装、活动地板和设备机壳表面等处不同程度地带有静电荷，易使机器内存储的信息丢失或异常，严重时还会导致芯片损坏。

一般情况下，机房相对湿度应为30%～80%，更具体一些，相对湿度为40%～60%，变化率为25%/小时。

总之，机房的温度和湿度过高、过低或变化过快，都将对设备的元器件、绝缘件、金属构件以及信息介质产生不良影响，其结果不仅影响系统工作的可靠性，还会影响工作人员的身心健康。温度控制和湿度控制最好都与空调联系在一起，由空调集中控制。机房内应安装温度、湿度显示仪，随时观察和监测温、湿度。

3. 洁净度

灰尘会造成机器接插件的接触不良、发热元器件的散热效率降低、电子元件的绝缘性能下降等危害。灰尘还会增加机械磨损，尤其对舞动器和盘片，灰尘不仅会使磁盘数据的读写出现错误，而且可能划伤盘片，甚至导致磁头损坏。因此，计算机机房必须有防尘、除尘设备和措施，保持机房内的清洁卫生，以保证设备的正常工作。

一般机房的洁净度要求灰尘颗粒直径小于 0.5μm，平均每升空气含尘量少于 1 万粒。

## 3.1.3 机房的空调系统与电源保护

计算机网络机房应采用专用空调设备，若与其他系统共用时，应保证空调效果并采取防火措施。

应尽量采用风冷式空调设备，空调设备的室外部分应安装在安全及便于维修的地方。空调设备中安装的电加热器和电加湿器应有防火护衬，并尽可能使电加热器远离用易燃材料制成的空气过滤器。空调设备的管道、消声器、防火阀接头、衬垫以及管道和配管用的隔热材料应采用难燃材料或非燃材料。

采用水冷式空调设备时，应设置漏水报警装置，并设置防水小堤，注意冷却塔、泵、水箱等供水设备的防冻、防火措施。

电源是计算机网络系统的命脉，电源系统的稳定可靠是网络系统正常运行的先决条件。电源系统电压的波动、浪涌电流或突然断电等意外事件的发生不仅可能使系统不能正常工作，还可能造成系统存储信息的丢失、存储设备损坏等。因此，电源系统的安全是计算机网络系统安全的一个重要组成部分。

在国标 GB2887—2000 和 GB9361—88 中对机房的安全供电做了明确要求。国标 GB2887—2000 将供电方式分为三类：

- 一类供电：需建立不间断供电系统。
- 二类供电：需要建立带备用的供电系统。
- 三类供电：按一般用户供电要求考虑。

电源系统安全不仅包括外部供电线路的安全，更重要的是电源设备的安全。计算机网络机房可采用以下措施保证电源的安全工作。

1. 隔离和自动稳压

把建筑物外电网电压输入到由隔离变压器、稳压器及滤波器组成的设备上，再把滤波器输出电压提供给各设备。隔离变压器和滤波器对电网的瞬变干扰具有隔离和衰减作用。常用的稳压器是自动感应稳压器，对电网电压的波动具有调节作用。

2. 稳压稳频器

稳压稳频器是采用电子电路来实现使电网输入的电压和频率稳定的装置，其输出供给计算机设备。稳压稳频器通常由整流器、逆变器、充电器、蓄电池组组成。蓄电池可在电网停止供电时，短时间内起供电作用；逆变器把直流电再转变为交流电，因而它产生的交流电受电网影响是很小的；充电器对蓄电池充电，使蓄电池保持在一个固定的直流电压上。

3. 不间断电源(UPS)

计算机机房负载分为主设备负载和辅助设备负载。主设备负载指计算机及网络系统、计算机外部设备及机房监控系统，这部分供配电系统称为“设备供配电系统”，其供电质量要求高。应采用不间断电源(UPS)供电来保证主设备负载供电的稳定性和可靠性。

UPS是由大量的蓄电池组组成的，类似于稳压稳频器。系统交流电网一旦停止供电，立即启动UPS，即可为系统继续供电。根据UPS的容量大小，可为系统提供连续供电15分钟、30分钟甚至更长时间。在UPS供电期间，还可启动备用发电机工作，以保证更长时间的不间断供电。UPS还有滤除电压的瞬变和稳压作用。

### 3.1.4 机房的防火与防水

1. 机房的防火

机房发生火灾将会使机房建筑、计算机、通信设备及软件和数据备份等毁于一旦，给国家和人民财产造成巨大损失。

在人们视觉不及的顶棚之上、地板之下及电源开关、拖线板、插座等处往往是火灾的发源地。引起火灾的原因主要有：电器设备或电线起火，空调电加热器起火，人为事故起火或其他建筑物起火殃及机房等。

火灾的防范要以预防为主、防消结合。平时加强防范，消除一切火灾隐患；一旦失火，要积极扑救；灾后做好弥补、恢复工作，减少损失。

机房防火的主要措施有建筑物防火、设置报警系统及灭火装置和加强防火安全管理。

1）建筑物防火

- 机房应选址在远离易燃、易爆和危险物品存储地处。
- 对机房及附属建筑物(包括主机房、电源室、终端室、空调室、介质存放室等处)采取消防措施。
- 采用难燃或非燃建筑材料进行机房装饰。
- 选用绝缘性能好或燃点高的材料作电气设备、导线或开关的绝缘材料。

2）设置火灾报警系统及灭火装置

- 为机房配置消防器材，并置于有明显标志处。机房应配置适用的灭火器材，所在楼层应有防火栓和必要的灭火器材和工具(如灭火器、油压千斤顶及其他辅助设备)，这些设备应有明显的标记，且需定期检查。
- 设置火灾报警系统和紧急出口。火灾报警系统要有完整的声光报警、24小时不间断监视能力，以便在火灾初期就能被检测到并及时发出警报。火灾报警器可采用音响或灯光报警，一般安放在值班室或人员集中的地方，以便工作人员及时发现并向消防部门报告，组织灭火和疏散人员和财产等。紧急出口(安全通道)设置在便于人员和重要资源的撤离处。
- 在机房内、基本工作房间、活动地板下、吊顶上、主要空调管道中、易燃物附近等部位应设置烟感、温感探测器。

3）加强防火安全管理

• 对工作人员进行防火安全教育和防火器材使用教育。
• 明确防火安全责任制。
• 磁盘、磁带和纸张等易燃品设置专门箱柜存放。

2. 机房的防水

机房一旦受到水浸，将使电缆和电气设备的绝缘性能大大降低，甚至不能工作。因此，机房应有相应的预防、隔离和排水措施。

一般，可采取如下防水措施：

• 机房的地面和墙壁使用防渗水和防潮材料处理。
• 在机房四周应筑有水泥墙脚，用来铺设架空地板，且可起防水围墙作用。
• 对机房屋顶要进行防水处理，对于平顶屋要有一定的坡度，以利排水；若机房设置于楼房中间层，则要对上一层楼的水源注意保护，进行防漏处理，防止积水渗入机房。
• 地板下区域要有合适的排水设施，机房内或附近及楼上房间一般不应有用水设备，地下室机房必须备有水泵或带有检验阀的排水管及水淹报警装置。
• 在机房内、机房附近房间或机房的楼上，不应有蓄水设备；若机房采用水冷式制冷或房间空调机需要水源，水管尽量安装在比较显露位置，并注意接缝处漏水。有暖气装置的机房，沿机房地面周围应设排水沟，注意对暖气管道定期检查和维修。

## 3.1.5 机房的电磁干扰防护

计算机机房周围电磁场的干扰会影响系统设备的正常工作，而计算机和其他电气设备的组成元器件都是电阻、电容、集成电路和各种磁性材料器件等，容易受电磁干扰的影响。电磁干扰会增加电路的噪声，使机器产生误动作，严重时将导致系统不能正常工作。

电磁干扰主要来自计算机系统外部和自身。系统外部的电磁干扰主要来自无线电广播天线、雷达天线、工业电气设备、高压电力线和变电设备，以及大自然中的雷击和闪电等；计算机系统本身的各种电子组件和导线通过电流时，会产生不同程度的电磁干扰，这种影响可在机器制作时采用相应工艺降低和解决。

通常可采取以下措施来防止和减少电磁干扰的影响：

• 机房选择在远离电磁干扰源的地方，如离无线电广播发射塔、雷达站、工业电气设备、高压电力线和变电站等设施较远的地方。
• 建造机房时采用接地和屏蔽措施。良好的接地可防止外界电磁场干扰和设备间寄生电容的耦合干扰；良好的屏蔽（电屏蔽、磁屏蔽和电磁屏蔽）可减少外界的电磁干扰。

机房屏蔽主要防止各种电磁干扰对机房设备和信号的损伤，常见的有两种类型，即金属网状屏蔽和金属板式屏蔽。依据机房对屏蔽效果的要求大小不同，屏蔽的频率频段的高低不同，对屏蔽系统的材质和施工方法进行选择，各项指标要求应严格按照国家规范标准执行。

国家规定机房内无线电干扰场强在频率范围为0.15～500MHz时不大于126分贝，磁场干扰场强不大于800A/m。

### 3.1.6 机房的雷电保护与接地系统

#### 1. 机房的接地系统

为保证网络系统可靠运行，防止寄生电容的耦合干扰，保护设备及人身安全，机房必须提供良好的接地系统。机房接地系统是涉及多方面的综合性信息处理工程，是机房建设中的一项重要内容。接地系统是否良好是衡量一个机房建设质量的关键性问题之一。

接地就是要使计算机网络系统中各处的电位均以大地电位为基准，为系统各电子电路设备提供一个稳定的0V参考电位，从而达到保证网络系统设备安全和工作人员安全的目的。同时，接地也是防止电磁信息辐射的有效措施。

接地是以接地电流易于流动为目的。接地电阻越小，接地电流越易于流动；同时从减少成为电噪声原因的电位变动来说，也是接地电阻越小越好。机房接地宜采用综合接地方案，综合接地电阻应小于1Ω。

在机房接地时应注意两点：信号系统和电源系统、高压系统和低压系统不应使用共地回路；灵敏电路的接地应各自隔离或屏蔽，以免因大地回流和静电感应而产生干扰。

根据国家标准，大型计算机机房一般具有四种接地方式：交流工作地、直流工作地、安全保护地和防雷保护地。

(1) 交流工作地

许多计算机设备都是由交流供电的，如电源、I/O外部设备、空调设备等，所以必须将机房中交流电源的中性线作为工作地处理。一般是把每个设备的中性点用绝缘导线连到配电柜的中线上，或将中性线连接在一起，再用接地母线将其接地。

(2) 直流工作地

直流接地也叫逻辑接地，是计算机系统中一种重要的接地形式。为了使系统正常工作，机器的所有电路必须工作在一个稳定的基础电压上。通过接地可以使干扰减弱直至消除，保证数据处理的正确。系统中的每个设备都有这样的直流地，可以把这些直流地连接在一起，接在一个铜条上，或把每个直流地焊接在铜线上，作为公共直流地线，再将公共直流地线埋在建筑物附近的地下。这种接地可使设备外壳上的大量静电荷沿公共地线泄放。

(3) 安全保护地

某些设备的外壳与电路部分是绝缘的，如果这种绝缘性能下降或因绝缘损坏而失效，则机壳的对地电位将升高，对工作人员的安全造成威胁。将设备的金属外壳接地，使机壳对地电位为零，使外壳上积聚的电荷迅速排放，使故障电流基本上由该低阻通路流经大地，而不至形成危险电压，这就是安全保护地。

我国规定，机房内保护地线接地电阻应≤4Ω。保护地在接头上应有专门的芯线，由电缆连接到设备外壳，将插座上对应的芯线引出与大地相连。

安全保护地应连接可靠，一般不用焊接而采用机械压紧连接。地线导线应足够粗，应为4号铜线或金属带线。安全保护地在机房内可单独设置，用导线将各设备外壳连成一点，然后由专线接地。这样,安全保护地就可防止由于线路绝缘损坏可能使设备外壳带有危险的相电压而对人体造成伤害。

(4) 防雷保护地

雷电具有很大的能量,雷击产生的瞬间电压可高达 10MV 以上,因此,单独建设的机房或机房所在的建筑物必须设置专门的防雷保护地,以防雷击产生的巨大能量和高压对设备和人身造成危害。若机房设在装有防雷设施的建筑物内,则可不必单独设立防雷保护地。

机房建筑物在处理防雷保护地时,应严格按照防雷措施规定。

**2. 机房的雷电保护**

据资料显示,每年全球因雷击至少造成 100 亿美元的电子设备损失。雷电不仅破坏系统设备,还可造成通信中断、系统瘫痪,其间接损失不可估量。

随着科学技术的发展,电子信息设备的广泛应用,对雷电保护技术提出了更高、更新的要求,传统的避雷针已不能完全满足微电子设备的要求,且还会增加雷击的概率,产生感应雷。感应雷不仅损伤电子设备,还会引起易燃易爆品起爆。

对雷电的防护通常可考虑根据电气、微电子设备的不同功能及不同受保护程度和所属保护层进行分类保护；根据雷电和操作瞬间过压危害从电源线到数据通信线进行分层保护。具体采用外部无源保护和内部保护。

1) 外部无源保护

外部无源保护主要是加装避雷针(网、线、带)和接地装置(地线、地网)。当雷云放电接近地面时,使地面电场发生畸变,在避雷针(线)顶部形成局部电场强度畸变,以影响雷电放电的方向,引导雷电向避雷针(线)放电,再通过接地引下线和接地装置将雷电流引入大地,从而使被保护物免遭雷击。

2) 内部保护

内部保护又分为电源部分保护、信号部分保护和内部接地处理。

(1) 电源部分保护

电源部分保护是指对 380V 及以下的低压线路的过压保护。这可以采取在高压变压器到楼宇总配电盘间加装避雷器作一级保护；在楼宇总配电盘到楼层配电箱间加装避雷器作二级保护；在所有重要、精密的设备及 UPS 前端加装避雷器作三级保护。这些保护的目的就是利用技术将雷电过电压能量分流泄入大地。

(2) 信号部分保护

信号部分保护又可分为粗保护和精细保护。粗保护可根据所属保护区的级别来确定；精细保护可根据信号的密级和电子设备的敏感程度来确定,它主要考虑卫星接收系统、网络专线系统、电话系统、监控系统等环境。可采取在所有信息系统进入楼宇的电缆内芯线端,应对地加装避雷器,将电缆中的空线对应接地,并采取屏蔽接地等具体措施,要注意系统设备的在线电压、传输速率、接口类型等,以确保系统正常工作。

(3) 内部接地处理

在计算机机房建设中要有良好的防雷接地系统,这样就能通过接地系统将雷电流泄入大地,保护设备和操作人员的人身安全。另外,防干扰的屏蔽问题和防静电的问题可通过建立良好的接地系统来解决。

### 3.1.7 机房的静电防护

静电是机房发生最频繁、最难消除的危害之一。它不仅会使计算机运行出现随机故障,而且会导致某些元器件(如 CMOS 电路、MOS 电路和双极性电路等)被击穿或毁坏,此外还会影响操作人员和维护人员的工作和身心健康。

**1. 静电产生的特点及危害**

(1) 静电的故障特点

- 静电故障随湿度而变化(主要发生在冬春干燥季节)。
- 静电故障的偶发性强(多为随机故障,难以找出诱发原因)。
- 静电故障与机房地板、使用的家具和工作人员服装有关。
- 静电故障发生率与人体或其他绝缘体和计算机设备相接触有关。

(2) 静电的危害

静电电流流经机壳时,会对信号线和电源线产生感应噪声;静电产生的高压,会引起机壳地、安全地电位变化,从而引起逻辑地产生电位变动;静电放电时会产生辐射噪声。

静电对计算机设备的影响,主要体现在半导体器件上。半导体器件的高密度和高增益,促进了计算机的高速度、高密度、大容量和小型化,因此也导致了半导体器件本身对静电的反应越来越灵敏。静电对计算机的影响主要表现为两点:一是可能造成元器件(中大规模集成电路、双极性电路)损坏;二是可引起计算机误操作或运算错误。

静电对计算机外设也有明显的影响。比如,阴极射线显示器在受到静电影响时将使图像紊乱,模糊不清;还可造成 Modem、网卡、Fax 卡等工作失常,打印机走纸不顺等。

**2. 静电的防护**

静电问题很难查找,有时会被认为是软件故障。对静电问题的防护,不仅涉及计算机的系统设计,还与计算机机房的结构和环境条件有很大关系。

通常采取的防静电措施有以下几种:

- 机房建设时,在机房地面铺设防静电地板。
- 工作人员在工作时穿戴防静电衣服和鞋帽。
- 工作人员在拆装和检修机器时应在手腕上戴防静电手环(该手环可通过柔软的接地导线放电)。
- 保持机房内相应的温度和湿度等。

### 3.1.8 机房的电磁辐射保护

**1. 电磁辐射的形成与危害**

计算机及其附属电子设备在工作时能通过地线、电源线、信号线等将所处理的信息以电磁波或谐波形式放射出去,形成电磁辐射。

电磁辐射会产生两种不利因素：一是由电子设备辐射出的电磁波通过电路耦合到其他电子设备中形成电磁波干扰，或通过连接的导线、电源线、信号线等耦合而引起相互间的干扰，当这些电磁干扰达到一定程度时，就会影响设备的正常工作；二是这些辐射出的电磁波本身携带有用信号，容易引起信息泄露，如这些辐射信号被接收，再经过提取、处理等过程即可恢复出原信息，造成信息失密。攻击者若利用截取辐射信息收集情报，比用其他方法更及时、方便、准确和隐蔽，因此，必须对计算机系统的电磁辐射采取有效的保护措施。

**2. 电磁辐射的保护措施**

为了防止电磁辐射引起有用信息的扩散，通常是在物理上采取一定的防护措施以减少或干扰辐射到空间的电磁信号。

目前，电磁辐射的防护措施主要有两类：一是对传导发射的防护，主要采取对电源线和信号线加装性能良好的滤波器，减小传输阻抗和导线间的交叉耦合来实现；二是对辐射的保护，主要是采用各种电磁屏蔽措施（如对设备的金属屏蔽和各种接插件的屏蔽，及对机房的水管、暖气管和金属门窗的屏蔽和隔离）和对干扰的防护措施（如在工作的同时利用干扰装置产生一种与计算机系统辐射相关的伪噪声辐射出去以掩盖系统的工作频率和信息特征）。

具体对电磁辐射的保护可按以下层次进行：

- 设备保护。尽量使用低辐射力的终端设备，这样可大大减少电磁信号的辐射距离。
- 建筑保护。在机房建筑施工和装饰时，采取相应的屏蔽措施。但因建筑屏蔽成本较高，所以，屏蔽的程度应视具体使用要求而定。
- 区域保护。电磁辐射的强度与辐射距离相关，根据辐射强度在机房周围划定辐射保护区域，将机房设置在辐射保护区域内。
- 通信线路保护。计算机网络系统中各种通信线路上都能产生电磁辐射，可采用链路加密和线路屏蔽的方法对传输的信息进行加密保护，这样，即使非法攻击者收集到电磁辐射信息，也无法进行解密。
- TEMPEST 技术防护。TEMPEST 是电磁辐射的防护和抑制技术。TEMPEST 有两种防护措施：一是抑制和屏蔽电磁辐射，主要方法是对设备加金属屏蔽，改善电路布局，搞好电源线路滤波，使设备有效接地，减小传输阻抗，使用屏蔽插件，使用不产生电磁辐射和高抗干扰的光缆，采用密封好的屏蔽件、接插头等；二是采用干扰性防护措施，即在系统工作时施放伪噪声，掩盖真正的系统工作频率和信息特性，使外界无法探测到信息内容。

## 3.2　计算机网络设备的安全保护

### 3.2.1　路由器的安全与配置实践

路由器是网络的神经中枢，是众多网络设备的重要一员，它担负着网间互联、路由走向、协议配置和网络安全等重任，是信息出入网络的必经之路。广域网就是靠一个个路由器连接起来组成的，局域网中也已经普遍应用到了路由器，在很多企事业单位，已经用路由器来接入网络进行数据通信，可以说，路由器现在已经成为大众化的网络设备了。

路由器对网络的应用和安全具有极重要的地位。随着路由器应用的广泛和普及，它的安全性也成为一个热门话题。路由器的安全与否，直接关系到网络的安全。下面介绍网络安全中路由器的安全配置。

**1. 路由器的自身安全**

（1）用户口令安全

路由器有普通用户和特权用户之分，口令级别有十多种。如果使用明码，在浏览或修改配置时容易被其他无关人员窥视到。可在全局配置模式下使用命令

```
service password-encryption
```

进行配置，该命令可将明文密码变为密文密码，保证用户口令的安全。该命令具有不可逆性，即它可将明文密码变为密文密码，但不能将密文密码变为明文密码。

（2）配置登录安全

路由器的配置一般有控制口（Console）配置、Telnet配置和SNMP配置三种方法。控制口配置主要用于初始配置，使用中英文终端或Windows的超级终端。Telnet配置方法一般用于远程配置，但由于Telnet是明文传输的，很可能被非法窃听而泄露路由器的特权密码，影响安全。而SNMP的配置则比较麻烦，故使用较少。

为了保证使用Telnet配置路由器的安全，网络管理员可以采用相应技术措施，仅让路由器管理员的工作站登录而不让其他机器登录到路由器，以保证路由器配置的安全。

使用IP标准访问列表控制语句，在Cisco路由器的全局配置模式下，键入：

```
#access-list 20 permit host 192.120.12.20
```

该命令表示只允许IP为192.120.12.20的主机登录到路由器。为了保证192.120.12.20这一IP地址不被其他机器假冒，可以在全局配置模式下键入

```
#arp 192.120.12.20 xxxx.xxxx.xxxx arpa
```

该命令可把该IP地址与其网卡物理地址绑定，xxxx.xxxx.xxxx为机器的网卡物理地址。这样就可以保证在用Telnet配置路由器时不会泄露路由器的口令。

**2. 路由器访问控制的安全策略**

在利用路由器进行访问控制时可考虑如下安全策略：

（1）严格控制可以访问路由器的管理员；对路由器的任何一次维护都需要记录备案，要有完备的路由器的安全访问和维护记录日志。

（2）建议不要远程访问路由器。即使需要远程访问路由器，应使用访问控制列表和高强度的密码控制。

（3）要严格地为IOS（Cisco网际操作系统）作安全备份，及时升级和修补IOS软件，并迅速为IOS安装补丁。

（4）要为路由器的配置文件作安全备份。

（5）为路由器配备UPS设备，或者至少要有冗余电源。

(6) 为进入特权模式设置强壮的密码。不要采用 enable password 而要采用 enable secret 命令设置,并要启用 Service password-encryption 命令。

(7) 严格控制 CON 端口的访问。具体的措施有:

- 打开机箱,切断与 CON 口互联的物理线路。
- 改变默认的连接属性,例如修改波特率(默认是 96000,可以改为其他值)。
- 配合使用访问控制列表控制对 CON 口的访问。
- 给 CON 口设置高强度的密码。

(8) 如果不使用 AUX 端口,则应禁止该端口,使用如下命令即可(默认情况下是未被启用):

```
Router(config) # line aux 0
Router(config - line) # transport input none
Router(config - line) # no exec
```

### 3. 路由协议的安全配置

只有保证路由协议的有效性和正确性,路由器才能正常工作。比较常用的路由协议有距离向量协议 RIP、开放式最短路径优先协议 OSPF 和增强内部网关选择协议 EIGRP (Enhanced Interior Gateway Routing Protocol)。为保证路由协议的正常运行,网络管理员在配置路由器时要使用协议认证。认证的具体操作如下:

1) RIP 路由协议验证

假设串行口 Serial 1 运行 RIP 协议,并且需要 RIP 验证,那么在全局配置模式下键入:

```
# key chain rip - test(rip - test 是关键链名)
# key 1
# key - string password (password 是认证字符串,任取)
# router rip validate - update - source
# inter serial 1
# ip rip authentication key - chain rip - testip rip authentication mode md5
```

要说明的是,在所运行 RIP 协议的接口上才需要进行验证,并且运行 RIP 协议双方的路由器都要有相同的配置,否则 RIP 路由信息不能够很好地交换。

2) OSPF 路由协议验证

OSPF 有三种认证方法:简单口令认证、MD5 认证和 Null 认证。在默认时 OSPF 使用 Null 认证,也就是路由交换不通过认证。

(1) 简单口令认证

在全局配置模式下键入:

```
# ip ospf authentication - key 0 password
# router ospf 100
# area 0.0.0.0 authentication
```

(2) MD5 认证

在全局配置模式下键入:

```
# ip ospf message - digest - key 10 md5 password
```

```
# router ospf 100
# area 0 authentication message - digest
```

要说明的是，在运行OSPF协议的接口上才需要进行验证，并且运行OSPF协议双方的路由器都要有相同的配置，否则OSPF路由信息不能很好地交换。

3）EIGRP路由协议的验证

EIGRP协议仅仅支持MD5认证。认证的配置有三个步骤：一是在端口配置模式使MD5认证模式生效；二是密钥链要一致；三是给密钥链配置密钥。

定义密钥链和密钥命令如下：

```
# key chain mykey
# key 1
# key - string xxx
# accept - lifetime 01:00:00 sep 9 199 infinite
# send - lifetime 01:00:00 sep 9 199 infinite
```

在端口配置模式使MD5认证模式生效的命令如下：

```
# interface serial0.101 point - to - point
# ip address xxxx xxxx
# ip authentication mode eigrp 7 md5
# ip authentication key - chain eigrp 7 mykey
```

4）简单网管协议SNMP的安全

由于SNMP配置使用起来比较麻烦，一般使用较少。如果使用SNMP协议，对于其public和private的验证字一定要设置好。尤其是private的验证字，一定要是安全的、不易猜测的，因为知道了它的验证字，就可以通过SNMP改变路由器的设置。

### 4. 路由器的网络安全配置

路由器除具有基本的路由功能以外，还有很多安全保护功能，我们要充分发挥路由器内在的安全性功能，更好地保护网络安全。

(1) 物理结构的布局

如果路由器有一个以上的局域网端口，或几台路由器并行使用，可以根据访问性质进行分类。比如将供外部访问的WWW服务器、FTP服务器和E-mail服务器集中放在一个端口上，将企业内部的WWW服务器、FTP服务器和数据库服务器放在路由器的其他端口上。这样便于对端口访问进行控制，对安全十分有利。即使黑客攻破了企业供外部访问的服务器，由于企业的其他机器和这些服务器不在同一个广播域，信息被窃听的可能性极低。

(2) 路由器的简单防火墙功能

目前，常用的路由器一般都有访问控制列表ACL(Access List)，即包过滤防火墙功能。访问列表可用于入口(Inbound)，也可用于出口(Outbound)。它可对源IP地址和目的IP地址以及协议端口号进行过滤，用它可以控制哪些网络可以访问什么服务器资源。使用ACL一般有创建一个路由表、指定接口和定义方向三个步骤。下面是一个配置实例。

```
# interface serial 0(指定串口 0)
# access - group 101 in(定义接口产生的过滤方向)
# access - list 101 deny ICMP any host 192.168.1.10 eq 8(阻止以 ICMP 回波请求的形式产生 Ping,
```

防止对主机 IP 地址的恶意窥视。ICMP 回波请求信息属于 ICMP 类型 8)

```
# access - list 101 permit ip any host 192.168.1.10(允许所有其他 IP 流向主机)
# access - list 101 deny ip any(拒绝所有不需要的访问)
```

### 5. 禁止路由器的部分网络服务的安全配置

(1) 禁止 Finger 服务

禁止 Finger 服务的命令如下：

```
Router(config)# no ip finger
Router(config)# no service finger
```

(2) 禁止 TCP、UDP Small 服务

禁止 TCP、UDP Small 服务的命令如下：

```
Router(config)# no service tcp - small - servers
Router(config)# no service udp - small - servers
```

(3) 建议禁止 HTTP 服务

禁止 HTTP 服务的命令为：

```
Router(config)# no ip http server
```

如果启用了 HTTP 服务，则需要对其进行安全配置，比如设置用户名和密码和采用访问列表进行控制。

(4) 禁止 BOOTp 服务

禁止 BOOTp 服务的命令为：

```
Router(config)# no ip bootp server
```

(5) 禁止 IP Source Routing

禁止 IP Source Routing 的命令为：

```
Router(config)# no ip source - route
```

(6) 禁止 ARP-Proxy 服务

如果不需要 ARP-Proxy 服务，则建议禁止它(路由器的默认状态是开启的)。其命令如下：

```
Router(config)# no ip proxy - arp
Router(config - if)# no ip proxy - arp
```

(7) 禁止 IP Directed Broadcast

禁止 IP Directed Broadcast 的命令为：

```
Router(config)# no ip directed - broadcast
```

(8) 禁止 IP Classless

禁止 IP Classless 的命令为：

```
Router(config)# no ip classless
```

(9) 禁止 ICMP 协议的 IP Unreachables、IP Redirects 和 IP Mask Replies

禁止 ICMP 协议的 IP Unreachables、IP Redirects 和 IP Mask Replies 的命令如下：

```
Router(config)# no ip unreachables
Router(config)# no ip Redirects
Router(config)# no ip Mask Replies
```

### 6. 路由器的其他安全配置

(1) IP 欺骗的简单防护

为防止对内部网络的 IP 欺骗，可过滤一些 IP 地址。比如过滤自己内部网络地址(201.120.30.0)、回环地址(127.0.0.0/8)、RFC1918 私有地址(172.16.0.0)、DHCP 自定义地址(169.254.0.0/16)、某文档作者测试用地址(192.0.2.0/24)、不用的组播地址(224.0.0.0/4)、Sun 公司的原测试地址(20.20.20.0/24；204.152.64.0/23)、全网络地址(0.0.0.0/8)，其具体操作如下：

```
Router(config)# access-list 100 deny ip 201.120.30.0 0.0.0.255 any log
Router(config)# access-list 100 deny ip 127.0.0.0 0.255.255.255 any log
Router(config)# access-list 100 deny ip 172.16.0.0 0.15.255.255 any log
Router(config)# access-list 100 deny ip 169.254.0.0 0.0.255.255 any log
Router(config)# access-list 100 deny ip 192.0.2.0 0.0.0.255 any log
Router(config)# access-list 100 deny ip 224.0.0.0 15.255.255.255 any log
Router(config)# access-list 100 deny ip 20.20.20.0 0.0.0.255 any log
Router(config)# access-list 100 deny ip 204.152.64.0 0.0.2.255 any log
Router(config)# access-list 100 deny ip 0.0.0.0 0.255.255.255 any log
```

(2) TCP SYN 的防范

通过访问列表防范 TCP SYN 的命令如下：

```
Router(config)# no access-list 106
Router(config)# access-list 106 permit tcp any 192.168.0.0 0.0.0.255 established
Router(config)# access-list 106 deny ip any any log
Router(config)# interface eth 0/2
Router(config-if)# description "external Ethernet"
Router(config-if)# ip address 192.168.1.254 255.255.255.0
Router(config-if)# ip access-group 106 in
```

通过 TCP 截获防范 TCP SYN 的命令如下：

```
Router(config)# ip tcp intercept list 107
Router(config)# access-list 107 permit tcp any 192.168.0.0 0.0.0.255
Router(config)# access-list 107deny ip any any log
Router(config)# interface eth0
Router(config)# ip access-group 107 in
```

(3) Smurf 进攻的防范

防范 Smurf 进攻的命令如下：

```
Router(config)# access-list 108 deny ip any host 192.168.1.255 log
Router(config)# access-list 108 deny ip any host 192.168.1.0 log
```

(4) DDoS 攻击的防范

防范 DDoS 攻击的命令如下：

```
!The Trinoo DDos system
Router(config)# access-list 113 deny tcp any any eq 27665 log
Router(config)# access-list 113 deny udp any any eq 31335 log
Router(config)# access-list 113 deny udp any any eq 27444 log
!The Stacheldtraht DDos system
Router(config)# access-list 113 deny tcp any any eq 16660 log
Router(config)# access-list 113 deny tcp any any eq 65000 log
!The TrinityV3 system
Router(config)# access-list 113 deny tcp any any eq 33270 log
Router(config)# access-list 113 deny tcp any any eq 39168 log
!The Subseven DDos system and some Variants
Router(config)# access-list 113 deny tcp any any range 6711 6712 log
```

### 3.2.2 交换机的安全与配置实践

#### 1. 交换机安全

交换机在内部网中占有重要的地位，通常是整个网络的核心所在。在这个黑客入侵成风、病毒肆虐的网络时代，作为网络核心的交换机也理所当然要承担起网络安全的一部分责任。传统交换机主要用于数据包的快速转发，强调转发性能。交换机作为网络环境中重要的转发设备，其原来的安全特性已经无法满足现在的安全需求，因此，要求交换机应有专业安全产品的性能，安全交换机应运而生。在安全交换机中集成了安全认证、访问控制列表(Access Control List，ACL)、防火墙、入侵检测、防攻击、防病毒等功能。

1) 安全交换机三层含义

交换机最重要的作用就是转发数据，在黑客攻击和病毒侵扰下，交换机要能够继续保持其高效的数据转发速率，不受到攻击的干扰，这就是交换机所需的最基本的安全功能。同时，交换机作为整个网络的核心，应该能对访问和存取网络信息的用户进行区分和权限控制。更重要的是，交换机还应该配合其他网络安全设备，对非授权访问和网络攻击进行监控和阻止。

2) 安全交换机的新功能

(1) 802.1x 安全认证

在传统的局域网环境中，只要有物理的连接端口，未经授权的网络设备就可以接入局域网，或者未经授权的用户就可以通过连接到局域网的设备进入网络。这样就造成了潜在的安全威胁。另外，在学校和智能小区的网络中，由于涉及网络的计费，所以验证用户接入的合法性也显得非常重要。IEEE 802.1x 正是解决这个问题的良方，目前已经被集成到二层智能交换机中，完成对用户的接入安全审核。

802.1x 协议是刚刚完成标准化的一个符合 IEEE 802 协议集的局域网接入控制协议，其全称为基于端口的访问控制协议。它能够在利用 IEEE 802 局域网优势的基础上提供一种对连接到局域网的用户进行认证和授权的手段，达到接受合法用户接入、保护网络安全的目的。

802.1x 协议与 LAN 是无缝融合的。802.1x 利用了交换式 LAN 架构的物理特性，实现了 LAN 端口上的设备认证。在认证过程中，LAN 端口要么充当认证者，要么扮演请求者。在作为认证者时，LAN 端口在需要用户通过该端口接入相应的服务之前，首先进行认证，如若认证失败则不允许接入；在作为请求者时，LAN 端口则负责向认证服务器提交接入服务申请。基于端口的 MAC 锁定只允许信任的 MAC 地址向网络中发送数据。来自任何“不信任”的设备的数据流会被自动丢弃，从而确保最大限度的安全性。

在 802.1x 协议中，只有具备了以下三个元素才能够完成基于端口的访问控制的用户认证和授权：

- 客户端。客户端一般安装在用户的工作站上，当用户有上网需求时，激活客户端程序，输入必要的用户名和口令，客户端程序将会送出连接请求。
- 认证系统。在以太网系统中认证系统就是指认证交换机，其主要作用是完成用户认证信息的上传、下达工作，并根据认证的结果打开或关闭端口。
- 认证服务器。认证服务器通过检验客户端发送来的身份标识（用户名和口令）来判别用户是否有权使用网络系统提供的网络服务，并根据认证结果向交换机发出打开或保持端口关闭的状态的命令。

(2) 流量控制

安全交换机的流量控制技术把流经端口的异常流量限制在一定的范围内，避免交换机的带宽被无限制滥用。安全交换机的流量控制功能能够实现对异常流量的控制，避免网络堵塞。

(3) 防范 DDoS 攻击

企业网一旦遭到分布式拒绝服务（DDoS）攻击，会影响大量用户的正常使用，严重时甚至造成网络瘫痪。安全交换机采用专门技术来防范 DDoS 攻击，它可以在不影响正常业务的情况下，智能地检测和阻止恶意流量，从而防止网络受到 DDoS 攻击的威胁。

(4) 虚拟局域网 VLAN

虚拟局域网是安全交换机必不可少的功能。VLAN 可以在二层或三层交换机上实现有限的广播域。它可把网络分成一个个独立的区域，控制这些区域是否可以通信。VLAN 可以跨越一个或多个交换机，设备之间好像在同一个网络间通信一样，与它们的物理位置无关。VLAN 可在各种形式上形成，如端口、MAC 地址、IP 地址等。VLAN 限制了各个不同 VLAN 之间的非授权访问，而且可以设置 IP 地址与 MAC 地址绑定功能限制用户非授权访问网络。

(5) 基于 ACL 的防火墙功能

安全交换机采用了访问控制列表（ACL）来实现包过滤防火墙的安全功能，增强安全防范能力。ACL 通过对网络资源的访问控制，确保网络设备不被非法访问或被用做攻击跳板。ACL 是一张规则表，交换机按照顺序执行这些规则，并且处理每一个进入端口的数据包。每条规则根据数据包的属性（如源地址、目的地址和协议）允许或拒绝数据包通过。由于规则是按照一定顺序处理的，因此每条规则的相对位置对于确定允许和不允许什么样的数据包通过网络至关重要。ACL 以前只在核心路由器中使用。在安全交换机中，访问控制过滤措施可以基于源/目标交换槽、端口、源/目标 VLAN、源/目标 IP、TCP/UDP 端口、

ICMP 类型或 MAC 地址来实现。

ACL 不但可以使网络管理者用来制定网络策略，针对个别用户或特定的数据流进行允许或拒绝的控制，也可以用来加强网络的安全屏蔽，使黑客找不到网络中的特定主机进行探测，从而无法发动攻击。

(6) IDS 功能

安全交换机的入侵检测系统(IDS)功能可以根据上报信息和数据流内容进行检测，在发现网络安全事件时，进行有针对性的操作，并将这些对安全事件反应的动作发送到交换机上，由交换机来实现精确的端口断开操作。实现这种联动，需要交换机支持认证、端口镜像、强制流分类、进程数控制、端口反向查询等功能。

3) 安全交换机的配置

安全交换机的出现，使得网络在交换机层次上的安全能力大大增强。安全交换机可以配备在网络的核心位置上，如 Cisco 的 Catalyst 6500 模块化的核心交换机。这样就可以在核心交换机上统一配置安全策略，做到集中控制，方便网络管理人员的监控和调整。

把安全交换机放在网络的接入层或汇聚层，是另外一个选择。这样配备安全交换机的方式就是核心把权力下放到边缘，在各个边缘就开始实施安全交换机的性能，把入侵和攻击以及可疑流量阻挡在边缘之外，确保全网的安全。这样就需要在边缘配备安全交换机，很多厂家已经推出了各种边缘或汇聚层使用的安全交换机。它们就像一个个堡垒一样，在核心周围建立起一道坚固的安全防线。

### 2. Cisco 交换机安全配置

1) 交换机端口安全配置方案与操作

配置 Cisco 交换机端口安全可有三种方案供选择。方案 1 和方案 2 实现的功能类似，可在具体的交换机端口上绑定特定的主机的 MAC 地址(网卡硬件地址)；方案 3 是在具体的交换机端口上同时绑定特定的主机的 MAC 地址(网卡硬件地址)和 IP 地址。

(1) 配置方案 1 ——基于端口的 MAC 地址绑定

现以 Cisco 2950 交换机为例进行配置。登录进入 Cisco 交换机，输入管理口令进入配置模式，键入如下命令：

```
Switch# config terminal  # 进入配置模式
Switch(config)Interface fastethernet 0/1  # 进入具体端口配置模式
Switch(config-if)Switchport port-secruity  # 配置端口安全模式
Switch(config-if )switchport port-security mac-address MAC(地址)
   # 配置该端口要绑定的主机的 MAC 地址
Switch(config-if )no switchport port-security mac-address MAC(地址)
   # 删除绑定主机的 MAC 地址
```

注意：以上命令可使交换机上某个端口绑定一个具体主机的 MAC 地址，这样只有该主机可以使用网络，如果对该主机的网卡进行了更换或其他 PC 想通过该端口使用网络都是不可行的，除非删除或修改该端口上绑定的 MAC 地址。

以上设置适用于 Cisco 2950、3550、4500、6500 系列交换机。

(2) 配置方案 2——基于 MAC 地址的扩展访问列表

登录进入 Cisco 交换机，输入如下命令：

```
Switch(config)Mac access-list extended MAC10
  #定义一个MAC地址访问控制列表并且命名该列表为MAC10
Switch(config)permit host 0009.6bc4.d4bf any
  #定义MAC地址为0009.6bc4.d4bf的主机可以访问任意主机
Switch(config)permit any host 0009.6bc4.d4bf
  #定义所有主机可以访问MAC地址为0009.6bc4.d4bf的主机
Switch(config-if)interface Fa0/20 #进入配置具体端口的模式
Switch(config-if)mac access-group MAC10 in
  #在该端口上应用名为MAC10的访问列表
Switch(config)no mac access-list extended MAC10
  #清除名为MAC10的访问列表
```

此配置功能与方案1大体相同，但它是基于端口的MAC地址访问控制列表限制，可以限定特定源MAC地址与目的地址范围。

以上配置功能在Cisco 2950、3550、4500、6500系列交换机上均可实现，但需注意的是2950、3550需要交换机运行增强的软件镜像(Enhanced Image)。

(3) 配置方案3——IP地址与MAC地址绑定

将方案1或方案2与基于IP的访问控制列表组合可实现IP地址与MAC地址绑定。

```
Switch(config)mac access-list extended MAC10
  #定义一个MAC地址访问控制列表并且命名该列表为MAC10
Switch(config)permit host 0009.6bc4.d4bf any
  #定义MAC地址为0009.6bc4.d4bf的主机可以访问任意主机
Switch(config)permit any host 0009.6bc4.d4bf
  #定义所有主机可以访问MAC地址为0009.6bc4.d4bf的主机
Switch(config)ip access-list extended IP10
  #定义一个IP地址访问控制列表并且命名该列表为IP10
Switch(config)permit 192.168.0.1 0.0.0.0 any
  #定义IP地址为192.168.0.1的主机可以访问任意主机
Switch(config)permit any 192.168.0.1 0.0.0.0
  #定义所有主机可以访问IP地址为192.168.0.1的主机
Switch(config-if)interface Fa0/20
  #进入配置具体端口的模式
Switch(config-if)mac access-group MAC10 in
  #在该端口上应用名为MAC10的访问列表(即前面定义的访问策略)
Switch(config-if)ip access-group IP10 in
  #在该端口上应用名为IP10的访问列表(即前面定义的访问策略)
Switch(config)no mac access-list extended MAC10 in
  #清除名为MAC10的访问列表
Switch(config)no ip access-group IP10 in
  #清除名为IP10的访问列表
```

上述方案1是基于主机MAC地址与交换机端口的绑定，方案2是基于MAC地址的访问控制列表。将方案1或方案2与IP访问控制列表结合起来使用以达到绑定IP与MAC地址的目的。

2) 交换机端口与主机地址的安全配置

最常用的对端口安全的理解就是可根据MAC地址进行对网络流量的控制和管理，比如MAC地址与具体的端口绑定，限制具体端口通过的MAC地址的数量，或者在具体的端口不允许某些 MAC 地址的帧流量通过。

(1) MAC 地址与端口绑定

当发现主机的 MAC 地址与交换机上指定的 MAC 地址不同时,交换机相应的端口将 down 掉。当给端口指定 MAC 地址时,端口模式必须为 access 或者 trunk 状态。MAC 地址与端口绑定的操作如下:

```
3550-1#conf t
3550-1(config)#int f0/1
3550-1(config-if)#switchport mode access
  /指定端口模式
3550-1(config-if)#switchport port-security mac-address 00-90-F5-10-79-C1
  /配置 MAC 地址
3550-1(config-if)#switchport port-security maximum 1
  /限制此端口允许通过的 MAC 地址数为 1
3550-1(config-if)#switchport port-security violation shutdown
  /当发现与上述配置不符时,端口 down 掉
```

(2) 通过 MAC 地址来限制端口流量

此配置允许一个 trunk 端口最多通过 100 个 MAC 地址,超过 100 时,来自新主机的数据帧将丢失。限制端口流量的 MAC 地址配置操作如下:

```
3550-1#conf t
3550-1(config)#int f0/1
3550-1(config-if)#switchport trunk encapsulation dot1q
3550-1(config-if)#switchport mode trunk
  /配置端口模式为 trunk
3550-1(config-if)#switchport port-security maximum 100
  /允许此端口通过的最大 MAC 地址数目为 100
3550-1(config-if)#switchport port-security violation protect
  /当主机 MAC 地址数目超过 100 时,交换机继续工作,但来自新的主机的数据帧将丢失
```

上述配置可根据 MAC 地址来允许流量,如下的配置则是根据 MAC 地址来拒绝流量:

```
3550-1#conf t
3550-1(config)#mac-address-table static 00-90-F5-10-79-C1 vlan 2 drop
  /在相应的 VLAN 丢弃流量
3550-1#conf t
3550-1(config)#mac-address-table static 00-90-F5-10-79-C1 vlan 2 int f0/1
  /在相应的接口丢弃流量
```

(3) 可靠的 MAC 地址配置类型

可靠的 MAC 地址配置有如下三种类型:

• 静态可靠的 MAC 地址。在交换机接口模式下手动配置,该配置会被保存在交换机 MAC 地址表和运行配置文件中,交换机重新启动后不丢失(当然是在保存配置完成后)。静态可靠的 MAC 地址的命令步骤如下:

```
Switch#config terminal
Switch(config)#interface interface-id 进入需要配置的端口
Switch(config-if)#switchport mode Access 设置为交换模式
Switch(config-if)#switchport port-security 打开端口安全模式
```

```
Switch(config-if)#switchport port-security violation {protect | restrict | shutdown}
```

上一条命令是可选的，可以不用配置，默认的是 shutdown 模式，但是在实际配置中推荐使用 restrict。

```
Switch(config-if)#switchport port-security maximum value
```

上一条命令也是可选的，可以不用配置，默认的 maximum 是一个 MAC 地址，2950 和 3550 交换机的这个最大值是 132。

- 动态可靠的 MAC 地址。这是交换机默认的类型。在这种类型下，交换机会动态学习 MAC 地址，但是该配置只会保存在 MAC 地址表中，不会保存在运行配置文件中，并且交换机重新启动后，这些 MAC 地址表中的 MAC 地址会被自动清除。动态可靠的 MAC 地址配置，因是交换机默认的设置，这里不再介绍其步骤。
- 黏性可靠的 MAC 地址。这种情况下可以手动配置 MAC 地址和端口的绑定，也可以让交换机自动学习来绑定。该配置会被保存在 MAC 地址中和运行配置文件中。如果保存配置，交换机重启动后不用再自动重新学习 MAC 地址。黏性可靠的 MAC 地址配置的命令步骤如下：

```
Switch#config terminal
Switch(config)#interface interface-id
Switch(config-if)#switchport mode Access
Switch(config-if)#switchport port-security
Switch(config-if)#switchport port-security violation {protect | restrict | shutdown}
Switch(config-if)#switchport port-security maximum value
```

上面几条命令的解释与静态的原因相同，不再说明。

```
Switch(config-if)#switchport port-security mac-address sticky
```

上一条命令就说明是配置为黏性可靠的 MAC 地址。

3）交换机访问控制的安全配置

作为网络中应用最为广泛的交换机，要能开发其安全特性以有效地保护对网络的访问，一些组织和厂商也纷纷提出自己的安全策略。现在通过多层交换机特性来提高网络的安全性和对带宽的控制已经相当的普遍。随着一些安全特性如访问控制列表（ACL）和 802.1x 标准已经成为许多厂商产品的标准，一些使用者开始把它们作为网络设施安全的一个单独增加的层次。

ACL 通过对网络资源进行访问输入和输出控制，确保网络设备不被非法访问或被用做攻击跳板。ACL 是一张规则表，交换机按照顺序执行这些规则，并且处理每一个进入端口的数据包。每条规则根据数据包的属性（如源地址、目的地址和协议）要么允许、要么拒绝数据包通过。由于规则是按照一定顺序处理的，因此每条规则的相对位置对于确定允许和不允许什么样的数据包通过网络至关重要。操作步骤如下（192.168.1.2 和 192.168.1.1 分别为两个主机的 IP 地址）：

```
Switch(config)#access-list 1 permit host 192.168.1.2
Switch(config)#access-list 1deny any
Switch(config)#int vlan 1
```

```
Switch(config-vlan)ip access-group 1 out
Switch(config-vlan)ip access-group 1 in
Switch(config)#access-list 2 permit host 192.168.1.1
Switch(config)#access-list 2 deny any
Switch(config)#int vlan 2
Switch(config-vlan)ip access-group 2 out
Switch(config-vlan)ip access-group 2 in
```

# 习题和思考题

**一、问答题**

1. 简述机房选址时对机房环境及场地的考虑。
2. 简述机房的防火和防水措施。
3. 简述机房的静电防护措施。
4. 简述机房内的电磁辐射保护措施。
5. 简述机房的电源系统措施。
6. 简述路由器协议安全的配置。
7. 简述安全交换机的性能。

**二、填空题**

1. 按计算机系统的安全要求，机房的安全可分为________、________和________三个级别。

2. 根据国家标准，大型计算机机房一般具有________、________、安全保护地和________等4种接地方式。

3. 网络机房的保护通常包括机房的________、________、防雷和接地、________、防盗、防震等措施。

4. 一般情况下，机房的温度应控制在________℃，机房相对湿度应为________%。

5. 电磁辐射的保护可分为________、建筑保护、________、________和TEMPEST技术防护等层次。

6. 在802.1x协议中，具备________、________和________三个元素能够完成基于端口的访问控制的用户认证和授权。

7. 安全交换机采用了________来实现包过滤防火墙的安全功能，增强安全防范能力。

# 第4章 网络数据库与数据安全

**本章要点**

- 网络数据库系统特性及安全；
- 网络数据库的安全特性；
- 网络数据库的安全保护；
- 网络数据备份和恢复。

在当今信息时代，几乎所有企事业单位的核心业务处理都依赖于计算机网络系统。在计算机网络系统中最为宝贵的就是数据。

数据在计算机网络中具有两种状态：存储状态和传输状态。当数据在计算机系统数据库中保存时，处于存储状态；而在与其他用户或系统交换时，数据处于传输状态。无论是数据处于存储状态还是传输状态，都可能会受到安全威胁。要保证企事业单位业务持续成功地运作，就要保护数据库系统中的数据安全。

## 4.1 网络数据库安全概述

保证网络系统中数据安全的主要任务就是使数据免受各种因素的影响，保护数据的完整性、保密性和可用性。

人为的错误、硬盘的损毁、电脑病毒、自然灾难等都有可能造成数据库中数据的丢失，给企事业单位造成无可估量的损失。如果丢失了系统文件、客户资料、技术文档、人事档案文件、财务账目文件，企事业单位的业务将难以正常进行。因此，所有的企事业单位管理者都应采取数据库的有效保护措施，使得灾难发生后，能够尽快地恢复系统中的数据，恢复系统的正常运行。

为了保护数据安全，可以采用很多安全技术和措施。这些技术和措施主要有数据完整性技术、数据备份和恢复技术、数据加密技术、访问控制技术、用户身份验证技术、数据鉴别技术、并发控制技术等。

### 4.1.1 数据库安全的概念

数据库安全是指数据库的任何部分都不允许受到侵害，或未经授权的存取和修改。数据库安全性问题一直是数据库管理员所关心的问题。

### 1. 数据库安全

数据库就是一种结构化的数据仓库。人们时刻都在和数据打交道。对于少量、简单的数据，如果与其他数据之间的关联较少或没有关联，则可将它们简单地存放在文件中。普通记录文件没有系统结构来系统地反映数据间的复杂关系，它也不能强制定义个别数据对象。但是企业数据都是相关联的，不可能使用普通的记录文件来管理大量的、复杂的系列数据，比如银行的客户数据或生产厂商的生产控制数据等。

数据库安全主要包括数据库系统的安全性和数据库数据的安全性两层含义。

第一层含义是数据库系统的安全性。数据库系统安全性是指在系统级控制数据库的存取和使用的机制，应尽可能地堵住潜在的各种漏洞，防止非法用户利用这些漏洞侵入数据库系统；保证数据库系统不因软硬件故障及灾害的影响而使系统不能正常运行。数据库系统安全包括：

- 硬件运行安全。
- 物理控制安全。
- 操作系统安全。
- 用户有可连接数据库的授权。
- 灾害、故障恢复。

第二层含义是数据库数据的安全性。数据库数据安全性是指在对象级控制数据库的存取和使用的机制，哪些用户可存取指定的模式对象及在对象上允许有哪些操作类型。数据库数据安全包括：

- 有效的用户名/口令鉴别。
- 用户访问权限控制。
- 数据存取权限、方式控制。
- 审计跟踪。
- 数据加密。
- 防止电磁信息泄露。

数据库数据的安全措施应能确保数据库系统关闭后，当数据库数据存储媒体被破坏或当数据库用户误操作时，数据库数据信息不至于丢失。对于数据库数据的安全问题，数据库管理员可以采用系统双机热备份、数据库的备份和恢复、数据加密、访问控制等措施实施。

### 2. 数据库安全管理原则

一个强大的数据库安全系统应当确保其中信息的安全性，并对其进行有效的管理控制。下面几项数据库管理原则有助于企业在安全规划中实现对数据库的安全保护。

(1) 管理细分和委派原则

在数据库工作环境中，数据库管理员(DBA)一般都是独立执行数据库的管理和其他事务工作，一旦出现岗位变换，将带来一连串的问题和效率低下。通过管理责任细分和任务委派，DBA 可从常规事务中解脱出来，更多地关注于解决数据库执行效率及管理相关的重要问题，从而保证任务的高效完成。企业应设法通过功能和可信赖的用户群进一步细分数据库管理的责任和角色。

(2) 最小权限原则

企业必须本着"最小权限"原则,从需求和工作职能两方面严格限制对数据库的访问。通过角色的合理运用,"最小权限"可确保数据库功能限制和特定数据的访问。

(3) 账号安全原则

对于每一个数据库连接来说,用户账号都是必需的。账号的设立应遵循传统的用户账号管理方法来进行安全管理,这包括密码的设定和更改、账号锁定功能、对数据提供有限的访问权限、禁止休眠状态的账户、设定账户的生命周期等。

(4) 有效审计原则

数据库审计是数据库安全的基本要求,它可用来监视各用户对数据库实施的操作。企业应针对自己的应用和数据库活动定义审计策略。条件允许的地方可采取智能审计,这样不仅能节约时间,而且能减少执行审计的范围和对象。通过智能限制日志大小,还能突出更加关键的安全事件。

### 4.1.2 数据库管理系统及其特性

#### 1. 数据库管理系统简介

数据库管理系统(DBMS)已经发展了二十余年。人们提出了许多数据模型,并一一实现,其中比较重要的是关系模型。在关系型数据库中,数据项保存在行中,文件就像是一个表。关系被描述成不同数据表间的匹配关系。一个区别关系模型和网络及分级型数据库的重要一点,就是数据项关系可以被动态地描述或定义,而不需要因结构改变而重新加载数据库。

早在1980年,数据库市场就被关系型数据库管理系统所占领。这个模型基于一个可靠的基础,它可以简单并恰当地将数据项描述成为表(table)中的记录行(raw)。关系模型第一次广泛的推行是在1980年,是因为一种标准的数据库访问程序语言被开发,它被称做结构化查询语言(SQL)。今天,成千上万使用关系型数据库的应用程序已经被开发出来。由于数据库保证了数据的完整性,企业通常将他们的关键业务数据存放在数据库中。因此保护数据库安全、避免错误和数据库故障已经成为企业所关注的重点。

#### 2. 数据库管理系统的安全功能

DBMS是专门负责数据库管理和维护的计算机软件系统。它是数据库系统的核心,不仅负责数据库的维护工作,还能保护数据库的安全性和完整性。

数据库管理系统是近似于文件系统的软件系统,通过它,应用程序和用户可以取得所需的数据。但与文件系统不同,DBMS定义了所管理的数据之间的结构和约束关系,且提供了一些基本的数据管理和安全功能。

(1) 数据的安全性

在网络应用上,数据库必须是一个可以存储数据的安全地方。DBMS能够提供有效的备份和恢复功能,来确保在故障和错误发生后,数据能够尽快地恢复并可被访问。对于企事业单位来说,把关键的和重要的数据存放在数据库中,要求DBMS必须能够防止未授权的数据访问。

只有数据库管理员对数据库中的数据拥有完全的操作权限,并可以规定各用户的权限。DBMS 保证对数据的存取方法是唯一的。每当用户想要存取敏感数据时,DBMS 就进行安全性检查。在数据库中,对数据进行各种类型的操作(检索、修改、删除等)时,DBMS 都可以对其实施不同的安全检查。

(2) 数据的共享性

一个数据库中的数据不仅可以为同一企业或组织内部的各个部门所共享,也可为不同组织、不同地区甚至不同国家的多个应用和用户同时进行访问,而且还要不影响数据的安全性和完整性,这就是数据共享。数据共享是数据库系统的目的,也是它的一个重要特点。

数据库中数据的共享主要体现在以下方面:

- 不同的应用程序可以使用同一个数据库。
- 不同的应用程序可以在同一时刻去存取同一个数据。
- 数据库中的数据不但可供现有的应用程序共享,还可为新开发的应用程序使用。
- 应用程序可用不同的程序设计语言编写,它们可以访问同一个数据库。

(3) 数据的结构化

基于文件的数据的主要优势就在于它利用了数据结构。数据库中的文件相互联系,并在整体上服从一定的结构形式。数据库具有复杂的结构,不仅是因为它拥有大量的数据,同时也因为在数据之间和文件之间存在着种种联系。数据库的结构使开发者避免了针对每一个应用都需要重新定义数据逻辑关系的过程。

(4) 数据的独立性

数据的独立性就是数据与应用程序之间不存在相互依赖关系,也就是数据的逻辑结构、存储结构和存取方法等不因应用程序的修改而改变,反之亦然。从某种意义上讲,一个 DBMS 存在的理由就是为了在数据组织和用户的应用之间提供某种程度的独立性。数据库系统的数据独立性可分为物理独立性和逻辑独立性两方面。

- 物理独立性。数据库的物理结构变化不影响数据库的应用结构,从而也就不影响其相应的应用程序。这里的物理结构是指数据库的物理位置、物理设备等。
- 逻辑独立性。数据库逻辑结构的变化不影响用户的应用程序,数据类型的修改或增加、改变各表之间的联系等都不会导致应用程序的修改。

以上两种数据独立性都要依靠 DBMS 来实现。到目前为止,物理独立性已经实现,但逻辑独立性实现起来非常困难。因为数据结构一旦发生变化,一般情况下,相应的应用程序都要进行或多或少的修改。

(5) 其他安全功能

DBMS 除了具有一些基本的数据库管理功能外,在安全性方面,它还具有以下功能:

- 保证数据的完整性,抵御一定程度的物理破坏,能维护和提交数据库内容。
- 实施并发控制,避免数据的不一致性。
- 数据库的数据备份与数据恢复。
- 能识别用户,分配授权和进行访问控制,包括用户的身份识别和验证。

### 3. 数据库事务

“事务”是数据库中的一个重要概念,是一系列操作过程的集合,也是数据库数据操作的并发控制单位。一个“事务”就是一次活动所引起的一系列的数据库操作。例如,一个会计“事务”可能由读取借方数据、减去借方记录中的借款数量、重写借方记录、读取贷方记录、在贷方记录上的数量加上从借方扣除的数量、重写贷方记录、写一条单独的记录来描述这次操作以便日后审计等操作组成。所有这些操作组成了一个“事务”,描述了一个业务动作。无论借方的动作还是贷方的动作,哪一个没有被执行,数据库都不会反映该业务执行的正确性。

DBMS在数据库操作时进行“事务”定义,要么一个“事务”应用的全部操作结果都反映在数据库中(全部完成),要么就一点都没有反映在数据库中(全部撤除),数据库回到该次事务操作的初始状态。这就是说,一个数据库“事务”序列中的所有操作只有两种结果之一,即全部执行或全部撤除。

上述会计“事务”例子包含了两个数据库操作:从借方数据中扣除资金和在贷方记录中加入这部分资金。如果系统在执行该“事务”的过程中崩溃,而此时借方数据已修改完毕,但还没有修改贷方数据,资金就会在此时物化。如果把这两个步骤合并成一个事务命令,这样在数据库系统执行时,要么全部完成,要么一点都不进行。当只完成一部分时,系统是不会对已做的操作予以响应的。因此,“事务”是不可分割的单位。

## 4.1.3 数据库系统的缺陷和威胁

大多数企业、组织以及政府部门的电子数据都保存在各种数据库中。他们用这些数据库保存一些敏感信息,比如员工薪水、医疗记录、员工个人资料等。数据库服务器还掌握着敏感的金融数据,包括交易记录、商业事务和账号数据,战略上的或者专业的信息,如专利和工程数据,甚至市场计划等应该保护起来防止竞争者和其他非法者获取的资料。

### 1. 数据库系统缺陷

常见的数据库的安全漏洞和缺陷有以下几种:

- 数据库应用程序通常都同操作系统的最高管理员密切相关。如Oracle、Sybase和SQL Server数据库系统都涉及用户账号和密码、认证系统、授权模块和数据对象的许可控制、内置命令(存储过程)、特定的脚本和程序语言、中间件、网络协议、补丁和服务包、数据库管理和开发工具等。许多DBA(数据库系统管理员)都把全部精力投入到管理这些复杂的系统中。安全漏洞和不当的配置通常会造成严重的后果,且都难以发现。
- 人们对数据库安全的忽视。人们认为只要把网络和操作系统的安全搞好了,所有的应用程序也就安全了。现在的数据库系统都有很多方面被误用或者漏洞影响到安全。而且常用的关系型数据库都是“端口”型的,这就表示任何人都能够绕过操作系统的安全机制,利用分析工具试图连接到数据库上。

  部分数据库机制威胁网络低层安全。如某公司的数据库里面保存着所有技术文档、手册和白皮书,但却不重视数据库的安全,这样,即使运行在一个非常安全的操作系统上,入侵者也很容易通过数据库获得操作系统权限。这些存储过程能提供一些执行操作系统命令的接口,而且能访问所有的系统资源,如果该数据库服务器还同其他服务器建立着信任关系,那么,入侵者就能够对整个域产生严重的安全威胁。因此,少数数据库安全漏洞不仅威胁数据库的安全,也威胁到操作系统和其他可信任系统的安全。

- 安全特性缺陷。大多数关系型数据库已经存在十多年了,都是成熟的产品。但IT业界和安全专家对网络和操作系统要求的许多安全特性在多数关系数据库上还没有被使用。
- 数据库账号密码容易泄露。多数数据库提供的基本安全特性,都没有相应机制来限制用户必须选择健壮的密码。许多系统密码都能给入侵者完全访问数据库的机会,更有甚者,有些密码就存储在操作系统的普通文本文件中。比如Oracle内部密码,存储在strxxx.cmd文件中,其中xxx是Oracle系统ID和SID号。该密码用于数据库启动进程,提供完全访问数据库资源功能,该文件在Windows NT中需要设置权限。Oracle监听进程密码保存在文件"listener.ora"中,入侵者可以通过这个弱点进行DoS攻击。
- 操作系统后门。多数数据库系统都有一些特性,来满足数据库管理员的需要,这些也成为数据库主机操作系统的后门。
- 木马的威胁。著名的木马能够在密码改变存储过程时修改密码,并能告知入侵者。比如,可以添加几行信息到sp_password中,将新账号记录到库表中,通过E-mail发送这个密码,或者写到文件中以后使用等。

**2. 数据库系统的威胁形式**

对数据库构成的威胁主要有篡改、损坏和窃取三种表现形式。

(1) 篡改

所谓篡改,是指对数据库中的数据未经授权进行的修改,使其失去原来的真实性。篡改的形式具有多样性,但有一点是明确的,就是在造成影响之前很难发现它。篡改是由于人为因素而产生的。一般来说,发生这种人为威胁的原因主要有个人利益驱动、隐藏证据、恶作剧和无知等。

(2) 损坏

网络系统中数据的损坏是数据库安全性所面临的一个威胁。其表现形式是:表和整个数据库部分或全部被删除、移走或破坏。产生这种威胁的原因主要有破坏、恶作剧和病毒。破坏往往都带有明确的作案动机,恶作剧者往往是出于爱好或好奇而给数据造成损坏,计算机病毒不仅对系统文件进行破坏,也对数据文件进行破坏。

(3) 窃取

窃取一般是对敏感数据进行的。窃取的手法除了将数据复制到软盘之类的可移动介质上外,也可以把数据打印后取走。导致窃取威胁的因素有工商业间谍、不满和要离开的员工、被窃的数据可能比想象中的更有价值等。

3. 数据库系统的威胁来源

数据库安全的威胁主要来自以下几个方面：

- 物理和环境的因素。如物理设备的损坏，设备的机械和电气故障，火灾、水灾，以及丢失磁盘磁带等。
- 事务内部故障。数据库“事务”是数据操作的并发控制单位，是一个不可分割的操作序列。数据库事务内部的故障多发生于数据的不一致性，主要表现有：丢失修改、不能重复读、无用数据的读出。
- 系统故障。系统故障又叫软故障，是指系统突然停止运行时造成的数据库故障。这些故障不破坏数据库，但影响正在运行的所有事务，因为缓冲区中的内容会全部丢失，运行的事务非正常终止，从而造成数据库处于一种不正确的状态。
- 介质故障。介质故障又称硬故障，主要指外存储器故障。如磁盘磁头碰撞，瞬时的强磁场干扰等。这类故障会破坏数据库或部分数据库，并影响正在使用数据库的所有事务。
- 并发事件。在数据库实现多用户共享数据时，可能由于多个用户同时对一组数据的不同访问而使数据出现不一致现象。
- 人为破坏。某些人为了某种目的，故意破坏数据库。
- 病毒与黑客。病毒可破坏计算机中的数据，使计算机处于不正确或瘫痪状态；黑客是一些精通计算机网络和软、硬件的计算机操作者，他们往往利用非法手段取得相关授权，非法地读取甚至修改其他计算机数据。黑客的攻击和系统病毒发作可造成对数据保密性和数据完整性的破坏。

此外，数据库系统威胁还有未经授权非法访问或非法修改数据库的信息，窃取数据库数据或使数据失去真实性；对数据不正确的访问，引起数据库中数据的错误；网络及数据库的安全级别不能满足应用的要求；网络和数据库的设置错误和管理混乱造成越权访问和越权使用数据。

## 4.2 网络数据库的安全特性

为了保证数据库数据的安全可靠和正确有效，DBMS 必须提供统一的数据保护功能。数据保护也称为数据控制，主要包括数据库的安全性、完整性、并发控制和恢复。下面以多用户数据库系统 Oracle 为例，阐述数据库的安全特性。

### 4.2.1 数据库的安全性

数据库安全性是指保护数据库以防止不合法的使用所造成的数据泄露、更改或破坏。在数据库系统中有大量的计算机系统数据集中存放，为许多用户所共享，这样就使安全问题更为突出。在一般的计算机系统中，安全措施是逐级设置的。

### 1. 数据库的存取控制

数据库系统可提供数据存取控制,来实施数据保护。

(1) 数据库的安全机制

多用户数据库系统(如 Oracle)提供的安全机制可做到以下几点:

- 防止非授权的数据库存取。
- 防止非授权的对模式对象的存取。
- 控制磁盘使用。
- 控制系统资源使用。
- 审计用户动作。

在 Oracle 服务器上提供了一种任意存取控制,是一种基于特权限制信息存取的方法。用户要存取某一对象必须有相应的特权授予该用户。已授权的用户可任意地授权给其他用户。

Oracle 保护信息的方法采用任意存取控制来控制全部用户对命名对象的存取。用户对对象的存取受特权控制,一种特权是存取一个命名对象的许可,为一种规定格式。

(2) 模式和用户机制

Oracle 使用多种不同的机制管理数据库安全性,其中有模式和用户两种机制。

- 模式机制:模式为模式对象的集合,模式对象如表、视图、过程和包等。
- 用户机制:每一个 Oracle 数据库有一组合法的用户,可运行一个数据库应用和使用该用户连接到定义该用户的数据库。当建立一个数据库用户时,对该用户建立一个相应的模式,模式名与用户名相同。一旦用户连接一个数据库,该用户就可存取相应模式中的全部对象,一个用户仅与同名的模式相联系,所以用户和模式是类似的。

### 2. 特权和角色

1) 特权

特权是执行一种特殊类型的 SQL 语句或存取另一用户对象的权力,有系统特权和对象特权两类。

- 系统特权:系统特权是执行一种特殊动作或者在对象类型上执行一种特殊动作的权力。系统特权可授权给用户或角色。系统可将授予用户的系统特权授给其他用户或角色,同样,系统也可从那些被授权的用户或角色处收回系统特权。
- 对象特权:对象特权是指在表、视图、序列、过程、函数或包上执行特殊动作的权力。对于不同类型的对象,有不同类型的对象特权。

2) 角色

角色是相关特权的命名组。数据库系统利用角色可更容易地进行特权管理。

(1) 角色管理的优点

- 减少特权管理。
- 动态特权管理。
- 特权的选择可用性。
- 应用可知性。

• 专门的应用安全性。

一般，建立角色有两个目的：一是为数据库应用管理特权；二是为用户组管理特权，相应的角色分别称为应用角色和用户角色。

应用角色是系统授予的运行一组数据库应用所需的全部特权。一个应用角色可授给其他角色或指定用户。一个应用可有几种不同角色，具有不同特权组的每一个角色在使用应用时可进行不同的数据存取。

用户角色是为具有公开特权需求的一组数据库用户而建立的。

(2) 数据库角色的功能

• 一个角色可被授予系统特权或对象特权。
• 一个角色可授权给其他角色，但不能循环授权。
• 任何角色可授权给任何数据库用户。
• 授权给一个用户的每一角色可以是可用的，也可是不可用的。
• 一个间接授权角色（授权给另一角色的角色）对一个用户可明确其可用或不可用。
• 在一个数据库中，每一个角色名是唯一的。

#### 3. 审计

审计是对选定的用户动作的监控和记录，通常用于审查可疑的活动，监视和收集关于指定数据库活动的数据。

(1) Oracle 支持的三种审计类型

• 语句审计：语句审计是指对某种类型的 SQL 语句进行的审计，不涉及具体对象。这种审计既可对系统的所有用户进行，也可对部分用户进行。
• 特权审计：特权审计是指对执行相应动作的系统特权进行的审计，不涉及具体对象。这种审计也是既可对系统的所有用户进行，也可对部分用户进行。
• 对象审计：对象审计是指对特殊模式对象访问情况的审计，不涉及具体用户，是由监控有对象特权的 SQL 语句进行的。

(2) Oracle 允许的审计选择范围

• 审计语句的成功执行、不成功执行，或其两者都包括。
• 对每一用户会话审计语句的执行审计一次或对语句的每次执行审计一次。
• 对全部用户或指定用户活动的审计。

当数据库审计是可能时，在语句执行阶段产生审计记录。审计记录包含有审计的操作、用户执行的操作、操作的日期和时间等信息。审计记录可存放于数据字典表（称为审计记录）或操作系统审计记录中。

### 4.2.2 数据库的完整性

数据库的完整性是指保护数据库数据的正确性和一致性。它反映了现实中实体的本来面貌。数据库系统要提供保护数据完整性的功能。系统用一定的机制检查数据库中的数据是否满足完整性约束条件。Oracle 应用于关系型数据库的表的数据完整性有下列类型：

• 空与非空规则。在插入或修改表的行时允许或不允许包含有空值的列。

- 唯一列值规则。允许插入或修改表的行在该列上的值唯一。
- 引用完整性规则。
- 用户对定义的规则。

Oracle 允许定义和实施每一种类型的数据完整性规则,如空与非空规则、唯一列值规则和引用完整性规则等,这些规则可用完整性约束和数据库触发器来定义。

### 1. 完整性约束

(1) 完整性约束条件

完整性约束条件是作为模式的一部分,对表的列定义的一些规则的说明性方法。具有定义数据完整性约束条件功能和检查数据完整性约束条件方法的数据库系统可实现对数据完整性的约束。

完整性约束有数值类型与值域的完整性约束、关键字的约束、数据联系(结构)的约束等。这些约束都是在稳定状态下必须满足的条件,叫静态约束。相应地还有动态约束,就是指数据库中的数据从一种状态变为另一种状态时,新旧数值之间的约束,例如更新人的年龄时,新值不能小于旧值等。

(2) 完整性约束的优点

利用完整性约束实施数据完整性规则有以下优点:

- 定义或更改表时,不需要程序设计便可很容易地编写程序并可消除程序性错误,其功能由 Oracle 控制。
- 对表所定义的完整性约束被存储在数据字典中,所以由任何应用进入的数据都必须遵守与表相关联的完整性约束。
- 具有最大的开发能力。当由完整性约束所实施的事务规则改变时,管理员只需改变完整性约束的定义,所有应用自动地遵守所修改的约束。
- 完整性约束存储在数据字典中,数据库应用可利用这些信息,在 SQL 语句执行之前或 Oracle 检查之前,就可立即反馈信息。
- 完整性约束说明的语义被清楚地定义,对于每一指定说明规则可实现性能优化。
- 完整性约束可临时地使其不可用,使之在装入大量数据时避免约束检索的开销。当数据库装入完成时,完整性约束可容易地使其可用,任何破坏完整性约束的新记录可在另外表中列出。

### 2. 数据库触发器

数据库触发器是使用非说明方法实施的数据单元操作过程。利用数据库触发器可定义和实施任何类型的完整性规则。

Oracle 允许定义过程,当对相关的表进行 Insert、Update 或 Delete 语句操作时,这些过程被隐式地执行,这些过程称为数据库触发器。触发器类似于存储过程,可包含 SQL 语句和 PL/SQL 语句,可调用其他的存储过程。过程与触发器的差别在于调用方法:过程由用户或应用显式地执行;而触发器是为一个激发语句(Insert、Update、Delete)发出而由 Oracle 隐式地触发。一个数据库应用可隐式地触发存储在数据库中的多个触发器。

一个触发器由触发事件或语句、触发限制和触发器动作三部分组成。触发事件或语句是指引起激发触发器的SQL语句，可为对一个指定表的Insert、Update或Delete语句。触发限制是指定一个布尔表达式，当触发器激发时该表达式必须为真。触发器作为过程，是PL/SQL块，当触发语句发出、触发限制计算为真时该过程被执行。

在许多情况中触发器补充Oracle的标准功能，提供高度专用的数据库管理系统。一般触发器用于以下方面：

- 自动地生成导出列值。
- 实施复杂的安全审核。
- 在分布式数据库中实施跨节点的完整性引用。
- 实施复杂的事务规则。
- 提供透明的事件记录。
- 提供高级的审计。
- 收集表存取的统计信息。

### 4.2.3 数据库的并发控制

数据库是一种共享资源库，可为多个应用程序所共享。在许多情况下，由于应用程序涉及的数据量很大，常常会涉及输入/输出的交换，因此可能有多个程序或一个程序的多个进程并行地运行，这就是数据库的并发操作。

在多用户数据库环境中，多个用户程序可并行地存取数据库。并发控制是指在多用户的环境下，对数据库的并行操作进行规范的机制，其目的是为了避免数据的丢失修改、无效数据的读出与不可重复读数据等，从而保证数据的正确性与一致性。并发控制在多用户的模式下是十分重要的，但这一点经常被一些数据库应用人员忽视，而且因为并发控制的层次和类型非常丰富和复杂，有时使人在选择时比较迷惑，不清楚衡量并发控制的原则和途径。

#### 1. 一致性和实时性

一致性的数据库就是指并发数据处理响应过程已完成的数据库。例如，一个会计数据库，当它的记入借方与相应的贷方记录相匹配的情况下，它就是数据一致的。

一个实时的数据库就是指所有的事务全部执行完毕后才响应。如果一个正在运行数据库管理的系统出现了故障而不能继续进行数据处理，原来事务的处理结果还存在缓存中而没有写入到磁盘文件中，当系统重新启动时，系统数据就是非实时性的。

数据库日志被用来在故障发生后恢复数据库时可保证数据库的一致性和实时性。

#### 2. 数据的不一致现象

事务并发控制不当，可能产生丢失修改、读无效数据、不可重复读等数据不一致现象。

(1) 丢失修改

丢失数据是指一个事务的修改覆盖了另一个事务的修改，使前一个修改丢失。比如两个事务T1和T2读入同一数据，T2提交的结果破坏了T1提交的数据，使T1对数据库的修改丢失，造成数据库中的数据错误。

(2) 无效数据的读出

无效数据的读出是指不正确数据的读出。比如事务 T1 将某一值修改,然后事务 T2 读该值,此后 T1 由于某种原因撤销对该值的修改,这样就造成 T2 读取的数据是无效的。

(3) 不可重复读

在一个事务范围内,两个相同的查询却返回了不同数据,这是由于查询时系统中其他事务修改的提交而引起。比如事务 T1 读取某一数据,事务 T2 读取并修改了该数据,T1 为了对读取值进行检验而再次读取该数据,便得到了不同的结果。

但在应用中为了并发度的提高,可以容忍一些不一致现象。例如,大多数业务经适当的调整后可以容忍不可重复读的。当今流行的关系数据库系统(如 Oracle、SQL Server 等)是通过事务隔离与封锁机制来定义并发控制所要达到的目标的,根据其提供的协议,可以得到几乎任何类型的合理的并发控制方式。

并发控制数据库中的数据资源必须具有共享属性。为了充分利用数据库资源,应允许多个用户并行操作数据库。数据库必须能对这种并行操作进行控制,以保证数据被不同的用户使用时的一致性。

#### 3. 并发控制的实现

并发控制的实现途径有多种,如果 DBMS 支持,当然最好是运用其自身的并发控制能力。如果系统不能提供这样的功能,可以借助开发工具的支持,还可以考虑调整数据库应用程序。

并发控制能力是指多用户在同一时间对相同数据同时访问的能力。一般的关系型数据库都具有并发控制能力,但是这种并发功能也会对数据的一致性带来危险。试想,若有两个用户都试图访问某个银行用户的记录,并同时要求修改该用户的存款余额时,情况将会怎样呢?

### 4.2.4 数据库的恢复

当人们使用数据库时,总希望数据库的内容是可靠的、正确的,但由于计算机系统的故障(硬件故障、软件故障、网络故障、进程故障和系统故障等)影响数据库系统的操作,影响数据库中数据的正确性,甚至破坏数据库,使数据库中全部或部分数据丢失。因此当发生上述故障后,希望能尽快恢复到原数据库状态或重新建立一个完整的数据库,该处理称为数据库恢复。数据库恢复子系统是数据库管理系统的一个重要组成部分。具体的恢复处理因所发生的故障类型所影响的情况和结果而变化。

#### 1. 操作系统备份

不管为 Oracle 数据库设计成什么样的恢复模式,数据库数据文件、日志文件和控制文件的操作系统备份都是绝对需要的,它是保护介质故障的策略。操作系统备份分为完全备份和部分备份。

(1) 完全备份

一个完全备份将构成 Oracle 数据库的全部数据库文件、在线日志文件和控制文件的一个操作系统备份。一个完全备份在数据库正常关闭之后进行，不能在实例故障后进行。此时，所有构成数据库的全部文件是关闭的，并与当前状态相一致。在数据库打开时不能进行完全备份。由完全备份得到的数据文件在任何类型的介质恢复模式中都是有用的。

（2）部分备份

部分备份是除完全备份外的任何操作系统备份，可在数据库打开或关闭状态下进行。如单个表空间中全部数据文件的备份、单个数据文件的备份和控制文件的备份。部分备份仅对在归档日志方式下运行数据库有用，数据文件可由部分备份恢复，在恢复过程中与数据库其他部分一致。

通过正规备份，并且快速地将备份介质运送到安全的地方，数据库就能够在大多数的灾难中得到恢复。由于不可预知的物理灾难，一个完全的数据库恢复（重应用日志）可以使数据库映像恢复到尽可能接近灾难发生的时间点的状态。对于逻辑灾难，如人为破坏或应用故障，数据库映像应该恢复到错误发生前的那一点。

在一个数据库的完全恢复过程中，基点后所有日志中的事务被重新应用，所以结果就是一个数据库映像反映所有在灾难前已接受的事务，而没有被接受的事务则不被反映。数据库恢复可以恢复到错误发生前的最后一个时刻。

**2. 介质故障的恢复**

介质故障是当一个文件、文件的一部分或一块磁盘不能读或不能写时出现的故障。介质故障的恢复有以下两种形式，决定于数据库运行的归档方式：

- 如果数据库是可运行的，以致它的在线日志仅可重用但不能归档，此时介质恢复可使用完全备份的简单恢复。
- 如果数据库可运行且其在线日志是可归档的，该介质故障的恢复是一个实际恢复过程，重构受损的数据库，恢复到介质故障前的一个指定事务状态。

不管哪种方式，介质故障的恢复总是将整个数据库恢复到故障前的一个事务状态。

## 4.3 网络数据库的安全保护

目前，计算机大批量数据存储的安全问题、敏感数据的防窃取和防篡改问题越来越引起人们的重视。数据库系统作为计算机信息系统的核心部件，数据库文件作为信息的聚集体，其安全性是非常重要的。因此对数据库数据和文件进行安全保护是非常必要的。

### 4.3.1 数据库的安全保护层次

数据库系统的安全除依赖自身内部的安全机制外，还与外部网络环境、应用环境、从业人员素质等因素有关，因此，从广义上讲，数据库系统的安全框架可划分为网络系统、操作系统和数据库管理系统三个层次。这三个层次构筑成数据库系统的安全体系，与数据库安全的关系是逐步紧密的，防范的重要性也逐层加强，从外到内、由表及里保证数据的安全。

#### 1. 网络系统层次安全

从广义上讲，数据库的安全首先依赖于网络系统。随着Internet的发展和普及，越来越多的公司将其核心业务向互联网转移，各种基于网络的数据库应用系统纷纷涌现出来，面向网络用户提供各种信息服务。可以说，网络系统是数据库应用的外部环境和基础，数据库系统要发挥其强大的作用离不开网络系统的支持，数据库系统的用户（如异地用户、分布式用户）也要通过网络才能访问数据库的数据。网络系统的安全是数据库安全的第一道屏障，外部入侵首先就是从入侵网络系统开始的。

网络系统开放式环境面临的威胁主要有欺骗（Masquerade）、重发（Replay）、报文修改、拒绝服务（DoS）、陷阱门（Trapdoor）、特洛伊木马（Trojan horse）、应用软件攻击等。这些安全威胁是无时无处不在的，因此必须采取有效的措施来保障系统的安全。

#### 2. 操作系统层次安全

操作系统是大型数据库系统的运行平台，为数据库系统提供了一定程度的安全保护。目前操作系统平台大多为Windows系列、Linux和UNIX。主要安全技术有访问控制安全策略、系统漏洞分析与防范、操作系统安全管理等。

访问控制安全策略用于配置本地计算机的安全设置，包括密码策略、账户策略、审核策略、IP安全策略、用户权限分配、资源属性设置等。具体可以体现在用户账户、口令、访问权限、审计等方面。

#### 3. 数据库管理系统层次安全

数据库系统的安全性很大程度上依赖于数据库管理系统。如果数据库管理系统的安全性机制非常完善，则数据库系统的安全性能就好。目前市场上流行的是关系型数据库管理系统，其安全性不十分完善，这就导致数据库系统的安全性存在一定的威胁。

由于数据库系统在操作系统下都是以文件形式进行管理的，因此入侵者可以直接利用操作系统漏洞窃取数据库文件，或直接利用操作系统工具非法伪造、篡改数据库文件内容。

数据库管理系统层次安全技术主要用来解决这些问题，即当前面两个层次已经被突破的情况下仍能保障数据库数据的安全，这就要求数据库管理系统必须有一套强有力的安全机制。采取对数据库文件进行加密处理是解决该层次安全的有效方法。因此，即使数据不幸泄露或者丢失，也难以被人破译和阅读。

### 4.3.2 数据库的审计

对于数据库系统，数据的使用、记录和审计是同时进行的。审计的主要任务是对应用程序或用户使用数据库资源的情况进行记录和审查，一旦出现问题，审计人员对审计事件记录进行分析，查出原因。因此，数据库审计可作为保证数据库安全的一种补救措施。

安全系统的审计过程是记录、检查和回顾系统安全相关行为的过程。通过对审计记录的分析，可以明确责任个体，追查违反安全策略的违规行为。审计过程不可省略，审计记录也不可更改或删除。

由于审计行为将影响DBMS的存取速度和反馈时间，因此，必须综合考虑安全性与系统性能，需要提供配置审计事件的机制，以允许DBA根据具体系统的安全性和性能需求做出选择。这些可由多种方法实现，如扩充、打开/关闭审计的SQL语句，或使用审计掩码等。

数据库审计有用户审计和系统审计两种方式。

- 用户审计：进行用户审计时，DBMS的审计系统记录下所有对表和视图进行访问的企图，以及每次操作的用户名、时间、操作代码等信息。这些信息一般都被记录在数据字典中，利用这些信息可进行审计分析。
- 系统审计：系统审计由系统管理员进行，其审计内容主要是系统一级命令及数据库客体的使用情况。

数据库系统的审计工作主要包括设备安全审计、操作审计、应用审计和攻击审计等方面。设备安全审计主要审查系统资源的安全策略、安全保护措施和故障恢复计划等；操作审计可对系统的各种操作进行记录和分析；应用审计可审计建立于数据库上整个应用系统的功能、控制逻辑和数据流是否正确；攻击审计可对已发生的攻击性操作和危害系统安全的事件进行检查和审计。

为了真正达到审计目的，必须对记录了数据库系统中所发生过的事件的审计数据提供查询和分析手段。具体而言，审计分析要解决特权用户的身份鉴别、审计数据的查询、审计数据的格式、审计分析工具的开发等问题。

### 4.3.3 数据库的加密保护

大型DBMS的运行平台(如Windows和UNIX)一般都具有用户注册、用户识别、任意存取控制(DAC)、审计等安全功能。虽然DBMS在操作系统的基础上增加了不少安全措施，但操作系统和DBMS对数据库文件本身仍然缺乏有效的保护措施。有经验的黑客也会绕过一些防范措施，直接利用操作系统工具窃取或篡改数据库文件内容。这种隐患被称为通向DBMS的“隐秘通道”，它所带来的危害一般数据库用户难以察觉。

对数据库中存储的数据实现加密是一种保护数据库数据安全的有效方法。数据库的数据加密一般是在通用的数据库管理系统之上，增加一些加密/解密控件来完成对数据本身的控制。与一般通信中加密的情况不同，数据库的数据加密通常不是对数据文件加密，而是对记录的字段加密。当然，在数据备份到离线的介质上送到异地保存时，也有必要对整个数据文件加密。有关数据加密的内容将在第5章介绍。

实现数据库加密以后，各用户(或用户组)的数据由用户使用自己的密钥加密，数据库管理员对获得的信息无法随意进行解密，从而保证了用户信息的安全。另外，通过加密，数据库的备份内容成为密文，从而能减少因备份介质失窃或丢失而造成的损失。由此可见，数据库加密对于企业内部安全管理，也是不可或缺的。

也许有人认为，对数据库加密后会严重影响数据库系统的效率，使系统不堪重负。事实并非如此。如果在数据库客户端进行数据加/解密运算，对数据库服务器的负载及系统运行几乎没有影响。比如，在普通PC上用纯软件实现DES加密算法的速度超过200KB/s，如果对一篇一万个汉字的文章进行加密，其加/解密时间仅需1/10秒，这种时间延迟用户几乎无感觉。目前，加密卡的加/解密速度一般为1Mbps，对中小型数据库系统来说，这个速度即使在服务器端进行数据的加/解密运算也是可行的，因为一般的关系型数据项都不会太长。

### 1. 数据库加密的要求

一个良好的数据库加密系统应该满足以下基本要求：

(1) 字段加密

在目前条件下，加/解密是对每个记录的字段数据进行的。如果以文件或列为单位进行加密，必然会形成密钥的反复使用，从而降低加密系统的可靠性，或者因加/解密时间过长而无法使用。只有以记录的字段数据为单位进行加/解密，才能适应数据库操作，同时进行有效的密钥管理并完成"一次一密钥"的密码操作。

(2) 密钥动态管理

数据库客体之间隐含着复杂的逻辑关系，一个逻辑结构可能对应着多个数据库物理客体，所以数据库加密不仅密钥量大，而且组织和存储工作较复杂，需要对密钥实行动态管理。

(3) 合理处理数据

合理处理数据包括几方面的内容：首先要恰当地处理数据类型，否则DBMS将会因加密后的数据不符合定义的数据类型而拒绝加载；其次，需要处理数据的存储问题，实现数据库加密后，应基本上不增加空间开销。在目前条件下，数据库关系运算中的匹配字段(如表间连接码、索引字段等)数据不宜加密。

(4) 不影响合法用户的操作

要求加密系统对数据操作响应的时间应尽量短。在现阶段，平均延迟时间不应超过1/10秒。此外，对数据库的合法用户来说，数据的录入、修改和检索操作应该是透明的，不需要考虑数据的加/解密问题。

### 2. 不同层次的数据库加密

可以考虑在三个层次上实现对数据库数据进行加密，这三个层次分别是操作系统层、DBMS内核层和DBMS外层。

在操作系统层，无法辨认数据库文件中的数据关系，从而无法产生合理的密钥，也无法进行合理的密钥管理和使用。所以，对于大型数据库来说，目前还难以实现在操作系统层对数据库文件进行加密。

在DBMS内核层实现加密，是指数据在物理存取之前完成加/解密工作。这种方式(如图4.1所示)要求DBMS和加密器(硬件或软件)之间的接口需要DBMS开发商的支持。这种加密方式的优点是加密功能强，且加密几乎不会影响DBMS的功能，可以实现加密与数据库管理系统之间的无缝耦合。但这种方式的缺点是在服务器端进行加/解密运算，加重了数据库服务器的负载。

比较实际的做法是将数据库加密系统做成DBMS的一个外层工具(如图4.2所示)。采用这种加密方式时，加/解密运算可以放在客户端进行，其优点是不会加重数据库服务器的负载并可实现网上传输加密，缺点是加密功能会受到一些限制，与数据库管理系统之间的耦合性稍差。图4.2中"加密定义工具"模块的主要功能是定义如何对每个数据库表数据进行加密。在创建了一个数据库表后，通过这一工具对该表进行定义；"数据库应用系统"的功能是完成数据库定义和操作。数据库加密系统将根据加密要求自动完成对数据库数据的加/解密。

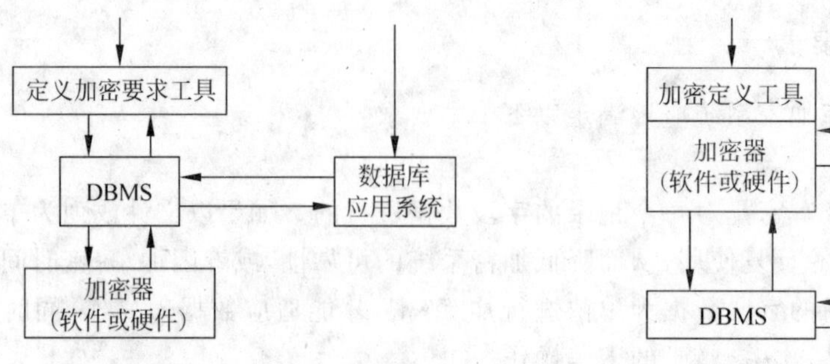


图 4.1　DBMS 内核层加密关系　　　　图 4.2　DBMS 外层加密关系

### 3. 数据库加密系统结构

数据库加密系统分为两个功能独立的主要部件：一个是加密字典管理程序；另一个是数据库加/解密引擎。数据库加密系统体系结构如图 4.3 所示。

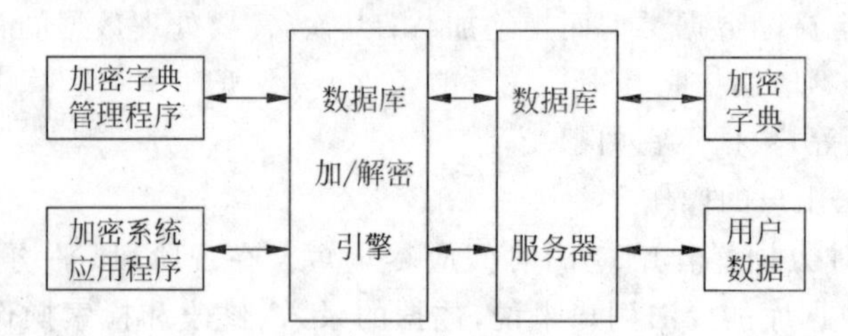


图 4.3　数据库加密系统体系结构

数据库加密系统将用户对数据库信息具体的加密要求记载在加密字典中，加密字典是数据库加密系统的基础信息。通过调用数据库加/解密引擎实现对数据库表的加密、解密及数据转换等功能。数据库信息的加/解密处理是在后台完成的，对数据库服务器是透明的。

加密字典管理程序是管理加密字典的实用程序，是数据库管理员变更加密要求的工具。加密字典管理程序通过数据库加/解密引擎实现对数据库表的加密、解密及数据转换等功能，此时，它作为一个特殊客户来使用数据库加/解密引擎。

数据库加/解密引擎是数据库加密系统的核心部件，它位于应用程序与数据库服务器之间，负责在后台完成数据库信息的加/解密处理，对应用开发人员和操作人员来说是透明的。数据加/解密引擎没有操作界面，在需要时由操作系统自动加载并驻留在内存中，通过内部接口与加密字典管理程序和用户应用程序通信。

数据库加/解密引擎由三大模块组成：数据库接口模块、用户接口模块和加/解密处理模块。数据库接口模块的主要工作是接受用户的操作请求，并传递给加/解密处理模块，此外还代替加/解密处理模块去访问数据库服务器，并完成外部接口参数与加/解密引擎内部数据结构之间的转换；加/解密处理模块完成数据库加/解密引擎的初始化、内部专用命令的处理、加密字典信息的检索、加密字典缓冲区的管理、SQL 命令的加密变换、查询结果的解密处理以及加/解密算法的实现等功能，另外还包括一些公用的辅助函数。

按以上方式实现的数据库加密系统具有如下优点：

- 系统对数据库的最终用户完全透明，数据库管理员可以指定需要加密的数据并根据需要进行明文和密文的转换。
- 系统完全独立于数据库应用系统，不需要改动数据库应用系统就能实现加密功能，同时系统采用了分组加密法和二级密钥管理，实现了“一次一密钥”加密。
- 系统在客户端进行数据加/解密运算，不会影响数据库服务器的系统效率，数据加/解密运算基本无延迟。

数据库加密系统能够有效地保证数据的安全，即使黑客窃取了关键数据，他仍然难以得到所需的信息，因为所有的数据都经过了加密。另外，数据库加密以后，可以设定不需要了解数据内容的系统管理员不能见到明文，这样可大大提高关键性数据的安全性。

# 4.4　数据备份和恢复

在日常工作中，人为操作错误、系统软件或应用软件缺陷、硬件损毁、电脑病毒、黑客攻击、突然断电、意外宕机、自然灾害等诸多因素都有可能造成计算机中数据的丢失，给用户造成无法估量的损失。因此，数据备份与恢复对用户来说显得格外重要。

## 4.4.1　数据备份

### 1. 数据备份的概念

数据备份就是指为防止系统出现操作失误或系统故障导致数据丢失，而将全部或部分数据集合从应用主机的硬盘或阵列中复制到其他存储介质上的过程。计算机系统中的数据备份，通常是指将存储在计算机系统中的数据复制到磁带、磁盘、光盘等存储介质上，在计算机以外的地方另行保管。这样，当计算机系统设备发生故障或发生其他威胁数据安全的灾害时，能及时地从备份的介质上恢复正确的数据。

数据备份的目的就是为了系统数据崩溃时能够快速地恢复数据，使系统迅速恢复运行。那么就必须保证备份数据和源数据的一致性和完整性，消除系统使用者的后顾之忧。其关键是在于保障系统的高可用性，即操作失误或系统故障发生后，能够保障系统的正常运行。如果没有了数据，一切的恢复都是不可能实现的，因此备份是一切灾难恢复的基石。从这个意义上说，任何灾难恢复系统实际上都是建立在备份基础上的。数据备份与恢复系统是数据保护措施中最直接、最有效、最经济的方案，也是任何计算机信息系统不可缺少的一部分。

现在不少用户也意识到了这一点，采取了系统定期检测与维护、双机热备份、磁盘镜像或容错、备份磁带异地存放、关键部件冗余等多种预防措施。这些措施一般能够进行数据备份，并且在系统发生故障后能够进行快速系统恢复。

数据备份能够用一种增加数据存储代价的方法保护数据安全，它对于拥有重要数据的大企事业单位是非常重要的，因此数据备份和恢复通常是大中型企事业网络系统管理员每天必做的工作之一。对于个人计算机用户，数据备份也是非常必要的。

传统的数据备份主要是采用数据内置或外置的磁带机进行冷备份。一般来说，各种操作系统都附带了备份程序。但随着数据的不断增加和系统要求的不断提高，附带的备份程序已无法满足需求。要想对数据进行可靠的备份，必须选择专门的备份软、硬件，并制定相应的备份及恢复方案。

目前比较常用的数据备份方式有：

- 本地磁带备份。利用大容量磁带备份数据。
- 本地可移动存储器备份。利用大容量等价软盘驱动器、可移动等价硬盘驱动器、一次性可刻录光盘驱动器、可重复刻录光盘驱动器进行数据备份。
- 本地可移动硬盘备份。利用可移动硬盘备份数据。
- 本机多硬盘备份。在本机内装有多块硬盘，利用除安装和运行操作系统和应用程序的硬盘外的其余硬盘进行数据备份。
- 远程磁带库、光盘库备份。将数据传送到远程备份中心制作完整的备份磁带或光盘。
- 远程数据库备份。在与主数据库所在生产机相分离的备份机上建立主数据库的一个拷贝。
- 网络数据镜像。对生产系统的数据库数据和所需跟踪的重要目标文件的更新进行监控与跟踪，并将更新日志实时通过网络传送到备份系统，备份系统则根据日志对磁盘进行更新。
- 远程镜像磁盘。通过高速光纤通道线路和磁盘控制技术将镜像磁盘延伸到远离生产机的地方，镜像磁盘数据与主磁盘数据完全一致，更新方式为同步或异步。

### 2. 数据备份的类型

按数据备份时的数据库状态的不同可分为冷备份、热备份和逻辑备份等类型。

(1) 冷备份(Cold Backup)

冷备份是指在关闭数据库的状态下进行的数据库完全备份。备份内容包括所有的数据文件、控制文件、联机日志文件等。因此，在进行冷备份时数据库将不能被访问。冷备份通常只采用完全备份。

(2) 热备份(Hot Backup)

热备份是指在数据库运行状态下，对数据文件和控制文件进行的备份。使用热备份必须将数据库运行在归档方式下。在进行热备份的同时可以进行数据库的各种操作。

(3) 逻辑备份

逻辑备份是最简单的备份方法，可按数据库中某个表、某个用户或整个数据库进行导出。使用这种方法，数据库必须处于打开状态，且如果数据库不是在 restrict 状态将不能保证导出数据的一致性。

### 3. 数据备份策略

需要进行数据备份的部门都要先制定数据备份策略。数据备份策略包括确定需备份的数据内容(如进行完全备份、增量备份、差别备份还是按需备份)、备份类型(如采用冷备份还是热备份)、备份周期(如以月、周、日还是小时为备份周期)、备份方式(如采用手工备份还是自动备份)、备份介质(如以光盘、硬盘、磁带还是优盘做备份介质)和备份介质的存放等。下面是不同数据内容的几种备份方式。

(1) 完全备份(Full Backup)

完全备份是指按备份周期(如一天)对整个系统所有的文件(数据)进行备份。这种备份方式比较流行,也是克服系统数据不安全的最简单方法,操作起来也很方便。有了完全备份,网络管理员可清楚地知道从备份之日起便可恢复网络系统的所有信息,恢复操作也可一次性完成。如当发现数据丢失时,只要用一盘故障发生前一天备份的磁带,即可恢复丢失的数据。但这种方式的不足之处是由于每天都对系统进行完全备份,在备份数据中必定有大量的内容是重复的,这些重复的数据占用了大量的磁带空间,这对用户来说就意味着增加成本;另外,由于进行完全备份时需要备份的数据量相当大,因此备份所需时间较长。对于那些业务繁忙、备份窗口时间有限的单位,选择这种备份策略是不合适的。

(2) 增量备份(Incremental Backup)

增量备份是指每次备份的数据只是相当于上一次备份后增加的和修改过的内容,即备份的都是已更新过的数据。比如,系统在星期日做了一次完全备份,然后在以后的六天里每天只对当天新的或被修改过的数据进行备份。这种备份的优点是没有或减少了重复的备份数据,既节省存储介质空间,又缩短了备份时间。但它的缺点是恢复数据过程比较麻烦,不可能一次性地完成整体的恢复。

(3) 差别备份(Differential Backup)

差别备份也是在完全备份后将新增加或修改过的数据进行备份,但它与增量备份的区别是每次备份都对上次完全备份后更新过的数据进行备份。比如,星期日进行完全备份后,其余六天中的每一天都将当天所有与星期日完全备份时不同的数据进行备份。差别备份可节省备份时间和存储介质空间,只需两盘磁带(星期日备份磁带和故障发生前一天的备份磁带)即可恢复数据。差别备份兼具了完全备份的发生数据丢失时恢复数据较方便和增量备份的节省存储空间及备份时间的优点。

完全备份所需的时间最长,占用存储介质容量最大,但数据恢复时间最短,操作最方便,当系统数据量不大时该备份方式最可靠;但当数据量增大时,很难每天都做完全备份,可选择周末做完全备份,在其他时间采用所用时间最少的增量备份或时间介于两者之间的差别备份。在实际备份中,通常也是根据具体情况,采用这几种备份方式的组合,如年底做完全备份,月底做完全备份,周末做完全备份,而每天做增量备份或差别备份。

(4) 按需备份

除以上备份方式外,还可采用对随时所需数据进行备份的方式进行数据备份。按需备份就是指除正常备份外,额外进行的备份操作。额外备份可以有许多理由,比如,只想备份很少几个文件或目录,备份服务器上所有的必需信息,以便进行更安全的升级等。这样的备份在实际应用中经常遇到。

### 4.4.2　数据恢复

数据恢复是指将备份到存储介质上的数据再恢复到计算机系统中,它与数据备份是一个相反的过程。

数据恢复措施在整个数据安全保护中占有相当重要的地位,因为它关系到系统在经历灾难后能否迅速恢复运行。

通常，当硬盘数据被破坏时，当需要查询以往年份的历史数据而这些数据又已从现系统上清除和当系统需要从一台计算机转移到另一台计算机上运行时应使用数据恢复功能进行数据恢复。

#### 1. 恢复数据时的注意事项

- 由于恢复数据是覆盖性的，不正确的恢复可能破坏硬盘中的最新数据，因此在进行数据恢复时，应先将硬盘数据备份。
- 进行恢复操作时，用户应指明恢复何年何月的数据。当开始恢复数据时，系统首先识别备份介质上标识的备份日期是否与用户选择的日期相同，如果不同将提醒用户更换备份介质。
- 由于数据恢复工作比较重要，容易错把系统上的最新数据变成备份盘上的旧数据，因此应指定少数人进行此项操作。
- 不要在恢复过程中关机、关电源或重新启动机器。
- 不要在恢复过程中打开驱动器开关或抽出软盘、光盘(除非系统提示换盘)。

#### 2. 数据恢复的类型

一般来说，数据恢复操作比数据备份操作更容易出问题。数据备份只是将信息从磁盘复制出来，而数据恢复则要在目标系统上创建文件。在创建文件时会出现许多差错，如超过容量限制、权限问题和文件覆盖错误等。数据备份操作不需知道太多的系统信息，只需复制指定信息就可以了；而数据恢复操作则需要知道哪些文件需要恢复，哪些文件不需要恢复，等等。

数据恢复操作通常有全盘恢复、个别文件恢复和重定向恢复三种类型。

(1) 全盘恢复

全盘恢复就是将备份到介质上的指定系统信息全部转储到它们原来的地方。全盘恢复一般应用在服务器发生意外灾难时导致数据全部丢失、系统崩溃或是有计划的系统升级、系统重组等，也称为系统恢复。

(2) 个别文件恢复

个别文件恢复就是将个别已备份的最新版文件恢复到原来的地方。对大多数备份来说，这是一种相对简单的操作。个别文件恢复要比全盘恢复用得更普遍。利用网络备份系统的恢复功能，很容易恢复受损的个别文件。需要时只要浏览备份数据库或目录，找到该文件，启动恢复功能，系统将自动驱动存储设备，加载相应的存储媒体，恢复指定文件。

(3) 重定向恢复

重定向恢复是将备份的文件(数据)恢复到另一个不同的位置或系统上去，而不是做备份操作时它们所在的位置。重定向恢复可以是整个系统恢复，也可以是个别文件恢复。重定向恢复时需要慎重考虑，要确保系统或文件恢复后的可用性。

### 4.4.3 数据容灾

对于IT而言，容灾系统就是为计算机信息系统提供的一个能应付各种灾难的环境。当计算机系统在遭受如火灾、水灾、地震、战争等不可抗拒的灾难和意外时，容灾系统将保证用户数据的安全性,甚至提供不间断的应用服务。

### 1. 容灾系统和容灾备份

这里所说的"灾"具体是指计算机网络系统遇到的自然灾难(洪水、飓风、地震)、外在事件(电力或通信中断)、技术失效及设备受损(火灾)等。容灾(或容灾备份)就是指计算机网络系统在遇到这些灾难时仍能保证系统数据的完整、可用和系统正常运行。

对于那些业务不能中断的用户和行业,如银行、证券、电信等,因其关键业务的特殊性,必须有相应的容灾系统进行防护。保持业务的连续性是当今企事业用户需要考虑的一个极为重要的问题,而容灾的目的就是保证关键业务的可靠运行。利用容灾系统,用户把关键数据存放在异地,当生产(工作)中心发生灾难时,备份中心可以很快将系统接管并运行起来。

从概念上讲,容灾备份是指通过技术和管理的途径,确保在灾难发生后,企事业单位的关键数据、数据处理系统和业务在短时间内能够恢复。因此,在实施容灾备份之前,企事业单位首先要分析哪些数据最重要,哪些数据要做备份,这些数据价值多少,再决定采用何种形式的容灾备份。

现在,容灾备份的技术和市场正处于一个快速发展的阶段。据权威机构研究表明,国外的容灾备份市场每年增幅达20%,而中国市场每年的增幅达到40%以上。在此契机下,国家已将容灾备份作为今后信息发展规划中的一个重点,各地方和行业准备或已建立起一些容灾备份中心。这不仅可以为大型企业和部门提供容灾服务,也可以为大量的中小企业提供不同需求的容灾服务。

### 2. 数据容灾与数据备份的关系

许多用户对经常听到的数据容灾这种说法不理解,把数据容灾与数据备份等同起来,其实这是不对的,至少是不全面的。

备份与容灾不是等同的关系,而是两个"交集",中间有大部分的重合关系。多数容灾工作可由备份来完成,但容灾还包括网络等其他部分,而且,只有容灾才能保证业务的连续性。

数据容灾与数据备份的关系主要体现在以下几个方面。

(1) 数据备份是数据容灾的基础

数据备份是数据高可用性的一道安全防线,其目的是为了在系统数据崩溃时能够快速地恢复数据。虽然它也算一种容灾方案,但这样的容灾能力非常有限,因为传统的备份主要是采用磁带机进行冷备份,备份磁带同时也在机房中统一管理,一旦整个机房出现了灾难,这些备份磁带也将随之销毁,所存储的磁带备份也起不到任何容灾作用。

(2) 容灾不是简单备份

显然,容灾备份不等同于一般意义上的业务数据备份与恢复,数据备份与恢复只是容灾备份中的一个方面。容灾备份系统还包括最大范围地容灾、最大限度地减少数据丢失、实时切换、短时间恢复等多项内容。可以说,容灾备份正在成为保护企事业单位关键数据的一种有效手段。

真正的数据容灾就是要避免传统冷备份所具有的先天不足,要能在灾难发生时,全面、及时地恢复整个系统。容灾按其容灾能力的高低可分为多个层次,例如国际标准SHARE 78定义的容灾系统有七个层次,分别为:本地数据备份与恢复、批量存取访问方式、批量存取访问方式＋热备份地点、电子链接、工作状态的备份地点、双重在线存储和零数据丢失。这些层次从最简单的仅在本地进行磁带备份，到将备份的磁带存储在异地，再到建立应用系统实时切换的异地备份系统，恢复时间也可以从几天到几小时，甚至到分钟级、秒级或0数据丢失等。

无论是采用哪种容灾方案，数据备份还是最基础的，没有备份的数据，任何容灾方案都没有现实意义。但光有备份是不够的，容灾也必不可少。

(3) 容灾不仅仅是技术

容灾不仅仅是一项技术，更是一项工程。目前很多客户还停留在对容灾技术的关注上，而对容灾的流程、规范及具体措施还不太清楚，也从不对容灾方案的可行性进行评估，认为只要建立了容灾方案即可放心了，其实这是具有很大风险的。特别是在一些中小企事业单位，认为自己的企事业单位为了数据备份和容灾，年年花费了大量的人力和财力，而结果几年下来根本就没有发生任何大的灾难，于是放松了警惕。可一旦发生了灾难，将损失巨大。这一点国外的跨国公司就做得非常好，尽管几年下来的确未出现大的灾难，备份了那么多磁带，几乎没有派上任何用场，但仍一如既往、非常认真地做好每一步，并且基本上每月都有对现行容灾方案的可行性进行评估，进行实地演练。

### 3. 容灾系统

容灾系统包括数据容灾和应用容灾两部分。数据容灾可保证用户数据的完整性、可靠性和一致性，但不能保证服务不中断。应用容灾是在数据容灾的基础上，在异地建立一套完整的与本地生产系统相当的备份应用系统，在灾难情况下，远程系统迅速接管业务运行，提供不间断的应用服务，让客户的服务请求能够继续。可以说，数据容灾是系统能够正常工作的保障；而应用容灾则是容灾系统建设的目标，它是建立在可靠的数据容灾基础上，通过应用系统、网络系统等各种资源之间的良好协调来实现的。

(1) 本地容灾

本地容灾的主要手段是容错。容错的基本思想就是利用外加资源的冗余技术来达到屏蔽故障、自动恢复系统或安全停机的目的。容错是以牺牲外加资源为代价来提高系统可靠性的。外加资源的形式很多，主要有硬件冗余、时间冗余、信息冗余和软件冗余。容错技术的使用使得容灾系统能恢复大多数的故障，然而当遇到自然灾害及战争等意外时，仅采用本地容灾技术并不能满足要求，这时应考虑采用异地容灾保护措施。

在系统设计中，企业一般考虑做数据备份和采用主机集群的结构，因为它们能解决本地数据的安全性和可用性。目前人们所关注的容灾，大部分也都只是停留在本地容灾的层面上。

(2) 异地容灾

异地容灾是指在相隔较远的异地，建立两套或多套功能相同的系统。当主系统因意外停止工作时，备用系统可以接替工作，保证系统的不间断运行。异地容灾系统采用的主要方法是数据复制，目的是在本地与异地之间确保各系统关键数据和状态参数的一致。

异地容灾系统具备应付各种灾难特别是区域性与毁灭性灾难的能力，具备较为完善的数据保护与灾难恢复功能，保证灾难降临时数据的完整性及业务的连续性，并在最短时间内恢复业务系统的正常运行，将损失降到最小。其系统一般由生产系统、可接替运行的后备系统、数据备份系统、备用通信线路等部分组成。在正常生产和数据备份状态下，生产系统向备份系统传送需备份的数据。灾难发生后，当系统处于灾难恢复状态时，备份系统将接替生产系统继续运行。此时重要营业终端用户将从生产主机切换到备份中心主机，继续对外营业。

**4. 数据容灾技术**

容灾系统的核心技术是数据复制，目前主要有同步数据复制和异步数据复制两种。同步数据复制是指通过将本地数据以完全同步的方式复制到异地，每一个本地 I/O 交易均需等待远程复制的完成方予以释放。异步数据复制是指将本地数据以后台方式复制到异地，每一本地 I/O 交易均正常释放，无需等待远程复制的完成。数据复制对数据系统的一致性和可靠性以及系统的应变能力具有举足轻重的作用，它决定着容灾系统的可靠性和可用性。

对数据库系统可采用远程数据库复制技术来实现容灾。这种技术是由数据库系统软件实现数据库的远程复制和同步的。基于数据库的复制方式可分为实时复制、定时复制和存储转发复制，并且在复制过程中，还有自动冲突检测和解决的手段，以保证数据的一致性不受破坏。远程数据库复制技术对主机的性能有一定要求，可能增加对磁盘存储容量的需求，但系统运行恢复较简单，在实时复制方式时数据一致性较好，所以对于一些对数据一致性要求较高、数据修改更新较频繁的应用，可采用基于数据库的容灾备份方案。

目前，业内实施比较多的容灾技术是基于智能存储系统的远程数据复制技术。它是由智能存储系统自身实现数据的远程复制和同步，即智能存储系统将对本系统中的存储器 I/O 操作请求复制到远端的存储系统中并执行，保证数据的一致性。

还可以采用基于逻辑磁盘卷的远程数据复制技术进行容灾。这种技术就是将物理存储设备划分为一个或多个逻辑磁盘卷（Volume），便于数据的存储规划和管理。逻辑磁盘卷可理解为在物理存储设备和操作系统之间增加一个逻辑存储管理层。基于逻辑磁盘卷的远程数据复制就是根据需要将一个或多个卷进行远程同步或异步复制。该方案通常通过软件来实现，基本配置包括卷管理软件和远程复制控制管理软件。基于逻辑磁盘卷的远程数据复制因为是基于逻辑存储管理技术，一般与主机系统、物理存储系统设备无关，对物理存储系统自身的管理功能要求不高，有较好的可管理性。

在建立容灾备份系统时会涉及多种技术，具体有 SAN 和 NAS 技术、远程镜像技术、虚拟存储技术、基于 IP 的 SAN 的互联技术、快照技术等。

(1) SAN 和 NAS 技术

SAN（Storage Area Network，存储区域网）提供一个存储系统、备份设备和服务器相互连接的架构。它们之间的数据不再在以太网络上流通，从而大大提高以太网络的性能。正由于存储设备与服务器完全分离，用户获得一个与服务器分开的存储管理理念。复制、备份、恢复数据和安全的管理可以以中央的控制和管理手段进行，加上把不同的存储池以网络方式连接，用户可以以任何需要的方式访问数据，并获得更高的数据完整性。

NAS（Network Attached Storage，网络附加存储）使用了传统以太网和 IP 协议，当进行文件共享时，则利用了 NFS 和 CIFS（Common Internet File System）以沟通 NT 和 UNIX 系统。由于 NFS 和 CIFS 都是基于操作系统的文件共享协议，所以 NAS 的性能特点是进行小文件级的共享存取。

SAN 以光纤通道交换机和光纤通道协议为主要特征的本质决定了它在性能、距离、管理等方面的诸多优点。而NAS的部署非常简单，只需与传统交换机连接即可。NAS的成本较低，因为它的投资仅限于一台NAS服务器，而不像SAN是整个存储网络；NAS服务器的价格往往是针对中小企业定位的；NAS服务器的管理也非常简单，它一般都支持Web的客户端管理，对熟悉操作系统的网络管理人员来说，其设置既熟悉又简单。概括来说，SAN对于高容量块状级数据传输具有明显的优势，而NAS则更加适合文件级别上的数据处理。SAN和NAS实际上也是能够相互补充的存储技术。

(2) 远程镜像技术

远程镜像技术用于主数据中心和备援数据中心之间的数据备份。两个镜像系统一个叫主镜像系统，一个叫从镜像系统。按主、从镜像存储系统所处的位置可分为本地镜像和远程镜像。

远程镜像又叫远程复制，是容灾备份的核心技术，同时也是保持远程数据同步和实现灾难恢复的基础。远程镜像按请求镜像的主机是否需要远程镜像站点的确认信息，又可分为同步远程镜像和异步远程镜像。

同步远程镜像是指通过远程镜像软件，将本地数据以完全同步的方式复制到异地，每一个本地的I/O事务均需等待远程复制的完成确认信息，方可予以释放。同步镜像使远程拷贝总能与本地机要求复制的内容相匹配。当主站点出现故障时，用户的应用程序切换到备份的替代站点后，被镜像的远程副本可以保证业务继续执行而没有数据丢失。但同步远程镜像系统存在往返传输造成延时较长的缺点，因此它只限于在相对较近的距离上应用。

异步远程镜像保证在更新远程存储视图前完成向本地存储系统的基本I/O操作，而由本地存储系统提供给请求镜像主机的I/O操作完成确认信息。远程数据复制是以后台同步的方式进行的，这使本地系统性能受到的影响很小，传输距离远(可达1000千米以上)，对网络带宽要求小。但是，许多远程的从属存储子系统的写操作没有得到确认，当某种因素造成数据传输失败时，可能会出现数据的不一致问题。为了解决这个问题，目前大多采用延迟复制的技术，即在确保本地数据完好无损后进行远程数据更新。

(3) 快照技术

远程镜像技术往往同快照技术结合起来实现远程备份，即通过镜像把数据备份到远程存储系统中，再用快照技术把远程存储系统中的信息备份到远程的磁带库、光盘库中。

快照是通过软件对要备份的磁盘子系统的数据快速扫描，建立一个要备份数据的快照逻辑单元号LUN和快照Cache。在快速扫描时，把备份过程中即将要修改的数据块同时快速拷贝到快照Cache中。快照LUN是一组指针，它指向快照Cache和磁盘子系统中不变的数据块。在正常业务进行的同时，利用快照LUN实现对原数据的一个完全备份。它可使用户在正常业务不受影响的情况下，实时提取当前在线业务数据。其“备份窗口”接近于零，可大大增加系统业务的连续性，为实现系统真正的全天候运转提供了保证。

(4) 虚拟存储技术

在有些容灾方案中，还采取了虚拟存储技术，如西瑞异地容灾方案。虚拟化存储技术在系统弹性和可扩展性上开创了新的局面。它将几个IDE或SCSI驱动器等不同的存储设备串联成一个存储器池。存储器池的整个存储容量可以分为多个逻辑卷，并作为虚拟分区进行管理。存储由此成为一种功能而非物理属性，而这正是基于服务器的存储结构存在的主要限制。

虚拟存储系统还提供动态改变逻辑卷大小的功能。事实上，存储卷的容量可以在线随意增加或减少。可以通过在系统中增加或减少物理磁盘的数量来改变集群中逻辑卷的大小。这一功能允许卷的容量随用户的即时要求动态改变。随着业务的发展，可利用剩余空间根据需要扩展逻辑卷，也可以将数据在线从旧驱动器转移到新的驱动器上，而不中断正常服务的运行。

存储虚拟化的一个关键优势是它允许异构系统和应用程序共享存储设备，而不管它们位于何处。系统将不再需要在每个分部的服务器上都连接一台磁带设备。

## 习题和思考题

**一、问答题**

1. 简述数据库数据的安全措施。
2. 简述数据库系统安全威胁的来源。
3. 何为数据库的完整性？数据库的完整性约束条件有哪些？
4. 何为数据备份？数据备份有哪些类型？
5. 何为数据容灾？数据容灾技术有哪些？

**二、填空题**

1. 按数据备份时备份的数据不同，可有________、________、________和按需备份等备份方式。

2. 数据恢复操作通常可分为三类：________、________和重定向恢复。

3. 数据备份是数据容灾的________。

4. 数据的________是指保护网络中存储和传输数据不被非法改变。

5. 数据库安全包括数据库________安全性和数据库________安全性两层含义。

6. ________是指在多用户的环境下，对数据库的并行操作进行规范的机制，从而保证数据的正确性与一致性。

7. 当故障影响数据库系统操作，甚至使数据库中全部或部分数据丢失时，希望能尽快恢复到原数据库状态或重建一个完整的数据库，该处理称为________。

8. ________是指为防止系统出现操作失误或系统故障导致数据丢失，而将全系统或部分数据从主机的硬盘或阵列中复制到其他存储介质上的过程。

9. 影响数据完整性的主要因素有________、软件故障、________、人为威胁和意外灾难等。

**三、单项选择题**

1. 按数据备份时数据库状态的不同有(　　)。
   A. 热备份　　B. 冷备份　　C. 逻辑备份　　D. A、B、C 都对
2. 数据库系统的安全框架可以划分为网络系统、(　　)和 DBMS 三个层次。
   A. 操作系统　　B. 数据库系统　　C. 软件系统　　D. 容错系统
3. 按备份周期对整个系统所有的文件进行备份的方式是(　　)备份。
   A. 完全　　B. 增量　　C. 差别　　D. 按需

# 第 5 章

# 数据加密与鉴别

**本章要点**

- 密码学及数据加密的基本概念；
- 传统密码技术；
- 对称密钥密码和公开密钥密码体制；
- 密钥管理；
- 网络保密通信；
- 数据鉴别与身份认证技术；
- 加密软件 PGP 的应用；
- 数据加密和鉴别算法的应用。

安全立法对保护网络系统安全有不可替代的重要作用，但依靠法律也阻止不了攻击者对网络数据的各种威胁。加强行政、人事管理，采取物理保护措施等都是保护系统安全不可缺少的有效措施，但有时这些措施也会受到各种环境、费用、技术以及系统工作人员素质等条件的限制。采用访问控制、系统软硬件保护等方法保护网络系统资源，简单易行，但也存在诸如系统内部某些职员可以轻松越过这些障碍而进行计算机犯罪等不易解决的问题。采用密码技术保护网络中存储和传输的数据，是一种非常实用、经济、有效的方法。对信息进行加密保护可以防止攻击者窃取网络机密信息，可以使系统信息不被无关者识别，也可以检测出非法用户对数据的插入、删除、修改及滥用有效数据的各种行为。

## 5.1 数据加密概述

### 5.1.1 密码学的发展

密码学(Cryptography)是一门古老而深奥的学科，它以认识密码变换为本质，加密与解密基本规律为研究对象。Cryptography 一词来源于古希腊的 Crypto 和 Graphein，意思是密写。一般人对密码学是陌生的，因为长期以来，它只被应用在军事、外交和情报等部门。

早在几千年前，人类就已经有了保密通信的思想和方法，但这些保密方法都是非常朴素、原始和低级的，而且大多数是无规律的。有记载的最早的密码系统可能是希腊历史学家发明的 Polybios，这是一种替代密码系统。

1949年,信息论的创始人仙农(C. E. Shannon)发表了一篇著名文章,论证了一般经典加密方法都是可以破解的。到了20世纪60年代,随着电子技术、信息技术的发展及结构代数、可计算性理论和复杂度理论的研究,密码学又进入了一个新的时期。

近年来,密码学研究之所以十分活跃,主要是它与计算机科学的蓬勃发展密切相关。此外,还有在电信、金融领域和防止日益广泛的计算机犯罪的需要。在互联网出现之前,密码技术已经广泛应用于军事和民用方面。现在,密码技术应用于计算机网络中的实例越来越多。

密码学的发展可分为两个主要阶段。第一个阶段是传统密码学阶段,即古代密码学阶段,该阶段基本上依靠人工和机械对信息进行加密、传输和破译;第二个阶段是计算机密码学阶段,该阶段又可细分为两个阶段,即使用传统方法的计算机密码学阶段和使用现代方法的计算机密码学阶段。前者是指计算机密码工作者沿用传统密码学的基本观念进行信息的保密;而后者是指使用现代思想进行信息的保密,它包括对称密钥密码体制和非对称密钥密码体制两个方向。

计算机密码学是研究利用现代技术手段对计算机系统中的数据进行加密、解密和变换的学科,是数学和计算机科学交叉的学科,也是一门新兴的学科。随着计算机网络和现代通信技术的发展,计算机密码学得到了前所未有的发展和应用。在国外,计算机密码学已成为计算机系统安全的主要研究方向,也是计算机安全课程教学中的主要内容。

密码学包括密码编码学和密码分析学两部分。前者是研究密码变化的规律并用之于编制密码以保护秘密信息的科学,即研究如何通过编码技术来改变被保护信息的形式,使得编码后的信息除指定接收者之外的其他人都不能理解;后者是研究密码变化的规律并用之于分析(解释)密码以获取信息情报的科学,即研究如何攻破一个密码系统,恢复被隐藏起来的信息的本来面目。密码编码学是实现对信息保密的,密码分析学是实现对信息解密的,这两部分相辅相成,互相促进,也是矛盾的两个方面。

在20世纪70年代,密码学的研究出现了两大成果,一个是1977年美国国家标准局(NBS)颁布的联邦数据加密标准(DES),另一个是1976年由Diffie和Hellman提出的公钥密码体制的新概念。DES将传统的密码学发展到了一个新的高度,公钥密码体制的提出被公认为是实现现代密码学的基石。这两大成果已成为近代密码学发展史上两个重要的里程碑。

随着计算机网络不断渗透到国民经济各个领域,密码学的应用也随之扩大。数字签名、身份鉴别等都是由密码学派生出来的新技术和应用。

### 5.1.2 密码学的基本概念

在计算机网络系统中,采用密码技术将信息隐蔽起来,再将隐蔽后的信息进行存储和传输。这样,即使信息在存储或传输过程中被窃取或截获,那些非法获得信息者因不了解这些信息的隐蔽规律,也就无法识别信息的内容,从而保证了计算机网络系统中的信息安全。

在密码学中,通过使用某种算法并使用一种专门信息——密钥,将信息从一个可理解的明码形式变换成一个错乱的不可理解的密码形式,只有再使用密钥和相应的算法才能把密码还原成明码。

明文(PlainText)也叫明码,是信息的原文,在网络中也叫报文(Message),通常指待发的电文、编写的专用软件、源程序等,可用 P 或 M 表示。密文(CipherText)又叫密码,是明文经过变换后的信息,一般是难以识别的,可用 C 表示。

把明文变换成密文的过程就是加密(Encryption),其反过程(把密文还原为明文)就是解密(Decryption)。一般的密码系统的模型如图 5.1 所示。

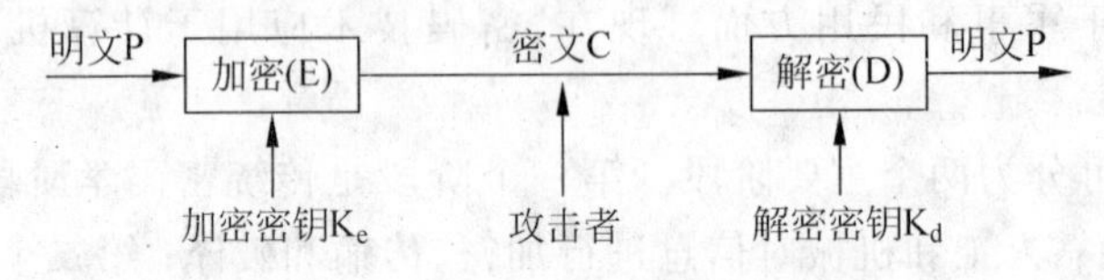


图 5.1 一般的密码系统示意图

密码算法(Algorithm)是加密和解密变换的一些公式、法则或程序,多数情况下是一些数学函数。密码算法规定了明文和密文之间的变换规则。加密时使用的算法叫加密算法,解密时使用的算法叫解密算法。

密钥(Key)是进行数据加密或解密时所使用的一种专门信息(工具),可看成是密码中的参数,用 K 表示。加密时使用的密钥叫加密密钥,解密时使用的密钥叫解密密钥。

密码系统是由算法、明文、密文和密钥组成的可进行加密和解密信息的系统。

数据加密过程就是利用加密密钥,对明文按照加密算法的规则进行变换,得到密文的过程。解密过程就是利用解密密钥,对密文按照解密算法的规则进行变换,得到明文的过程。

密码算法的安全性:根据被破译密码的难易程度,不同的密码算法可有不同的安全等级。如果破译密码算法的代价大于加密数据的价值,或者破译算法所需的时间比加密数据保密的时间更长,或者使用密钥加密的数据量比破译算法需要的数据量少得多,无论是上述哪种情况都可以说密码算法是安全的。

因为密码算法可以公开,也可以被分析,可以大量生产使用算法的产品。所有加密系统的安全性一般是基于密钥的安全性,而不是基于算法细节的安全性。只要破译者不知道你使用的密钥,他就对你的密码系统无能为力,就不能破译你的密文。

从图 5.1 可见,加密算法实际上是要完成其函数 $C=f(P,K_e)$ 的运算。对于一个确定的加密密钥 $K_e$,加密过程可看做是只有一个自变量的函数,记作 $E_k$,称为加密变换。因此加密过程也可记为

$$C = E_k(P)$$

即加密变换作用到明文 P 后得到密文 C。同样,解密算法也完成某种函数 $P=g(K_d,C)$ 的运算,对于一个确定的解密密钥 $K_d$ 来说,解密过程可记为

$$P = D_k(C)$$

$D_k$ 叫解密变换,$D_k$ 作用于密文 C 后得到明文 P。

由此可见,密文 C 经解密后还原成原来的明文,必须有

$$P = D_k(E_k(P)) = D_k \cdot E_k(P)$$

此处"·"是复合运算,因此要求

$$D_k \cdot E_k = I$$

I 为恒等变换,表明 $D_k$ 与 $E_k$ 是互逆变换。

### 5.1.3　密码的分类

从不同的角度，根据不同的标准，可将密码分为不同的类型。

**1. 手工密码、机械密码、电子机内乱密码和计算机密码**

按密码的历史发展阶段和应用技术划分，有手工密码、机械密码、电子机内乱密码和计算机密码。

手工密码是以手工完成，或以简单器具辅助完成加密和解密过程的密码。这是第一次世界大战以前使用的主要密码形式。

机械密码是以机械密码机或电动密码机来实现加密和解密过程的密码。这种密码是从第一次世界大战出现到第二次世界大战中得到普遍应用。

通过电子电路，以严格的程序进行逻辑运算，以少量制乱元素生产大量的加密乱数，因其制乱是在加密、解密过程中完成的而不需预先制作，所以称为电子机内乱密码。

计算机密码是以计算机软件程序完成加密和解密过程的密码，它适用于计算机数据保护和网络保密通信场合。

**2. 替代密码和移位密码**

按密码转换操作的原理划分，有替代密码和移位密码。

替代密码也叫置换密码。替代密码就是在加密时将明文中的每个或每组字符由另一个或另一组字符所替换，原字符被隐藏起来，即形成密文。

移位密码也叫换位密码。移位密码是在加密时只对明文字母（字符、符号）重新排序，每个字母位置变化了，但没被隐藏起来。移位密码是一种打乱原文顺序的加密方法。

替代密码加密过程是明文的字母位置不变而字母形式变化了，移位密码加密是字母的形式不变而位置变化了。

**3. 分组密码和序列密码**

按明文加密时的处理过程划分，有分组密码和序列密码。

分组密码的加密过程是：首先将明文序列以固定长度进行分组，每组明文用相同的密钥和算法进行变换，得到一组密文。分组密码是以分组为单位，在密钥的控制下进行一系列线性和非线性变换而得到密文的。分组密码的加/解密运算过程是：输出分组中的每一位是由输入分组的每一位和密钥的每一位共同决定的。加密算法中重复地使用替代和移位两种基本的加密变换。分组密码具有良好的扩散性、对插入信息的敏感性、较强的适应性、加密/解密速度慢、差错的扩散和传播等特点。

序列密码的加密过程是：把报文、语音、图像等原始信息转换为明文数据序列，再将其与密钥序列进行"异或"运算，生成密文序列发送给接收者。接收者用相同的密钥序列与密文序列再进行逐位解密（异或），恢复明文序列。序列密码加/解密的密钥，可采用一个比特流发生器随机产生二进制比特流得到。这些随机比特流作为密钥，与明文结合产生密文，与密文结合产生明文。序列密码的安全性主要依赖于随机密钥序列。

### 4．对称密钥密码和非对称密钥密码

按加密和解密密钥的类型划分，有对称密钥密码和非对称密钥密码。

加密和解密过程都是在密钥的作用下进行的。如果加密密钥和解密密钥相同或相近，由其中一个很容易地得出另一个，这样的系统称为对称密钥密码系统。在这种系统中，加密和解密密钥都需要保密。对称密钥密码系统也称为单密钥密码系统或传统密钥密码系统。

如果加密密钥与解密密钥不同，且由其中一个不容易得到另一个，则这种密码系统是非对称密钥密码系统。这两个不同的密钥，往往其中一个是公开的，另一个是保密的。非对称密钥密码系统也称为双密钥密码系统或公开密钥密码系统。

# 5.2 传统密码技术

数据的表示有多种形式，使用最多的是文字，其次还有图形、声音、图像等。传统加密方法加密的对象是文字信息。文字由字母组成，在字母表中26个英文字母是按顺序排列的，赋予它们相应的数字序号，如A对应序号1，B对应序号2，……，Z对应序号26。因为大多数加密算法都有数学属性，这种表示方法便于对字母进行算术运算，因此可用数学方法进行加密变换。将字母表中的字母看做是循环的，将字母的加减运算变换为相应代码的算术运算，可用求模运算来表示(在标准的英文字母表中，模数为26)，如A＋4＝E，X＋10＝H(因为X序号24，24＋10＝34，34(mod 26)≡8，序号8对应的字母为“H”)。

## 5.2.1 替代密码

替代密码在加密时将一个字母或一组字母的明文用另一个字母或一组字母替代，而得到密文；解密就是对密文进行逆替代而得到明文的过程。

在传统密码学中，替代密码有简单替代、多字母替代和多表替代等类型。

### 1．简单替代密码

简单替代密码也叫单表替代密码。简单替代就是将明文的一个字母，用相应的一个密文字母代替，规则是根据密钥形成一个新的字母表，与原明文字母表有相应的对应(映射)关系。简单替代加密方法有移位映射法、倒映射法和步长映射法等，如图5.2所示。

例如，移位映射的移动距离为＋4(按字母顺序向右移4个字母位置)，则明文A、B、C、…、Y、Z可分别由E、F、G、…、C、D代替。如果明文是“about”，则变为密文就是“efsyx”，其密钥k＝＋4，如图5.2(a)所示。图5.2(b)为倒映射，图5.2(c)为步长是3的步长映射。简单替代密码很容易破译，因为它没有把明文不同字母出现的频率隐藏起来，所有密文都是由26个英文字母组成，字母出现的统计规律不变。破译这种密码的算法已经有很多种。

### 2．多字母替代密码

多字母替代密码的加密和解密都是将字母以块为单位进行的，比如，ABA对应于OST，ABB对应于STL，等等。

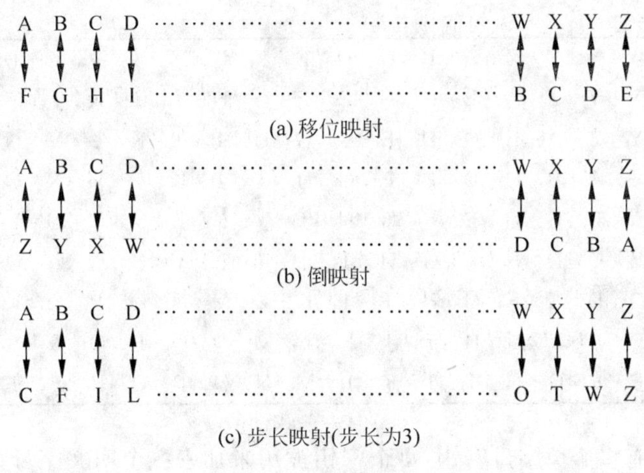


图 5.2　替代加密

多字母替代密码是在 19 世纪中期发明的，在第一次世界大战中，英国人就采用了这种对成组字母加密的密码。

### 3. 多表替代密码

多表替代密码是 19 世纪后期发明的，在美国南北战争期间由联军使用。多表替代密码是由多个简单替代密码构成。一种常用的多表替代密码叫 Vigenere(维吉尼亚)密码。它是循环使用有限个字母实现替代的。Vigenere 密码是把 26 个字母循环移位，排列在一起，形成 26×26 的方阵表，如表 5.1 所示。加密和解密时的明文、密钥、密文就是表中的行、列及交点的内容。

表 5.1　Vigenere 密码表

| A | B | C | D | E | F | G | H | I | J | K | L | M | N | O | P | Q | R | S | T | U | V | W | X | Y | Z |
|---|---|---|---|---|---|---|---|---|---|---|---|---|---|---|---|---|---|---|---|---|---|---|---|---|---|
| B | C | D | E | F | G | H | I | J | K | L | M | N | O | P | Q | R | S | T | U | V | W | X | Y | Z | A |
| C | D | E | F | G | H | I | J | K | L | M | N | O | P | Q | R | S | T | U | V | W | X | Y | Z | A | B |
| D | E | F | G | H | I | J | K | L | M | N | O | P | Q | R | S | T | U | V | W | X | Y | Z | A | B | C |
| E | F | G | H | I | J | K | L | M | N | O | P | Q | R | S | T | U | V | W | X | Y | Z | A | B | C | D |
| F | G | H | I | J | K | L | M | N | O | P | Q | R | S | T | U | V | W | X | Y | Z | A | B | C | D | E |
| G | H | I | J | K | L | M | N | O | P | Q | R | S | T | U | V | W | X | Y | Z | A | B | C | D | E | F |
| H | I | J | K | L | M | N | O | P | Q | R | S | T | U | V | W | X | Y | Z | A | B | C | D | E | F | G |
| I | J | K | L | M | N | O | P | Q | R | S | T | U | V | W | X | Y | Z | A | B | C | D | E | F | G | H |
| J | K | L | M | N | O | P | Q | R | S | T | U | V | W | X | Y | Z | A | B | C | D | E | F | G | H | I |
| K | L | M | N | O | P | Q | R | S | T | U | V | W | X | Y | Z | A | B | C | D | E | F | G | H | I | J |
| L | M | N | O | P | Q | R | S | T | U | V | W | X | Y | Z | A | B | C | D | E | F | G | H | I | J | K |
| M | N | O | P | Q | R | S | T | U | V | W | X | Y | Z | A | B | C | D | E | F | G | H | I | J | K | L |
| N | O | P | Q | R | S | T | U | V | W | X | Y | Z | A | B | C | D | E | F | G | H | I | J | K | L | M |
| O | P | Q | R | S | T | U | V | W | X | Y | Z | A | B | C | D | E | F | G | H | I | J | K | L | M | N |
| P | Q | R | S | T | U | V | W | X | Y | Z | A | B | C | D | E | F | G | H | I | J | K | L | M | N | O |
| Q | R | S | T | U | V | W | X | Y | Z | A | B | C | D | E | F | G | H | I | J | K | L | M | N | O | P |

续表

| R | S | T | U | V | W | X | Y | Z | A | B | C | D | E | F | G | H | I | J | K | L | M | N | O | P | Q |
|---|---|---|---|---|---|---|---|---|---|---|---|---|---|---|---|---|---|---|---|---|---|---|---|---|---|
| S | T | U | V | W | X | Y | Z | A | B | C | D | E | F | G | H | I | J | K | L | M | N | O | P | Q | R |
| T | U | V | W | X | Y | Z | A | B | C | D | E | F | G | H | I | J | K | L | M | N | O | P | Q | R | S |
| U | V | W | X | Y | Z | A | B | C | D | E | F | G | H | I | J | K | L | M | N | O | P | Q | R | S | T |
| V | W | X | Y | Z | A | B | C | D | E | F | G | H | I | J | K | L | M | N | O | P | Q | R | S | T | U |
| W | X | Y | Z | A | B | C | D | E | F | G | H | I | J | K | L | M | N | O | P | Q | R | S | T | U | V |
| X | Y | Z | A | B | C | D | E | F | G | H | I | J | K | L | M | N | O | P | Q | R | S | T | U | V | W |
| Y | Z | A | B | C | D | E | F | G | H | I | J | K | L | M | N | O | P | Q | R | S | T | U | V | W | X |
| Z | A | B | C | D | E | F | G | H | I | J | K | L | M | N | O | P | Q | R | S | T | U | V | W | X | Y |

多表替代密码有多个单字母密钥，每个密钥被用来加密一个明文字母。第一个密钥加密明文的第一个字母，第二个密钥加密明文的第二个字母，依此类推。在所有密钥用完后，密钥再被循环使用。若有 20 个密钥，那么每隔 20 个字母的明文都被同一个密钥加密，20 就是密码的周期。周期越长的密码越难破译。使用计算机可轻易地破译具有较长周期的替代密码。

### 5.2.2 移位密码

移位密码加密时只对明文字母重新排序，字母位置变化了，但它们没有被隐藏。移位密码加密是一种打乱原文顺序的替代法。

**例 5-1** 把明文“this is a bookmark”按行写出，分为三行五列，则成为以下形式：

```
t h i s i
s a b o o
k m a r k
```

读出时按从左到右的列顺序进行，可得到密文 tskhamibasoriok。该例的密钥就是 12345，即按列读出的顺序。

**例 5-2** 对上例还可以用另一种顺序选择相应的列输出得到密文。如用“china”为密钥，对“this is a bookmark”排列成上述矩阵。密钥“china”对应的序号为“23451”，再以从小到大的顺序输出，即可得到密文 ioktskhamibasor。

**例 5-3** 对于句子“移位密码加密时只对明文字母重新排序字母位置变化但它们没被隐藏”，可选择密钥“362415”，并循环使用该密钥对上句进行换位加密。密钥的数字序列代表明文字符（汉字）在密文中的排列顺序。按照该密钥加密可得到一个不可理解的新句子（密文）“密密位码移加对字只明时文新字重排母序置但位变母化没藏们被它隐”。解密时只需按密钥 362415 的数字从小到大顺序将对应的密文字符排列，即可得到明文。

### 5.2.3 一次一密钥密码

顾名思义，一次一密钥密码就是指每次都使用一个新的密钥进行加密，然后该密钥就被丢弃，下次再要加密时再选择一个新密钥进行。一次一密钥密码是一种理想的加密方案。

一次一密钥密码的密钥就像每页都印有密钥的簿子一样，称为一次一密密钥本，该密钥本就是一个包括多个随机密钥的密钥字母集，其中每一页上记录一条密钥。

加密时使用一次一密密钥本的过程类似于日历的使用过程，每使用一个密钥加密一条信息后，就将该页撕掉作废，下次加密时再使用下一页的密钥。

发送者使用密钥本中每个密钥字母串去加密一条明文字母串，加密过程就是将明文字母串和密钥本中的密钥字母串进行模 26 加法运算。接收者有一个同样的密钥本，并依次使用密钥本上的每个密钥去解密密文的每个字母串。接收者在解密信息后也销毁密钥本中用过的一页密钥。

例如，如果信息是 ONETIMEPAD，密钥本中的一页密钥是 GINTBDEYWX，则可得到密文 VWSNKQJOXB。这是因为 $O+G=V \pmod{26}$，$N+I=W \pmod{26}$，$E+N=S \pmod{26}$，…。

如果破译者不能得到加密信息的密钥本，那么该方案就是安全的。由于每个密钥序列都是等概率的（因为密钥是以随机方式产生的），破译者没有任何信息对密文进行密码分析。

一次一密钥的密钥字母必须是随机产生的。对这种方案的攻击实际上是依赖于产生密钥序列的方法。不要使用伪随机序列发生器产生密钥，因为它们通常有非随机性。如果采用真随机序列发生器产生密钥，这种方案就是安全的。

一次一密钥密码在今天仍有应用场合，主要用于高度机密的低带宽信道。美国与前苏联之间的热线电话据说就是用一次一密密钥本加密的，许多前苏联间谍传递的信息也是用一次一密密钥本加密的。至今这些信息仍是保密的，并将一直保密下去。不管超级计算机工作多久，也不管半个多世纪中有多少人，用什么样的方法和技术，具有多大的计算能力，他们都不能阅读前苏联间谍用一次一密密钥本加密的信息，除非他们恰好回到那个年代，并得到加密信息的一次一密密钥本。

# 5.3　对称密钥密码体制

## 5.3.1　对称密钥密码的概念

对称密钥密码体制也叫传统密钥密码体制，其基本思想就是“加密密钥和解密密钥相同或相近”，由其中一个可推导出另一个。使用时两个密钥均需保密，因此该体制也叫单密钥密码体制。对称密钥密码体制模型如图 5.3 所示。

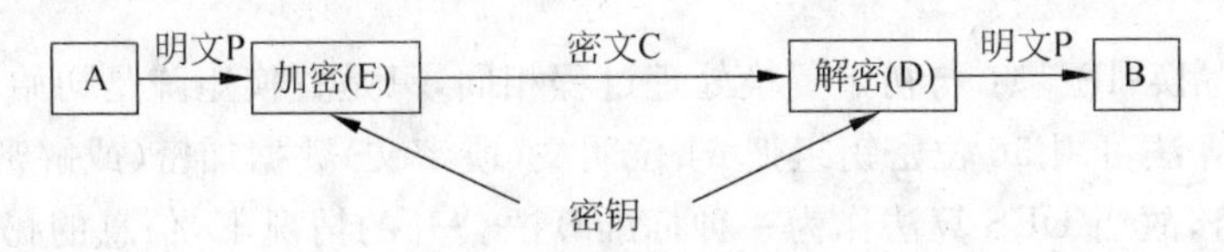


图 5.3　对称密钥密码系统模型

一个对称密钥密码体制的工作流程是：假定 A 和 B 是两个系统，二者决定进行保密通信。A 和 B 通过某种方式获得一个可共用的秘密密钥，该密钥只有 A 和 B 知道，其他用户都不知道。A 或 B 通过使用该密钥加密发送给对方的信息，只有对方可以解密该信息，其他用户均无法解密该信息,这样就达到了信息传输的保密性目的。

### 5.3.2 DES算法

数据加密标准(DES)是由IBM公司研制的,并经长时间论证和筛选后,于1977年由美国国家标准局颁布的一种加密算法。DES主要用于民用敏感信息的加密,1981年被国际标准化组织接受作为国际标准。DES主要采用替换和移位的方法加密。它用56位(bit)密钥对64位二进制数据块进行加密,每次加密可对64位的输入数据进行16轮编码,经一系列替换和移位后,输入的64位原始数据就转换成了完全不同的64位输出数据。DES算法仅使用最大为64位的标准算术和逻辑运算,运算速度快,密钥产生容易,适合于在大多数计算机上用软件方法实现,同时也适合于在专用芯片上实现。

#### 1. DES算法概要

DES算法能对64位二进制数码组成的数据组在56位密钥的控制下进行加密和解密,56位密钥包含在64位密钥组中。图5.4是DES加密/解密算法框图。DES是一个对称算法,加密和解密使用同一算法,只是加密和解密时使用的子密钥顺序不同。

如图5.4所示,DES算法是按下列四个主要过程实现的。图的左边是明文的处理过程,有3个阶段,右边是子密钥的生成过程。

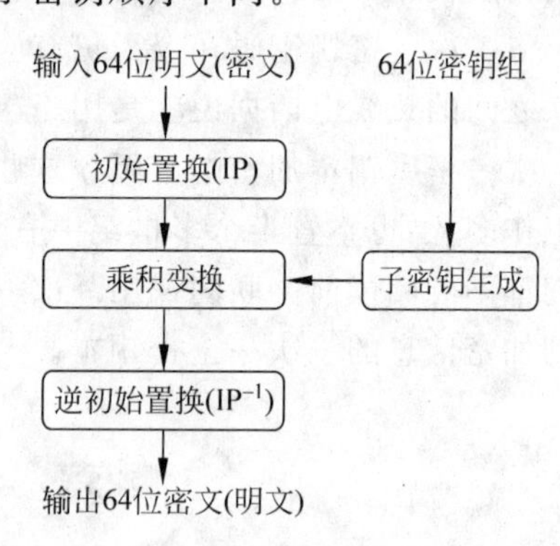


图5.4 DES算法流程略图

- 子密钥生成:由64位外部输入密钥组通过置换选择和移位操作生成加密和解密所需的16组子密钥,每组56位。
- 初始置换(Initial Permutation,IP):用来对输入的64位数据组进行换位变换,即按照规定的矩阵改变数据位的排列顺序。此过程是对输入的64位数据组进行的与密钥无关的数据处理。
- 乘积变换:此过程与密钥有关,且非常复杂,是加密过程的关键。它采用的是分组密码,通过16次重复的替代、移位、异或和置换来打乱原输入数据组。在加密过程中,乘积变换多次使用替代法和置换法进行变换。在使用计算机处理时,把大的数据组作为一个单元来进行变换,其优点是增加替代和重新排列方式的种类。
- 逆初始置换($IP^{-1}$):与初始置换处理过程相同,只是置换矩阵是初始置换的逆矩阵。

由于DES算法可用56位密钥组把64位明文(或密文)数据加密(或解密)成64位密文(或明文)数据组,故当DES算法作为一种标准算法公开的情况下,信息的秘密完全寓于56位密钥之中,因此如何选取密钥十分重要。

(1) 初始置换(IP)

初始置换在第一轮运算之前进行,对输入的64位分组按照表5.2固定的矩阵进行换位,此过程与密钥无关。

表 5.2 初始置换 IP

| | | | | | | | |
|---|---|---|---|---|---|---|---|
| 58 | 50 | 42 | 34 | 26 | 18 | 10 | 2 |
| 60 | 52 | 44 | 36 | 28 | 20 | 12 | 4 |
| 62 | 54 | 46 | 38 | 30 | 22 | 14 | 6 |
| 64 | 56 | 48 | 40 | 32 | 24 | 16 | 8 |
| 57 | 49 | 41 | 33 | 25 | 17 | 9 | 1 |
| 59 | 51 | 43 | 35 | 27 | 19 | 11 | 3 |
| 61 | 53 | 45 | 37 | 29 | 21 | 13 | 5 |
| 63 | 55 | 47 | 39 | 31 | 23 | 15 | 7 |

表 5.3 置换选择 1(PC-1)

| | | | | | | |
|---|---|---|---|---|---|---|
| 57 | 49 | 41 | 33 | 25 | 17 | 9 |
| 1 | 58 | 50 | 42 | 34 | 26 | 18 |
| 10 | 2 | 59 | 51 | 43 | 35 | 27 |
| 19 | 11 | 3 | 60 | 52 | 44 | 36 |
| 63 | 55 | 47 | 39 | 31 | 23 | 15 |
| 7 | 62 | 54 | 46 | 38 | 30 | 22 |
| 14 | 6 | 61 | 53 | 45 | 37 | 29 |
| 21 | 13 | 5 | 28 | 20 | 12 | 4 |

该表与本节的其他表一样,先从左到右,再从上到下读取。比如,初始置换是把明文的第 58 位换到第 1 位,第 50 位换到第 2 位,……,依此类推,最后一位是原来的第 7 位。$L_0$、$R_0$ 则是换位输出后的两部分,$L_0$ 是输出的左 32 位,$R_0$ 是右 32 位。

初始置换和对应的逆初始置换并不影响 DES 的安全性。这样安排的主要目的是为了更容易地将明文和密文数据以字节为单位放入 DES 芯片中,用硬件容易实现。

(2) 子密钥生成

外部输入的 56 位密钥(64 位中去掉 8 个校验位——每个字节的第 8 位是校验位)通过置换和移位操作生成加密和解密需要的 16 个 48 位的子密钥。

具体步骤如下(图 5.5 为子密钥生成流程):

第一步:56 位密钥按置换选择 1(PC-1)的规律(见表 5.3)进行置换,然后分为左右各 28 位。

第二步:两个 28 位按表 5.4 的轮数进行不同位数的左移。

第三步:将左右两部分合成 56 位后,再经过表 5.5 的置换选择 2(PC-2)规律将 56 位变换为 48 位,得出一个 48 位的子密钥。这次变换是将 56 位变为 48 位,所以也称为压缩置换。比如,处在第 14 位位置的那一位在输出时移到第 1 位,第 33 位的

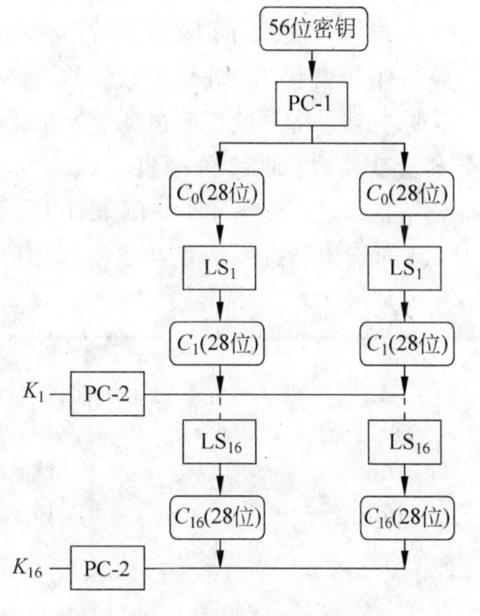


图 5.5 子密钥的生成

位置那一位移到第35位，而第9、18等8位就被舍弃了。

这样，根据不同轮数分别进行的左移和压缩置换，分别得到16个48位的子密钥$K_1$，$K_2$，…，$K_{16}$。

**表5.4 每轮移动位数**

| 轮数 | 1 | 2 | 3 | 4 | 5 | 6 | 7 | 8 | 9 | 10 | 11 | 12 | 13 | 14 | 15 | 16 |
|---|---|---|---|---|---|---|---|---|---|---|---|---|---|---|---|---|
| 位数 | 1 | 1 | 2 | 2 | 2 | 2 | 2 | 2 | 1 | 2 | 2 | 2 | 2 | 2 | 2 | 1 |

**表5.5 置换选择2(PC-2)**

| | | | | | |
|---|---|---|---|---|---|
| 14 | 17 | 11 | 24 | 1 | 5 |
| 3 | 28 | 15 | 6 | 21 | 10 |
| 23 | 19 | 12 | 4 | 26 | 8 |
| 16 | 7 | 27 | 20 | 13 | 2 |
| 41 | 52 | 31 | 37 | 47 | 55 |
| 30 | 40 | 51 | 45 | 33 | 48 |
| 44 | 49 | 39 | 56 | 34 | 53 |
| 46 | 42 | 50 | 36 | 29 | 32 |

(3) 乘积变换

乘积变换过程如图5.6所示，该过程包括多次线性变换和非线性变换。该过程通过多次重复的替代和置换方法，打乱原输入数据组，加大非规律性，增加系统分析的难度。

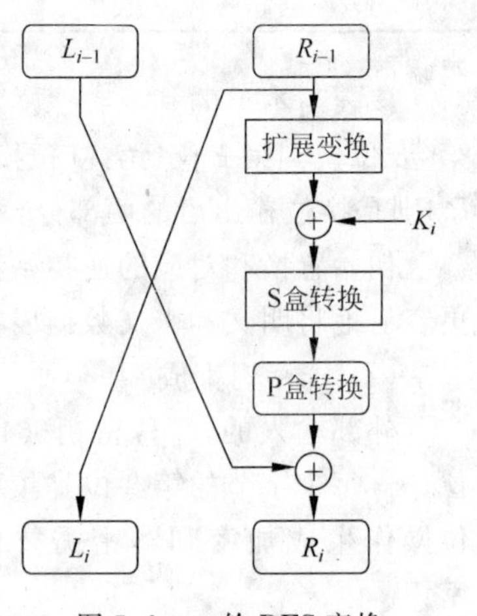


图5.6 一轮DES变换

乘积变换过程包括如下步骤：

第一步：将经过初始置换后的64位明文分为左右各32位两部分$L_0$和$R_0$。

第二步：将$R_0$的32位按表5.6规定置换成48位后，与第一组子密钥$K_1$进行异或运算。

第三步：将异或得到的48位结果，按表5.7规律经过8个S盒变换，得到32位输出。

第四步：8个S盒(如图5.7所示)的32位输出再按表5.8的规律经过一个线性变换，得到32位输出。

**表5.6 E盒变换表**

| | | | | | |
|---|---|---|---|---|---|
| 32 | 1 | 2 | 3 | 4 | 5 |
| 4 | 5 | 6 | 7 | 8 | 9 |
| 8 | 9 | 10 | 11 | 12 | 13 |
| 12 | 13 | 14 | 15 | 16 | 17 |
| 16 | 17 | 18 | 19 | 20 | 21 |
| 20 | 21 | 22 | 23 | 24 | 25 |
| 24 | 25 | 26 | 27 | 28 | 29 |
| 28 | 29 | 30 | 31 | 32 | 1 |

表 5.7　S 盒变换表

| 列 | | 0 | 1 | 2 | 3 | 4 | 5 | 6 | 7 | 8 | 9 | 10 | 11 | 12 | 13 | 14 | 15 |
|---|---|---|---|---|---|---|---|---|---|---|---|---|---|---|---|---|---|
| $S_1$ | 0 | 14 | 4 | 13 | 1 | 2 | 15 | 11 | 8 | 3 | 10 | 6 | 12 | 5 | 9 | 0 | 7 |
| | 1 | 0 | 15 | 7 | 4 | 14 | 2 | 13 | 1 | 10 | 6 | 12 | 11 | 9 | 5 | 3 | 8 |
| | 2 | 4 | 1 | 14 | 8 | 13 | 6 | 2 | 11 | 15 | 12 | 9 | 7 | 3 | 10 | 5 | 0 |
| | 3 | 15 | 12 | 8 | 2 | 4 | 9 | 1 | 7 | 5 | 11 | 3 | 14 | 10 | 0 | 6 | 13 |
| $S_2$ | 0 | 15 | 1 | 8 | 14 | 6 | 11 | 3 | 4 | 9 | 7 | 2 | 13 | 12 | 0 | 5 | 10 |
| | 1 | 3 | 13 | 4 | 7 | 15 | 2 | 8 | 14 | 12 | 0 | 1 | 10 | 6 | 9 | 11 | 5 |
| | 2 | 0 | 14 | 7 | 11 | 10 | 4 | 13 | 1 | 5 | 8 | 12 | 6 | 9 | 3 | 2 | 15 |
| | 3 | 13 | 8 | 10 | 1 | 3 | 15 | 4 | 2 | 11 | 6 | 7 | 12 | 0 | 5 | 14 | 9 |
| $S_3$ | 0 | 10 | 0 | 9 | 14 | 6 | 3 | 15 | 5 | 1 | 13 | 12 | 7 | 11 | 4 | 2 | 8 |
| | 1 | 13 | 7 | 0 | 9 | 3 | 4 | 6 | 10 | 2 | 8 | 5 | 14 | 12 | 11 | 15 | 1 |
| | 2 | 13 | 6 | 4 | 9 | 8 | 15 | 3 | 0 | 11 | 1 | 2 | 12 | 5 | 10 | 14 | 7 |
| | 3 | 1 | 10 | 13 | 0 | 6 | 9 | 8 | 7 | 4 | 15 | 14 | 3 | 11 | 5 | 2 | 12 |
| $S_4$ | 0 | 7 | 13 | 14 | 3 | 0 | 6 | 9 | 10 | 1 | 2 | 8 | 5 | 11 | 12 | 4 | 15 |
| | 1 | 13 | 8 | 11 | 5 | 6 | 15 | 0 | 3 | 4 | 7 | 2 | 12 | 1 | 10 | 14 | 9 |
| | 2 | 10 | 6 | 9 | 0 | 12 | 11 | 7 | 13 | 15 | 1 | 3 | 14 | 5 | 2 | 8 | 4 |
| | 3 | 3 | 15 | 0 | 6 | 10 | 1 | 13 | 8 | 9 | 4 | 5 | 11 | 12 | 7 | 2 | 14 |
| $S_5$ | 0 | 2 | 12 | 4 | 1 | 7 | 10 | 11 | 6 | 8 | 5 | 3 | 15 | 13 | 0 | 14 | 9 |
| | 1 | 14 | 11 | 2 | 12 | 4 | 7 | 13 | 1 | 5 | 0 | 15 | 10 | 3 | 9 | 8 | 6 |
| | 2 | 4 | 2 | 1 | 11 | 10 | 13 | 7 | 8 | 15 | 9 | 12 | 5 | 6 | 3 | 0 | 14 |
| | 3 | 11 | 8 | 12 | 7 | 1 | 14 | 2 | 13 | 6 | 15 | 0 | 9 | 10 | 4 | 5 | 3 |
| $S_6$ | 0 | 12 | 1 | 10 | 15 | 9 | 2 | 6 | 8 | 0 | 13 | 3 | 4 | 14 | 7 | 5 | 11 |
| | 1 | 10 | 15 | 4 | 2 | 7 | 12 | 9 | 5 | 6 | 1 | 13 | 14 | 0 | 11 | 3 | 8 |
| | 2 | 9 | 14 | 15 | 5 | 2 | 8 | 12 | 3 | 7 | 0 | 4 | 10 | 1 | 13 | 11 | 6 |
| | 3 | 4 | 3 | 2 | 12 | 9 | 5 | 15 | 10 | 11 | 14 | 1 | 7 | 6 | 0 | 8 | 13 |
| $S_7$ | 0 | 4 | 11 | 2 | 14 | 15 | 0 | 8 | 13 | 3 | 12 | 9 | 7 | 5 | 10 | 6 | 1 |
| | 1 | 13 | 0 | 11 | 7 | 4 | 9 | 1 | 10 | 14 | 3 | 5 | 12 | 2 | 15 | 8 | 6 |
| | 2 | 1 | 4 | 11 | 13 | 12 | 3 | 7 | 14 | 10 | 15 | 6 | 8 | 0 | 5 | 9 | 2 |
| | 3 | 6 | 11 | 13 | 8 | 1 | 4 | 10 | 7 | 9 | 5 | 0 | 15 | 14 | 2 | 3 | 12 |
| $S_8$ | 0 | 13 | 2 | 8 | 4 | 6 | 15 | 11 | 1 | 10 | 9 | 3 | 14 | 5 | 0 | 12 | 7 |
| | 1 | 1 | 15 | 13 | 8 | 10 | 3 | 7 | 4 | 12 | 5 | 6 | 11 | 0 | 14 | 9 | 2 |
| | 2 | 7 | 11 | 4 | 1 | 9 | 12 | 14 | 2 | 0 | 6 | 10 | 13 | 15 | 3 | 5 | 8 |
| | 3 | 2 | 1 | 14 | 7 | 4 | 10 | 8 | 13 | 15 | 12 | 9 | 0 | 3 | 5 | 6 | 11 |

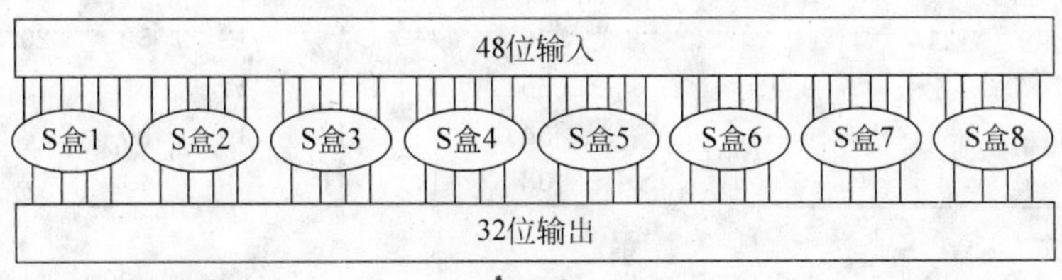


图 5.7　S 盒变换

第五步：线性变换的 32 位输出与 $L_0$ 异或，得到新的 32 位输出，即 $R_1$。

第六步：由 $R_0$ 直接得到 $L_1(L_1=R_0)$，与 $R_1$ 作为下一轮的输入。

上述第二步的置换过程改变了位的次序,重复了某些位,使32位变换为48位,因此也叫扩展置换(E盒变换)。在扩展置换中,对于每个输入的4位分组,第1和第4位分别表示输出分组中的2位,第2和第3位分别表示输出分组中的1位。比如,处于输入分组的第3位移到了输出分组的第4位,输入分组的第4位移到了输出分组的第5位和第7位。尽管输出分组大于输入分组,但每个输入分组产生唯一的输出分组。

第三步的S盒变换是将每个S盒的6位输入变换为4位输出,因此,48位输入经过8个S盒变换,得到32位输出,该过程也叫压缩变换。表5.7中每个S盒是一个4行16列的表,盒中的每一项都是一个4位二进制数对应的十进制数。S盒的6位输入决定了其对应的输出在哪一行哪一列。比如,6位输入的第1和第6位组合构成了2位二进制数,可表示十进制数0~3,对应着表中的一行;6位输入的第2到第5位组合构成了4位二进制数,可表示十进制数0~15,它对应着表中的一列。假设S盒1的6位输入是110100,其第1位和第6位组合为10,它对应$S_1$盒的第2行;中间4位组合为1010,它对应$S_1$盒的第10列。$S_1$盒的第2行第10列的数是9,其二进制数为1001(注意,行和列的计数均从0开始)。1001即为输出,则1001就代替了110100。

第四步的线性置换也叫P盒置换,其置换规律如表5.8所示。这种置换是每个输入位映射到一个输出位,不能映射多位,也不能丢弃,因此是线性变换。比如,输入的第16位移到输出的第1位,而输入的第1位移到输出的第9位。

第五步是将第四步线性变换的32位输出与64位分组的左半部分$L_0$相异或,然后左、右两部分交换位置,作为下一轮的左、右部分$L_1$和$R_1$。

(4) 逆初始置换($IP^{-1}$)

逆初始置换(也叫末置换)是DES算法的最后一步,是一次简单的数码换位,也是线性变换,该变换与密钥无关。逆初始置换规则如表5.9所示。乘积变换过程在16轮回后的乘积变换输出得到$L_{16}$和$R_{16}$。将$L_{16}$与$R_{16}$合并为64位码作为输入,进行逆初始置换,即得到64位密文输出。逆初始置换正好是初始置换的逆运算,例如,第1位经过初始置换后,处于第40位;而通过逆初始置换,又将第40位换回到第1位。逆初始置换的结果即为一组64位密文,该组密文与其他各组明文加密得到的密文合在一起,即为原报文的加密结果。

**表5.8 P盒置换表**

| | | | |
|---|---|---|---|
| 16 | 7 | 20 | 21 |
| 29 | 12 | 28 | 17 |
| 1 | 15 | 23 | 26 |
| 5 | 18 | 31 | 10 |
| 2 | 8 | 24 | 14 |
| 32 | 27 | 3 | 9 |
| 19 | 13 | 30 | 6 |
| 22 | 11 | 4 | 25 |

**表5.9 逆初始置换**

| | | | | | | | |
|---|---|---|---|---|---|---|---|
| 40 | 8 | 48 | 16 | 56 | 24 | 64 | 32 |
| 39 | 7 | 47 | 15 | 55 | 23 | 63 | 31 |
| 38 | 6 | 46 | 14 | 54 | 22 | 62 | 30 |
| 37 | 5 | 45 | 13 | 53 | 21 | 61 | 29 |
| 36 | 4 | 44 | 12 | 52 | 20 | 60 | 28 |
| 35 | 3 | 43 | 11 | 51 | 19 | 59 | 27 |
| 34 | 2 | 42 | 10 | 50 | 18 | 58 | 26 |
| 33 | 1 | 41 | 9 | 49 | 17 | 57 | 25 |

### 2. DES解密

DES的解密算法与加密算法相同,解密密钥也与加密密钥相同。只是解密时按逆向顺序取用加密时使用的密钥,即加密时第1~16轮操作使用的子密钥顺序是$K_1,K_2,\cdots,K_{16}$,

而解密时使用的子密钥顺序是 $K_{16}, K_{15}, \cdots, K_1$；产生子密钥时的循环移位是向右的。

### 3. DES 加密过程的数学模型

$L0R0 = IP(M64)$　　(M64 为 64 位输入明文)

$Ki = ks(i,key)$　　$i = 1,2,\cdots,16$(ks 表示密钥运算函数，产生 48 位的子密钥)

$L_i = R_{i-1}$

$R_i = L_{i-1} \oplus f(R_{i-1}, K_i)$　　$f(R_{i-1}, K_i)$中涉及 E 盒变换、S 盒变换、P 盒变换和异或运算等过程

$C_{64} = IP^{-1}(L_{16}, R_{16})$

### 4. DES 解密过程的数学模型

$L_{16}R_{16} = IP(C_{64})$

$K_i = k_s(i,key)$　　$i = 16,15,\cdots,1$

$R_{i-1} = L_i$

$L_{i-1} = R_i \otimes f(R_i, K_i)$

$M_{64} = IP^{-1}(L_0, R_0)$

### 5. DES 的特点及应用

DES 是迄今为止世界上使用最为广泛和流行的一种分组密码算法，被公认为世界上第一个实用的密码算法标准。它的出现适应了电子化和信息化的要求，也适合于硬件实现，因此该算法被制成专门的芯片，应用于加密机中。

DES 算法具有算法容易实现、速度快、通用性强等优点，但也存在密钥位数少、保密强度较差和密钥管理复杂等缺点。

DES 主要的应用范围有：

- 计算机网络通信。对计算机网络通信中的数据提供保护是 DES 的一项重要应用。但这些被保护的数据一般只限于民用敏感信息，即不在政府确定的保密范围之内的信息。
- 电子资金传送系统。采用 DES 的方法加密电子资金传送系统中的信息，可准确、快速地传送数据，并可较好地解决信息安全的问题。
- 保护用户文件。用户可自选密钥，用 DES 算法对重要文件加密，防止未授权用户窃密。
- 用户识别。DES 还可用于计算机用户识别系统中。

DES 算法具体在 POS、ATM(自动取款机)、磁卡及智能卡(IC 卡)、加油站、高速公路收费站等领域被广泛应用，以此来实现关键数据的保密。如信用卡持卡人的 PIN 的加密传输，IC 卡与 POS 间的双向认证、金融交易数据包的 MAC 校验等均可使用 DES 算法。

DES 在问世后的 20 多年里，成为密码界研究的重点，经受住了许多科学家的研究和破译，在民用密码领域得到了广泛的应用。它曾为全球贸易、金融等非官方部门提供了可靠的通信安全保障。DES 标准生效后，规定每隔 5 年由美国国家安全局 NSA(National Security Agency)进行一次评估，并确定它是否继续作为联邦加密标准使用，最近的一次评估是在 1994 年 1 月。DES 的缺点是密钥位数太短(56 位)，而且算法是对称的，使得这些密钥中还存在一些弱密钥和半弱密钥，因此容易被采用穷尽密钥方法解密。此外，由于 DES 算法完全公开，其安全性完全依赖于对密钥的保护，必须有可靠的信道来分发密钥，如采用信使递

送密钥等。因此，其密钥管理过程非常复杂，不适合在网络环境下单独使用，可以与非对称密钥算法混合使用。1998 年 5 月美国 EFF(Electronic Frontier Foundation)宣布，他们以一台价值 20 万美元的计算机改装成的专用解密机，用 56 小时破译了 56 位密钥的 DES。美国国家标准和技术协会在征集并进行了几轮评估、筛选后，产生了称为 AES(Advanced Encryption Standard)的新加密标准。尽管如此，DES 对推动密码理论的发展和应用毕竟起了重大作用，同时 DES 中的基本运算思路在 IDEA、TDEA 等对称密钥密码算法中得到广泛应用，因此对于掌握分组密码的基本理论、设计思想和实际应用仍然有着重要的参考价值。

### 5.3.3 对称密码体制的其他算法简介

典型的对称密钥密码算法有：DES、TDEA(3DES)、IDEA、AES、MD5 等。

#### 1. TDEA 算法

针对 DES 算法密钥短的问题，科学家提出在 DES 的基础上采用三重和双密钥加密的方法，这就是三重 DES 算法 TDEA(Triple Data Encryption Algorithm)。

TDEA 算法使用三个密钥，执行三次 DES 算法，如图 5.8 所示。加密过程为：

$$C=E_{K3}(D_{K2}(E_{K1}(M)))$$

解密时按密钥相反的顺序进行，可表述为：

$$M=D_{K1}(E_{K2}(D_{K3}(C)))$$

其中 M 表示明文，C 表示密文，$E_K(X)$表示使用密钥 K 对 X 进行加密，$D_K(X)$表示使用密钥 K 对密文 X 解密。

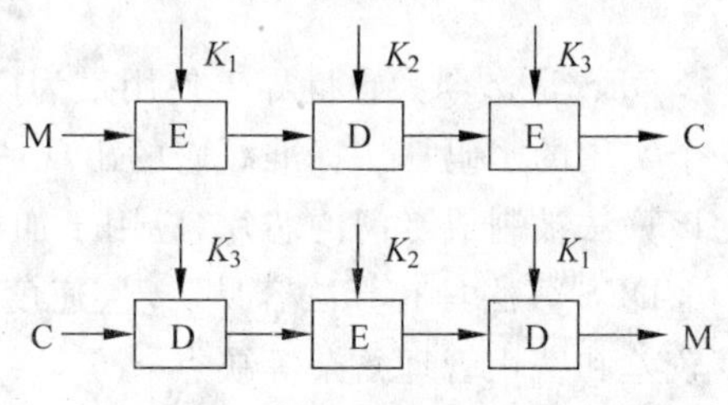


图 5.8 三重 DES 的加密解密过程

TDEA 算法使用两个 DES 密钥 $K_1$ 和 $K_2$ 进行三次 DES 的加密，其效果相当于将密钥长度增加一倍。

#### 2. IDEA 算法

国际数据加密算法(International Data Encryption Algorithm，IDEA)是瑞士的著名学者提出的。IDEA 在 1990 年被正式公布并在以后得到增强。这种算法是在 DES 算法的基础上发展起来的，类似于三重 DES。发展 IDEA 也是因为 DES 存在密钥太短、容易被攻破等缺点。

类似于 DES，IDEA 也是一种分组密码算法，分组长度为 64 位，但密钥长度为 128 位。该算法是用 128 位密钥对 64 位二进制码组成的数据组进行加密的，也可用同样的密钥对 64 位密文进行解密变换。

IDEA 与 DES 的明显区别在于循环函数和子密钥生成不同。对循环函数来说，IDEA 不使用 S 盒变换，而是依赖于三种不同的数学运算：XOR、16 位整数的二进制加法、16 位整数的二进制乘法。这些函数结合起来可以产生复杂的转换，这些转换很难进行密码分析。子密钥生成算法完全依赖于循环移位的应用，但使用方式复杂。

IDEA 算法设计了一系列加密轮次，每轮加密都使用从完整的加密密钥中生成的一个子密钥。每轮次中也使用压缩函数进行变换，只是不使用移位置换。IDEA 中使用异或、模

$2^{16}$加法和模 $2^{16}+1$ 乘法运算，这三种运算彼此混合可产生很好的效果。运算时 IDEA 把数据分为 4 个子分组，每个分组 16 位。

与 DES 的不同之处在于，IDEA 采用软件实现和采用硬件实现同样快速。IDEA 的密钥比 DES 的多一倍，增加了破译难度，被认为是多年后都有效的算法。

由于 IDEA 是在美国之外提出并发展起来的，避开了美国法律上对加密技术的诸多限制，因此，有关 IDEA 算法和实现技术的书籍都可以自由出版和交流，可极大地促进 IDEA 的发展和完善。

#### 3. AES 算法

高级加密标准（Advanced Encryption Standard，AES）是由美国国家标准技术研究所 NIST1997 发起征集的数据加密标准，旨在得到一个非保密的、全球免费使用的分组加密算法，并能成为替代 DES 的数据加密标准。NIST 于 2000 年选择了比利时两位科学家提出的 Rijndael 作为 AES 的算法。

Rijndael 是一种分组长度和密钥长度都可变的分组密码算法，其分组长度和密钥长度都分别可为 128、192 和 256bit。Rijndael 算法具有安全、高效和灵活等优点，使它成为 AES 最合适的选择。

- 安全性。Rijndael 算法的频数具有良好的随机特性，其密文比特服从 0.5 的二项式分布，因此其安全性大大增强。它对抗线性攻击和差分攻击的能力也很强。
- 高效性。由于 Rijndael 算法的线性和非线性混合层都采用矩阵运算，并且其变化的轮数（8～12 轮）较少，使得它具有很高的速度。
- 灵活性。Rijndael 满足了 AES 的要求，密钥长度可为 128bit、192bit 和 256bit，所以可根据不同的加密级别选择不同的密钥长度；其分组长度也是可变的，这正好弥补了 DES 的不足；其循环次数允许在一定范围内根据安全要求进行选取。这些都体现了该算法的灵活性。

## 5.4　公开密钥密码体制

对称密钥加密方法是加密、解密使用同样的密钥，这些密钥由发送者和接收者分别保存，在加密和解密时使用。对称密钥方法的主要问题是密钥的生成、管理、分发等都很复杂，特别是随着用户的增加，密钥的需求量成倍增加。如果网络中有 $n$ 个用户，其中每两个用户之间都需要建立保密通信时，则系统中所需的密钥总数达 $n(n-1)/2$ 个密钥，如果两个用户之间可能有多次通信，而每次通信的密钥又不能一样，这样网络中需要的密钥数又将大量增加。在网络通信中，大量密钥的分配和保管是一个很复杂的问题。

### 5.4.1　公开密钥密码的概念

#### 1. 公钥体制的概念

美国斯坦福大学两名学者 W. Diffie 和 M. Hellman 于 1976 年在 IEEE Trans. on Information 刊物上发表了“New Direction in Cryptography”文章，提出了“公开密钥密码体制”的概念，

开创了密码学研究的新方向。公开密钥密码体制的产生主要有两个方面的原因：一是由于对称密钥密码体制的密钥分配问题；另一个是由于对数字签名的需求。

与对称密钥加密方法不同，公开密钥密码系统采用两个不同的密钥来对信息加密和解密。加密密钥与解密密钥不同，由其中一个不容易得到另一个。通常，在这种密码系统中，加密密钥是公开的，解密密钥是保密的，加密和解密算法都是公开的。每个用户有一个对外公开的加密密钥 $K_e$（称为公钥）和对外保密的解密密钥 $K_d$（称为私钥）。因此这种密码体制又叫非对称密码体制、公开密钥密码体制。

虽然解密密钥理论上可由加密密钥推算出来，但这种算法设计在实际上是不可能的；或虽然能够由加密推算出解密算法，但要花费很长时间因而使解密出的信息失去时效性变得毫无意义。所以，将加密密钥公开也不会危害密钥的安全。公开密钥加密算法和解密算法都是公开的。虽然保密密钥是由公开密钥决定的，但却不能由公开密钥计算出来。

自公钥加密体制问世以来，学者们提出了许多种公钥加密方法，如 RSA、背包算法、Elgamal、Rabin、DH 等，它们的安全性都是基于复杂的数学难题。根据所基于的数学难题来区分，有以下三类系统算法目前被认为是安全和有效的：大整数因子分解系统（代表性算法是 RSA）、椭圆曲线离散对数系统（ECC）和离散对数系统（代表性算法是 DSA）。

当前最著名、应用最广泛的公钥系统的密码算法是 RSA，它的安全性是基于大整数因子分解的困难性，而大整数因子分解问题是数学上的著名难题，至今没有有效的方法予以解决，因此可以确保 RSA 算法的安全性。

椭圆曲线加密算法 ECC（Elliptic Curve Cryptography）是基于离散对数计算的困难性。椭圆曲线加密方法 ECC 与 RSA 方法相比，具有安全性能更高、运算量小、处理速度快、占用存储空间小、带宽要求低等优点。因此，ECC 系统是一种安全性更高、算法实现性能更好的公钥系统。

数字签名算法（Data Signature Algorithm，DSA）是基于离散对数问题的数字签名标准，它仅提供数字签名功能，不提供数据加密功能。

### 2. 公钥体制的特征

- 用 $K_e$ 对明文加密后，再用 $K_d$ 解密，即可恢复出明文，即

$$M = D_{Kd}\{E_{Ke}(M)\}$$

- 加密和解密运算可以对调，即

$$M = D_{Kd}\{E_{Ke}(M)\} = E_{Ke}\{D_{Kd}(M)\}$$

- 但加密密钥不能用来解密，即

$$M \neq D_{Ke}\{E_{Kd}(M)\}$$

- 在计算上很容易产生密钥对 $K_e$ 和 $K_d$，但已知 $K_e$ 不能推导出 $K_d$，或者说从 $K_e$ 得到 $K_d$ 是"计算上不可能的"。

### 3. 公钥算法的应用

使用公开密钥对文件进行加密传输的实际过程包括如下 4 个步骤：

- 发送方生成一个加密数据的会话密钥，并用接收方的公开密钥对会话密钥进行加密，然后通过网络传输到接收方。

- 接收方用自己的私钥进行解密后得到加密文件的会话密钥。
- 发送方对需要传输的文件用自己的私钥进行加密，然后通过网络把加密后的文件传输到接收方。
- 接收方用会话密钥对文件进行解密得到文件的明文形式。

因为只有接收方才拥有自己的私钥，所以即使其他人得到了经过加密的会话密钥，也因为他没有接收方的私钥而无法进行解密，就得不到会话密钥，从而也保证了传输文件的安全性。实际上，在上述文件传输过程中实现了两个加密解密过程：文件本身的加密和解密与会话密钥的加密和解密，这分别通过对称密码体制的会话密钥与公开密钥密码体制的私钥和公钥来实现。

### 5.4.2 数论基础

#### 1. 模运算

我们在日常生活中常会遇到这样的问题：两人上午9时相约，要在5个小时后在某处相见。那么这个相见的5小时后的具体时间应该是14时，也就是下午2时。这里14时和2时应该是一个时间，但它们是怎么计算的，它们怎么会相等呢？这就可由"模"的概念解释了。时钟是以12小时为一轮回的，也就是时钟计算是模12的。该计算为：

$$9+5=14=2(\text{mod } 12)$$

即14模12等于2。该关系也可以写成：

$$14\equiv 2(\text{mod } 12)$$

若 $a=b+kn$ 对某些整数 $k$ 成立，则 $a\equiv b\ (\text{mod } n)$。如果 $a$ 为正，$b$ 在0和 $n$ 之间，则可将 $b$ 看做 $a$ 被 $n$ 整除后的余数，可称 $b$ 为 $a$ 模 $n$ 的余数，或 $a$ 与 $b$ 是模 $n$ 的同余。

模运算与普通运算一样，也是可交换、可结合和可分配的，且简化运算每一个中间结果的模 $n$ 运算，其作用与先进行全部运算后，再简化模 $n$ 运算是一样的。如：

$$(a+b)\text{mod } n=((a \text{ mod } n)+(b \text{ mod } n))\text{mod } n$$
$$(a\times b)\text{mod } n=((a \text{ mod } n)\times(b \text{ mod } n))\text{mod } n$$
$$(a\times(b+c))\text{mod } n=(((a\times b)\text{mod } n)+((a\times c)\text{mod } n))\text{mod } n$$

密码学中用了很多模 $n$ 运算，因为像计算离散对数和平方根这样的问题很困难，而模运算可将所有的中间结果和最后结果限制在一个范围内，所以用它进行计算比较容易。对于一个 $k$ 位的模数 $n$，任何运算的中间结果将不会超过 $2k$ 位长，因此可以用模运算进行指数运算而不会产生巨大的中间结果。

#### 2. 素数

素数是一种比1大、其因子只有1和它本身的正整数，没有其他数可以整除素数，即素数是一个只能被1和它本身整除的正整数。2、3、5、7、11等都是简单的素数。其他如113、131、…、2521、2365347734339、$2^{756839}-1$ 等也都是素数，素数是无限的。在密码学中，特别是在公开密钥密码学中常用大的素数，有512位、1024位，甚至更长。

在有限位的整数中，素数的数目也很庞大，比如在长度为512位的二进制数中有超过

$10^{151}$个素数。

### 3. 两数互素

两个数互素是指当它们除了1之外没有共同的因子，即若两个数的最大公因子数为1，则这两个数互素。如果 $a$ 和 $n$ 的最大公因子是1，则可写做：

$$\gcd(a,n)=1$$

15与32是互素的，18与35也是互素的，而15与33就不是互素的，因为它们有共同的公因子"3"。一个素数与它的倍数以外的任何其他数都是互素的。

计算两个数最大公因子的最容易方法是用欧几里德算法。该算法在2500多年前被提出，也是到现在幸存的最古老的非凡算法，至今仍是完好的。

### 4. 求模逆元

什么是逆元呢？对于算术加法来说，5和－5互为逆元，因为5＋(－5)＝0；对于乘法来说，4的逆元是1/4，因为4×1/4＝1。所谓的逆元，相对不同的运算，其含义是不同的。

在模运算领域，该问题更复杂。如果

$$a\times b\equiv 1\ (\text{mod}\ n)\text{，也可写成}$$

$$b\equiv a^{-1}(\text{mod}\ n)$$

可以说，$a$ 与 $b$ 对于模 $n$ 的乘法是互为逆元的。

解决逆元的问题很复杂，有时有结果，有时没有结果。比如5模14的逆元是3，因为

$$5\times 3=15\equiv 1\ (\text{mod}\ 14)$$

而2模12则没有逆元。

一般，如果 $a$ 和 $n$ 是互素的，那么 $a^{-1}\equiv b\ (\text{mod}\ n)$ 有唯一解，即存在唯一的逆元；如果 $a$ 和 $n$ 不是互素的，那么 $a^{-1}\equiv b\ (\text{mod}\ n)$ 没有解，即没有逆元；如果 $n$ 是一个素数，则从1到 $n-1$ 的每一个数与 $n$ 都是互素的，且在这个范围内各有一个逆元。

计算逆元有一系列方法，欧几里德算法就是其中之一。在公开密钥密码体制的RSA算法中，就是用欧几里德算法求逆元的。

### 5. 欧拉函数和费尔马小定理

还有另一种方法计算逆元，但不是任何情况下都可以使用，这就是欧拉(Euler)函数。

模 $n$ 的余数化简集是余数完全集合的子集，该子集中的数与 $n$ 互素。例如，模12的余数化简集是{1,5,7,11}，如果 $n$ 是素数，那么模 $n$ 的余数化简集是从1到 $n-1$ 的所有整数集合。对 $n$ 不等于1的数，数0不是余数化简集的元素。

欧拉函数(记为 $\phi(n)$)，表示模 $n$ 的余数化简集中元素的数目，即 $\phi(n)$ 表示与 $n$ 互素的小于 $n$ 的正整数的数目($n>1$)。

如果 $n$ 是素数，那么 $\Phi(n)=n-1$；如果 $n=p\times q$，且 $p$ 和 $q$ 互素，那么 $\Phi(n)=(p-1)(q-1)$。

如果 $n$ 是一个素数，且 $a$ 不是 $n$ 的倍数，则有

$$a^{n-1}\equiv 1\ (\text{mod}\ n)$$

这就是费尔马小定理。因此，可以利用 $b=a^{\phi(n)-1}(\text{mod}\ n)$ 来计算 $a$ 模 $n$。

例如，计算5模7的逆元。7是素数，$\Phi(7)=7-1=6$。因此模7的逆元是

$$5^{6-1} = 5^5 = 3 \bmod 7$$

计算逆元的两种方法都可以推广到一般性的问题中求解 $b$(如果 $\gcd(a,n)=1$)：

$$(a \times b) = x \pmod n$$

用欧拉函数求解逆元：

$$b = (x \times a^{\phi(n)-1}) \bmod n$$

用欧几里德算法求解逆元：

$$b = (x \times (a^{-1} \bmod n)) \bmod n$$

通常欧几里德算法在计算逆元方面比欧拉函数更快，特别是对于500位范围内的数。

如果 $\gcd(a,n)\neq 1$，也并非一切都无用。在这种情况下，$(a\times b)=x \pmod n$，可能有多个解或无解。

#### 6. 因子分解

对于一个数进行因子分解，就是找出其各个素数因子，如：$15=3\times5$，$80=2\times2\times2\times2\times5$，$252601=41\times61\times101$ 等。

在数论中，因子分解是一个古老的问题。分解一个数很简单，但其过程很费时。目前最好的因子分解算法有：

- 数域筛选法：对大于110位字长的数，数域筛选法是已知的最快的因子分解算法。当它最初被提出时，还不算实用，但随着后来的一系列改进，成为新的一种因子分解实用算法。
- 二次筛选法：对于低于110位的十进制数，二次筛选法是已知的最快算法，且已得到广泛应用。该算法最快的版本叫多重多项式二次筛选的双重大素数算法。
- 椭圆曲线法：该算法曾用于寻找43位长数字的因子，对于更大的数是无用的。

此外，还有蒙特卡罗算法、连分式算法、试除法等因子分解算法。

1994年科学家用多重多项式二次筛选的双重大素数算法，分解了一个129位的十进制数，这是在Internet上由600人及1600台机器完成的，整个过程花费8个月时间。这些计算机之间通过电子邮件进行通信，将各自的运行结果发送到中心智囊团，由中心智囊团进行最后分析。该次运算是使用了二次筛选法和当时五年前的旧理论，如果使用数域筛选法，可能只花费十分之一的时间。

### 5.4.3　RSA算法简介

#### 1. RSA算法

目前，最著名的公开密钥密码算法是RSA，它是由美国MIT的3位科学家Rivest、Shamir和Adleman于1976年提出，故名RSA，并在1978年正式发表。RSA系统是公钥系统的最具有典型意义的方法，大多数使用公钥密码进行加密和数字签名的产品和标准使用的都是RSA算法。RSA算法的优点主要在于原理简单，易于使用。该算法所根据的原理是数论知识：寻求两个大素数比较简单，而将它们的乘积分解则极其困难。

RSA是建立在素数理论(Euler函数和欧几里德定理)基础上的算法。

在此不介绍 RSA 的理论基础(复杂的数学分析和理论推导),只简单介绍密钥的选取和加、解密的实现过程。

假设用户 A 在系统中要进行数据加密和解密,则可根据以下步骤选择密钥和进行加/解密变换:

(1) 随机地选取两个不同的大素数 $p$ 和 $q$(一般为 100 位以上的十进制数)予以保密。

(2) 计算 $n = p \cdot q$,作为 A 的公开模数。

(3) 计算 Euler 函数

$$\Phi(n) = (p-1) \cdot (q-1) \pmod n$$

(4) 随机地选取一个与$(p-1) \cdot (q-1)$互素的整数 $e$,作为 A 的公开密钥。

(5) 用欧几里德算法,计算满足同余方程

$$e \cdot d \equiv 1(\bmod \Phi(n))$$

的解 $d$,作为 A 的保密密钥。

(6) 任何向 A 发送明文的用户,均可用 A 的公开密钥 $e$ 和公开模数 $n$,根据式

$$C = M^e (\bmod n)$$

得到密文 C。

(7) 用户 A 收到 C 后,可利用自己的保密密钥 d,根据

$$M = C^d (\bmod n)$$

得到明文 M。

### 2. RSA 算法举例

现以 RSA 算法为例,对明文"HI"进行加密:

(1) 选密钥

设 $p=5$,$q=11$,则 $n=55$,$\Phi(n)=40$。

取 $e=3$(公钥),则可得

$d=27(\bmod 40)$ (私钥)

(2) 加密

设明文编码为:空格=00,A=01,B=02,…,Z=26,则明文 HI=0809。

$C_1=(08)^3=512\equiv17(\bmod 55)$

$C_2=(09)^3=729\equiv14(\bmod 55)$

因为 Q=17,N=14,所以,"HI"的密文为"QN"。

(3) 恢复明文

$M_1=C^d=(17)^{27}\equiv08(\bmod 55)$

$M_2=C^d=(14)^{27}\equiv09(\bmod 55)$

因为 H=08,I=09,所以,明文为"HI"。

### 3. RSA 算法的特点及应用

RSA 算法具有密钥管理简单(网上每个用户仅保密一个密钥,且不需密钥配送)、便于数字签名、可靠性较高(取决于分解大素数的难易程度)等优点,但也具有算法复杂、加密/解密速度慢、难以用硬件实现等缺点。因此,公钥密码体制通常被用来加密关键性的、核心的、

少量的机密信息，而对于大量要加密的数据通常采用对称密码体制。

RSA算法的安全性建立在难以对大整数提取因子的基础上，研究表明大整数因式分解问题是一个极其困难的问题。但是，随着分解大整数方法的进步及完善、计算机速度的提高以及计算机网络的发展，对RSA加密/解密安全保障的大整数要求越来越大。

RSA算法的保密性，取决于对大素数因式分解的时间。假定用$10^6$次/s的计算机进行运算，用最快的公式分解$n=100$位十进制数要用74年，分解200位数用$3.8\times10^9$年。可见，当$n$足够大时($p$和$q$各为100位时，$n$为200位)，对其进行分解是很困难的。可以说，RSA的保密强度等价于分解$n$的难易程度。

RSA算法为公用网络上信息的加密和鉴别提供了一种基本的方法。它通常是先生成一对RSA密钥，其中之一是保密密钥，由用户保存；另一个为公开密钥，可对外公开，甚至可在网络服务器中注册。

### 5.4.4 混合加密方法

对称密码系统的安全性依赖于以下两个因素：第一，加密算法必须是足够强的，仅仅基于密文本身去解密信息在实践上是不可能的；第二，加密系统的安全性依赖于密钥的保密性，而不是算法的保密性。对称加密系统的算法实现速度很快，软件实现的速度都可达到每秒数兆或数十兆比特。对称密码系统的这些特点使其有着广泛的应用。因为算法不需要保密，所以制造商可以开发出低成本的芯片以实现数据加密。这些芯片有着广泛的应用，适合于大规模生产。对称加密系统最大的问题是密钥的分发和管理非常复杂、代价高昂。对于大型网络，密钥的分配和保存就成了大问题。对称加密算法另一个缺点是不便于实现数字签名。

公开密钥密码系统的优点是密钥管理方便(具有$n$个用户的网络，仅需要$2n$个密钥)和便于实现数字签名。因此，最适合于电子商务等应用需要。但是，因为公开密钥密码系统是基于尖端的数学难题，计算非常复杂，其加密/解密速度远低于对称密钥加密系统。因此，在实际应用中，公开密钥密码系统并没有完全取代对称密钥密码系统。而是采用对称密钥加密方法与公开密钥加密方法相结合(混合)的方式，如图5.9所示。

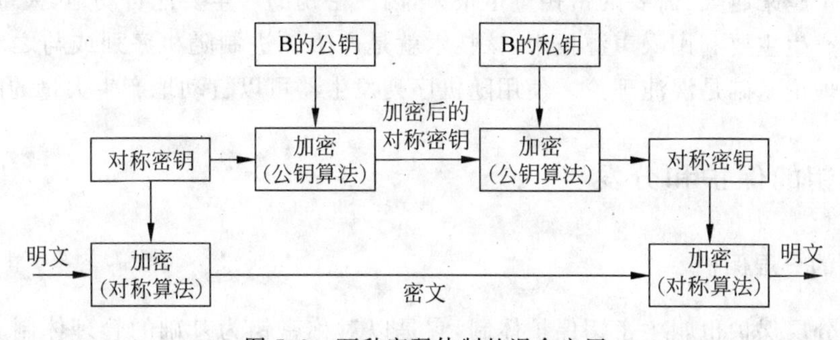


图5.9 两种密码体制的混合应用

这种混合加密方式可以较好地解决加密/解密运算速度问题和密钥分配管理问题，其原理是：在发送端先使用DES或IDEA对称算法加密数据，然后使用公开算法RSA加密前者的对称密钥；到接收端，先使用RSA算法解密出对称密钥，再用对称密钥解密被加密的数据。要加密的数据量通常很大，但因使用对称算法对每个分组的处理仅需很短的时间就可完成，因此对大量数据的加密/解密不会影响效率（若使用 DES 加密芯片，则速度会更快）；用 RSA 算法将对称密钥加密后就可公开了，而 RSA 的加密密钥也可以公开，整个系统需保密的只有少量 RSA 算法的解密密钥，因此这些密钥在网络中就很容易被分配和传输了；又因为对称密钥的数据量很少(64/128 位)，RSA 只需对其做 1～2 个分组的加密/解密即可，也不会影响系统效率的。因此，使用这种混合加密方式既可以体现对称算法速度快的优势，也可发挥公钥算法密钥管理方便的优势，二者各取其优，扬长避短。

## 5.5 密钥管理

在现代密码学研究中，加密算法和解密算法一般都是公开的。当合理的密码算法确定后，密码系统的保密程度就完全取决于密钥的保密程度。因此，密钥管理在整个保密系统中占有重要地位。若密钥得不到合理的保护和管理，即使算法再复杂，保密系统也是脆弱的。密钥管理的目的就是要保证数据保密系统的安全性。

密钥管理包括密钥的产生、密钥的存储和保护、密钥的更新、密钥的分发、密钥的验证、密钥的使用和密钥的销毁等。这些问题的本质就是要正确地解决密钥从产生到使用全过程的安全性和实用性。

密钥管理最主要的过程是密钥的产生、保护和分发。

### 5.5.1 密钥的产生

密码算法的安全性依赖于密钥，如果采用一个弱的密钥生成方法，那么整个加密体制就是弱的。因为弱的密钥生成算法容易被破译，密码分析者在破译了密钥后不用再去试图破译算法就可以得到他想要的东西了。因此，密钥的产生是密钥管理中的基本问题。

好的密钥是指那些由自动处理设备生成的随机字符串。密钥的生成首先要保证所产生的密钥具有良好的随机性，避免出现简单、明显的密钥或一串容易记忆的字符或数字。现代网络的信息量越来越大，需要的密钥量也很大，因此密钥的产生要能自动地、大量地进行。

密钥的产生主要利用噪声源技术，该技术就是产生二进制随机序列或与之对应的随机数。其主要理论基础是混沌理论。使用随机序列发生器可以自动地产生大量的随机密钥。

### 5.5.2 密钥的保护和分发

#### 1. 密钥的分层保护

密钥的分层保护也叫主密钥保护体制，它是以对称密钥为基础的管理体制。该体制可把密钥分为几层，高一层密钥保护低一层密钥。

一般把密钥分为主密钥、辅助主密钥和会话密钥三个层次。每个主密钥对多个辅助主密钥进行加密保护，每个辅助主密钥对多个会话密钥进行加密保护。最后，再用会话密钥对传输的具体信息进行加密保护。

该体制的思想就是把网络中大量使用的会话密钥置于辅助主密钥的保护之下，再由极少量的主密钥保护辅助主密钥。经过这样的保护后，在接收端各通信点经过相应的解密得到通信所用的会话密钥。这种层次型密钥保护体制可使会话密钥更安全。

整个网络的密钥保护与传输都由计算机控制，实现密钥管理的自动化。

**2. 会话密钥的分发和保护**

在用户A与B的通信系统中，可采用如下步骤分发和保护会话密钥：

(1) 用户A产生自己的公钥 $K_e$ 和私钥 $K_d$。

(2) 用户A将 $K_e$ 传输给用户B。

(3) 用户B用A的公钥 $K_e$ 加密自己产生的一个会话密钥 $K_s$，并传输给A。

(4) 用户A用自己的私钥 $K_d$ 解密后得到 $K_s$。

(5) 用户A用 $K_s$ 加密要发给B的数据；通信结束后，$K_s$ 被清除。

### 5.5.3 网络环境下的密钥管理算法

Kerberos是一种使用对称密钥加密算法实现通过可信任的第三方密钥分配中心(Key Distribute Center，KDC)的身份验证系统。Kerberos的主要功能之一是解决保密密钥的管理与分发问题。

Kerberos中有三个通信参与方：需要验证身份的通信双方和一个双方都信任的第三方，即KDC。KDC可以看做一个秘密密钥源，与DES一起使用；也可以是一个公开密钥源。

Kerberos就是建立在这个安全的、可信赖的KDC概念之上的。建有KDC的系统用户只需保管与KDC之间使用的密钥加密密钥——与KDC通信的密钥即可。

KDC的工作过程简述如下：

(1) 假设用户A要与B通信，A先向KDC提出申请与B的联系和通信会话密钥。

(2) KDC为用户A和B选择一个会话密钥 $K_s$，分别用A和B知道的密钥进行加密，然后分别传送给A和B。

(3) 用户A和B得到KDC加密过的信息后，分别解密之，得到会话密钥 $K_s$。

(4) 至此，用户A与B即可利用 $K_s$ 进行保密通信了；通信结束后，$K_s$ 随即被销毁。

目前，各主要操作系统都支持Kerberos验证系统，比如Windows NT。Kerberos实际上已成为工业界的事实标准。Kerberos使用对称密钥算法来实现通过KDC的验证服务，它提供了网络通信方相互验证身份的手段，且并不依赖于主机操作系统和地址。

## 5.6 网络保密通信

### 5.6.1 通信安全

虽然网络可以使经济、文化、医疗、科学、教育、交通等领域的信息更加有效和迅速地被获取、传输和应用，但如果网络系统和用户缺乏适当的安全保护措施，这些信息就很容易在传输过程中被非法获取，以及网络系统的其他资源被破坏等，从而使系统遭受重大损失。为使网络系统资源被充分利用，要保证网络系统有很好的通信安全。要保证系统的通信安全，就要充分认识到网络系统的脆弱性，特别是网络通信系统和通信协议的弱点，估计到系统可能遭受的各种威胁，采取相应的安全策略，尽可能地减少系统面临的各种风险，保证计算机网络系统具有高度的可靠性、信息的完整性和保密性。

网络通信系统可能面临各种各样的威胁，如来自各种自然灾害、系统环境、人为破坏和误操作等。所以，要保护网络通信安全，不仅必须要克服各种自然和环境的影响，更重要的是要防止人为因素造成的威胁。

#### 1. 线路安全

通信过程中，通过在通信线路上搭线可以窃取（窃听）传输信息，还可以使用相应设施收集线路上辐射的信息，这些就是通信中的线路安全问题。可以采取相应的措施保护通信线路安全。

一种简单但很昂贵的电缆加压技术可保护通信电缆安全，该技术是将通信电缆密封在塑料套里深埋于地下，并在线路的两端加压。线路上连接了带有报警器的显示器用来测量压力。如果压力下降，则意味着电缆被破坏，维修人员将被派出去维修出现问题的电缆。另一种电缆加压技术不是将电缆埋于地下，而是架空，每寸电缆都暴露在外。如果有人要割电缆，监视器就会启动报警器，通知安全保卫人员；如果有人在电缆上搭接了自己的通信设备，安全人员在定期检查电缆时，就会发现电缆的拼接处。加压电缆屏蔽在波纹铝钢包皮中，它几乎没有电磁辐射，如果用电磁感应窃密，要使用大量设备，因此很容易被发现。

光缆曾被认为是不可搭线窃听的，因其断裂或破坏处会立即被检测到，拼接处的传输速率是很慢的；光纤没有电磁辐射，所以也不可能有电磁感应窃密。但遗憾的是光纤有长度限制，超过最大长度时要定期地放大信号，就要将信号转变为电脉冲，放大后再恢复为光脉冲继续通过另一条线路传输。完成这一操作的设备是光纤通信系统安全的薄弱环节，因为信号可能在这一环节被窃听。

#### 2. TCP/IP 服务的脆弱性

基于 TCP/IP 协议的服务很多，常用的有 Web 服务、FTP 服务、电子邮件服务，还有人们不太熟悉的 TFTP 服务、NFS 服务、Finger 服务。这些服务都在不同程度上存在安全缺陷。

- 电子邮件程序存在漏洞，电子邮件附着的文件中可能带有病毒，邮箱经常被塞满，电子邮件炸弹令人烦恼，还有邮件溢出等。
- 简单文件传输协议 TFTP 服务用于局域网，它没有任何安全认证，且安全性极差，常被人用来窃取密码文件。
- 匿名 FTP 服务存在一定的安全隐患：有些匿名 FTP 站点为用户提供一些可写的区域，用户就可上传一些信息到站点上，因此，可能会浪费用户的磁盘空间、网络带宽等资源，还可能造成“拒绝服务”攻击。
- Finger 服务可查询用户信息，包括网上成员姓名、用户名、最近的登录时间、地点和当前登录的所有用户名等，这也为入侵者提供了必要的信息和方便。

## 5.6.2 通信加密

网络中的数据加密可分为两个途径：一种是通过硬件实现数据加密；一种是通过软件实现数据加密。通过硬件实现网络数据加密主要分为链路加密和端-端加密两种方式；软件数据加密就是指使用前述的加密算法进行的加密。

计算机网络中的加密可以在不同层次上进行，最常见的是在应用层、链路层和网络层加密。应用层加密需要所使用的应用程序支持，包括客户机和服务器的支持，这是一种高级的加密，在某些具体应用的安全中非常有效，但它不能保护网络链路。数据链路层加密使用于单一网络链路，仅仅在某条链路上保护数据，而当数据通过其他未被保护的链路时则不被保护。这是一种低级的保护，不能被广泛应用。网络层加密介于应用层加密和数据链路层加密之间，加密在发送端进行，通过不可信的中间网络，到接收端进行解密。

### 1. 硬件加密和软件加密

(1) 硬件加密

所有加密产品都有特定的硬件形式。这些加、解密硬件被嵌入到通信线路中，然后对所有通过的数据进行加密。虽然软件加密在今天正变得很流行，但硬件加密仍是商业和军事等领域应用的主要选择。选用硬件加密的原因有：

- 快速。加密算法中含有许多复杂运算，如果用软件实现这些复杂运算，则运算速度将受到很大影响，而特殊的硬件将具有速度优势。另外，加密常常是高强度的计算任务，加密硬件芯片将能较好地完成这样的任务并有较快的速度。
- 安全。硬件加密可以使用各种跟踪工具对运行在未加保护的计算机上的加密算法进行跟踪或修改而不被发现，使用硬件加密设备可将加密算法封装保护，以防被修改。特殊目的的 VLSI 芯片，可以覆盖一层化学物质，使得任何企图对它们内部进行的访问都将导致芯片逻辑的破坏。
- 易于安装。大多数加密功能与计算机无关，将专用加密硬件放在电话、传真机或 Modem 中比设置在微处理器中更方便。安装一个加密设备比修改配置计算机系统软件更容易。加密应该是不可见的，它不应该妨碍用户。而软件要做到这样，唯一的办法就是将加密程序写在操作系统软件深处。

(2) 软件加密

任何加密算法都可用软件实现。软件实现的不利之处就是速度、开销和易于改动，有利之处是灵活性和可移植性，易使用，易升级。

软件加密程序很大众化，并可用于大多数操作系统。这些加密程序可用于保护个人文件，用户通常可用手工操作。软件加密的密钥管理很重要，密钥不应存储在磁盘中，密钥和未加密文件在加密后应删除。

### 2. 通信加密方式

1) 链路加密

链路加密(Link Encryption)是指传输数据仅在数据链路层上进行加密。链路加密是为保护两相邻节点之间链路上传输的数据而设立的。只要把两个密码设备安装在两个节点间的线路上，并装有同样的密钥即可。被加密的链路可以是微波、卫星和有线介质。

在链路上传输的信息（包括信息正文、路由及检验码等控制信息）是密文，而链路间节点上必须是明文。因为在各节点上都要进行路径选择，而路由信息必须是明文，否则就无法进行选择了。这样，信息在中间节点上要先进行解密，以获得路由信息和检验码，进行路由选择和差错检测，然后再被加密，送至下一链路，如图 5.10 所示。

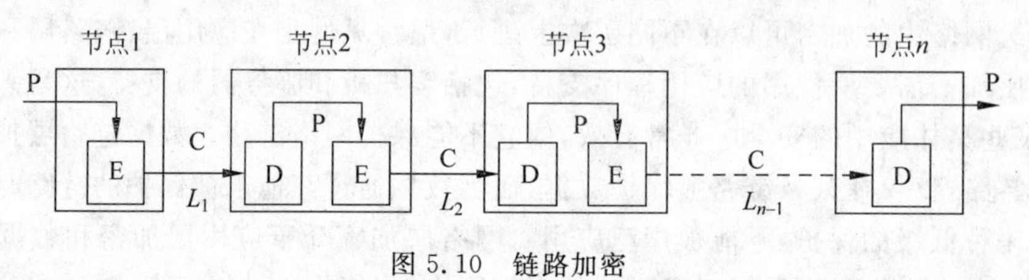


图 5.10　链路加密

使用链路加密装置能为某链路上的所有报文提供保密传输服务。即经过一台节点机的所有网络信息均需加密和解密，每一个经过的节点都必须有密码装置，以便解密、加密报文。如果报文仅在一部分链路上加密而在另一部分链路上不加密，则相当于都未加密，仍然是不安全的。

数据在到达目的地之前，可能要经过许多通信链路的传输。因此，在链路加密中信息在每台节点机内都要被解密和再加密，依次进行，直至到达目的地。同一节点上的解密和加密密钥是不同的，而同一条链路两端的加密和解密是相关的。

链路加密时由于报头和正文在链路上均被加密，可掩盖被传输信息的源点与终点，这使得信息的频率和长度特性得以屏蔽，从而使攻击者得不到这些特征值，因此，链路加密可防止报文流量分析的攻击。

2）端-端加密

端-端加密（End-to-End Encryption）是传输数据在应用层上完成加密的。端-端加密可对两个用户之间传输的数据提供连续的安全保护。数据在初始节点上被加密，直到目的节点时才被解密，在中间节点和链路上数据均以密文形式传输。这样，信息在整个传输过程中均受到保护，所以即使有节点被损坏也不会使信息泄露。

端-端加密时，只有在发送端和接收端才有加密和解密设备，中间各节点不需要有密码设备。因此，与链路加密相比，可减少很多密码设备的数量。另一方面，由于信息由报头和报文组成，报文为传输的信息，报头为路由等控制信息，网络中传输时要涉及路由选择问题。因此在端-端加密时，各中间节点虽不进行解密，但必须检查报头信息，所以路径选择等控制信息不能被加密，必须是明文。即端-端加密只能对信息的正文（报文）进行加密，而不能对报头加密，如图 5.11 所示。

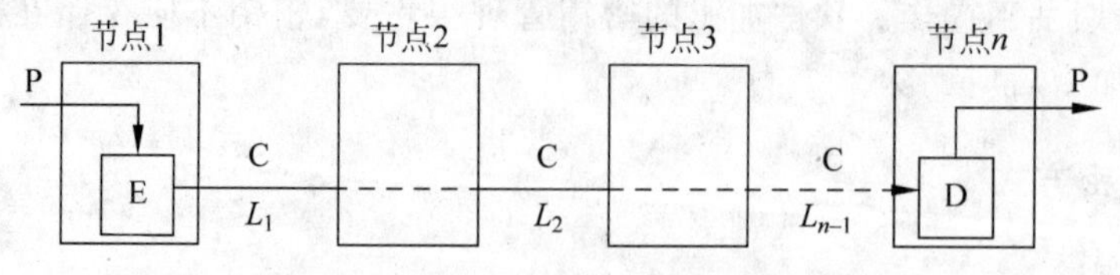


图 5.11　端-端加密

与链路加密相比，端到端加密系统更可靠，更容易设计、实现和维护，价格也便宜些。端到端加密还避免了同步问题，因为每个报文包均是独立被加密的，所以一个报文包所发生的传输错误不会影响其他的报文包。此外，从用户对安全需求的直觉上讲，端到端加密更自然些。单个用户可能会选用这种加密方法，以便不影响网络上的其他用户。

端到端加密系统通常不允许对信息的目的地址进行加密，这是因为每个信息所经过的节点都要用此地址来确定如何传输信息。由于这种加密方法不能掩盖被传输信息的源点与终点，因此它对于防止信息流量分析攻击是脆弱的。

3）两种通信加密方式的比较

（1）链路加密的特点

采用链路加密方式，从起点到终点，要经过许多中间节点，在每个节点上信息均以明文形式出现。如果链路上的某一节点安全防护比较薄弱，那么按照木桶原理，虽然采取了加密措施，但整个链路的安全只相当于最薄弱的节点处的安全状况。链路加密具有以下特点：

- 加密方式比较简单，实现也比较容易。
- 可防止报文流量分析的攻击。
- 一个链路被攻破，而不影响其他链路上的信息。
- 一个中间节点被攻破时，通过该节点的所有信息将被泄露。
- 加密和维护费用大，用户费用很难合理分配。
- 链路加密只能认证节点，而不是用户，因此不能提供用户鉴别。

（2）端-端加密的特点

采用端-端加密方式，只是发送方加密报文，接收方解密报文，中间节点不必进行加密和解密，因此端-端加密具有以下特点：

- 可提供灵活的保密手段，如主机到主机、主机到终端、主机到进程的保护。
- 加密费用低，加密费用能准确分摊。
- 加密在应用层实现，可提高网络加密功能的灵活性。
- 加密可采用软件实现，使用起来很方便。
- 不能防止对信息流量分析的攻击。
- 整个通信过程中各分支相互关联，任何局部受到破坏时将影响整个通信过程。
- 端-端加密对用户是可见的，可以看到加密后的结果，起点、终点很明确，可以进行用户认证。

（3）加密方式的选择

链路加密是对一条链路的通信采取保护措施，而端-端加密则是对整个网络的通信系统采取保护措施。从以上分析和两种加密方式的特点可知，两种加密方式各有优缺点。因此，用户在确定选择何种通信加密方式时应作如下考虑：

- 在需要保护的链路数少，且要求实时通信、不支持端-端加密远程调用等场合，可选用链路加密方式。
- 在需要保护的链路数较多，或在文件保护、邮件保护、支持端-端加密的远程调用等通信场合，宜采用端-端加密方式，以利于既降低成本，又能支持高灵活性、高保密性通信。
- 在多个网络互联的环境中，宜采用端-端加密方式。

• 在需要抵御信息流量分析场合，可采用链路加密和端-端加密相结合的加密方式。对路由信息采用链路加密方式，对端-端传输的报文采用端-端加密方式。

总的来说，与链路加密相比，端-端加密具有成本低、保密性强、灵活性好等优点，应用比较广泛。

# 5.7 鉴别与认证

网络安全系统一个很重要方面是防止非法用户对系统的主动攻击，如伪造信息、篡改信息等。这种安全要求对实际网络系统的应用(如电子商务)是非常重要的。以下介绍的鉴别、认证、数字签名、SSL和SET等都是基于数据加密的应用技术。

## 5.7.1 鉴别技术概述

### 1. 鉴别的概念

鉴别(Authentication，也叫验证)是防止主动攻击的重要技术。鉴别的目的就是验证用户身份的合法性和用户间传输信息的完整性与真实性。

鉴别服务主要包括报文鉴别和身份验证两方面。报文鉴别和身份验证可采用数据加密技术、数字签名技术及其他相关技术来实现。

报文鉴别是为了确保数据的完整性和真实性，对报文的来源、时间及目的地进行验证。报文鉴别过程通常涉及加密和密钥交换。加密可使用对称密钥加密、非对称密钥加密或两种加密方式的混合。

身份验证就是验证申请进入网络系统者是否是合法用户，以防非法用户访问系统。身份验证的方式一般有用户口令验证、摘要算法验证、基于PKI(公钥基础设施)的验证等。验证、授权和访问控制都与网络实体安全有关。虽然用户身份只与验证有关，但很多情况下还要讨论授权和访问控制。授权和访问控制都是在成功的验证之后进行的。

(1) 报文鉴别

报文鉴别是一个过程，它使得通信的接收方能够验证所收到的报文(发送者和报文内容、发送时间、序列等)的真伪。

报文鉴别又称完整性校验，在银行业称为消息认证，在OSI安全模型中称为封装。

报文鉴别过程必须确定以下三个内容：

• 报文是由指定的发送方产生的。
• 报文内容没有被修改过。
• 报文是按已传送的相同顺序收到的。

这些确定可由数字签名、信息摘要或散列函数来完成。

(2) 身份验证

身份验证一般涉及两个过程：一个是识别；一个是验证。

识别是指要明确访问者是谁，即要对网络中的每个合法用户都有识别能力。要保证识别的有效性，必须保证代表用户身份的识别符的唯一性。

验证就是指在访问者声明自己的身份后，系统要对他所声明的身份进行验证，以防假冒。

识别信息一般是非秘密的，如用户信用卡的号码、用户名、身份证号码等；而验证信息一般是秘密的，如用户信用卡的密码。

身份验证的方法有口令验证、个人持证验证和个人特征验证三类。

- 口令验证法最简单，系统开销也小，但其安全性最差。
- 持证为个人持有物，如钥匙、磁卡、智能卡等。持证法比口令法安全性好，但验证系统比较复杂。磁卡常和 PIN 一起使用。
- 以个人特征进行验证时，可有多种技术为验证机制提供支持，如指纹识别、声音识别、血型识别、视网膜识别等。个人特征方法验证的安全性最好，但验证系统也最复杂。

### 2. 数字签名

数字签名(Digital Signature)可解决手写签名中的签字人否认签字或其他人伪造签字等问题。因此，被广泛用于银行的信用卡系统、电子商务系统、电子邮件以及其他需要验证、核对信息真伪的系统中。

手工签名是模拟的，因人而异，而数字签名是数字式的(0、1 数字串)，因信息而异。

数字签名具有以下功能：

- 收方能够确认发方的签名，但不能伪造。
- 发方发出签过名的信息后，不能再否认。
- 收方对收到的签名信息也不能否认。
- 一旦收发方出现争执，仲裁者可有充足的证据进行评判。

### 3. 单向散列函数

在现阶段，一般存在两个方向的加密方式，即双向加密和单向加密。

双向加密是加密算法中最常用的，它将可理解的明文数据加密成不可理解的密文数据；然后，在需要的时候，再使用一定的算法和工具将这些密文解密为原来的明文。双向加密适合于保密通信，比如，我们在网上购物的时候，需要向网站提交信用卡密码。人们当然不希望自己的数据直接在网上明文传送，因为这样很可能被别的用户"偷听"，而是希望自己的信用卡密码是通过加密后再在网络传送。这样，网站接受到用户的数据后，通过解密算法就可以得到准确的信用卡账号。

单向加密刚好相反，只对数据进行加密而不进行解密，即在加密后，不能对加密后的数据进行解密，或也不用再解密。单向加密算法用于不需要对信息解密或读取的场合，比如，用来比较两个信息值是否一样而不需知道信息值是什么内容。这种单向加密算法在实际中的典型应用就是对数据库中的用户信息进行加密，比如当用户创建一个新的账号及密码时，先将这些信息经过单向加密后再保存到数据库中。再比如，一台自动取款机(ATM)不需要解密一个消费者的个人标识号(PIN)，磁条卡将顾客的代码单向地加密成一段 Hash 值，使用时 ATM 机将计算用户 PIN 的 Hash 值并产生一个结果，然后再将这段结果与用户卡上的 Hash 值比较。使用这种方法，即使对于那些管理和维护 ATM 机的人来说，PIN 也是安全的。

Hash 函数就是一类单向加密数据的函数，也叫单向散列函数。

目前已经有许多不同的 Hash 函数，但它们中的大部分存在某种缺陷。在开放式网络系统中使用的可靠的 Hash 函数有：

- 基于分组密码算法的 Hash 函数。
- 系列 Hash 函数 MD2、MD4 和 MD5 等。这些函数都产生 128 位的输出，MD5(信息摘要算法)就是一种优秀的单向加密算法。
- 美国政府的安全 Hash 标准(SHA-1)。SHA-1 是 MD4 的一个变形，产生 160 位的输出，与 DSA(数字签名算法)匹配使用。

Hash 函数除了可在数字签名中用来提高数字签名的有效性和分离保密与签名外，还可用于认证、数据完整性测试和加密。

Hash 函数可产生信息摘要，其计算过程为：输入一个长度不固定的字符串，返回一串固定长度的字符串，即摘要，又称 Hash 值。信息摘要简要地描述了一份较长的信息或文件，它可以被看做一份长文件的“数字指纹”。信息摘要用于创建数字签名，对于特定的文件而言，信息摘要是唯一的。信息摘要可以被公开，它不会透露相应文件的任何内容。

Hash 函数主要可以解决以下两个问题：在某一特定的时间内，无法查找经 Hash 操作后生成特定 Hash 值的原报文，也无法查找两个经 Hash 操作后生成相同 Hash 值的不同报文。这样，在数字签名中就可以解决签名验证、用户身份验证和不可抵赖性的问题。

### 5.7.2 数字签名

对文件进行加密只解决传送信息的保密问题，而防止他人对传输的文件进行破坏，以及如何确定发信人的身份，还需要采取其他的手段，这一手段就是数字签名。密码技术除了提供信息的加密/解密外，还提供对信息来源的鉴别、保证信息的完整性和不可否认性等功能，而这三种功能都可通过数字签名实现。在电子商务系统中，其安全服务都要用到数字签名技术。因此数字签名技术有着特别重要的地位。在电子商务中，完善的数字签名应具备签字方不能抵赖、他人不能伪造、在公证人面前能够验证真伪的能力。

#### 1. 密码算法与数字签名

一个由公开密钥密码体制实现的数字签名过程如图 5.12 所示。

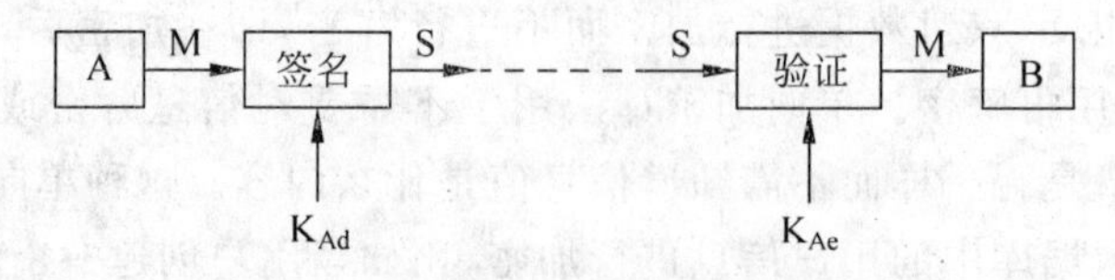


图 5.12 公钥体制实现数字签名的过程

一个典型的由公开密钥密码体制实现的、带有加密功能的数字签名过程如图 5.13 所示。

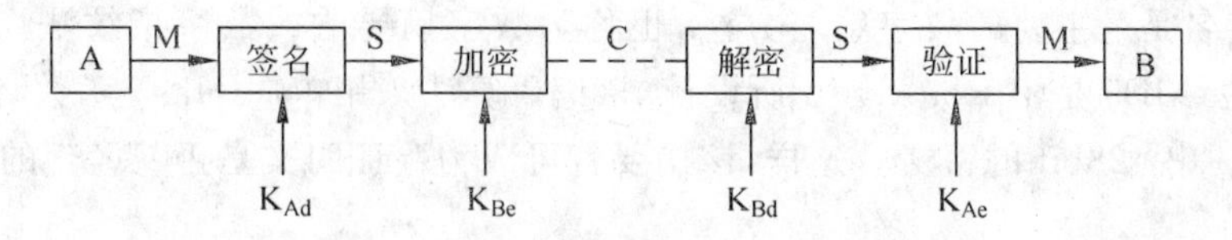


图 5.13 带有加密功能的数字签名过程

数字签名的特点是它代表了文件的特征，文件如果发生改变，数字签名的值也将发生变化。不同的文件将得到不同的数字签名。一个最简单的 Hash 函数是把文件的二进制码相累加，取最后的若干位。Hash 函数对收发数据的双方都是公开的。

数字签名能保证信息完整性的原理是：将要传送的明文通过一种单向散列函数运算转换成信息摘要（不同的明文对应不同的摘要），信息摘要加密后与明文一起传送给接收方，接收方将接收的明文产生新的信息摘要，再与发送方发来的信息摘要相比较。比较结果一致，则表示明文未被改动，信息是完整的；如果不一致，表示明文被篡改，信息的完整性受到破坏。

目前的数字签名大多是建立在公开密钥体制基础上，这是公开密钥加密技术的另一种重要应用。如基于 RSA 的公开密钥加密标准 PKCS、数字签名算法 DSA、PGP 加密软件等。1994 年美国标准与技术协会公布了数字签名标准，从而使公钥加密技术得到广泛应用。

数字签名的主要过程是：报文的发送方利用单向散列函数从报文文本中生成一个 128 位的散列值（信息摘要）。发送方用自己的私钥对这个散列值进行加密来形成发送方的数字签名。然后，该数字签名将作为报文的附件和报文一起发送给报文的接收方。接收方首先从接收到的原始报文中计算出 128 位的散列值（信息摘要），然后再用发送方的公开密钥对报文附加的数字签名进行解密得到原散列值。如果这两个散列值相同，则接收方就能确认该数字签名是发送方的。通过数字签名能够实现对原始报文的鉴别。

采用数字签名能确认以下两点：第一，信息是由签名者发送的；第二，信息自签发到收到为止未曾作过任何修改。这样数字签名就可用来防止电子信息因易被修改而有人作伪，或冒用别人名义发送信息，或发出（收到）信件后又加以否认等情况发生。

目前，广泛应用的数字签名算法主要有三种：RSA 签名、DSS（数字签名系统）签名和 Hash 签名。这三种算法可单独使用，也可综合在一起使用。数字签名是通过密码算法对数据进行加、解密变换实现的，用 DES 算法、RSA 算法都可实现数字签名。

用 RSA 或其他公开密钥密码算法的最大方便是没有密钥分配问题（网络越复杂、网络用户越多，其优点越明显）。因为公开密钥加密使用两个不同的密钥，其中有一个是公开的，另一个是保密的（私钥）。公开密钥可以保存在系统目录内、未加密的电子邮件中、电话号码簿或公告牌里，网上的任何用户都可获得公开密钥。而私钥是用户专用的，由用户本身持有，它可以对由公开密钥加密的信息进行解密。实际上 RSA 算法中数字签名是通过一个 Hash 函数来实现的。

DSS 数字签名是由美国国家标准化研究院和国家安全局共同开发的。由于它是由美国政府颁布实施的，美国政府出于保护国家利益的目的不提倡使用任何削弱政府的有窃听能力的加密软件，因此，DSS 主要用于与美国政府做生意的公司，其他公司则较少使用。

Hash签名是最主要的数字签名方法,也称为数字摘要法或数字指纹法。著名的数字摘要加密方法MD5是由RonRivest所设计,该编码算法采用单向Hash函数将需加密的明文"摘要"成一串128bit的密文。这样,该摘要就可成为验证明文是否"真实"的依据。

### 2. 数字签名过程

只有加入数字签名及验证才能真正实现信息在公开网络上的安全传输。加入数字签名和验证的文件传输过程如下(见图5.14)。

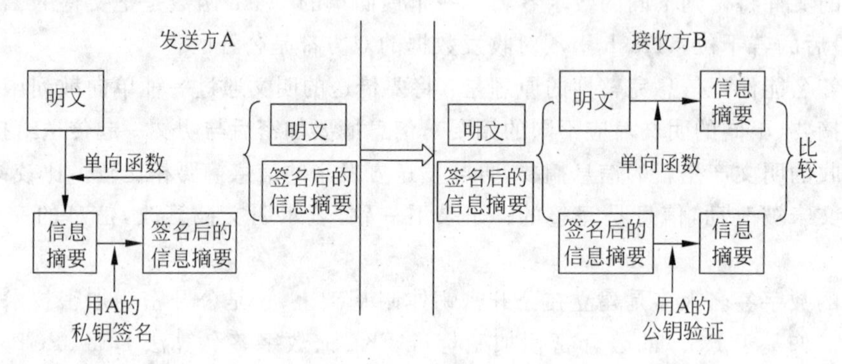


图5.14 数字签名过程

(1) 发送方首先用Hash函数从原报文中得到数字签名,然后采用公开密钥算法用自己的私钥对数字签名进行加密,并把加密后的数字签名附加在要发送的报文后面。

(2) 发送方选择一个会话密钥对原报文进行加密,并把加密后的文件通过网络传输到接收方。

(3) 发送方用接收方的公开密钥对会话密钥进行加密,并通过网络把加密后的会话密钥传输到接收方。

(4) 接收方使用自己的私钥对会话密钥信息进行解密,得到会话密钥的明文。

(5) 接收方用会话密钥对加密了的报文进行解密,得到原报文。

(6) 接收方用发送方的公开密钥对加密的数字签名进行解密,得到数字签名的明文。

(7) 接收方用得到的原报文和Hash函数重新计算数字签名,并与解密后的数字签名进行对比。如果两者相同,说明文件在传输过程中没有被破坏,信息完整。

如果第三方冒充发送方发出了一个文件,因为接收方在对数字签名进行解密时使用的是发送方的公开密钥,只要第三方不知道发送方的私钥,解密出来的数字签名和经过计算的数字签名必然是不同的。这就提供了一个安全的确认发送方身份的方法。

### 3. 数字签名与信息加密的区别

数字签名的加密/解密过程和信息(报文)的加密/解密过程虽然都可使用公开密钥算法,但实现的过程正好相反,使用的密钥对也不同。数字签名使用的是发送方的密钥对,发送方用自己的私钥进行加密(签名),接收方用发送方的公钥进行解密(验证)。这是一个一对多的关系:任何拥有发送方公开密钥的人都可以验证数字签名的正确性。而信息(报文)的加密/解密则使用接收方的密钥对,这是多对一的关系:任何知道接收方公钥的人都可以向接收方发送加密信息,只有唯一拥有接收方私钥的人才能对信息解密。在使用过程中,通常一个用户拥有两个密钥对,一个密钥对用来对数字签名进行加密/解密,另一个密钥对用来对信息(报文)进行加密/解密。这种方式提供了更高的安全性。

数字签名大多采用非对称密钥加密算法,它能保证发送信息的完整性、身份的真实性和不可否认性,而数据加密采用了对称密钥加密算法和非对称密钥加密算法相结合的方法,它能保证发送信息的保密性。

数字签名和信息加密过程的区别比较明显(如图 5.15 所示)。数字签名的主要过程如上所述,而信息加密的主要过程可概括为:

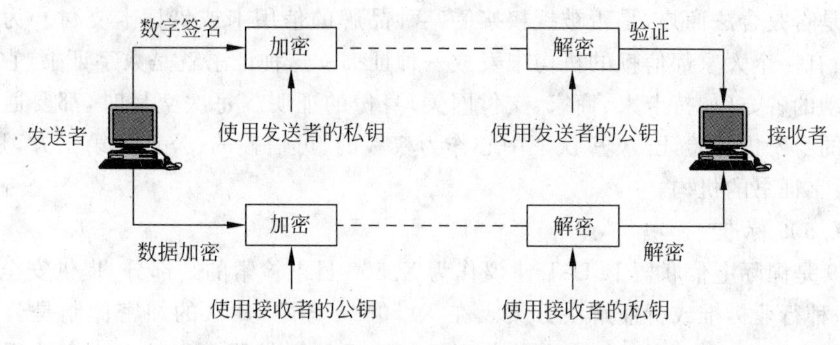


图 5.15　数字签名与数据加密的区别

(1) 信息发送者首先生成一个对称密钥,用该对称密钥加密要发送的报文。

(2) 信息发送者用信息接收者的公钥加密上述对称密钥。

(3) 信息发送者将第一步和第二步的结果结合在一起传给信息接收者,称为数字信封。

(4) 信息接收者使用自己的私钥解密被加密的对称密钥,再用此对称密钥解密发送方的密文,得到真正的原文。

### 5.7.3　CA 认证

Internet 浪潮把人们带入到全新的网络化社会,也使每个企事业部门都面临着巨大的机遇和挑战。从生产到销售、从操作到管理、从税收到年检,还有自动化办公、电子商务、电子政务等一系列网络信息化操作模式,已彻底改变了企事业部门的传统运作模式。充分适应网络环境、合理利用信息化手段是网络化时代企事业单位发展取胜的关键。

在进入网络化时代后,许多部门也许会经常遇到这样的困惑:在内部进行网络管理时怎样在网上确认员工的身份,网上交易时对方发出的信息是否真实可信,网上纳税时怎样有效地表明企业的身份,等等。由此可见,"信任"是每个网上交易(交换)实体(网络用户)进行各种网上行为的基础。构架一个安全可信的网络环境是各种网上操作顺利开展的有力保障。例如,在常规的交易业务中,交易双方现场交易,可以确认买卖双方的身份。但在网上进行的电子商务交易,交易双方并不在现场,买方和卖方都希望对于在 Internet 上进行的一切交易运作都是真实可靠的。保证交易双方身份的真实性和交易的不可抵赖性,已经成为人们迫切关心的一个问题。因此,必须保证电子商务系统在交易过程中具有十分可靠的安全保密技术,保证交易中能够实现身份认证、安全传输、不可否认和数据一致性。CA 认证就是网络的一种安全控制技术,它可以提供网上交易所需的"信任"。CA 认证的出现和数字证书的使用,使得开放的网络更加安全。

那么,什么是CA认证呢?数字证书又是如何进行网络安全控制的?

### 1. CA认证中心

(1) CA认证

CA的英文全称是Certificate Authority,即证书授权中心,也叫认证中心。在网上电子交易中,商户需要确认持卡人是否是信用卡或借记卡的合法持有者,同时持卡人也要能够鉴别商户是否是合法商户,是否被授权接受某种品牌的信用卡或借记卡支付。为处理这些问题,必须有一个大家都信赖的机构来发放一种证书。这种证书就是数字证书,它是参与网上交易活动的各方(如持卡人、商家、支付网关)身份的证明。每次交易时,都要通过数字证书对各方的身份进行验证。CA认证中心作为权威的、可信赖的、公正的第三方,是发放、管理、废除数字证书的机构。

(2) X.509标准

X.509是国际电信联盟ITU-T建议作为X.500目录检索的一部分,提供安全目录检索服务,是一种行业标准或行业解决方案。在X.509方案中,默认的加密体制是公钥密码体制。为进行身份认证,X.509标准及公共密钥加密系统提供了数字签名方案。用户可生成一段信息及其摘要(信息“指纹”)。用户再用专用密钥对摘要加密以形成签名,接收者用发送者的公钥对签名解密,并将之与收到的信息“指纹”进行比较,以确定其真实性。

此问题的解决方案即X.509标准与公共密钥证书。本质上,数字证书由公共密钥和密钥拥有者的用户标识组成,整个字块由可信赖的第三方签名。

CA认证中心颁发的数字证书均遵循ITU-T的X.509 V3标准。基于X.509证书的认证技术适用于开放式网络环境下的身份认证。该技术已被广泛接受,许多网络安全程序都可以使用X.509证书。

X.509是一种非常通用的证书格式。所有的证书都符合ITU-TX.509国际标准,因此(理论上)为一种应用创建的证书可以用于任何其他符合X.509标准的应用。在一份证书中,必须证明公钥及其所有者的姓名是一致的。对X.509证书来说,认证者总是CA或由CA指定的人,一份X.509证书是一些标准字段的集合,这些字段包含有关用户或设备及其相应公钥的信息。X.509标准定义了证书中应该包含哪些信息,并描述了这些信息是如何编码的(即数据格式)。X.509证书包含的内容有X.509版本号、证书持有人的公钥、证书的序列号、主题信息、证书的有效期、认证机构(证书发布者)、发布者的数字签名和签名算法标识符。

(3) CA的功能

CA认证中心所发放的数字证书就是网络中标志通信各方身份信息的电子文件,它提供了一种在Internet上验证用户身份的方式。数字证书的作用类似于司机的驾驶执照或日常生活中的身份证。人们可以在交往(交易)中使用数字证书来识别对方的身份。

CA认证中心就是一个负责发放和管理数字证书的权威机构。CA的作用是检查证书持有者身份的合法性,并签发证书(在证书上签字),以防证书被伪造或篡改,以及对证书和密钥进行管理。由此可见,数字证书就相当于用户在网上的个人电子身份证,同日常生活中使用的个人身份证作用一样,而CA就相当于网上公安局,专门发放、管理和验证身份证。

对于一个大型的应用环境，认证中心往往采用一种多层次的分级结构，各级的认证中心类似于各级行政机关，上级认证中心负责签发和管理下级认证中心的证书，最下一级的认证中心直接面向最终用户。CA认证中心主要有以下几种功能：

- 证书的颁发。CA认证中心接收、验证用户(包括下级认证中心和最终用户)的数字证书的申请，将申请的内容进行备案，并根据申请的内容确定是否受理该申请。如果中心接受该申请，则进一步确定给用户颁发何种类型的证书。新证书用CA认证中心的私钥签名以后，发送到目录服务器供用户下载和查询。为了保证消息的完整性，返回给用户的所有应答信息都要使用CA认证中心的签名。
- 证书的更新。CA认证中心可以定期更新所有用户的证书，或根据用户的请求更新用户的证书。
- 证书的查询。数字证书的查询可以分为两类：一是证书申请的查询，认证中心根据用户的查询请求返回当前用户证书申请的处理过程；二是用户证书的查询，这类查询由目录服务器来完成，目录服务器根据用户的请求返回适当的证书。
- 证书的作废。当用户的私钥由于泄密等原因造成用户需要申请证书作废时，用户需要向CA认证中心提出证书作废的请求。CA认证中心根据用户的请求确定是否将该证书作废。另外，如果证书已过了有效期，CA认证中心自动将该证书作废。认证中心通过维护证书作废列表(CRL)来完成上述功能。
- 证书的归档。证书具有一定的有效期，过了有效期后就将作废。但不能将作废的证书简单地丢弃，因为有时可能需要验证以前的某个交易过程中产生的数字签名，这时就需要查询作废的证书。基于这种考虑，CA认证中心还具备管理作废证书和作废私钥的功能。

### 2. 数字证书

(1) 数字证书的工作原理

数字证书是一个经CA认证中心数字签名的、包含公钥拥有者信息以及公钥的文件。最简单的证书包含一个公钥、名称以及CA中心的数字签名。一般情况下证书中还包括密钥的有效时间、发证机关(证书授权中心)的名称和该证书的序列号等信息。

数字证书利用一对互相匹配的密钥进行加密和解密。每个用户自己设定一个特定的仅为本人所知的私钥，用它进行解密和签名；同时设定一个公钥并公开以便为公众所共享，用于加密和验证签名。当发送一份保密文件时，发送方使用接收方的公钥对数据加密，而接收方则使用自己的私钥解密，这样信息就可以安全无误地到达目的地。通过数字的手段保证加密过程是一个不可逆过程，即只有用私钥才能解密。

数字证书通常有个人证书、企业证书、服务器证书和信用卡身份证书等类型。

(2) 数字证书的功能

数字证书认证是基于国际PKI(公开密钥基础设施)标准的网上身份认证系统进行的。数字证书以数字签名的方式通过第三方权威认证有效地进行网上身份认证，帮助网上各个交易实体识别对方身份和表明自己的身份，具有真实性和防抵赖功能。与物理身份证不同的是，数字证书还具有安全、保密、防篡改的特性，可对网上传输的信息进行有效的保护和安全传输。例如，随着电子政务的发展，网上报税必将成为许多企业进行日常税务申报的常用方式。网上报税即由税务部门建立专门的申报网站,纳税户通过 Internet 访问税务部门网站上的网上报税系统,正确填写电子化申报表后,传送申报数据至税务部门服务器,税务部门对这些数据进行处理、存储,并将处理结果反馈给纳税人。在此过程中,纳税人通过使用标识其身份的数字证书登录网上纳税服务系统,就可以安全地进行网上税务申报。所有诸如企业账号、纳税额等申报信息都是经过高强度加密过的,保证信息可以安全无误地在纳税人与税务系统中传输。同时也可以表明该企业的有效身份并证明其纳税事实。即使有人从中非法截获有关信息,他也无法知道真实内容。

以数字证书为核心的加密技术可以对网络上传输的信息进行加密和解密、数字签名和验证,确保网上传递信息的保密性、完整性,以及交易实体身份的真实性、签名信息的不可否认性,从而保障网络应用的安全性。数字证书主要有以下四大功能:

- 保证信息的保密性。交易中的商务信息均有保密的要求。如信用卡的账号和用户名被人知悉,就可能被盗用;订货和付款的信息被竞争对手获悉,就可能丧失商机。而数字证书可保证电子商务中传输信息的保密性。
- 保证信息的完整性。交易中数据文件要保持其完整性,不可被修改和增删。因此数字证书可确保电子交易文件的完整性,以保证交易的严肃性和公正性。
- 保证交易者身份的真实性。网上交易的双方大多数素昧平生,相隔千里。要使交易成功首先要能确认对方的身份。对于为客户服务的银行、信用卡公司和销售商家,为了做到安全、保密、可靠地开展服务活动,都要进行身份认证的工作。而数字证书可保证网上交易双方身份的真实性,银行和信用卡公司可以通过 CA 认证确认身份,放心地开展网上业务。
- 保证交易的不可否认性。由于商情的千变万化,交易一旦达成是不可否认的,否则必然会损害交易中一方的利益。数字证书具有可防止这种否认(抵赖)性的功能。

(3) 数字证书的应用

数字证书可应用于网络上的行政管理和商务活动,如用于发送安全电子邮件、访问安全站点、网上证券、网上招投标、网上签约、网上办公、网上缴费、网上纳税等网上安全电子事务处理和安全电子交易活动。其应用范围涉及需要身份认证及数据安全的各个行业,包括传统的商业、制造业、流通业的网上交易,以及公共事业、金融服务业、工商、税务、海关、教育科研单位、保险、医疗等网上作业系统。

- 网上报税。为了配合税务机关和企业信息化工作,加强网上报税系统的安全性,CA 中心可向税务机关和纳税人提供权威的数字认证服务。利用基于数字证书的用户身份认证技术对网上报税系统中的申报数据进行数字签名,确保申报数据的完整性,确认系统用户的真实身份和申报数据的真实来源,防止出现抵赖行为和他人伪造篡改数据;利用基于数字证书的安全通信技术,对网络上传输的机密信息进行加密,防止纳税人商业机密或其他敏感信息的泄露。
- 工商管理。面向全国各类企业的工商行政管理计算机信息网络系统可以使工商部门更加有效地管理企业,并且保证企业能够在更加安全的网络环境中从事经济活动。
- 网上办公。网上办公系统综合国内政府、企事业单位的办公特点,提供一个虚拟的办公环境,并在该系统中嵌入数字认证技术,开展网上政文的上传下达。通过网络联通各个岗位的工作人员，通过数字证书进行数字加密和数字签名，实行跨部门运作，实现安全便捷的网上办公。

- 网上招投标。以往的招投标受时间、地域、人文等影响，存在着许多弊病，例如外地投标者的不便、招投标各方的资质，以及招标单位和投标单位之间存在的秘密关系等。而实行网上的公开招投标，招投标企业只有在通过身份和资质认证后，才可在网上展开招投标活动，从而确保了招投标企业的安全性和合法性。双方企业通过安全网络通道了解和确认对方的信息，选择符合自己条件的合作伙伴，确保网上的招投标在一种安全、透明、信任、合法、高效的环境下进行。
- 网上交易。利用数字证书的认证技术，对交易双方进行身份确认以及资质的审核，确保交易者信息的唯一性和不可抵赖性，保护交易各方的利益，实现安全交易。
- 安全电子邮件。邮件的发送方利用接收方的公钥对邮件进行加密，邮件接收方用自己的私钥解密，可确保邮件在传输过程中信息的安全性、完整性和唯一性。

### 5.7.4　安全套接层（SSL）协议

#### 1. SSL 协议概述

SSL 协议最初是由 Netscape Communication 公司为了保证 Web 通信协议的安全设计开发的，又叫安全套接层（Secure Sockets Layer，SSL）协议，主要用于提高应用程序之间数据的安全系数。SSL 协议可概括为：一个保证任何安装了安全套接字的客户机和服务器间事务安全的协议，它涉及所有的 TCP/IP 应用程序。SSL 协议所采用的加密算法和认证算法使它具有较高的安全性，因此它很快成为事实上的工业标准。

SSL 协议被广泛用于 Internet 上的安全传输和身份验证。它采用公开密钥技术，其目标是保证收发两端通信的保密性和可靠性，可在服务器和客户机两端同时实现。现行的 Web 浏览器普遍将 HTTP 和 SSL 相结合，从而实现 Web 服务器和客户端浏览器之间的安全通信。

SSL 采用 TCP 作为传输协议提供数据的可靠性传输。SSL 工作在传输层之上，独立于更高层应用，可为更高层协议（如 HTTP、FTP 等）提供安全服务。SSL 协议在应用层协议通信之前就已完成了加密算法、通信密钥的协商和服务器认证工作。在此之后应用层协议所传送的数据都会被加密，从而保证通信的保密性。

SSL 协议的目标就是在通信双方利用加密的 SSL 信道建立安全的连接。SSL 不是一个单独的协议，而是由多个协议构成两个层次，其中主要协议是记录协议和握手协议。

- SSL 记录协议：SSL 记录协议涉及应用程序提供的信息的分段、压缩、数据认证和加密。SSL v3 提供对数据认证用的 MD5 和 SHA 以及数据加密用的 RC4 和 DES 等的支持，用来对数据进行认证和加密的密钥可以通过 SSL 的握手协议来协商。
- SSL 握手协议：SSL 握手协议用来交换版本号、加密算法、（相互）身份认证并交换密钥。SSL v3 提供对 Diffie-Hellman 密钥交换算法、基于 RSA 的密钥交换机制和实现在 Fortezza chip 上的密钥交换机制的支持。

### 2. SSL 协议的功能

SSL 安全协议主要提供三方面的服务功能：

(1) 用户和服务器的合法性认证。认证用户和服务器的合法性，能够确信数据将被发送到正确的客户机和服务器上。客户机和服务器都是有各自的识别号，这些识别号由公开密钥进行编号，为了验证用户是否合法，SSL 协议要求在握手交换数据时进行数字认证，以此来确保用户的合法性。

(2) 数据加密。SSL 协议所采用的加密技术既有对称密钥技术，也有公开密钥技术。在客户机与服务器进行数据交换之前，交换 SSL 初始握手信息，在 SSL 握手信息中采用各种加密技术对其加密，以保证其保密性和数据的完整性，并且用数字证书进行鉴别，这样就可以防止非法用户进行破译。

(3) 数据的完整性。SSL 协议采用 Hash 函数和机密共享的方法提供信息的完整性服务，建立客户机与服务器之间的安全通道，使所有经过 SSL 协议处理的业务在传输过程中能全部准确地到达目的地。

SSL 协议是一个保证计算机通信安全的协议，对通信对话过程进行安全保护。例如，一台客户机与一台主机连接，首先是要初始化握手协议，然后就建立了一个 SSL，对话开始。直到对话结束，SSL 协议都会对整个通信过程加密，并且检查其完整性。这样一个对话时段算一次握手。而 HTTP 协议中的每一次连接就是一次握手。因此，与 HTTP 相比，SSL 协议的通信效率会高一些。

### 3. SSL 协议的实现过程

SSL 协议对通信对话过程进行安全保护。其实现过程主要有如下几个阶段：

(1) 接通阶段。客户机通过网络向服务器打招呼，服务器回应。

(2) 密码交换阶段。客户机与服务器之间交换双方认可的密码，一般选用 RSA 密码算法，也有的选用 Diffie-Hellman 密码算法。

(3) 会话密码阶段。客户机与服务器间产生彼此交流的会话密码。

(4) 检验阶段。客户机检验服务器取得的密码。

(5) 客户认证阶段。服务器验证客户机的可信度。

(6) 结束阶段。客户机与服务器之间相互交换结束信息。

当上述动作完成后，两者间的资料传送就是保密的。当另一方收到资料后，再将加密资料还原。即使盗窃者在网络上取得加密后的资料，也不能获得可读的有用信息。

发送时信息用对称密钥加密，对称加密的密钥再用公钥算法加密，最后再把两个包绑在一起传送。接收的过程与发送正好相反，先打开有对称密钥的加密包，再用对称密钥解密加密的信息。

### 4. SSL 协议的应用

SSL 协议主要使用公开密钥体制和 X.509 数字证书技术保护信息传输的保密性和完整性，但不能保证信息的不可抵赖性。它主要适用于点对点之间的信息传输，常用 Web 服务器方式。

SSL是基于Web应用的安全协议，它包括：服务器认证、客户认证（可选）、SSL链路上的数据完整性和SSL链路上的数据保密性。电子商务应用使用SSL可保证信息的真实性、完整性和保密性。但由于SSL不对应用层的消息进行数字签名，因此不能提供交易的不可否认性，这是SSL在电子商务中使用的最大不足。有鉴于此，Netscape公司在从Communicator 4.04版开始的所有浏览器中引入了一种被称做“表单签名”的功能，在电子商务中，可利用这一功能对包含购买者的订购信息和付款指令的表单进行数字签名，从而保证交易信息的不可否认性。因此说，在电子商务中采用单一的SSL协议来保证交易的安全是不够的，但采用“SSL＋表单签名”模式能够为电子商务提供较好的安全性保证。

在电子商务交易过程中，由于有银行参与，按照SSL协议，客户的购买信息首先发往商家，商家再将信息转发银行，银行验证客户信息的合法性后，通知商家付款成功，商家再通知客户购买成功，并将商品寄送客户。

SSL安全协议是国际上最早应用于电子商务的一种网络安全协议，至今仍然有很多网上商家使用。在传统的邮购活动中，客户首先寻找商品信息，然后汇款给商家，商家将商品寄给客户。这里，商家是可以信赖的，所以客户先付款给商家。在电子商务的开始阶段，商家也是担心客户购买后不付款，或使用过期的信用卡，因而希望银行给予认证。SSL安全协议正是在这种背景下产生的。

SSL协议运行的基点是商家对客户信息保密的承诺。但在上述流程中可注意到，SSL协议有利于商家而不利于客户。客户的信息首先传到商家，商家阅读后再传至银行，这样，客户资料的安全性便受到威胁。商家认证客户是必要的，但整个过程中，缺少了客户对商家的认证。在电子商务的开始阶段，由于参与电子商务的公司大都是一些大公司，信誉较高，这个问题没有引起人们的注意。随着电子商务参与的厂商迅速增加，对厂商的认证问题越来越突出，SSL协议的缺点完全暴露出来。SSL协议将逐渐被新的电子商务协议（如SET）所取代。

### 5.7.5 安全电子交易（SET）协议

#### 1. SET协议概述

电子商务在为人们提供机遇和便利的同时，也面临着一个最大的挑战，即交易的安全问题。在开放的Internet上处理电子商务，保证买卖双方传输数据的安全已成为电子商务的重要问题。在网上购物的环境下，持卡人希望在交易中保密自己的账户信息，使之不被人盗用；商家则希望客户的订单不可抵赖，且在交易过程中，交易各方都希望验明其他方的身份，以防止被欺骗。为了克服SSL安全协议的缺点，满足电子交易持续不断地增加的安全要求，由美国Visa和MasterCard两大信用卡组织联合国际上多家科技机构，共同制定了应用于Internet上以银行卡为基础进行在线交易的安全标准，这就是安全电子交易（Secure Electronic Transaction，SET）协议。

SET协议采用公钥密码体制和X.509数字证书标准。SET提供了消费者、商家和银行之间的认证，确保了交易数据的安全性、完整性和交易的不可否认性，特别是保证不将消费者的银行卡号暴露给商家等优点，因此它成为了目前公认的信用卡/借记卡网上交易的国际安全标准。

SET是一个为在线交易而设立的开放性电子交易系统规范。SET在保留对客户信用卡认证的前提下，又增加了对商家身份的认证，这对于需要支付货币的交易来讲是至关重要的。由于设计合理，SET协议得到了许多大公司和消费者的支持，已成为全球网络的工业标准，其交易形态将成为未来"电子商务"的规范。

SET协议主要使用电子认证技术，其认证过程使用RSA和DES算法，因此，可以为电子商务提供很好的安全保护。SET协议使用以对称和非对称加密技术为基础的数字信封技术、数字签名技术、信息摘要技术等保证数据传输和处理的安全性。可以说，SET规范是目前电子商务中最重要的协议，它的推出必将大大促进电子商务的繁荣和发展。SET将建立一种能在Internet上安全使用银行卡进行购物的标准。SET规范是一种为基于信用卡而进行的电子交易提供安全措施的规则，是一种能广泛应用于Internet的安全电子交易协议，它能够将普遍应用的信用卡使用起始点从目前的商家扩展到消费者家里和消费者的个人计算机中。

由于SET规范是由信用卡发卡公司参与制定的，一般认为，SET的认证系统是有效的。当一位供货商在计算机上收到一张有SET签证的订单时，供货商就可以确认该订单背后是有一张合法的信用卡支持，这时他就能放心地接下这笔生意，同样，由于有SET作保障，发出订单的客户也会确认自己是在与一个诚实的供货商做买卖，因为该供货商受到Visa或MasterCard发卡组织的信赖。

#### 2. SET协议涉及的范围

采用SET协议进行网上交易时，主要涉及消费者、发卡机构、商家、银行、支付网关和CA认证中心，参见引言的图0.2。

- 消费者：它是用信用卡结算的人，他们通过Web浏览器或客户端软件购物。
- 发卡机构：它是为消费者发行信用卡的金融机构，它为消费者开设账户，并发放用于网上支付的信用卡。
- 商家：它是交易商品的提供者，在Internet上提供在线商家，接受消费者持卡支付。
- 银行：它接受发卡机构、消费者和商家的委托，处理支付卡的认证、在线支付和电子转账。
- 支付网关：它将公共网络上传输的数据转换为金融机构的内部数据，并处理商家的支付信息和持卡人的支付指令，并对商家和持卡人进行身份验证。
- CA认证中心：它确认消费者、商家和银行身份，为电子交易参与方颁发证书，提供权威身份证明。

因此，SET协议涉及的与之打交道各方的证书有消费者证书、商家证书、支付网关证书、银行证书和发卡机构证书。

#### 3. SET协议的目标

SET协议要达到的目标主要有以下五个：

- 保证电子商务参与者信息的相互隔离，客户的资料加密或打包后经过商家到达银行,但是商家不能看到客户的账户和密码信息。

- 保证信息在 Internet 上安全传输,防止数据被第三方窃取。
- 解决多方认证问题,不仅要对消费者的信用卡认证,而且要对在线商家的信誉程度认证,同时还有消费者、在线商家与银行间的认证。
- 保证网上交易的实时性,使所有的支付过程都是在线的。
- 规范协议和信息格式,促使不同厂家开发的软件具有兼容性和互操作功能,并且可以运行在不同的硬件和操作系统平台上。

### 4. SET 协议的工作过程

SET 协议的工作过程主要包括以下 7 个步骤(参见图 0.2):

(1) 消费者利用已有的计算机通过 Internet 选定物品,并下电子订单。

(2) 通过电子商务服务器与网上商场联系,网上商场做出应答,告诉消费者订单的相关情况。

(3) 消费者选择付款方式,确认订单,签发付款指令(此时 SET 介入)。

(4) 在 SET 协议中,消费者必须对订单和付款指令进行数字签名,同时利用双重签名技术保证安全。

(5) 在线商家接受订单后,向消费者所在银行请求支付认可,信息通过支付网关到收单银行,再到电子货币发行公司确认,批准交易后,返回确认信息给在线商家。

(6) 在线商家发送订单确认信息给消费者,消费者端软件可记录交易日志,以备将来查询。

(7) 在线商家发送货物或提供服务,并通知收单银行将钱从消费者的账号转移到商家账号,或通知发卡银行请求支付。

从 1997 年 SET 协议正式发布以来,大量的现场实验和实施效果获得了业界的支持,促进了 SET 良好的发展。

## 5.8 加密软件 PGP 及其应用

### 1. PGP 概述

PGP(Pretty Good Privacy)是一个广泛应用于电子邮件和文件加密的软件,推出后受到众多用户的支持,已成为电子邮件加密的事实上的标准。

PGP 把 RSA 公钥体系的密钥管理方便和传统加密体系的高速度结合起来,并且在数字签名和密钥认证管理机制上有巧妙的设计。虽然 PGP 主要是基于公钥加密体系的,但它不是一种完全的公钥加密体系,而是一种混合加密算法。它是由一个对称加密算法(IDEA)、一个非对称加密算法(RSA)、一个单向散列算法(MD5)以及一个随机数产生器组成的,每种算法都是 PGP 不可分割的组成部分。PGP 之所以得到流行,得到大家的认可,最主要是它集中了几种加密算法的优点,使它们彼此得到互补。

PGP 的巧妙之处在于它汇集了各种加密方法的精华。PGP 实现了目前大部分流行的加密和认证算法,如 DES、IDEA、RSA 及 MD5、SHA 等算法。

PGP软件兼有加密和签名两种功能。它不但可以对用户的邮件保密，以防止非授权者阅读，还能对邮件进行数字签名，使收信人确信邮件未被第三者篡改。在PGP中，主要使用IDEA算法对数据进行加密(因为它速度快、安全性好)，使用RSA算法对IDEA的密钥进行加密(因为RSA公钥算法的密钥管理方便)。这样，两类体制的算法结合在一起实现加密功能，突出了各自的优点。PGP还使用MD5作为散列函数，对数据的完整性进行保护，并与加密算法结合，提供数字签名功能。PGP的加密功能和签名功能可以单独使用，也可以同时使用。

PGP还可以只签名而不加密，这适用于用户发布公开的情况。用户为了证实自己的身份，在发送信件时用自己的私钥签名。这样就可以让收信人能确认发信人的身份，也可以防止发信人进行抵赖，这一点在商业领域有很大的应用前途。

PGP给邮件加密和签名的过程是这样的：首先甲用自己的私钥将由MD5算法得到的128位的"邮件摘要"加密(即签名)，附加在邮件后；再用乙的公钥将整个邮件加密(要注意这里的次序，如果先加密再签名，别人可以将签名去掉后签上自己的名，从而篡改了签名)。这样这份密文被乙收到以后，乙用自己的私钥将邮件解密，得到甲的原文和签名；乙也利用MD5算法从原文计算出一个128位的特征值，再将其与用甲的公钥解密签名所得到的数据进行比较。如果比较相符，则说明这份邮件确实是甲寄发的。这样，保密性和认证性要求都得到了满足。

对PGP来说，公钥本来就是公开的，不存在防偷盗问题，但公钥在发布中仍然存在被篡改和冒充的问题。PGP对该问题采用CA(权威机构)认证方法解决。而私钥相对于公钥而言不存在被篡改的问题，但却存在泄露的问题。对此，PGP的解决办法是让用户为随机生成的RSA私钥指定一个口令，只有通过增加口令才能将私钥释放出来使用，私钥的安全性问题实际上是对用户口令的保密。

2. PGP的应用实例

PGP可以用来对文件或邮件进行加密，以防止非授权者阅读。它还能对用户的文件或邮件加上数字签名，从而可以让收件人能确认发信人的身份，也可以防止发信人的抵赖行为。

(1) PGP软件的下载并安装

在网上很多站点都可以自由下载到免费版本的PGP软件，比较权威的地址是http://www.pgpi.org。现在网上免费的PGP新版本也很多，但有些还不太成熟和稳定。这里仍以较权威和稳定的PGP 8.0.2全免费版本为例介绍其应用。

从http://www.pgpi.org上下载PGP 8.0.2，其容量为8.9MB。下载后点击安装文件开始安装。出现"Welcome"界面、文档说明和ReadMe等窗口。随后可按提示输入用户名和机构名，选择安装路径。如果你是第一次使用PGP，则在如图5.16所示对话框中选择"No,I'm a New User"选项。接下来一路确认(按"Yes"或"Next")即可。安装完毕后重新启动系统，系统会自动缩为托盘上的一个小锁头图标。

(2) 选取密钥

PGP使用IDEA算法加密数据，IDEA的密钥使用RSA或DH算法进行加密。

重启后进入密钥选取阶段。按提示给出用户全名和邮件地址后，选取密钥并再次确认该密钥，如图 5.17 所示；密钥选取后按"下一步"按钮。这次选取的是对称密钥（即加密数据用的 IDEA 密钥）。

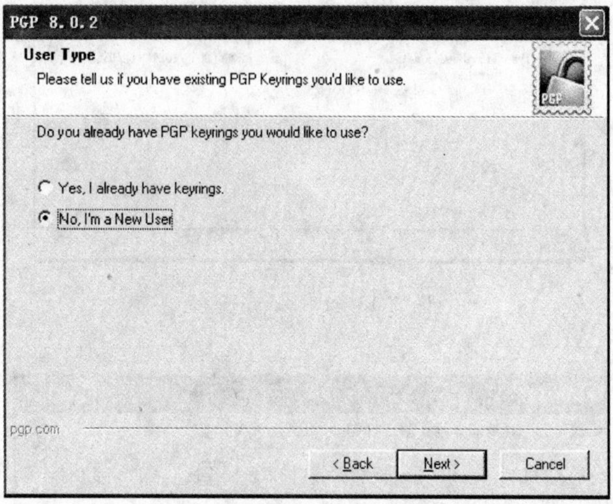

PGP 8.0.2
User Type
Please tell us if you have existing PGP Keyrings you'd like to use.
Do you already have PGP keyrings you would like to use?
Yes, I already have keyrings.
No, I'm a New User
pgp.com
< Back　Next >　Cancel

图 5.16　用户类型提示

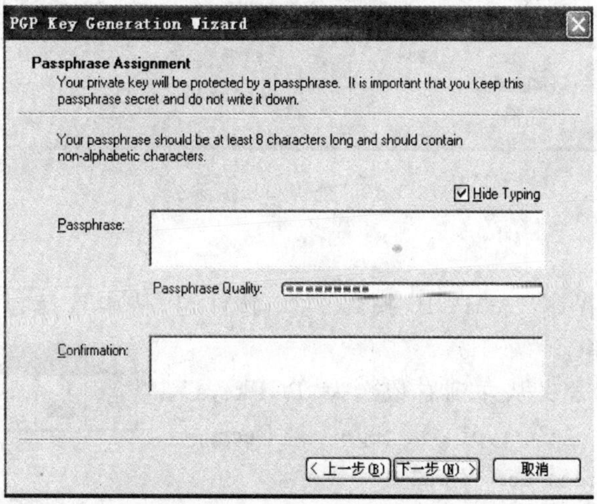

PGP Key Generation Wizard
Passphrase Assignment
Your private key will be protected by a passphrase. It is important that you keep this passphrase secret and do not write it down.
Your passphrase should be at least 8 characters long and should contain non-alphabetic characters.
Hide Typing
Passphrase:
Passphrase Quality:
Confirmation:
< 上一步(B)　下一步(N) >　取消

图 5.17　选取密钥并确认

RSA 和 DH 都是公钥密码系统算法，它们的密钥都有两个，即公钥和私钥对。下面来选取公钥和私钥。

PGP 软件包中有"Documentation"、"PGPdisk"、"PGPkeys"和"PGPmail"四项。从"开始"|"程序"|"PGP"找到 PGP 软件包，从中选择"PGPkeys"，可看到如图 5.18 所示窗口。选择该窗口工具栏最左端的选择密钥对的工具项，可得到相应的 PGP 加密和签名用的公钥（pubring）与私钥（secring），如图 5.19 所示。选取公钥和私钥对后，用户要小心保存自己的私钥，把公钥通过你的朋友签名发送给其他朋友，或发到网上公共的 PGP 管理服务器。

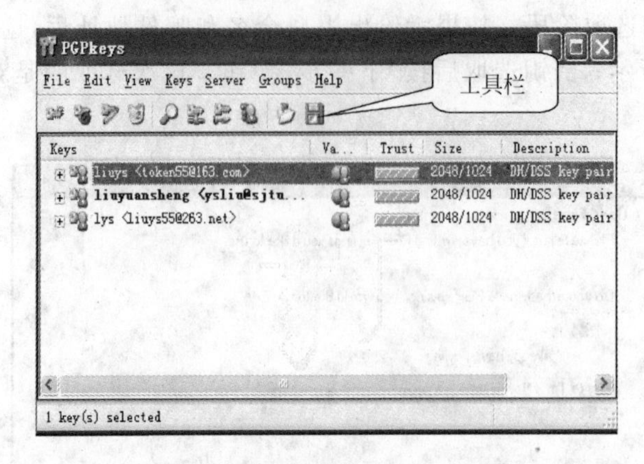


图 5.18 PGPkeys 窗口

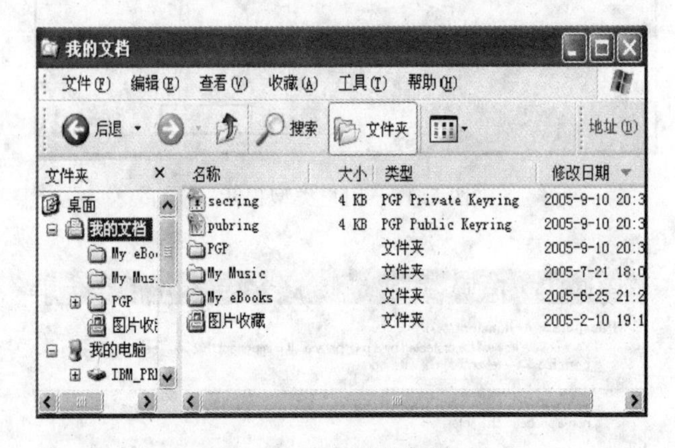


图 5.19 公钥和私钥显示

(3) 加密

进入"开始"|"程序"|"PGP"找到 PGP 软件包,从中选择"PGPmail",可得到如图 5.20 所示的工具箱。

图 5.20 工具箱

该工具箱的图标含义从左到右依次为"PGPkeys"、"Encrypt"、"Sign"、"Encrypt & Sign"、"Decrypt/Verify"、"Wipe"和"Freespace Wipe"。

选择工具箱中的"Encrypt",可进行文件加密。首先在单击"Encrypt"工具后出现的窗口中选择要被加密的文件,如图 5.21 所示。单击"打开"按钮后出现如图 5.22 所示窗口。在窗口中选择要加密文件的阅读者(中间栏带有邮件地址的部分,可以是别人的,也可以是自己的)。该窗口中的选项"Text Output"、"Input Is Text"、"Wipe Original"和"Conventional Encryption"分别表示"输出文本形式的加密文件"、"输入的是文本文件"、"彻底销毁原始文件"和"用传统体制加密"(不用公钥系统,只能留着自己看)。选中"Text Output",单击"OK"按钮,即可得到已加密的文件,密文以文本形式存储。

(4) 签名

选择工具箱中的"Sign",可进行文件签名。首先在单击"Sign"工具后出现的窗口中选择要被签名的文件,类似图 5.21。然后,单击"打开"按钮后出现如图 5.23 所示要求输入密

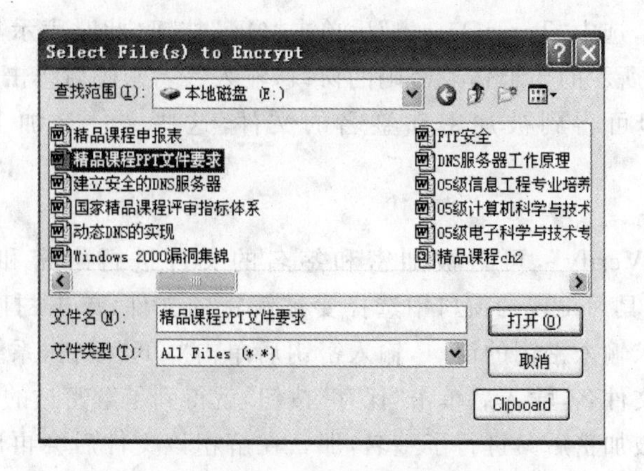


图 5.21 选择加密的文件

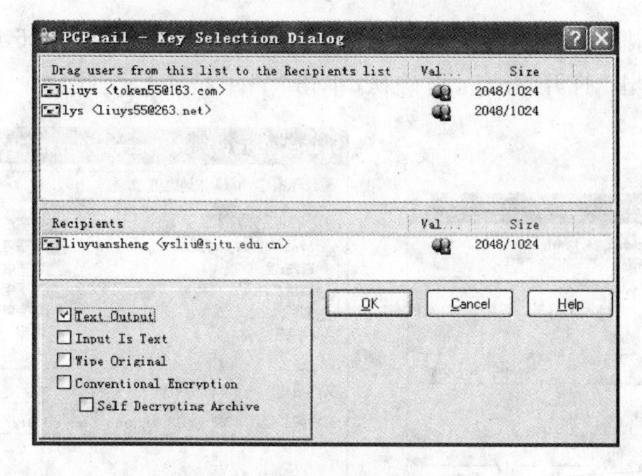


图 5.22 选择加密文件阅读者

码的窗口。输入密码后单击“OK”按钮，即可得到签过名的文件。签名后会出现如图 5.24 所示记录窗口，该记录包括用户名、签名者、密钥 ID 号、有效（有法律效力）状态和日期。

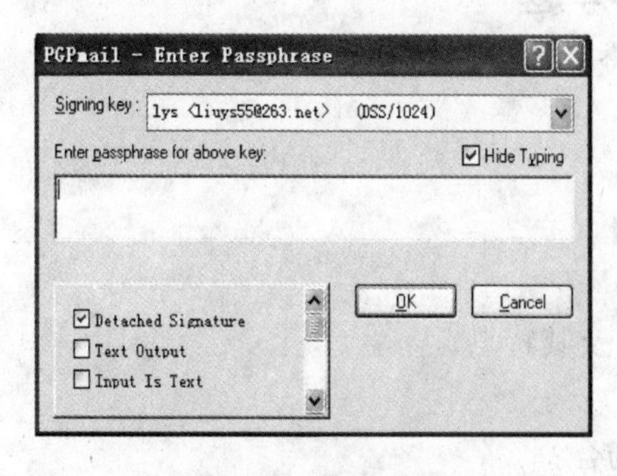


图 5.23 输入密码

图 5.24 验证

（5）加密并签名

选择工具箱中的“Encrypt & Sign”，可对文件进行加密并签名。首先在单击“Encrypt & Sign”工具后出现的窗口中选择要被加密和签名的文件，单击“打开”按钮后出现类似

图 5.22 所示的窗口，选中“Text Output”后单击“OK”按钮（此时表示加密过程完成），然后又出现类似图 5.23 所示的要求输入密码的窗口，输入签名密码后单击“OK”按钮（此时表示签名过程完成），即可得到被加密和签名的文件，这些文件被加上较形象的标记，如图 5.26 所示。

(6) 解密和验证

选择“Decrypt/Verify”，可对被加密和签名的文件进行解密和验证。首先在单击“Decrypt/Verify”工具后出现的窗口中选择要被解密的文件，单击“打开”按钮后出现类似图 5.25 所示的、要求输入密钥的窗口，输入密钥后单击“OK”按钮，系统会提示解密后的文件要存储的路径和文件名，输入后单击“保存”按钮，就得到了解密过的文件。

如果该文件是被加密后又进行了签名，那么在解密该文件后会再出现要求你输入密码的窗口，当你输入密码后就完成了反签名（验证）过程，得到了原文件。

(7) 文件销毁

文件销毁操作很简单。单击工具箱中的“Wipe”后，出现如图 5.26 所示的窗口，选择要被销毁的文件后，单击“打开”按钮，再确认（单击“Yes”按钮），至此这个文件就被销毁了。

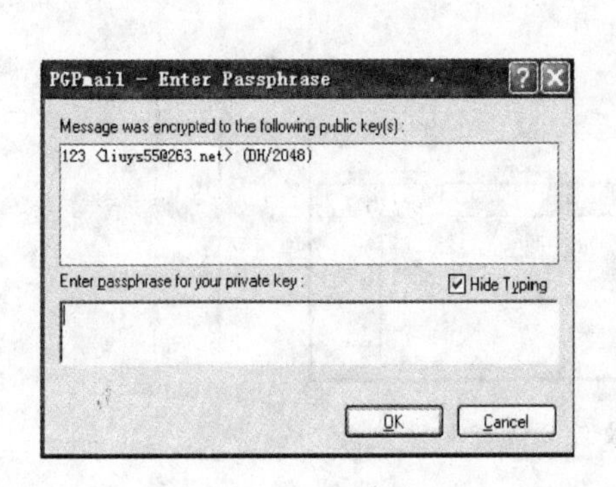


图 5.25　输入解密密钥

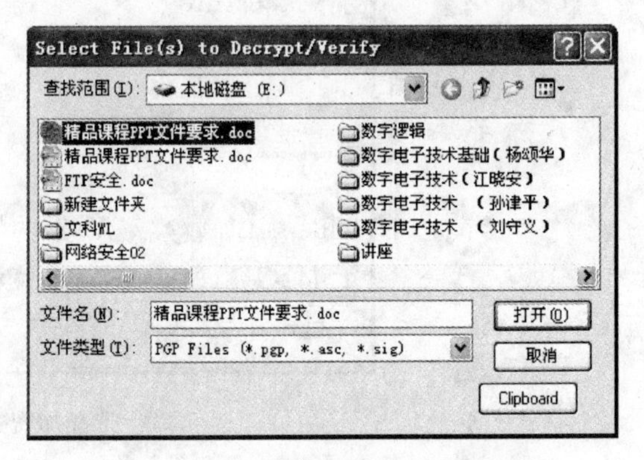


图 5.26　加密和签名的文件显示

## 习题和思考题

### 一、问答题

1. 简述密码学的两方面含义。
2. 何为分组密码和序列密码？
3. 何为移位密码和替代密码？举例说明。
4. 简述对称密钥密码和非对称密钥密码体制及其特点。
5. 简述链路加密和端-端加密。
6. PGP 软件的功能是什么？可应用在什么场合？
7. 简述数字签名的功能。

### 二、填空题

1. 密码学包括密码编码学和________两部分。后者是研究密码变化的规律并用于分析密码以获取信息情报的科学，即研究如何________一个密码系统，恢复被隐藏信息的本来面目。

2. 把明文变换成密文的过程叫________；解密过程是利用解密密钥，对________按照解密算法规则变换，得到________的过程。

3. 网络通信加密主要有________和端-端加密方式。

4. 对称密码体制和公钥密码体制的代表算法分别是________和________。

5. 公钥密码体制中一个密钥是________的，另一个是________的，对称密码体制中加密和解密密钥都是________的。

6. 密钥管理的主要过程有密钥的产生、________和________。

7. 数字证书有________、________、保证交易实体身份的真实性和________四大功能。

8. 鉴别包括________和身份验证，常用的身份验证的方法有________、________和________等。

9. PGP使用混合加密算法，它是由一个对称加密算法________和一个非对称加密算法________实现数据的加密。

10. PGP软件不仅有________功能，还有________功能。这两种功能可以同时使用，也可以________使用。

**三、单项选择题**

1. 在加密时将明文中的每个或每组字符由另一个或另一组字符所替换，原字符被隐藏起来，这种密码叫(　　)。

A. 移位密码　　B. 替代密码　　C. 分组密码　　D. 序列密码

2. 如果加密密钥和解密密钥相同或相近，这样的密码系统称为(　　)系统。

A. 对称密码　　B. 非对称密码　　C. 公钥密码　　D. 分组密码

3. DES算法一次可用56位密钥组把(　　)位明文(或密文)组数据加密(或解密)。

A. 32　　B. 48　　C. 64　　D. 128

4. (　　)是典型的公钥密码算法。

A. DES　　B. IDEA　　C. MD5　　D. RSA

5. CA认证中心没有(1)功能，(2)也不是数字证书的功能。

(1) A. 证书的颁发　　B. 证书的申请　　C. 证书的查询　　D. 证书的归档

(2) A. 保证交易者身份的真实性　　B. 保证交易的不可否认性

C. 保证数据的完整性　　D. 保证系统的可靠性

6. 在RSA算法中，取密钥e=3，d=7，则明文4的密文是(　　)。

A. 28　　B. 29　　C. 30　　D. 31

# 第 6 章 防火墙

**本章要点**

- 防火墙的概念、功能和类型；
- 防火墙技术；
- 防火墙的体系结构；
- 防火墙的应用与发展；
- 典型防火墙的应用；
- ICF 的配置。

网络的安全问题是强调统一而集中的安全管理和控制，采取加密、认证、访问控制、审计以及日志等多种技术手段进行，且它们的实施可由通信双方共同完成。但由于 Internet 是一个开放式的全球性网络，其结构错综复杂，网上的浏览访问不仅使数据传输量增加，网络被攻击的可能性也增大。因此，涉及 Internet 的安全技术应是传统的集中式安全控制和分布式安全控制相结合的技术。因而，网络防火墙技术应运而生。

## 6.1 防火墙概述

为了保护网络（特别是企业内部网）资源的安全，人们创建了网络防火墙。就像建筑物防火墙或护城河能够保护建筑物及其内部资源安全或保护城市免受侵害一样，网络防火墙能够防止外部网上的各种危害侵入到内部网络。

目前，防火墙已在 Internet 上得到了广泛的应用，且由于具有不限于 TCP/IP 协议的特点，也使其逐步在 Internet 之外更具生命力。客观的讲，防火墙并不是解决网络安全问题的万能药方，只是网络安全政策和策略中的一个组成部分。但了解防火墙技术并学会在实际操作中应用防火墙技术，相信会在"网络经济"社会的工作和生活中使每一位网络用户都受益匪浅。

### 6.1.1 防火墙的概念

#### 1. 防火墙是什么

防火墙的本义原是指古代人们房屋之间修建的一道墙，这道墙可以防止火灾发生时蔓延到别的房屋。而这里所说的网络防火墙当然不是指物理上的防火墙，而是指隔离在本地网络与外界网络之间的一道防御系统。应该说,在互联网上防火墙是一种非常有效的网络安全措施,通过它可以隔离风险区域(Internet 或有一定风险的网络)与安全区域(企业内部网,也可称为可信任网络)的连接,同时不会妨碍人们对风险区域的访问。

网络防火墙就是指在企业内部网和外部网(Internet)之间所设立的执行访问控制策略的安全系统。它在内部网和 Internet 之间设置控制,以防止发生不可预测的、外界对内部网资源的非法访问或潜在破坏性的侵入。它是目前实现网络安全策略的最有效的工具之一,也是控制外部用户访问内部网的第一道关口。防火墙的设置思想就是在内部、外部两个网络之间建立一个具有安全控制机制的安全控制点,通过允许、拒绝或重新定向经过防火墙的数据流,来实现对内部网服务和访问的安全审计和控制。需要指出的是,防火墙虽然可以在一定程度上保护内部网的安全,但内部网还应有其他的安全保护措施,这是防火墙所不能代替的。

防火墙技术是建立在现代通信网络技术和信息安全技术基础上的应用性安全技术,越来越多地被应用于专用网络与公用网络的互联环境中,尤其以接入 Internet 网络最普遍。防火墙可通过监测、控制跨越防火墙的数据流,尽可能地对外界屏蔽内部网络的信息、结构和运行状况,以此来实现内部网络的安全保护。

防火墙可由计算机硬件和软件系统组成。通常情况下,内部网和外部网进行互联时,必须使用一个中间设备,这个设备既可以是专门的互联设备(如路由器或网关),也可以是网络中的某个节点(如一台主机)。这个设备至少具有两条物理链路,一条通往外部网络,一条通往内部网络。企业用户希望与其他用户通信时,信息必须经过该设备,同样,其他用户希望访问企业网时,也必须经过该设备。显然,该设备是阻挡攻击者入侵的关口,也是防火墙实施的理想位置,如图 6.1 所示。

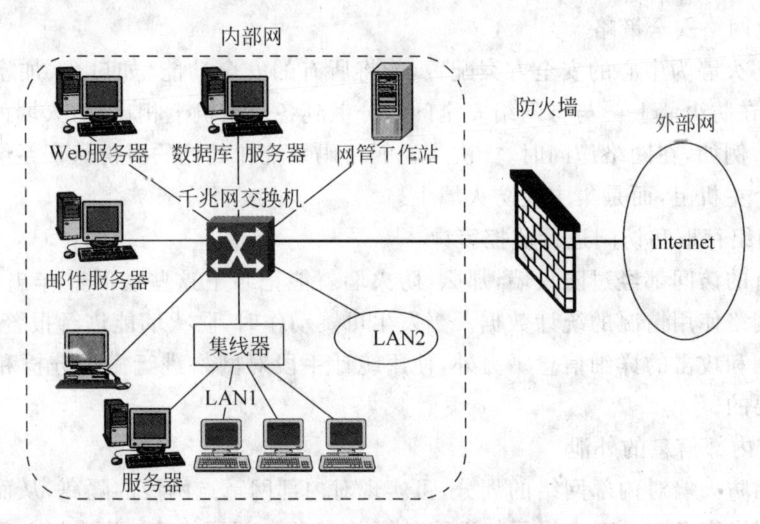


图 6.1　防火墙的位置示意图

防火墙的作用是防止不希望的、未授权的通信进出被保护的网络,使机构强化自己的网络安全政策。由于防火墙设定了网络边界和服务,因此更适合于相对独立的网络,如 Intranet。事实上,在 Internet 上的 Web 网站中,超过三分之一的 Web 网站都是由某种形式的防火墙加以保护的。

可以说，防火墙能够限制非法用户从一个被严格保护的设备上进入或离开，从而有效地阻止对内部网的非法入侵。但由于防火墙只能对跨越边界的信息进行检测、控制，而对网络内部人员的攻击不具备防范能力，因此单独依靠防火墙来保护内部网络的安全是不够的，还必须与入侵检测系统(IDS)、安全扫描、应急处理等其他安全措施综合使用才能达到目的。

**2. 防火墙能做什么**

一般来说，防火墙在配置上可防止来自“外部”未经授权的交互式登录，这大大有助于防止破坏者登录到网络用户的计算机上。一些设计更为精巧的防火墙既可以防止来自外部的信息流进入内部，又允许内部的用户可以自由地与外部通信。如果切断防火墙，就可以保护用户免受网络上任何类型的攻击。

防火墙的另一个非常重要的作用是可以提供一个单独的“阻塞点”，在“阻塞点”上设置安全和审计检查。防火墙可提供一种重要的记录和审计功能：经常向管理员提供一些情况概要，提供有关通过防火墙的数据流的类型和数量，以及有多少次试图闯入防火墙的企图等信息。

利用防火墙保护内部网，主要有以下几个主要功能。

(1) 网络安全的屏障

防火墙是信息进出网络的必经之路，它可检测所有经过数据的细节，并根据事先定义好的策略允许或禁止这些数据的通过。一个防火墙可极大地提高内部网络的安全性，并通过过滤不安全的服务而降低风险。由于只有经过精心选择的应用协议才能通过防火墙，所以使网络环境变得更安全。这样外部的攻击者就不可能利用这些脆弱的协议来攻击内部网络。防火墙同时可以保护网络免受基于路由的攻击。

(2) 强化网络安全策略

通过以防火墙为中心的安全方案配置，能将所有的安全功能(如口令、加密、身份认证、审计等)配置在防火墙上。与将网络安全问题分散到各个主机上相比，防火墙的集中式安全管理更经济。例如，在网络访问时，一次一密钥密码系统和其他的身份认证系统完全可以不必分散在各个主机上，而是集中在防火墙上。

(3) 对网络存取和访问进行监控审计

如果所有的访问都经过防火墙，那么，防火墙就能记录下这些访问并作出日志记录，同时也能提供网络使用情况的统计数据。当发生可疑动作时，防火墙能进行报警，并提供网络是否受到监测和攻击的详细信息。另外，使用统计手段对网络进行需求分析和威胁分析等也是非常重要的。

(4) 防止内部信息的外泄

通过利用防火墙对内部网络的划分，可实现对内部网重点网段的隔离，从而限制局部重点或敏感的网络安全问题对全局网络造成的影响。在内部网络中，不引人注意的细节可能包含了有关安全的线索，而引起外部攻击者的兴趣，甚至因此而暴露了内部网络的某些安全漏洞，使用防火墙就可以隐藏那些内部细节。防火墙可以同样阻塞有关内部网络的DNS信息，这样，一台主机的域名和IP地址就不会被外界所了解。

(5) 安全策略检查

所有进出网络的信息都必须通过防火墙，防火墙成为网络上的一个安全检查站，对来自外部的网络进行检测和报警，将检查出来的可疑的访问拒之网外。

### 3. 防火墙不能做什么

防火墙可使内部网在很大程度上免受攻击，但认为配置了防火墙，所有的网络安全问题就都迎刃而解的想法是错误的，起码是不全面的。可以说许多危险是防火墙所无能为力的，即防火墙还存在一些不足之处。

(1) 防火墙不能防范内部人员的攻击

防火墙只能提供周边防护，并不能控制内部用户对内部网络滥用授权的访问。内部用户可窃取数据、破坏硬件和软件，并可巧妙地修改程序而不接近防火墙。内部用户攻击网络正是网络安全最大的威胁。统计表明，很多安全事件是由于内部人员的攻击所造成的，由内部引起的安全问题约占总数的80%。

(2) 防火墙不能防范绕过它的连接

防火墙可有效地检查经由它进行传输的信息，但不能防止绕过它传输的信息。比如，如果站点允许对防火墙后面的内部系统进行拨号访问，那么防火墙就没有办法阻止攻击者进行的拨号入侵。

(3) 防火墙不能防御全部威胁

防火墙可防御已知的威胁，如果是一个很好的防火墙设计方案，可以防御新的威胁，但没有一个防火墙能够防御所有的威胁。

(4) 防火墙不能防御恶意程序和病毒

虽然许多防火墙能扫描所有通过的信息，以决定是否允许它们通过防火墙进入内部网络，但扫描是针对源、目标地址和端口号的，而不扫描数据的确切内容。因为在网络上传输二进制文件的编码方式很多，并且有太多的不同结构的病毒，因此防火墙不可能查找所有的病毒，也就不能有效地防范像病毒这类程序的入侵。如今恶意程序发展迅速，病毒可依附于共享文档传播，也可通过 E-mail 附件的形式在 Internet 上迅速蔓延。Web 本身就是一个病毒源，许多站点都可以下载病毒程序甚至源码。某些防火墙可以根据已知病毒和木马的特征码检查数据流，虽然这样做能有些帮助但并不可靠，因为类似的恶意程序的种类很多，有多种手段可使它们在数据中隐藏，防火墙对那些新的病毒和木马程序等是无能为力的。此外，防火墙只能发现从其他网络来的恶意程序，但许多病毒却是通过被感染的软盘或系统直接进入网络的。所以，对病毒等恶意程序十分敏感的单位应当在整个机构范围内采取病毒控制措施。

## 6.1.2　个人防火墙

现在网上流行很多个人防火墙软件，它是应用程序级的。个人防火墙是一种能够保护个人计算机系统安全的软件，是可以直接在用户计算机操作系统上运行的软件服务。通常，这些防火墙是安装在计算机网络接口的较低级别上，使它们可以监视通过网卡的所有网络通信。

一旦安装上个人防火墙，就可以把它设置成“学习模式”，这样，对遇到的每一种新的网络通信，个人防火墙都会提示用户一次，询问如何处理这种通信。然后，个人防火墙便记住了其响应方式，并应用于以后遇到的同种网络通信。例如，如果用户已经安装了一台个人Web服务器，个人防火墙可能对第一个传入的Web连接做一标记，并询问用户是否允许它通过。用户可能允许所有的Web连接、来自某些特定IP地址范围的连接等，个人防火墙就将这些规则应用于此后所有传入的Web连接。

可以将个人防火墙想象成在用户计算机上建立的一个虚拟网络接口，不再是计算机操作系统直接通过网卡进行的通信，而是操作系统与个人防火墙的对话，仔细检查网络通信，然后再通过网卡通信。

**1. 个人防火墙的优点**

- 增加了保护功能。个人防火墙具有安全保护功能，既可以抵挡外来攻击，还可以抵挡内部的攻击。例如，家庭用户使用Modem或ISDN/ADSL上网，个人防火墙就能够为用户隐藏暴露在网络上的信息（如IP地址）。
- 易于配置。个人防火墙产品通常可以使用直接的配置选项获得基本可使用的配置。
- 廉价。个人防火墙不需要额外的硬件资源就为内部网的个人用户和公共网络中的单个系统提供安全保护。它已被集成到Windows XP版本中，使用Windows的其他系统或其他产品也可以免费获得或者按有限的成本价获得。

**2. 个人防火墙的缺点**

- 接口通信受限。个人防火墙对公共网络只有一个物理接口，而真正的防火墙应当监视并控制两个或更多的网络接口之间的通信。因此，其个人防火墙本身可能会容易受到威胁，或者说是具有网络通信可以绕过防火墙的规则这样的弱点。
- 集中管理比较困难。个人防火墙需要在每个客户端进行配置，这将增加管理开销。
- 性能受限。个人防火墙是为了保护单个计算机系统而设计的，但是如果安装它的计算机是与内部网络上的其他计算机共享到Internet的连接，则它也可以保护小型网络。个人防火墙在充当小型网络路由器时将导致性能下降。这种保护机制通常不如专用防火墙方案有效，因为它们通常只限于阻止IP和端口地址。

### 6.1.3 内部防火墙

防火墙主要是保护内部网络资源免受外部用户的非法访问和侵袭。为了保护内部网重要信息的安全有时也需要对内部网的部分站点再加以保护，以免受内部网其他站点的侵袭。因此，需要在同一结构的两个部分之间，或者在同一内部网的两个不同组织结构之间再建立一层防火墙，这就是内部防火墙。

企业内部网是一种多层次、多节点、多业务的网络，各节点间的信任程度较低，但由于业务的需要，各节点和服务器群之间又要频繁地交换数据。通过在服务器群的入口处设置内部防火墙，可有效地控制内部网络的访问。企业内部网中设置内部防火墙后，一方面可以有效地防范来自外部网络的攻击，另一方面可以为内部网络制定完善的安全访问策略，从而使得整个企业网络具有较高的安全级别。

内部防火墙的用户包括内部网本单位的雇员（如内部网单位本部的用户、本单位外部的用户、本单位的远程用户或在家中办公的用户)和单位的业务合作伙伴。后者的信任级别比前者要低。

许多用于建立外部防火墙的工具与技术也可用于建立内部防火墙。

内部防火墙可以实现以下功能:

- 精确地制定每个用户的访问权限,保证内部网络用户只能访问必要的资源。
- 对于拨号备份线路的连接,通过强大的认证功能,实现对远程用户的管理。
- 记录网段间的访问信息,及时发现误操作和来自内部网络其他网段的攻击行为。
- 通过安全策略的集中管理,每个网段上的主机不必再单独设立安全策略,降低人为因素导致的网络安全问题。

## 6.2 防火墙技术

### 6.2.1 防火墙的类型

根据防火墙的分类标准不同,可将防火墙分为不同的类型。

**1. 基于防火墙技术原理分类**

Internet 采用 TCP/IP 协议,在不同的网络层次上设置不同的屏障,构成不同类型的防火墙。因此,从工作原理角度看,防火墙技术主要可分为网络层防火墙技术和应用层防火墙技术。这两个层次的防火墙技术的具体实现有包过滤防火墙、代理服务器防火墙、状态检测防火墙和自适应代理防火墙。

**2. 基于防火墙硬件环境分类**

根据实现防火墙的硬件环境不同,可将防火墙分为基于路由器的防火墙和基于主机系统的防火墙。包过滤防火墙和状态检测防火墙可以基于路由器,也可基于主机系统实现;而代理服务器防火墙只能基于主机系统实现。

**3. 基于防火墙的功能分类**

根据防火墙的功能不同,可将防火墙分为 FTP 防火墙、Telnet 防火墙、E-mail 防火墙、病毒防火墙、个人防火墙等各种专用防火墙。通常也将几种防火墙技术组合在一起使用以弥补各自的缺陷,增加系统的安全性能。

### 6.2.2 包过滤技术

**1. 包过滤技术的工作原理**

网络层防火墙技术根据网络层和传输层的原则对传输的信息进行过滤。网络层技术的一个范例就是包过滤(Packet Filtering)技术。因此,利用包过滤技术在网络层实现的防火墙也叫包过滤防火墙。

在基于TCP/IP协议的网络上，所有往来的信息都被分割成许许多多一定长度的数据包，包中包含发送者的IP地址和接收者的IP地址等信息。当这些数据包被送上互联网时，路由器会读取接收者的IP地址信息并选择一条合适的物理线路发送数据包。数据包可能经由不同的路线到达目的地，当所有的包到达目的地后会重新组装还原。

包过滤技术是在网络的出入口(如路由器)对通过的数据包进行检查和选择的。选择的依据是系统内设置的过滤逻辑(包过滤规则)，也称为访问控制表(Access Control Table)。通过检查数据流中每个数据包的源地址、目的地址、所用的端口号、协议状态或它们的组合，来确定是否允许该数据包通过。通过检查，只有满足条件的数据包才允许通过，否则被抛弃(过滤掉)。如果防火墙中设定某一IP地址的站点为不适宜访问的站点，则从该站点地址来的所有信息都会被防火墙过滤掉。这样可以有效地防止恶意用户利用不安全的服务对内部网进行攻击。包过滤防火墙要遵循的一条基本原则就是"最小特权原则"，即明确允许管理员希望通过的那些数据包，禁止其他的数据包。

在网络上传输的每个数据包都可分为数据和包头两部分。包过滤器就是根据包头信息来判断该包是否符合网络管理员设定的规则表中的规则，以确定是否允许数据包通过。包过滤规则一般是基于部分或全部报头信息的，如IP协议类型、IP源地址、IP选择域的内容、TCP源端口号、TCP目标端口号等。例如，包过滤防火墙可以对来自特定的Internet地址的信息进行过滤，或者只允许来自特定地址的信息通过。它还可以根据需要的TCP端口来过滤信息。如果将过滤器设置成只允许数据包通过TCP端口80(标准的HTTP端口)，那么在其他端口，如端口25(标准的SMTP端口)上的服务程序的数据包均不得通过。

包过滤防火墙既可以允许授权的服务程序和主机直接访问内部网络，也可以过滤指定的端口和内部用户的Internet地址信息。大多数包过滤防火墙的功能可以设置在内部网络与外部网络之间的路由器上，作为第一道安全防线。路由器是内部网络与Internet连接必不可少的设备，因此在原有网络上增加这样的防火墙软件几乎不需要任何额外的费用。

#### 2. 过滤路由器与普通路由器

增加了包过滤防火软件、具备了过滤特性的路由器叫做过滤路由器。

普通路由器只简单地查看每一数据包的目的地址，并选择数据包发往目标地址的最佳路径。当路由器知道如何发送数据包到目标地址时，则发送该包；如果不知道如何发送数据包到目标地址，则返还数据包，并通知源地址"数据包不能到达目标地址"。在对数据包做出路由决定时，普通路由器只依据包的目的地址引导包，而过滤路由器将更严格地检查数据包。除了决定它是否发送数据包到达其目标外，过滤路由器还决定数据包是否应该发送。"应该"或"不应该"由站点的安全策略决定，并由过滤路由器强制执行。过滤路由器依据路由器中的包过滤规则做出是否引导该包的决定。过滤路由器以包的目标地址、包的源地址和包的传输协议为依据，确定允许或不允许某些包在网上传输。

#### 3. 包过滤规则

包过滤防火墙的过滤规则的主要描述形式有逻辑过滤规则表、文件过滤规则表和内存过滤规则表。在包过滤系统中，规则表是十分重要的。依据规则表可检查过滤模块、端口映射模块和地址欺骗等。规则表制定的好坏，直接影响机构的安全策略是否会被有效地体现；

规则表设置的结构是否合理，将影响包过滤防火墙的性能。

通常，包过滤技术可允许或不允许某些数据包通过，主要是依据包的目的地址、包的源地址和包的传输协议。大多数包过滤系统判决是否传输包时都不关心包的具体内容，而是让用户进行如下操作：

- 不允许任何用户从外部网络用 Telnet 登录。
- 允许任何用户使用 SMTP 往内部网发送电子邮件。
- 只允许某台机器通过 NNTP(网络新闻传输协议)往内部网络发送新闻。

**4. 包过滤防火墙的特点**

(1) 包过滤技术的优点

- 一个过滤路由器能协助保护整个网络。数据包过滤的主要优点之一就是一个恰当放置的包过滤路由器有助于保护整个网络。如果仅有一个路由器连接内部与外部网络，不论内部网络的大小和内部拓扑结构如何，通过该路由器进行数据包过滤，就可在网络安全保护上取得较好的效果。
- 包过滤对用户透明。数据包过滤不要求任何自定义软件或客户机配置，也不要求用户任何特殊的训练或操作。当包过滤路由器决定让数据包通过时，它与普通路由器没什么区别。比较理想的情况是用户没有感觉到它的存在，除非他们试图做过滤规则中所禁止的事。较强的“透明度”是包过滤的一大优势。
- 过滤路由器速度快、效率高。过滤路由器只检查报头相应的字段，一般不查看数据包的内容，而且某些核心部分是由专用硬件实现的，故其转发速度快、效率较高。
- 技术通用、廉价、有效。包过滤技术不是针对各个具体的网络服务采取特殊的处理方式，而是对各种网络服务都通用，大多数路由器都提供包过滤功能，不用再增加更多的硬件和软件，因此其价格低廉，能很大程度地满足企业的安全要求，其应用行之有效。

此外，包过滤技术还易于安装、使用和维护。

(2) 包过滤技术的缺点

- 安全性较差。防火墙过滤的只有网络层和传输层的有限信息，因而各种安全要求不可能充分满足；在许多过滤器中，过滤规则的数目有限，且随着规则数目的增加，性能将受到影响。过滤路由器只是检测 TCP/IP 报头，检查特定的几个域，而不检查数据包的内容，不按特定的应用协议进行审查和扫描，不作详细分析和记录。非法访问一旦突破防火墙，即可对主机上的软件和配置漏洞进行攻击。因而，与代理技术相比，包过滤技术的安全性较差。
- 不能彻底防止地址欺骗。大多数包过滤路由器都是基于源 IP 地址、目的 IP 地址而进行过滤的。而 IP 地址的伪造是很容易、很普遍的。如果攻击者将自己主机的 IP 地址设置成一个合法主机的 IP 地址，就可以轻易地通过路由器。因此，过滤路由器在 IP 地址欺骗上大都无能为力，即使按 MAC 地址进行绑定，也是不可信的。因此对于一些安全性要求较高的网络，过滤路由器是不能胜任的。
- 一些应用协议不适合于数据包过滤。即使是完美的数据包过滤实现，也会发现一些协议不太适合于数据包过滤安全保护，如 RPC、X-Window 和 FTP。

- 无法执行某些安全策略。包过滤路由器上的信息不能完全满足人们对安全策略的需求。例如，数据包表明它们来自什么主机，而不是什么用户，因此，我们不能强行限制特殊的用户。同样，数据包表明它到什么端口，而不是到什么应用程序。当我们通过端口号对高级协议强行限制时，不希望在端口上有指定协议之外别的协议，恶意的知情者能够很容易地破坏这种控制。

从以上分析可以看出，包过滤技术虽然能确保一定的安全保护，且也有许多优点，但是它毕竟是早期的防火墙技术，本身存在较多缺陷，不能提供较高的安全性。在实际应用中，很少把这种技术作为单独的安全解决方案，而是把它与其他防火墙技术组合在一起使用。

## 6.2.3 代理服务技术

### 1. 代理服务技术的工作原理

代理服务器防火墙工作在 OSI 模型的应用层，它掌握着应用系统中可用做安全决策的全部信息，因此，代理服务器防火墙又称应用层网关。这种防火墙通过一种代理(Proxy)技术参与到一个 TCP 连接的全过程。从内部网用户发出的数据包经过这样的防火墙处理后，就好像是源于防火墙外部网卡一样，从而可以达到隐藏内部网结构的作用。代理服务技术通过在主机上运行代理的服务程序，直接对特定的应用层进行服务，因此也称为应用型防火墙，其核心是运行于防火墙主机上的代理服务器进程。

代理服务器是指代表客户处理在服务器连接请求的程序。当代理服务器得到一个客户的连接意图时，对客户的请求进行核实，并经过特定的安全化 Proxy 应用程序处理连接请求，将处理后的请求传递到真正的 Internet 服务器上，然后接受服务器应答。代理服务器对真正服务器的应答做进一步处理后，将答复交给发出请求的最终客户。代理服务器通常运行在两个网络之间，它对于客户来说像是一台真的服务器，而对于外部网的服务器来说，它又似一台客户机。代理服务器并非将用户的全部网络请求都提交给 Internet 上的真正服务器，而是先依据安全规则和用户的请求做出判断，是否代理执行该请求，有的请求可能被否决。当用户提供了正确的用户身份及认证信息后，代理服务器建立与外部 Internet 服务器的连接，为两个通信点充当中继。内部网络只接收代理服务器提出的要求，拒绝外部网络的直接请求。代理服务器工作原理示意图如图 6.2 所示。

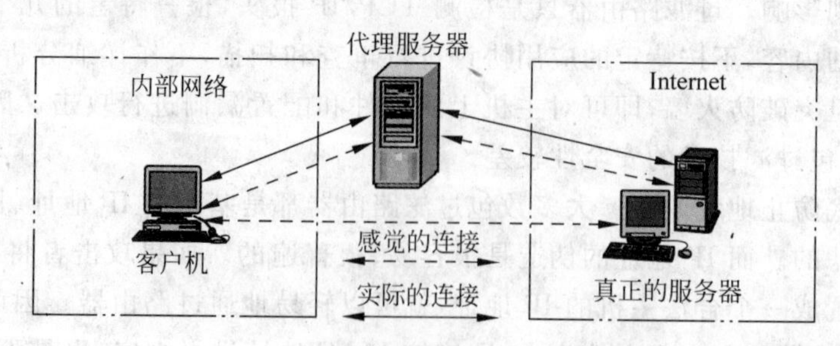


图 6.2 代理服务器的工作示意图

一个代理服务器本质上就是一个应用层网关，即一个为特定网络应用而连接两个网络的网关。代理服务器像一堵墙一样挡在内部用户和外界之间，分别与内部和外部系统连接，是内部网与外部网的隔离点，起着监视和隔绝应用层通信流的作用。从外部只能看到该代理服务器而无法获知任何的内部资源，诸如用户的 IP 地址等。

代理服务技术能够记录通过它的一些信息，如什么用户在什么时间访问过什么站点等。这些信息可以帮助网络管理员识别网络间谍。代理服务器通常都拥有一个高速 Cache，该 Cache 存储用户频繁访问的站点内容(页面)，在下一个用户要访问该站点的这些内容时，代理服务器就不用连接到 Internet 上的服务器重复地获取相同的内容，而是直接将本身 Cache 中的内容发出即可，从而节约了访问的响应时间和网络资源。

许多代理服务器防火墙除了提供代理请求服务外，还提供网络层的信息过滤功能。它们也对过往的数据包进行分析和注册登记，形成报告，同时当发现被攻击迹象时会向网络管理员发出警报，并保留攻击痕迹。

代理服务可以实现用户认证、详细日志、审计跟踪和数据加密等功能，并实现对具体协议及应用的过滤，如阻塞 Java 或 JavaScript。代理服务技术能完全控制网络信息的交换，控制会话过程，具有灵活性和安全性，但可能影响网络的性能，对用户不透明，且对每一种服务器都要设计一个代理模块，建立对应的网关层，实现起来比较复杂。

**2. 代理服务器的实现**

代理服务技术控制对应用程序的访问，它能够代替网络用户完成特定的 TCP/IP 功能。代理服务器适用于特定的互联网服务，对每种不同的服务都应用一个相应的代理，如代理 HTTP、FTP、E-mail、Telnet、WWW、DNS、POP3、IRC 等。

代理服务器的实现方式有以下几种。

(1) 应用代理服务器

应用代理服务器可以在网络应用层提供授权检查及代理服务功能。当外部某台主机试图访问受保护的内部网时，它必须先在防火墙上经过身份认证。通过身份认证后，防火墙运行一个专门程序，把外部主机与内部主机连接。在这个过程中，防火墙可以限制用户访问的主机、访问时间及访问方式。同样，受保护的内部网络用户访问外部网时也需先登录到防火墙上，通过验证后才可使用 Telnet 或 FTP 等有效命令。应用代理服务器的优点是既可以隐藏内部 IP 地址，也可以给单个用户授权。即使攻击者盗用了一个合法的 IP 地址，他也要通过严格的身份认证。但是这种认证使得应用网关不透明，用户每次连接都要受到“盘问”，这会给用户带来许多不便。而且这种代理技术需要为每个应用网关编写专门的程序。

(2) 回路级代理服务器

回路级代理服务器也称一般代理服务器，它适用于多个协议，但不解释应用协议中的命令就建立了连接回路。回路级代理服务器通常要求使用修改过的用户程序。套接字服务器(Sockets Server)就是回路级代理服务器。套接字(Sockets)是一种网络应用层的国际标准。当受保护的网络客户机需要与外部网交互信息时，在防火墙上的套接字服务器检查客户的 UserID、IP 源地址和 IP 目的地址，经过确认后，套接字服务器才与外部服务器建立连接。对用户来说，受保护的内部网与外部网的信息交换是透明的，感觉不到防火墙的存在，那是因为因特网用户不需要登录到防火墙上。

回路级代理服务器可为各种不同的协议提供服务。大多数回路级代理服务器也是公共服务器，它们几乎支持任何协议，但不是每个协议都能由回路级代理服务器轻易实现。

(3) 智能代理服务器

如果一个代理服务器不仅能处理转发请求,同时还能够做其他许多事情,这种代理服务器称为智能代理服务器。智能代理服务器可提供比其他方式更好的日志和访问控制功能。一个专用的应用代理服务器很容易升级到智能代理服务器,而回路级代理服务器则较困难。

(4) 邮件转发服务器

当防火墙采用相应技术使得外部网络只知道防火墙的 IP 地址和域名时,从外部网络发来的邮件就只能送到防火墙上。这时防火墙对邮件进行检查,只有当发送邮件的源主机是被允许通过的,防火墙才对邮件的目的地址进行转换,送到内部的邮件服务器,由其进行转发。

**3. 代理服务器防火墙的特点**

(1) 代理服务技术的优点

- 安全性好。由于每一个内、外网络之间的连接都要通过代理服务技术的介入和转换,通过专门为特定的服务(如 http)编写的安全化应用程序进行处理,然后由防火墙本身分别向外部服务器提交请求和向内部用户发回应答,没有给内、外网络的计算机以任何直接会话的机会,从而避免了入侵者使用数据驱动类型的攻击方式入侵内部网。另外,代理服务技术还按特定的应用协议对数据包内容进行审查和扫描,因此也增加了防火墙的安全性。安全性好是代理服务技术突出的优点。
- 易于配置。代理服务因为是一个软件,所以它较过滤路由器更易配置,配置界面十分友好。如果代理服务实现得好,可以对配置协议要求较低,从而避免了配置错误。
- 能生成各项记录。代理服务技术工作在应用层,可检查各项数据,所以可以按一定准则,让代理生成各项日志和记录。这些日志和记录对于流量分析、安全检验是十分重要的。
- 能灵活、完全地控制进出的流量和内容。通过采取一定的措施,按照一定的规则,借助于代理技术实现一整套的安全策略,比如说控制"谁"和"做什么",在什么"时间"和"地点"控制等。
- 能过滤数据内容。可以把一些过滤规则应用于代理,让它在高层实现过滤功能,例如文本过滤、图像过滤、预防病毒或扫描病毒等。
- 能为用户提供透明的加密机制。用户通过代理服务收发数据,可以让代理服务完成加/解密功能,从而方便用户,确保数据的保密性。这点在虚拟专用网(VPN)中特别重要。代理服务可以广泛地用于企业内部网中,提供较高安全性的数据通信。
- 可以方便地与其他安全技术集成。目前的安全问题解决方案很多,如验证(Authentication)、授权(Authorization)、账号(Accounting)、数据加密、安全协议(SSL)等。如果把代理与这些技术联合使用,将大大增加网络的安全性。

(2) 代理服务技术的缺点

- 速度较慢。代理服务技术工作于应用层,要检查数据包的内容,按特定的应用协议(如 HTTP)进行审查、扫描数据包内容,并进行代理服务,故其速度较慢。
- 对用户不透明。许多代理要求客户端作相应改动或安装定制客户端软件,这给用户增加了不透明度。

- 对于不同的服务代理可能要求不同的服务器。可能需要为每项协议设置一个不同的代理服务器,因为代理服务器不得不理解协议以便判断什么是允许的和不允许的,并且还要装扮成一个对真实服务器来说它就是客户、对客户来说它就是服务器的角色。选择、安装和配置所有这些不同的服务器是一项较繁重的工作。
- 通常要求对客户或过程进行限制。除了一些为代理而设置的服务,代理服务器要求对客户或过程进行限制,每一种限制都有不足之处,人们无法经常按他们自己的步骤使用快捷可用的方式。由于这些限制,代理应用就不能像非代理应用运行得那样好,它们往往可能曲解协议的说明。
- 代理不能改进底层协议的安全性。因为代理工作于 TCP/IP 的应用层,所以它不能改善底层通信协议的能力。如 IP 欺骗、SYN 泛滥、伪造 ICMP 消息和一些拒绝服务的攻击。

### 6.2.4 状态检测技术

#### 1. 状态检测技术的工作原理

状态检测(Stateful Inspection)技术由 Check Point 率先提出,又称动态包过滤技术。状态检测技术是新一代的防火墙技术。这种技术具有非常好的安全特性,它使用了一个在网关上执行网络安全策略的软件模块,称为检测引擎。检测引擎在不影响网络正常运行的前提下,采用抽取有关数据的方法对网络通信的各层实施检测。它将抽取的状态信息动态地保存起来作为以后执行安全策略的参考。检测引擎维护一个动态的状态信息表并对后续的数据包进行检查。一旦发现任何连接的参数有意外变化,该连接就被中止。

状态检测技术监视和跟踪每一个有效连接的状态,并根据这些信息决定网络数据包是否能通过防火墙。它在协议栈底层截取数据包,然后分析这些数据包,并且将当前数据包和状态信息与前一时刻的数据包和状态信息进行比较,从而得到该数据包的控制信息,来达到保护网络安全的目的。

检测引擎支持多种协议和应用程序,并可以很容易地实现应用和服务的扩充。与前两种防火墙不同,当用户访问请求到达网关的操作系统前,状态监视器要收集有关数据进行分析,结合网络配置和安全规定做出接纳或拒绝、身份认证、报警处理等动作。一旦某个访问违反了安全规定,该访问就会被拒绝,并报告有关状态,作日志记录。

状态检测技术试图跟踪通过防火墙的网络连接和包,这样它就可以使用一组附加的标准,以确定是否允许和拒绝通信。状态检测防火墙是在使用了基本包过滤防火墙的通信上应用一些技术来做到这一点的。为了跟踪包的状态,状态检测防火墙不仅跟踪包中包含的信息,还记录有用的信息以帮助识别包。

状态检测技术可检测无连接状态的远程过程调用(RPC)和用户数据报(UDP)之类的端口信息,而包过滤和代理服务技术都不支持此类应用。状态检测防火墙无疑是非常坚固的,但它会降低网络的速度,且配置也比较复杂。好在有关防火墙厂商已注意到这一问题,如 Check Point 公司的防火墙产品 Firewall-1,所有的安全策略规则都是通过面向对象的图形用户界面(GUI)定义的,因此可以简化配置过程。

### 2. 通过状态检测防火墙的数据包类型

状态检测防火墙在跟踪连接状态方式下通过数据包的类型有TCP包和UDP包。

- TCP包。当建立起一个TCP连接时，通过的第一个包被标有包的SYN标志。通常，防火墙丢弃所有外部的连接企图，除非已经建立起某条特定规则来处理它们。对内部到外部主机的连接，防火墙注明连接包，允许响应两个系统之间的包，直到连接结束为止。在这种方式下，传入的包只有在它响应一个已建立的连接时，才会被允许通过。
- UDP包。UDP包比TCP包简单，因为它们不包含任何连接或序列信息，只包含源地址、目的地址、校验和携带的数据。这些简单的信息使得防火墙很难确定包的合法性，因为没有打开的连接可利用，以测试传入的包是否应被允许通过。但如果防火墙跟踪包的状态，就可以确定。对传入的包，若它所使用的地址和UDP包携带的协议与传出的连接请求匹配，该包就被允许通过。

### 3. 状态检测技术的特点和应用

状态检测技术结合了包过滤技术和代理服务技术的特点。与包过滤技术一样的是它对用户透明，能够在OSI网络层上通过IP地址和端口号过滤进出的数据包；与代理服务技术一样的是可以在OSI应用层上检查数据包内容，查看这些内容是否能符合安全规则。

状态检测技术克服了包过滤技术和代理服务技术的局限性，能根据协议、端口及源地址、目的地址的具体情况决定数据包是否通过。对于每个安全策略允许的请求，状态检测技术启动相应的进程，可快速地确认符合授权标准的数据包，使得运行速度加快。

状态检测技术的缺点是状态检测可能造成网络连接的某种迟滞，不过硬件运行速度越快，这个问题就越不易察觉。

状态检测防火墙已经在国内外得到广泛应用，目前在市场上流行的防火墙大多属于状态检测防火墙，因为该防火墙对于用户透明，在OSI最高层上加密数据，不需要再去修改客户端程序，也不需对每个需要在防火墙上运行的服务额外增加一个代理。

## 6.2.5 自适应代理技术

新近推出的自适应代理（Adaptive Proxy）防火墙技术，本质上也属于代理服务技术，但它也结合了动态包过滤（状态检测）技术。

自适应代理技术是最近在商业应用防火墙中实现的一种革命性的技术。组成这类防火墙的基本要素有两个，即自适应代理服务器与动态包过滤器。它结合了代理服务防火墙的安全性和包过滤防火墙的高速度等优点，在保证安全性的基础上将代理服务器防火墙的性能提高十倍以上。

在自适应代理与动态包过滤器之间存在一个控制通道。在对防火墙进行配置时，用户仅仅将所需要的服务类型、安全级别等信息通过相应代理的管理界面进行设置就可以了。然后，自适应代理就可以根据用户的配置信息，决定是使用代理服务器从应用层代理请求，还是使用动态包过滤器从网络层转发包。如果是后者，它将动态地通知包过滤器增减过滤规则，满足用户对速度和安全性的双重要求。

# 6.3　防火墙的体系结构

一般来说，构成防火墙的体系结构有 4 种：过滤路由器结构、双穴主机结构、主机过滤结构和子网过滤结构。以下介绍基于这 4 种体系结构构建的防火墙应用系统。

## 6.3.1　过滤路由器结构

过滤路由器结构是最简单的防火墙结构，这种防火墙可以由厂家专门生产的过滤路由器来实现，也可以由安装了具有过滤功能软件的普通路由器实现，如图 6.3 所示。过滤路由器防火墙作为内外连接的唯一通道，要求所有的报文都必须在此通过检查。路由器上可以安装基于 IP 层的报文过滤软件，实现报文过滤功能。许多路由器本身带有报文过滤配置选项，但一般比较简单。过滤路由器的缺点是一旦被攻击并隐藏后很难被发现，而且不能识别不同的用户。

## 6.3.2　双穴主机结构

双穴（Dual Homed）主机防火墙是围绕着具有双穴结构的主计算机而构建的，如图 6.4 所示。双穴主机具有两个或两个以上接口，在防火墙里它相当于一个网关。双穴主机网关是用一台装有两块网卡的堡垒主机做防火墙。双穴主机的两块网卡分别与受保护的内部子网和 Internet 网络连接，起着监视和隔离应用层信息流的作用，彻底隔离了所有的内部主机与外部主机的可能连接。

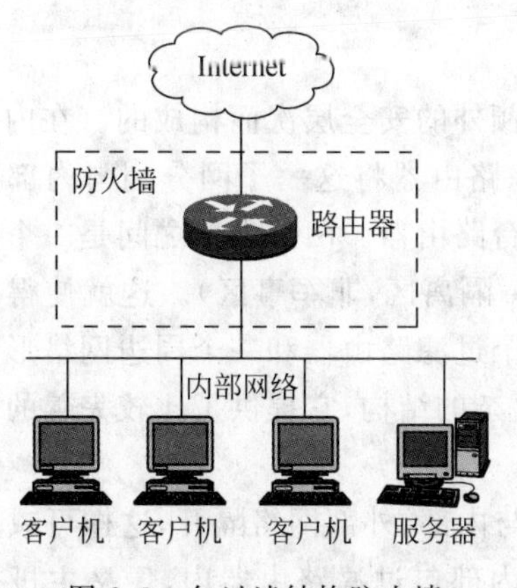


图 6.3　包过滤结构防火墙

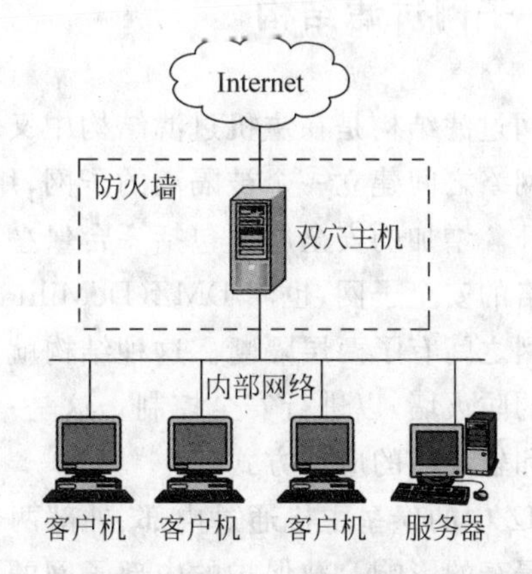


图 6.4　双穴主机结构防火墙

堡垒主机上运行着防火墙软件，可以转发应用程序和提供服务。与过滤路由器相比，作为堡垒主机的系统软件可用于维护系统日志、硬件拷贝日志或远程日志。但弱点也比较突出，一旦黑客侵入堡垒主机并使其只具有路由功能，任何网上用户均可以随便访问内部网。

双穴主机可与内部网系统通信，也可与外部网系统通信。借助于双穴主机，防火墙内、外两网的计算机便可(间接)通信了。内、外网的主机不能直接交换信息,信息交换要由该双穴主机“代理”并“服务”,因此该主机也相当于代理服务器。因而,内部子网十分安全。内部主机通过双穴主机防火墙(代理服务器)得到 Internet 服务,并由该主机集中进行安全检查和日志记录。双穴主机防火墙工作在 OSI 的最高层,它掌握着应用系统中可用做安全决策的全部信息。

### 6.3.3 主机过滤结构

双穴主机防火墙是由一台同时连接内、外部网络的双穴主机提供安全保障的。而主机过滤防火墙则与之不同,它是由一台过滤路由器与外部网络相连,再通过一个可提供安全保护的堡垒主机与内部网络连接。通常在路由器上设立过滤规则,并使这个堡垒主机成为从外部网络唯一可直接到达的主机,这确保了内部网络不受未被授权的外部用户的攻击。

来自外部网络的数据包先经过包过滤路由器过滤,不符合过滤规则的数据包被过滤掉,符合规则的数据包则被传送到堡垒主机上。堡垒主机上的代理服务器软件将允许通过的信息传输到受保护的内部网络上,如图 6.5 所示。主机过滤防火墙结构中的堡垒主机是 Internet 主机连接内部网系统的桥梁。任何外部系统要访问内部网系统或服务,都必须连接到该主机上,因此该主机要求的级别较高。

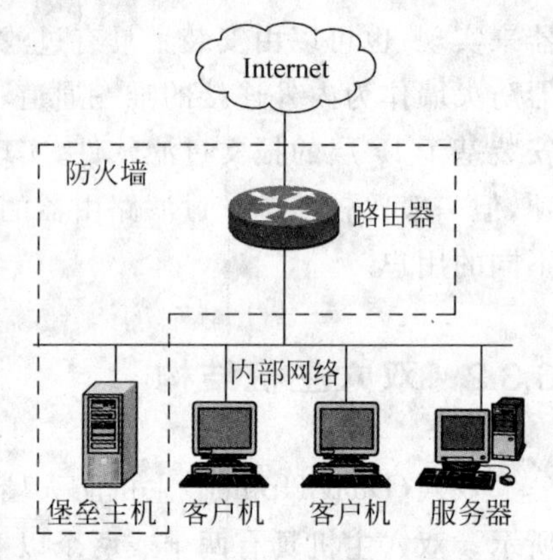

图 6.5 主机过滤结构防火墙

### 6.3.4 子网过滤结构

子网过滤结构是在主机过滤结构中又增加一个额外的安全层次而构成的。在内部网络和外部网络之间建立一个被隔离的子网,用两台过滤路由器将这一子网分别与内部网和外部网分开。增加的安全层次包括一台堡垒主机和一台路由器。两路由器之间是一个被称为周边网络的安全子网,也叫 DMZ(DeMilitarized Zone 隔离区,非军事区)。这就使得内部网和外部网之间有了两层隔断。这种结构就是使用两个过滤路由器和一个周边网络形成了一个复杂的防火墙,以进行安全控制。这是一种比较复杂的结构,它提供了比较完善的网络安全保障和较灵活的应用方式。

DMZ 中的堡垒主机通过内部、外部两个路由器与内部、外部网络隔开,这样可减少堡垒主机被侵袭的影响。被保护的内部子网的主机置于内部包过滤路由器内,堡垒主机被置于内部和外部包过滤路由器之间。子网过滤体系结构的最简单形式为两个过滤路由器,每一个都连接到 DMZ 上,一个位于 DMZ 与内部网之间,另一个位于 DMZ 与外部网之间,如图 6.6 所示。DMZ 是在内部和外部两网络之间另加的一层安全保护层,它相当于一个应用网关,堡垒主机上运行代理服务器软件。同时,企业的对外信息服务器(如 WWW、FTP 服务器等)也可设置在 DMZ 内。

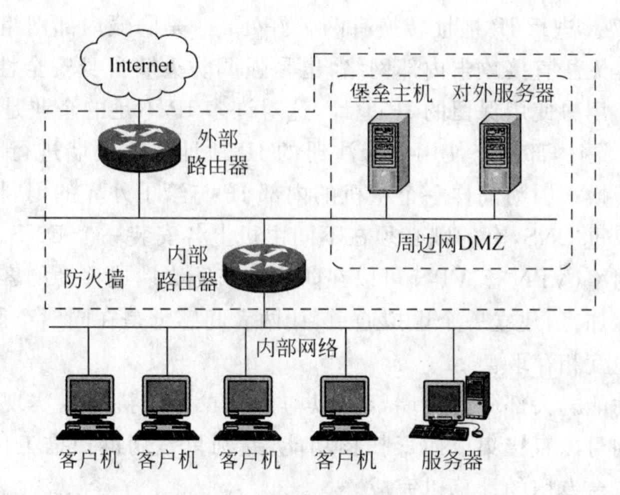


图 6.6　子网过滤结构防火墙

如果入侵者成功地闯过外层保护网到达防火墙，DMZ 就能在入侵者与内部网之间再提供一层保护。如果入侵者仅仅侵入到 DMZ 的堡垒主机，他只能偷看到 DMZ 的信息流而看不到内部网的信息。DMZ 的信息流仅往来于外部网和堡垒主机之间。而内部网主机间的信息流不能到达 DMZ，所以即使堡垒主机受到损害也不会破坏内部网的信息流。

在内、外部两个路由器上建立的包过滤都设置了包过滤规则，两者的包过滤规则基本上相同。内部路由器完成防火墙的大部分包过滤工作，它允许某些站点的包过滤系统认为符合安全规则的服务在内、外部网之间互传。内部路由器的主要功能就是保护内部网免受来自外部网与 DMZ 的侵扰。外部路由器既可保护 DMZ，又可保护内部网。实际上，在外部路由器上仅做一小部分包过滤，它几乎让所有 DMZ 的外向请求通过。外部路由器的包过滤主要对 DMZ 上的主机提供保护。

## 6.4　防火墙的应用与发展

### 6.4.1　防火墙的应用

选用防火墙首先要明确哪些数据是必须保护的，这些数据的被入侵会导致什么样的后果，以及网络不同区域需要什么等级的安全级别。不管采用原始设计还是使用现成的防火墙产品，对于防火墙的安全标准，首先需根据安全级别确定；其次，选用防火墙必须与网络接口匹配，要防止可以预料到的各种威胁。防火墙可以是软件或硬件模块，并能集成于网桥、网关或路由器等设备之中。

(1) 选用防火墙时要注意防火墙自身的安全性。大多数人在选用防火墙时都将注意力放在防火墙如何控制连接以及防火墙支持多少种服务上，但往往忽略一点，防火墙也是网络上的设备，也可能存在安全问题。防火墙如果不能确保自身安全，则其控制功能再强，也终究不能完全保护内部网络。

(2) 要考虑用户的安全策略中的特殊需求，比如：

- IP地址转换。进行IP地址转换有两个好处：一是隐藏内部网络真正的IP地址，这可以使黑客无法直接攻击内部网络，也是强调防火墙自身安全性的主要原因；二是可以让内部用户使用保留的IP地址，这对许多IP不足的企业是有益的。
- 双重DNS。当内部网络使用没有注册的IP地址或防火墙进行IP转换时，DNS也必须经过转换。因为同样一个主机的内部IP与给予外界的IP将会不同，有的防火墙会提供双重DNS，有的则必须在不同主机上各安装一个DNS。
- 虚拟专用网络(VPN)。VPN可以在防火墙与防火墙或移动的客户机间对所有网络传输的内容加密，建立一个虚拟通道，让两者间感觉是在同一个网络上，可以安全且不受拘束地互相存取。
- 病毒扫描功能。大部分防火墙都可以与防病毒系统搭配以实现病毒扫描功能。有的防火墙则可以直接集成病毒扫描功能，差别只是病毒扫描工作是由防火墙完成，或是由另一台专用的计算机完成。
- 特殊控制需求。有时候企业会有特别的控制需求，如限制特定使用者发送E-mail，FTP只能下载文档而不能上传文档，限制同时上网人数、使用时间等，依需求不同而定。

(3) 如何选用最符合需要的产品，这是消费者最关心的事。所以，在选用防火墙软件时，明确防火墙应是一个整体网络的保护者，必须能弥补其他操作系统的不足，应为使用者提供不同平台的选择，应能向使用者提供完善的售后服务等。

### 6.4.2 防火墙技术的发展

网络安全通常是通过技术与管理两者相结合来实现的，良好的网络管理加上优秀的防火墙技术是提高网络安全性能的最好选择。虽然网络防火墙技术已经发展了几代，防火墙的研究和开发人员也已尽了很大努力，但用户的需求永远是推动技术前进的源动力。

随着网上的攻击手段不断出现，以及防火墙在用户的核心业务系统中占据的地位越来越重要，用户对防火墙的要求越来越高。比如用户可能要求防火墙应能提供更细粒度的访问控制手段，防火墙对新出现的漏洞和攻击方式应能够迅速提供有效的防御办法，防火墙的管理应更加容易和方便，防火墙在紧急情况下可以做到迅速响应，防火墙具有很好的性能和稳定性等。用户的这些要求归纳起来是防火墙技术应具备智能化、高速度、分布式、多功能和专业化的发展趋势。

#### 1. 智能化

防火墙将从目前的静态防御策略向具备人工智能的智能化方向发展。未来智能化的防火墙应能实现以下功能：

- 自动识别并防御各种黑客攻击手法及其相应变种攻击手法。
- 在网络出口发生异常时自动调整与外网的连接端口。
- 根据信息流量自动分配、调整网络信息流量及协同多台物理设备工作。
- 自动检测防火墙本身的故障并能自动修复。
- 具备自主学习并制定识别与防御方法。

### 2. 高速度

随着网络传输速率的不断提高，防火墙必须在响应速度和报文转发速度方面做相应的升级，这样才不致于成为网络的瓶颈。

### 3. 分布式并行结构

分布式并行处理的防火墙是防火墙的另一发展趋势，在这种概念下，将有多台物理防火墙协同工作，共同组成一个强大的、具备并行处理能力和负载均衡能力的逻辑防火墙。

### 4. 多功能

未来网络防火墙将在现有的基础上继续完善其功能并不断增加新的功能。如：

- 在保密性方面，将继续发展高保密性的安全协议用于建立 VPN，基于防火墙的 VPN 在较长一段时间内将继续成为用户使用的主流。
- 在过滤方面，将从目前的地址、服务、URL、文本、关键字过滤发展到对 CGI、ActiveX、Java 等 Web 应用的过滤，并将逐渐具备病毒过滤的功能。
- 在服务方面，将在目前透明应用的基础上完善其性能，并将具备针对大多数网络通信协议的代理服务功能。
- 在管理方面，将从子网和内部网络的管理方式向基于专用通道和安全通道的远程集中管理方式发展；管理端口的安全性将是其重点考虑内容；用户费用统计、多种媒体的远程警报及友好的图形化管理界面将成为防火墙的基本功能模块。
- 在安全方面，对网络攻击的检测、拦截及告警功能将继续是防火墙最主要的性能指标。

### 5. 专业化

单向防火墙、电子邮件防火墙、FTP 防火墙等针对特定服务的专业化防火墙将作为一种产品门类出现。

未来防火墙的发展思路将是：防火墙将从目前对子网或内部网管理的方式向远程上网集中管理的方式发展；过滤深度不断加强，从目前的地址、服务过滤，发展到 URL(页面)过滤、关键字过滤和对 ActiveX、Java 等的过滤，并逐渐有病毒清除功能。利用防火墙建立 VPN 是较长一段时间内用户使用的主流，IP 的加密需求越来越强，安全协议的开发是一大热点；对网络攻击的检测和告警将成为防火墙的重要功能。此外，网络的防火墙产品还将把网络前沿技术，如 Web 页面超高速缓存、虚拟网络和带宽管理等与其自身结合起来。

## 习题和思考题

### 一、问答题

1. 防火墙的主要功能有哪些？
2. 防火墙有几种体系结构，各有什么特点？
3. 简述防火墙的发展趋势。

4. 简述包过滤防火墙工作机制。

5. 代理防火墙有哪些优缺点？

**二、填空题**

1. 防火墙通常设置于内部网和 Internet 的________处。

2. ________是一种能够保护个人计算机系统安全的软件，它可以直接在用户计算机操作系统上运行，保护计算机免受攻击。

3. ________是在同一结构的两部分间或同一内部网的两个不同组织间建立的防火墙。

4. 防火墙的不足之处有不能防范内部人员的攻击、________、________和不能防范恶意程序。

5. 防火墙一般有过滤路由器结构、________、主机过滤结构和________结构。

**三、单项选择题**

1. 基于防火墙的功能分类，有__(1)__等防火墙；基于防火墙的工作原理分类，有__(2)__等防火墙；基于防火墙的体系结构分类，有__(3)__等防火墙。

(1) A. 包过滤、代理服务和状态检测　　B. 基于路由器和基于主机系统
C. FTP、Telnet、E-mail 和病毒　　D. 双穴主机、主机过滤和子网过滤

(2) A. 包过滤、代理服务和状态检测　　B. 基于路由器和基于主机系统
C. FTP、Telnet、E-mail 和病毒　　D. 双穴主机、主机过滤和子网过滤

(3) A. 包过滤、代理服务和状态检测　　B. 基于路由器和基于主机系统
C. FTP、Telnet、E-mail 和病毒　　D. 双穴主机、主机过滤和子网过滤

2. 将防火软件安装在路由器上，就构成了简单的__(1)__；由一台过滤路由器与外部网络相连，再通过一个可提供安全保护的主机（堡垒主机）与内部网络连接，这是__(2)__体系的防火墙；不管是哪种防火墙，都不能__(3)__。

(1) A. 包过滤防火墙　　B. 子网过滤防火墙
C. 代理服务器防火墙　　D. 主机过滤防火墙

(2) A. 包过滤防火墙　　B. 主机过滤防火墙
C. 代理服务器防火墙　　D. 子网过滤防火墙

(3) A. 强化网络安全策略　　B. 对网络存取和访问进行监控审计
C. 防止内部信息的外泄　　D. 防范绕过它的连接

# 第7章

# 计算机网络攻防技术与应用

**本章要点**

- 网络病毒的入侵与防范；
- 木马和蠕虫的攻击与防范；
- 网络防病毒软件的应用；
- 黑客与网络攻击(攻击的类型、手段、工具及防范措施)；
- 入侵检测系统的类型、结构和检测过程，入侵检测技术及发展趋势；
- 入侵防护系统的功能和应用；
- 网络入侵检测工具的应用；
- 网络系统漏洞和网络扫描及扫描软件的应用；
- 网络监听和网络嗅探器(Sniffer)；
- 计算机紧急响应和处理；
- 防病毒软件的应用实例；
- 国产木马的清除方法；
- 网络扫描软件的应用实例；
- 缓冲区溢出攻击实例。

在1.3.3节中提到的P2DR安全模型，涉及安全策略、安全防护、安全检测和安全响应四个主要部分。其中的安全防护、检测和响应组成了一个动态的安全体系。本书前述各章介绍的网络访问控制、网络实体安全、网络安全管理、数据备份和归档、数据加密、数据鉴别和身份验证以及防火墙技术等大部分都是安全防护的内容。安全防护(Protection)可以预防和避免大多数的不安全事件，但不能阻止所有的不安全事件，特别是那些利用新的系统缺陷、新攻击手段的入侵事件。因此，一个完整的安全策略还要包括实时的检测和响应。

一旦入侵者穿过防护系统，就需要根据入侵事件的特征对系统进行入侵检测(Detection)；系统管理员通常也可使用有关软件工具对系统进行安全扫描和监听(或嗅探)。通过对网络系统不断地进行入侵检测、网络扫描和监听，可发现入侵者的行为，以及系统新的威胁和弱点，这样可通过系统的循环反馈来及时做出有效的响应。

一旦检测和监控到入侵行为，响应(Response)系统就要进行紧急响应和恢复处理。紧急响应就是当不安全事件发生时采取的应对措施；恢复处理是指事件发生后，把受影响的系统恢复到原来状态或比原来更安全的状态。

本章将介绍网络病毒、黑客及网络攻击、入侵检测系统、网络扫描、网络监听(包括嗅探)和紧急响应方面的内容。

# 7.1 计算机网络病毒与防范

几乎所有的人都听说过"计算机病毒"这个名词，使用过计算机的人大多也都"领教"过计算机病毒的厉害。特别是随着 Internet 的普及应用和各种计算机网络及相关技术的发展，计算机病毒越来越高级，种类也越来越多。以前好长时间才听说出现过一次病毒发作，而现在几天甚至几小时之内就有计算机病毒进行大破坏的消息，计算机病毒不时地对计算机网络系统的安全构成严重的威胁。对网络管理员来说，防御计算机病毒有时是比其他管理更困难的任务。对人们来说，了解和预防计算机病毒的威胁显得格外重要，任何网络系统安全的讨论都要考虑到计算机病毒的因素。

## 7.1.1 计算机病毒概述

计算机病毒是一种"计算机程序"，它不仅能破坏计算机系统，而且还能将"病毒"传播、感染到其他系统。计算机病毒通常隐藏在其他看起来无害的程序中，能生成自身的复制品并将其插入到其他的程序中，执行恶意的行动。

随着 Internet 技术的发展，计算机病毒的含义也在逐步发生着变化，与计算机病毒特征和危害有类似之处的"特洛伊木马"和"蠕虫"，从广义角度而言也可归为计算机病毒之列。特洛伊木马通常又称为黑客程序，其关键是采用隐藏机制执行非授权功能。蠕虫通过网络来扩散和传播特定的信息或错误，进而造成网络服务遭到拒绝，并出现死锁现象或使系统崩溃，蠕虫对网络系统的危害日益严重。

一般意义上的计算机病毒是在 1986 年前后出现的。在此后的十多年时间里，病毒制作技术也从逐步发展到发展很快，特别是进入 21 世纪的几年中，计算机病毒的发展非常迅速，病毒数量猛增，破坏性也越来越大。

### 1. 计算机病毒的特征

任何计算机病毒都是人为制造的、具有一定破坏性的程序。它们与生物病毒有不同点，也有相似之处。概括起来，计算机病毒具有破坏性、传染性、隐蔽性、潜伏性、不可预见性、衍生性、针对性等特征。

(1) 破坏性

任何病毒只要侵入计算机系统，都会对系统及应用程序产生程度不同的影响。良性病毒可能只显示些画面或播出音乐、无聊的语句，或者根本没有任何破坏动作，但会占用系统资源。恶性病毒则有明确的目的，或破坏数据、删除文件，或加密磁盘、格式化磁盘，有的对数据造成不可挽回的破坏。恶性病毒的危害性很大，严重时可导致系统死机，甚至网络瘫痪。这也反映出病毒编制者的险恶用心。

(2) 传染性

计算机病毒的传染性，也叫自我复制或传播性，这是病毒的本质特征。在一定条件下，病毒可以通过某种渠道从一个文件或一台计算机上传染到另外的没被感染的文件或计算机上。当你在一台机器上发现病毒时，往往曾在这台计算机上用过的软盘已感染上了病毒，而与这台机器相联网的其他计算机也许也被该病毒侵染了。感染的病毒轻则使被感染的文件或计算机数据破坏或工作失常，重则使系统瘫痪。是否具有传染性是判别一个程序是否为计算机病毒的最重要依据。

(3) 隐蔽性

计算机病毒一般是一些短小精悍的程序，通常附在正常程序中或磁盘代码中，病毒程序与正常程序是不容易区别开来的。一般在没有防护措施的情况下，计算机病毒程序取得系统控制权后，可以在很短的时间里传染大量程序。而且受到传染后，计算机系统通常仍能正常运行，使用户不会感到任何异常。正是由于这种隐蔽性，计算机病毒才得以在用户没有察觉的情况下扩散到众多的计算机中。大部分的病毒代码之所以设计得非常短小，也是为了便于隐藏。大部分的病毒感染系统后一般不会马上发作，可在几天、几周、几个月甚至几年内隐藏起来而不被发现。只有在满足其特定条件(如特定日期)时才会发作。如“PETER-2”在每年 2 月 27 日会提三个问题，答错后会将硬盘加密；著名的“黑色星期五”病毒在逢 13 日的星期五发作；国内的“上海一号”病毒会在每年三、六、九月的 13 日发作等。这些病毒在平时会隐藏得很好，只有在发作日才会露出本来面目。

(4) 不可预见性

计算机病毒的制作技术不断提高，种类也不断翻新，而相比之下，防病毒技术落后于病毒制作技术。新型操作系统、新型软件工具的应用，也为病毒编制者提供了方便。因此，对未来病毒的类型、特点及破坏性等均很难预测。

(5) 衍生性

计算机病毒程序可被他人模仿或修改，经过恶作剧者或恶意攻击者的改写，就可能成为原病毒的变种，衍生出多种“同根”病毒。

(6) 针对性

很多计算机病毒并非任何环境下都可起作用，而是有一定的运行环境要求，只有在软、硬件条件满足要求时才能发作。

**2. 计算机病毒的分类**

随着 Internet 的发展和普及应用，病毒的数量和种类也在不断增加。据国外统计，计算机病毒以 10 种/周的速度递增，另据我国公安部统计，国内以 4～6 种/月的速度递增。

按破坏程度的强弱不同，计算机病毒可分为良性病毒和恶性病毒；按传染方式的不同，计算机病毒可分为文件型病毒和引导型病毒；按连接方式的不同，计算机病毒可分为源码型病毒、嵌入型病毒、操作系统型病毒和外壳型病毒。

良性病毒是指那些只是为了表现自身，并不彻底破坏系统和数据，但会占用大量 CPU 时间，增加系统开销，降低系统工作效率的一类计算机病毒。该类病毒制作者的目的不是为了破坏系统和数据，而是为了让使用染有病毒的计算机用户通过显示器看到或体会到病毒设计者的编程技术。

恶性病毒是指那些一旦发作，就会破坏系统或数据，造成计算机系统瘫痪的一类计算机病毒。该类病毒危害极大，有些病毒发作后可能给用户造成不可挽回的损失。该类病毒表现为封锁、干扰、中断输入输出，删除数据、破坏系统，使用户无法正常工作，严重时使计算机系统瘫痪。

文件型病毒一般只传染磁盘上的可执行文件（如.com、.exe文件）。在用户运行染毒的可执行文件时，病毒首先被执行，然后病毒驻留内存伺机传染其他文件或直接传染其他文件。这类病毒的特点是附着于正常程序文件中，成为程序文件的一个外壳或部件。这是一种较为常见的传染方式。当该病毒完成了它的工作后，其正常程序才被运行，使人看起来仿佛一切都很正常。

引导型病毒是指寄生在磁盘引导区或主引导区的计算机病毒。该类病毒感染的主要方式就是发生在计算机通过已被感染的引导盘（常见的如一个软盘）引导时。引导型病毒利用系统引导时不对主引导区内容的正确性进行判别的缺点，在引导系统时侵入系统，驻留内存，监视系统运行。此时，如果计算机从被感染的软盘引导，病毒就会感染到引导硬盘，并把病毒代码调入内存。软盘并不需要一定是可引导的才能传播病毒，病毒可驻留在内存并可感染被访问的软盘。触发引导型病毒的典型事件是系统日期和时间。

源码型病毒较为少见，亦难以编写。它要攻击高级语言编写的源程序，在源程序编译之前插入其中，并随源程序一起编译、连接成可执行文件，这样刚刚生成的可执行文件便已经带毒了。

嵌入型病毒可用自身代替正常程序中的部分模块，因此，它只攻击某些特定程序，针对性强。一般情况下也难以被发现，清除起来也较困难。

操作系统型病毒可用其自身部分加入或替代操作系统的部分功能。因其直接感染操作系统，因此病毒的危害性也较大，可能导致整个系统瘫痪。

外壳型病毒将自身附着在正常程序的开头或结尾，相当于给正常程序加了个外壳。大部分的文件型病毒都属于这一类。

### 3. 计算机病毒的传播

计算机病毒是通过某个入侵点进入系统进行传染的。在网络中可能的入侵点有服务器、电子邮件、BBS上下载的文件、WWW站点、FTP文件下载、网络共享文件及常规的网络通信、盗版软件、示范软件、计算机实验室和其他共享设备。

病毒传播进入系统的途径主要有网络、可移动存储设备和通信系统三种。

（1）网络

计算机网络为现代信息的传输和共享提供了极大的方便，但它也成了计算机病毒迅速传播扩散的“高速公路”。在网络上，带有病毒的文件、邮件被下载或接收后被打开或运行，病毒就会扩散到系统中相关的计算机上。服务器是网络的整体或部分核心，一旦其关键文件被感染，再通过服务器的扩散，病毒将会对系统造成巨大的破坏。在信息国际化的同时，病毒也在国际化，计算机网络将是今后计算机病毒传播的主要途径。

（2）可移动的存储设备

计算机病毒可通过可移动的存储设备（如软盘、磁带、光盘、优盘等）进行传播。在这些可移动的存储设备中，软盘和优盘是应用最广泛且移动性最频繁的存储介质，将带有病毒的软盘（或优盘）在网络中的计算机上使用，软盘（或优盘）所带病毒就很容易被扩散到网络上。大量的计算机病毒都是从这类途径传播的。

(3) 通信系统

通过点对点通信系统和无线通信信道也可传播计算机病毒。目前出现的手机病毒就是利用无线信道传播的。虽然目前这种传播途径还不十分广泛,但以后很可能成为仅次于计算机网络的第二大病毒扩散渠道。

#### 4. 计算机病毒的危害

提到计算机病毒的危害,人们往往注重病毒对信息系统的直接破坏,如格式化硬盘、删除文件等,并以此来区分恶性病毒和良性病毒。但随着计算机应用的发展和计算机病毒的发展及破坏程度的增加,计算机病毒的危害性越来越严重。根据 IDC(互联网数据中心)的统计,全世界每年因为病毒造成的直接损失,可以达到数千亿美元。计算机病毒的主要危害有攻击系统数据区、攻击文件、抢占系统资源、占用磁盘空间和破坏信息、干扰系统运行、使运行速度下降、攻击 CMOS、攻击和破坏网络系统等。

### 7.1.2 网络病毒及其防范

网络病毒实际上是一个笼统的概念,可以从两方面理解:一是专门指在网络上传播、并对网络进行破坏的病毒;二是指与 Internet 有关的病毒,如 HTML 病毒、电子邮件病毒、Java 病毒等。

Internet 的开放性为计算机病毒广泛传播提供了方便,Internet 本身的安全漏洞也为产生新的计算机病毒提供了良好条件,加之一些新的网络编程软件(如 JavaScript、ActiveX)也为将计算机病毒渗透到网络的各个角落提供了便利。这就是近几年兴起并大肆肆虐网络系统的“网络病毒”。

据权威报告分析显示,目前病毒的传播渠道主要是网络,比例高达 97%,而经过磁盘等其他渠道传播的病毒仅占 3%。而在网络上通过邮件传播的病毒又占 80%以上的比例。

提起网络病毒,使用网络系统(包括 Internet)的用户想必并不陌生,甚至很多用户深受其害。人们也使用了许多种防病毒软件,但仍经常受到病毒的攻击。经历过 CIH、“求职信”、“震荡波”等病毒的洗礼,人们已知道了“查杀病毒不可能一劳永逸”的道理,明白了维护计算机的安全是一项漫长的过程。

#### 1. 网络病毒的传播

Internet 的飞速发展给防病毒工作带来了新的挑战。Internet 上有众多的软件、工具可供下载,有大量的数据交换,这给病毒的大面积传播提供了可能和方便。Internet 本身也衍生出一些新一代病毒,如 Java 和 ActiveX 病毒。这些病毒不需要寄主程序,它们可通过 Internet 到处肆虐寄主,可以与传统病毒混杂在一起,不被人们觉察。更有甚者,它们可跨越操作平台,一旦传染,便可毁坏所有操作系统。网络病毒一旦突破网络安全系统,传播到网络服务器,进而在整个网络上传染、再生,就会使网络资源遭到严重破坏。

除通过电子邮件传播外,病毒入侵网络的途径还有:病毒通过工作站传播到服务器硬盘,再由服务器的共享目录传播到其他工作站;网络上下载带病毒的文件的传播;入侵者通过网络漏洞的传播等。Internet 可以作为文件病毒的载体,通过它,文件病毒可以很方便地传送到其他站点。例如，用户在使用网络时，可直接从文件服务器复制已感染病毒的文件；用户在工作站上执行一个带毒操作文件，该病毒就会感染网络上其他可执行文件；用户在工作站上执行带毒内存驻留的文件后，再访问网络服务器时可感染更多的文件。

### 2. 网络病毒的特点

计算机网络的主要功能是资源共享。一旦共享资源感染了病毒，网络各节点间信息的频繁传输会将计算机病毒传染到所共享的机器上，从而形成多种共享资源的交叉感染。病毒的迅速传播、再生、发作，将造成比单机病毒更大的危害，因此网络环境下计算机病毒的防治就显得更加重要了。

网络环境下的计算机病毒有以下特点：

- 传播方式复杂，传播速度快、范围广。病毒入侵网络主要是通过电子邮件、网络共享、网页浏览、服务器共享目录等方式，病毒的传播方式多且复杂。在网络环境下病毒可以通过网络通信机制，借助于网络线路进行迅速传输和扩散，特别是通过Internet，一种新出现的病毒可以迅速传遍全球各地。如"爱虫"病毒在一两天时间内就迅速传遍了世界的主要计算机网络，并造成了局部区域计算机网络瘫痪。
- 破坏危害大。网络病毒将直接影响网络的工作，轻则降低速度，影响工作效率，重则破坏服务器系统资源，造成网络系统瘫痪，使众多工作毁于一旦。"爱虫"、"冲击波"、CIH 等病毒都给世界计算机信息系统和网络系统带来了灾难性的破坏。有的造成了网络阻塞，甚至瘫痪，有的造成重要数据丢失，有的造成计算机内存储的大量机密信息被窃取，甚至还有些信息系统和网络被人为控制。
- 病毒变种多，病毒功能多样化。利用种类繁多且丰富的编程语言编制的计算机病毒也是种类繁杂，这些病毒容易编写，也容易修改、升级，从而生成许多新的变种，如"爱虫"病毒在十几天之内就出现了三十多个变种。有些现代病毒有后门程序的功能，这些病毒一旦侵入计算机系统，病毒控制者可以从入侵的系统中窃取信息，进行远程控制。因此，现代计算机病毒具有了功能多样化的特点。
- 清除难度大，难以控制。在网络环境下病毒感染的站点数量多、范围广，只要有一个站点的病毒未清除干净，它就会在网络上再次被传播开来，甚至是刚刚完成清除任务的站点，因此现代病毒的清除工作难度极大；且病毒一旦在网络环境下传播、蔓延，就很难对其进行控制。

### 3. 网络病毒的预防

由于网络病毒通过网络传播，具有传播速度快、传染范围大、破坏性强等特点，因此建立网络系统病毒防护体系，采用有效的网络病毒预防措施和技术显得尤为重要。

网络管理人员和操作人员要在思想上有防病毒意识，以预防为主。防范病毒主要从技术和管理两方面入手。

采取有效、成熟的技术措施预防计算机网络病毒是十分重要的。针对病毒的特点，利用现有的技术和开发新的技术，使防病毒软件在与计算机病毒的抗争中不断得到完善，更好地发挥保护作用。现在已有很多较成熟的防病毒技术和软件系统被广大计算机用户使用。

除使用成熟的防病毒技术外，用户在使用网络系统时也要有严格的管理措施。病毒预防的管理问题，涉及管理制度、行为规章和操作规程等。如机房或计算机网络系统要制定严格的管理制度，避免蓄意制造、传播病毒的事件发生；对接触计算机系统的人员进行选择和审查；对系统工作人员和资源进行访问权限划分；下载的文件要经过严格检查，甚至下载文件、接收邮件要使用专门的终端和账号，接收到的程序要严格限制执行等。通过建立安全管理制度，及早发现和清除安全隐患，可减少或避免计算机病毒的入侵。此外，在管理方面也涉及法律和行政法规、安全宣传和培训等问题。

### 4. 网络病毒的检测

判断一个计算机系统有无感染病毒，首先要进行病毒的检测，检测到病毒的存在后才能对病毒进行清除。通过检测，能及早地发现病毒，并及时进行处理，可以有效地抑制病毒的蔓延，尽可能地减少损失。所以，病毒的检测非常重要。

计算机工作时可能会出现一些异常现象，这些异常有可能是感染了计算机病毒所致。通过观察这些异常情况可初步判断出可能是系统的哪个部分受到病毒的袭击，为进一步诊断和清除病毒做好准备。

对网络病毒检测还可以采用比较、扫描、分析等方法进行。

比较法是用原始备份与被检测的引导扇区或被检测的文件进行比较。使用比较法可发现文件的长度是否有变化，文件内的程序代码是否有变化，引导扇区中的程序代码是否有变化等。对硬盘主引导扇区或对DOS引导扇区进行检测就能发现其中的程序代码是否发生了变化。使用比较法还可以发现那些尚不能被现有检查病毒程序发现的计算机病毒。比较法的优点是简单、方便，不需专用软件；缺点是无法确定病毒的类型和名称。

扫描法也叫特征代码法，它是用每一种病毒体含有的特定字符串对被检测的对象进行扫描。如果在被检测对象中发现了某种特定字符串，则该字符串可能就是病毒。扫描法的优点是检测准确、快速，可识别病毒名称和类别，误报警率低，容易对病毒进行清除处理；但缺点是不能检测未知病毒，收集已知病毒的特征代码的开销较大。

对计算机病毒进行分析要有一定的专业知识，通常使用分析法的人都是防杀病毒的专业技术人员而非一般用户。要使用分析法检测病毒，除了要具备前述专业知识外，还需要有Debug、Proview等分析用工具软件和专用的试验计算机。因为即使是很熟练的防杀计算机病毒的技术人员，使用性能完善的分析软件，也不能保证在短时间内将计算机病毒代码完全分析清楚。而计算机病毒有可能在分析阶段继续传染甚至发作，把软盘、硬盘中的数据完全毁坏掉，这就要求分析工作必须在专门设立的试验计算机上进行。

### 5. 网络病毒的清除

当系统感染病毒后，可采取以下措施进行紧急处理，恢复系统或受损部分：

- 隔离。当某计算机感染病毒后，可将其与其他计算机进行隔离，避免相互复制。当网络中某节点感染病毒后，网络管理员必须立即切断该节点与网络的连接，以避免病毒扩散到整个网络。
- 报警。病毒感染点被隔离后，要立即向网络系统安全管理人员报警。
- 查毒源。接到报警后，系统安全管理人员可使用相应防病毒系统鉴别受感染的机器和用户，检查那些经常引起病毒感染的节点和用户，并查找病毒的来源。

- 采取应对方法和对策。网络系统安全管理人员要对病毒的破坏程度进行分析检查，并根据需要决定采取有效的病毒清除方法和对策。如果被感染的大部分是系统文件和应用程序文件，且感染程度较深，则可采取重装系统的方法来清除病毒；如果感染的是关键数据文件，或破坏较严重时，可请防病毒专家进行清除病毒和恢复数据的工作。
- 修复前备份数据。在对被感染的病毒进行清除前，尽可能将重要的数据文件备份，以防在使用防毒软件或其他清除工具查杀病毒时，也将重要数据文件误杀。
- 清除病毒。重要数据备份后，运行查杀病毒软件，并对相关系统进行扫描。发现有病毒，立即清除。如果可执行文件中的病毒不能清除，应将其删除，然后再安装相应的程序。
- 重启和恢复。病毒被清除后，重新启动计算机，再次用防病毒软件检测系统是否还有病毒，并将被破坏的数据进行恢复。

当确定病毒已侵入系统后，可使用防病毒软件对计算机病毒进行查杀。目前成熟的防病毒软件已经可以做到对所有的已知病毒进行检测和清除，如瑞星 2009 版、KV 2008、诺顿 2009、金山毒霸 2009 等。

### 7.1.3 木马和蠕虫的防范

#### 1. 恶意代码

恶意代码是一种干扰和破坏计算机系统的程序代码，它通常把代码在不被察觉的情况下寄宿到另一段程序中，从而达到破坏被感染计算机数据、运行具有入侵性或破坏性的程序、破坏被感染的系统数据的安全性和完整性的目的。按其工作机理和传播方式区分，常见的恶意代码有普通病毒、木马、蠕虫、移动代码、逻辑炸弹、后门程序等类型。本节主要介绍木马和蠕虫。

(1) 普通病毒

前面所述的普通病毒一般都具有自我复制的功能，同时，它们还可以把自己的副本分发到其他文件、程序或计算机中去。病毒一般寄宿在主机的程序中，当被感染文件执行操作的时候，病毒就会自我复制。

(2) 木马

特洛伊木马(简称木马)这类代码是根据古希腊神话中的木马来命名的，如今黑客程序借用其名，有“一经潜入，后患无穷”之意。这种程序从表面上看没有什么，但是实际上却隐含着恶意企图。一些木马程序会通过覆盖系统中已经存在的文件的方式存在于系统之中，还有一些木马会以软件的身份出现，但它实际上是一个窃取密码的工具。这种代码通常不容易被发现，因为它一般以一个正常应用的身份在系统中运行。

(3) 蠕虫

蠕虫是一种可以自我复制的完全独立的程序，它的传播不需要借助被感染主机中的其他程序。蠕虫的自我复制不像其他的病毒，它可以自动创建与它的功能完全相同的副本，并在没人干涉的情况下自动运行。蠕虫是通过系统中存在的漏洞和设置的不安全性进行入侵的。它的自身特性可以使它以极快的速度传播。

(4) 移动代码

移动代码是能够从主机传输到客户端计算机上并执行的代码,它通常是作为病毒、蠕虫或是木马的一部分被传送到客户计算机上的。另外,移动代码可以利用系统的漏洞进行入侵,例如非法的数据访问和盗取 root 账号。通常用于编写移动代码的工具有 Java Applets、ActiveX、Java Script 和 VB Script 等。

(5) 逻辑炸弹

逻辑炸弹是以破坏数据和应用程序为目的的程序,对网络和系统有很大的破坏性。逻辑炸弹一般是由黑客或组织内部员工编制,并在特定时间对特定程序或数据目标进行破坏。

(6) 后门程序

后门程序一般是指那些绕过系统安全控制而获取对程序或系统的特殊访问权的程序。在软件开发阶段,程序员常常会在软件内留下一些"后门"以方便修改程序设计中的问题。但如果这些后门被其他人知道,或是在发布软件之前没有被删除掉,那么它就成了安全风险,容易被黑客侵入。后门程序一般带有 backdoor 字样,它与电脑病毒最大的差别在于:后门程序不一定有自我复制的动作,即它不一定会"感染"其他电脑。

### 2. 木马

1) 木马概述

谈到木马,人们就会想到病毒,但它与传统病毒不同。木马程序是一种恶意代码,它通常并不像传统病毒那样感染文件。木马一般是以寻找后门、窃取密码和重要文件为主,还可以对计算机进行跟踪监视、控制、查看、修改资料等操作,具有很强的隐蔽性、突发性和攻击性。

木马是一种带有恶意性质的远程控制软件,通常悄悄地在寄宿主机上运行,在用户毫无察觉的情况下让攻击者获得了远程访问和控制系统的权限。木马的安装和操作都是在隐蔽之中完成。攻击者经常把木马隐藏在一些游戏或小软件之中,诱使粗心的用户在自己的机器上运行。最常见的情况是,上当的用户要么从不正规的网站下载和运行了带恶意代码的软件,要么不小心点击了带恶意代码的邮件附件。

木马的传播方式主要有三种:一种是通过 E-mail,控制端将木马程序以附件形式附着在邮件上发送出去,收件人只要打开附件就会感染木马;第二种是软件下载,一些非正式的网站以提供软件下载的名义,将木马捆绑在软件安装程序上,程序下载后只要一运行这些程序,木马就会自动安装;第三种是通过会话软件(如 OICQ)的"传送文件"进行传播,不知情的网友一旦打开带有木马的文件就会感染木马。

2) 木马的原理

木马程序与其他的病毒程序一样的是都需要在运行时隐藏自己的行踪。但与传统的文件型病毒寄生于正常可执行程序体内,通过寄主程序的执行而执行的方式不同,大多数木马程序都有一个独立的可执行文件。木马通常不容易被发现,因为它一般是以一个正常应用的身份在系统中运行的。

木马程序一般包括客户端(Client)部分和服务器端(Server)部分,也采用客户机/服务器工作模式。客户端就是本地使用的各种命令的控制台,服务器端则是要给别人运行,只有运行过服务器端的计算机才能够完全受控。客户端放在木马控制者的计算机中，服务器端放置在被入侵的计算机中，木马控制者通过客户端与被入侵计算机的服务器端建立远程连接。一旦连接建立，木马控制者就可以通过对被入侵计算机发送指令来传输和修改文件。攻击者利用一种称为绑定程序的工具将服务器部分绑定到某个合法软件上，诱使用户运行合法软件。只要用户一运行该软件，特洛伊木马的服务器部分就在用户毫无知觉的情况下完成了安装过程。通常，特洛伊木马的服务器部分都是可以定制的，攻击者可以定制的项目一般包括：服务器运行的IP端口号、程序启动时机、如何发出调用、如何隐身、是否加密等。另外，攻击者还可以设置登录服务器的密码，确定通信方式。服务器向攻击者通知的方式可能是发送一个E-mail，宣告自己当前已成功接管机器；或者可能是联系某个隐藏的Internet交流通道，广播被侵占机器的IP地址；另外，当特洛伊木马的服务器部分启动之后，它还可以直接与攻击者机器上运行的客户程序通过预先定义的端口进行通信。不管特洛伊木马的服务器和客户程序如何建立联系，有一点是不变的，就是攻击者总是利用客户程序向服务器程序发送命令，达到操控用户机器的目的。

3）木马的危害

大多数网络用户对木马也并不陌生。木马主要以网络为依托进行传播，偷取用户隐私资料是其主要目的，且这些木马多具有引诱性与欺骗性。

木马也是一种后门程序，它会在用户的计算机系统里打开一个“后门”，黑客就会从这个被打开的特定“后门”进入系统，然后就可以随心所欲地操控用户的计算机了。如果要问黑客通过木马进入到计算机里后能够做什么，可以这样回答：用户能够在自己的计算机上做什么，它就同样能做什么。它可以读、写、存、删除文件，可以得到用户的隐私、密码，甚至用户在计算机上鼠标的每一下移动，它都能尽收眼底。而且还能够控制用户的鼠标和键盘去做他想做的任何事，比如打开用户珍藏的好友照片，然后当面将它永久删除。也就是说，用户的一台计算机一旦感染上木马，它就变成了一台傀儡机，对方可以在用户的计算机上上传下载文件，偷窥私人文件，偷取各种密码及口令信息等。感染了木马的系统用户的一切秘密都将暴露在别人面前，隐私将不复存在。

木马控制者既可以随心所欲地查看已被入侵的机器，也可以用广播方式发布命令，指示所有在它控制下的木马一起行动，或者向更广泛的范围传播，或者做其他危险的事情。实际上，只要用一个预先定义好的关键词，就可以让所有被入侵的机器格式化自己的硬盘，或者向另一台主机发起攻击。攻击者经常会用木马侵占大量的机器，然后针对某一要害主机发起分布式拒绝服务(DDoS)攻击。

4）木马的预防

目前木马已对电脑用户信息安全构成了极大隐患，做好木马的防范已经刻不容缓。用户要提高对木马的警惕，尤其是网络游戏玩家更应该提高对木马的关注。

网络中比较流行的木马程序，传播速度比较快，影响也比较严重，因此尽管我们掌握了很多木马的检测和清除方法及软件工具，但这些也只是在木马出现后被动的应对措施。当然最好的情况是不出现木马，这就要求我们平时要有对木马的预防意识和措施，做到防患于未然。以下是几种简单适用的木马预防方法和措施：

- 不随意打开来历不明的邮件，阻塞可疑邮件。
- 不随意下载来历不明的软件。

- 及时修补漏洞和关闭可疑的端口。
- 尽量少用共享文件夹。
- 运行实时监控程序。
- 经常升级系统和更新病毒库。
- 限制使用不必要的具有传输能力的文件。

5）木马的检测和清除

可以通过查看系统端口开放的情况、系统服务情况、系统任务运行情况、网卡的工作情况、系统日志及运行速度有无异常等对木马进行检测。检测到计算机感染木马后，就要根据木马的特征来进行清除。查看是否有可疑的启动程序、可疑的进程存在，是否修改了win.ini、system.ini系统配置文件和注册表。如果存在可疑的程序和进程，就按照特定的方法进行清除。

（1）查看开放端口

当前最为常见的木马通常是基于TCP/UDP协议进行客户端与服务器端之间的通信的。因此，可以通过查看在本机上开放的端口，看是否有可疑的程序打开了某个可疑的端口。例如，“冰河”木马使用的监听端口是7626，Back Orifice 2000使用的监听端口是54320等。假如查看到有可疑的程序在利用可疑端口进行连接，则很有可能就是感染了木马。查看端口的方法通常有以下几种：

- 使用Windows本身自带的netstat命令。
- 使用Windows 2000下的命令行工具fport。
- 使用图形化界面工具Active Ports。

（2）查看和恢复win.ini和system.ini系统配置文件

查看win.ini和system.ini文件是否有被修改的地方。例如，有的木马通过修改win.ini文件中Windows节的“load=file.exe，run=file.exe”语句进行自动加载，还可能修改system.ini中的boot节，实现木马加载。例如，“妖之吻”将“Shell－Explorer.exe”（Windows系统的图形界面命令解释器）修改成“Shell＝yzw.exe”，在计算机每次启动后就自动运行程序yzw.exe；可以把system.ini恢复为原始配置，即将“Shell＝yzw.exe”修改回“Shell＝Explorer.exe”，再删除掉木马文件即可。

（3）查看启动程序并删除可疑的启动程序

如果木马自动加载的文件是直接通过在Windows菜单上自定义添加的，一般都会放在主菜单的“开始”|“程序”|“启动”处。通过这种方式使文件自动加载时，一般都会将其存放在注册表中下述4个位置上：

```
HKEY_CURRENT_user\Software\Microsoft\Windows\CurrentVersion\Explorer\ShellFolders
HKEY_CURRENT_user\Software\Microsoft\Windows\CurrentVersion\Explorer\UserShellFolders
HKEY_LOCAL_machine\Software\Microsoft\Windows\CurrentVersion\Explorer\UserShellFolders
HKEY_LOCAL_machine\Software\Microsoft\Windows\CurrentVersion\Explorer\ShellFolders
```

检查是否有可疑的启动程序，便很容易查到是否感染了木马。如果查出有木马存在，则除了要查出木马文件并删除外，还要将木马自动启动程序删除。

（4）查看系统进程并停止可疑的系统进程

即便木马再狡猾，它也是一个应用程序，需要进程来执行。可以通过查看系统进程来推断木马是否存在。在 Windows NT/XP 系统下,按下 Ctrl+Alt+Del 进入任务管理器,就可看到系统正在运行的全部进程。在查看进程中,如果你对系统非常熟悉,对每个系统运行的进程知道它是做什么的,那么在木马运行时,你就能很容易看出来哪个是木马程序的活动进程了。

在对木马进行清除时,首先要停止木马程序的系统进程。例如,Hack. Rbot 除了将自身拷贝到一些固定的 Windows 自启动项中外,还在进程中运行 wuamgrd. exe 程序,修改了注册表,以便自己可随时自启动。在看到有木马程序运行时,需要马上停止系统进程,并进行下一步操作,修改注册表和清除木马文件。

(5) 查看和还原注册表

木马一旦被加载,一般都会对注册表进行修改。通常,木马一般在注册表中的以下地方实现加载文件:

```
HKEY_LOCAL_MACHINE\Software\Microsoft\Windows\CurrentVersion\Run
HKEY_LOCAL_MACHINE\Software\Microsoft\Windows\CurrentVersion\RunOnce
HKEY_LOCAL_MACHINE\Software\Microsoft\Windows\CurrentVersion\RunServices
HKEY_LOCAL_MACHINE\Software\Microsoft\Windows\CurrentVersion\RunServicesOnce
HKEY_CURRENT_USER\Software\Microsoft\Windows\CurrentVersion\Run\RunOnce
HKEY_CURRENT_USER\Software\Microsoft\Windows\CurrentVersion\RunServices
```

此外,在注册表中的 HKEY_CLASSES_ROOT\exefile\shell\open\command="" % 1" % * "处,如果其中的"%1"被修改为木马,那么每启动一次该可执行文件时木马就会启动一次。

查看注册表,将注册表中木马修改的部分还原。例如,Hack. Rbot 病毒已向注册表的有关目录中添加键值"MicrosoftUpdate"="wuamgrd. exe",以便自己可随机自启动。这就需要先进入注册表,将键值"MicrosoftUpdate"="wuamgrd. exe"删除掉。注意:可能有些木马会不允许执行. exe 文件,这样就要先将 regedit. exe 改成系统能够运行的形式,比如可以改成 regedit. com。

(6) 使用杀毒软件和木马查杀工具检测和清除木马

最简单的检测和删除木马的方法是安装木马查杀软件。常用的木马查杀工具,如 KV 3000、瑞星、TheCleaner、木马克星、木马终结者等,都可以进行木马的检测和查杀。此外,用户还可使用其他木马查杀工具对木马进行查杀。

多数情况下由于杀毒软件和查杀工具的升级慢于木马的出现,因此学会手工查杀木马非常必要。手工查杀木马的方法如下:

- 检查注册表。看 HKEY_LOCAL_MACHINE\SOFTWARE\Microsoft\Windows\Curren Version 和 HKEY_CURRENT_USER\Software\Microsoft\Windows\CurrentVersion 下所有以"Run"开头的键值名下有没有可疑的文件名。如果有,就需要删除相应的键值,再删除相应的应用程序。
- 检查启动组。虽然启动组不是十分隐蔽,但这里的确是自动加载运行的好场所,因此可能有木马在这里隐藏。启动组对应的文件夹为 C:\windows\startmenu\programs\startup,要注意经常对其进行检查,发现木马,及时清除。
- Win. ini 以及 System. ini 也是木马喜欢的隐蔽场所,要注意这些地方。比如在正常情况下Win.ini的Windows小节下的load和run后面没有跟什么程序，在这里如果发现有程序就要小心了，它很有可能是木马服务端程序，尽快对其进行检查并清除。

- 对于文件C:\windows\winstart.bat和C:\windows\wininit.ini也要多加检查，木马也很可能隐藏在这里。
- 如果是由.exe文件启动，那么运行该程序，看木马是否被装入内存，端口是否打开。如果是，则说明要么是该文件启动了木马程序，要么是该文件捆绑了木马程序。只好将其删除，再重新安装一个这样的程序。

### 3. 蠕虫

1）蠕虫概述

蠕虫是一种可以自我复制的完全独立的程序，其传播不需要借助被感染主机中的其他程序。蠕虫的自我复制可以自动创建与自身功能完全相同的副本，并在没人干涉的情况下自动运行。蠕虫是通过系统中存在的漏洞和设置的不安全性进行入侵的。它的自身特性可以使其以极快的速度传播。

网络蠕虫，作为对互联网危害严重的一种计算机程序，其破坏力和传染性不容忽视。与传统病毒不同，蠕虫以计算机为载体，以网络为攻击对象。

蠕虫是一种通过网络传播的恶性代码，它具有普通病毒的传播性、隐蔽性和破坏性，但与普通病毒也有很大区别，它具有一些自己的特征，如不利用文件寄生、可对网络造成拒绝服务、与黑客技术相结合等。蠕虫的传染目标是网络内的所有计算机。在破坏性上，蠕虫也比普通病毒强大很多。

根据使用者情况的不同可将蠕虫分为面向企业用户的蠕虫和面向个人用户的蠕虫两类。面向企业用户的蠕虫利用系统漏洞，主动进行攻击，可能对整个网络造成瘫痪性的后果，这一类蠕虫以“红色代码”、“尼姆达”、“Slmmar”为代表；面向个人用户的蠕虫通过网络（主要是电子邮件、恶意网页形式等）迅速传播，以“爱虫”、“求职信”蠕虫为代表。

漏洞蠕虫可利用微软的几个系统漏洞进行传播，如SQL漏洞、RPC漏洞和LSASS漏洞，其中RPC漏洞和LSASS漏洞最为严重。漏洞蠕虫极具危害性，大量的攻击数据堵塞网络，并可造成被攻击系统不断重启、系统速度变慢等现象。漏洞蠕虫的特性与黑客特性集成到一起，造成的危害就更大了。蠕虫多以系统漏洞进行攻击与破坏，在网络中通过攻击系统漏洞从而再复制与传播自己。反病毒专家介绍，每当企业感染了蠕虫后都非常难以清除，需要拔掉网线后将每台机器都查杀干净。如果网络中有一台机器受到漏洞蠕虫病毒攻击，那么整个网络将陷入蠕虫“泥潭”中。冲击波、震荡波蠕虫就是典型的例子。

电子邮件蠕虫主要通过邮件进行传播。邮件蠕虫使用自己的SMTP引擎，将病毒邮件发送给搜索到的邮件地址。有时候我们会发现同事或好友重复不断地发来各种英文主题的邮件，这就是感染了邮件蠕虫。邮件蠕虫还能利用IE漏洞，使用户在没有打开附件的情况下感染病毒。MYDOOM蠕虫变种AH能利用IE漏洞，使病毒邮件不再需要附件就可感染用户。

2）蠕虫的传播和危害

局域网条件下的共享文件夹、电子邮件和网络中的恶意网页、大量存在着漏洞的服务器等都成为蠕虫传播的途径。网络的发展也使得蠕虫可以在几个小时内蔓延到全球，而且蠕虫的主动攻击性和突然爆发性将使得人们惊慌失措。

蠕虫程序的一般传播过程为：

- 扫描。由蠕虫的扫描功能模块负责收集目标主机的信息，寻找可利用的漏洞或弱点。当程序向某个主机发送探测漏洞的信息并收到成功的反馈信息后，就得到一个可传播的对象。扫描采用的技术方法包括用扫描器扫描主机，探测主机的操作系统类型、主机名、用户名、开放的端口、开放的服务、开放的服务器软件版本等。
- 攻击。攻击模块按步骤自动攻击扫描中找到的对象，取得该主机的权限（一般为管理员权限），获得一个 shell。
- 复制。复制模块通过原主机和新主机的交互将蠕虫程序复制到新主机中并启动。

由此可见，实际上传播模块实现的是自动入侵的功能，蠕虫采用的是自动入侵技术，由于受程序大小的限制，自动入侵程序不可能有太强的智能性，所以自动入侵一般都采用某种特定的模式。目前蠕虫使用的入侵模式就是：扫描漏洞→攻击并获得 shell→利用 shell。这种入侵模式也就是现在蠕虫常用的传播模式。

1988 年一个由美国一所大学研究生莫里斯编写的蠕虫蔓延造成了数千台计算机停机，蠕虫开始现身网络，而后来的红色代码、尼姆达蠕虫疯狂的时候，造成几十亿美元的损失。2003 年初，一种名为“Slammar”的蠕虫迅速传播并袭击了全球，致使互联网网路严重堵塞，作为互联网主要基础的域名服务器（DNS）受侵袭造成网民浏览互联网网页及收发电子邮件的速度大幅降低，同时银行 ATM 的运行中断，网络机票预订系统运行中断，信用卡收付款系统出现故障等。专家估计，此次蠕虫造成的直接经济损失至少在 26 亿美元以上。2004 年 5 月出现的“震荡波” 蠕虫，破坏性超过 2003 年 8 月的“冲击波”病毒，全球各地上百万用户遭到攻击，并造成重大损失。

3）蠕虫的特点

通过以上对蠕虫的分析，可见蠕虫具有以下特点：

- 传播迅速，难以清除。
- 利用操作系统和应用程序的漏洞主动进行攻击。
- 传播方式多样化。
- 蠕虫制作技术与传统的病毒不同。
- 与黑客技术相结合。

4）蠕虫的分析和防范

与普通病毒不同的一个特征就是蠕虫能利用漏洞进行传播和攻击。这里所说的漏洞主要是软件缺陷和人为缺陷。软件缺陷，如远程溢出、微软 IE 和 Outlook 的自动执行漏洞等，需要软件厂商和用户共同配合，不断地升级软件而解决。人为缺陷主要是指计算机用户的疏忽。这就是所谓的社会工程学，当收到一封带着病毒的求职信邮件时，大多数人都会去点击。对于企业用户来说，威胁主要集中在服务器和大型应用软件上；而对于个人用户来说，主要是防范人为缺陷。

（1）企业类蠕虫的防范

虽然 Slammar 蠕虫利用的漏洞早已有详细说明，而且微软也提供了安全补丁程序，但是在蠕虫发作时还有相当多一部分服务器没有安装最新的补丁，其网络管理员的安全防范意识可见一斑。当前,企业网络主要应用于文件和打印服务共享、办公自动化系统、企业管理信息系统(MIS)、Internet 应用等领域。网络具有便利的信息交换特性,蠕虫就可能充分利用网络快速传播达到其阻塞网络的目的。企业在充分利用网络进行业务处理时,要考虑病毒防范问题,以保证关系企业命运的业务数据的完整性和可用性。

企业防治蠕虫需要考虑对蠕虫的查杀能力、病毒的监控能力和对新病毒的反应能力等问题。而企业防毒的一个重要方面就是管理策略。现建议企业防范蠕虫的策略如下:

- 加强网络管理员安全管理水平,提高安全意识。由于蠕虫利用的是系统漏洞,所以需要在第一时间内保持系统和应用软件的安全性,保持各种操作系统和应用软件的更新。由于各种漏洞的出现,使得安全问题不再是一劳永逸的事,而作为企业用户而言,所经受攻击的危险也是越来越大,要求企业的管理水平和安全意识也越来越高。
- 建立对蠕虫的检测系统。能够在第一时间内检测到网络的异常和蠕虫攻击。
- 建立应急响应系统。将风险减少到最低。由于蠕虫爆发的突然性,可能在发现的时候已经蔓延到了整个网络,所以建立一个紧急响应系统是很有必要的,在蠕虫爆发的第一时间即能提供解决方案。
- 建立备份和容灾系统。对于数据库和数据系统,必须采用定期备份、多机备份和容灾等措施,防止意外灾难下的数据丢失。

(2) 个人用户蠕虫的分析和防范

对于个人用户而言,威胁大的蠕虫一般采取电子邮件和恶意网页传播方式。这些蠕虫对个人用户的威胁最大,同时也最难以根除,造成的损失也很大。利用电子邮件传播的蠕虫通常利用的是社会工程学欺骗,即以各种各样的欺骗手段诱惑用户点击的方式进行传播。

该类蠕虫对个人用户的攻击主要还是通过社会工程学,而不是利用系统漏洞,所以防范此类蠕虫需要从以下几点入手:

- 提高防杀恶意代码的意识。
- 购买正版的防病毒(蠕虫)软件。
- 经常升级病毒库。
- 不随意查看陌生邮件,尤其是带有附件的邮件。

### 4. 计算机病毒的现状和发展趋势

(1) 计算机病毒的现状

据估计,目前流行的病毒有 10 万多种,每个月新产生的病毒有几百种。现在的恶意代码基本上都可以说是高智商的,不仅仅是生命力顽强,而且发作的时机都掌握的很好。

2004 年 6 月,手机病毒 Cabir 被发现,并在欧洲掀起了波澜。随后,瑞星在 8 月截获了“布若达(Backdoor. Wince. Brador. a)”,手机病毒正被人们逐渐关注和警惕着。

手机病毒主要是通过短信、下载文件、红外、蓝牙等无线网络连接方式进行传播。而手机也会因为中了病毒而出现死机、电话簿丢失等意外情况。手机病毒也会对各种移动设备产生类似的破坏作用。2004 年利用手机无线传送功能传播的病毒同比增加了 80%,通过手机操作系统扩散的病毒增加了 25%,利用短信彩信传播的手机病毒增加了 48%。

手机病毒与传统病毒的区别在于:手机病毒利用了手机的“无线”扩展功能进行传播。

反病毒专家说，计算机是智能手机病毒扩散的源头，任何手机病毒都要通过计算机进行编写。

多元化的即时通信软件的出现方便了人们进行网络间的互相沟通，即时通信软件集合了多重最新的功能，如视频、音频的交互，接收、发送电子邮件和单机文件等。即时通信软件高速发展的同时，黑客们也开始注意到了这个领域，他们不会轻易放掉任何可以利用的机会，于是即时通信软件成了黑客演习各种新式武器的活靶子。黑客利用即时通信软件覆盖面广、使用人数众多、传播速度快的优势，制造出大量新颖的恶意代码以及攻击模式。

(2) 计算机病毒的发展趋势

反病毒专家认为，随着宽带用户的增多，越来越多的用户深受网络蠕虫、操作系统漏洞病毒和木马的危害。现阶段，网络蠕虫不仅具有针对邮件和系统漏洞大量传播的特性，还融入了木马特征，而木马又与黑客攻击密不可分。如"灾飞"病毒，它不仅具备网络蠕虫的特征，还具有木马给系统开后门的特征。如今，一些恶性病毒不仅会对互联网造成严重威胁，还可盗取个人、企业用户的隐私和商业信息。

现在流行的病毒已经表现出与传统病毒不同的特征和发展趋势，改变了传统病毒在人们脑海中的印象。以往人们认为病毒的传播和破坏是被动式的，只要不使用盗版光盘，不打开来历不明的邮件，不下载一些危险程序，一般是不会感染病毒的。而现在，各种病毒无一例外地与网络结合，并都具有多种攻击手段。用户即使什么也不做，病毒也会利用 Internet 和一些网络系统漏洞（如操作系统漏洞）感染用户系统。在今后一段时间里，利用互联网即时通信软件传播的病毒还有更进一步发展的趋势。

反病毒专家认为，计算机实时在线给网络蠕虫、系统漏洞、木马等病毒提供了条件，宽带网络的发展为新型病毒的传播与破坏提供了绝佳机会。宽带越"宽"，直接导致木马、间谍软件、垃圾邮件、网页恶意程序等病毒的传播速度越惊人。没有强大的网络安全解决方案，"宽带应用"就将非常容易被病毒、黑客所攻击。

现在的计算机病毒已经由从前的单一传播、单种行为变成依赖 Internet 传播，集电子邮件、文件传染等多种传播方式，融木马、黑客等多种攻击手段于一身，形成一种广义的"新病毒"。根据这些病毒的发展演变，可预见未来的计算机病毒可能具有如下发展趋势：

- 病毒的网络化。病毒与 Internet 和 Intranet 更紧密地结合，利用 Internet 上一切可以利用的方式进行传播，如邮件、局域网、远程管理、实时通信工具等。
- 病毒功能的综合化。新型病毒集传统病毒、蠕虫、木马、黑客程序特点于一身，破坏性大大加强。
- 传播途径的多样化。病毒通过网络共享、网络漏洞、网络浏览、电子邮件、即时通信软件等途径传播。
- 病毒的多平台化。目前，各种常用的操作系统平台均已发现病毒，第一个跨 Windows 和 Linux 平台的病毒 Winux 也于几年前出现，跨各种新型平台的病毒也会推出和普及。手机和 PDA 等移动设备病毒已出现，还将有更大的发展。

反病毒专家称，带有黑客性质的病毒的全面爆发和网络黑客越来越频繁地对用户发起攻击，使人们面临的信息安全问题进入了"后病毒时代"。对"后病毒时代"最概括的描述就是黑客的攻击目标从大网站、大商业机构和政府机关扩展到了普通的电脑用户。在"后病毒时代"，病毒与黑客将紧密地结合在一起，共同向现有的信息安全发起攻击。其中最重要的一个趋势就是黑客借助于病毒的广泛和迅速传播特性，把黑客攻击手段从以前的一对一攻击变成了一对多攻击模式。

## 7.2 黑客与网络攻击

提起黑客，总是给人一种神秘莫测的感觉。在人们眼中，黑客是一群精通计算机操作系统和编程语言方面的技术，具有硬件和软件的高级知识，能发现系统中存在安全漏洞的人，他们经常使用入侵计算机系统的基本技巧，如破解口令(password cracking)、开天窗(trapdoor)、走后门(backdoor)、安放木马(Trojan horse)等，未经允许地侵入他人的计算机系统，窥视他人的隐私、窃取密码或故意破坏他人系统，因此黑客也被称为入侵者。黑客可强行闯入远程系统或恶意干扰远程系统的工作，通过非授权的访问权限，盗窃系统的重要数据，破坏系统的完整性和可用性，干扰系统的正常工作。

### 7.2.1 网络攻击的类型

任何以干扰、破坏网络系统为目的的非授权行为都被称为网络攻击。黑客进行的网络攻击通常可归纳为拒绝服务型攻击、利用型攻击、信息收集型攻击和虚假信息型攻击四大类型。

#### 1. 拒绝服务型攻击

拒绝服务(DoS)攻击是攻击者通过各种手段来消耗网络带宽或服务器的系统资源，最终导致被攻击服务器资源耗尽或系统崩溃而无法提供正常的网络服务。这种攻击对服务器来说，可能并没有造成损害，但可以使人们对被攻击服务器所提供服务的信任度下降，影响公司声誉以及用户对网络的使用。

TCP是一个面向连接的协议，在网络中广泛应用。因此，黑客也会利用TCP协议自身的漏洞进行攻击，影响网络中运行的绝大多数服务器。

具体的DoS攻击方式有SYN Flood(洪泛)攻击、IP碎片攻击、Smurf攻击、死亡之ping攻击、泪滴(teardrop)攻击、UDP Flood(UDP洪泛)攻击、Fraggle攻击等。

#### 2. 利用型攻击

利用型攻击是一类试图直接对用户机器进行控制的攻击。最常见的利用型攻击有三种：

(1) 口令猜测。一旦黑客识别了一台主机而且发现了基于NetBIOS、Telnet或NFS服务的可利用的用户账号，成功的口令猜测能提供对机器的控制。

(2) 特洛伊木马。木马是一种直接由黑客或通过用户秘密安装到目标系统的程序。木马一旦安装成功并取得管理员权限，安装此程序的人就可以直接远程控制目标系统。最常见的一种木马叫做后门程序。采取不下载可疑程序并拒绝执行，运用网络扫描软件定期监视内部主机上的TCP服务等措施可预防该攻击。

(3) 缓冲区溢出。由于在很多的服务程序中麻痹大意的程序员使用类似strcpy()、strcat()等不进行有效位检查的函数，最终可能导致恶意用户编写一小段程序来进一步打开安全豁口，然后将该代码缀在缓冲区中的有效载荷末尾。当发生缓冲区溢出时，返回指针指向恶意代码,这样系统的控制权就会被夺取。

#### 3. 信息收集型攻击

信息收集型攻击是被用来为进一步入侵系统提供有用的信息。这类攻击主要包括扫描技术和利用信息服务技术等,其具体实现为:

(1) 地址扫描。运用 ping 程序探测目标地址,若对此做出响应,则表示其存在。在防火墙上过滤掉 ICMP 应答消息可预防该攻击。

(2) 端口扫描。通常使用一些软件,向大范围的主机连接一系列的 TCP 端口。扫描软件可报告它成功地建立了连接的主机开放端口。许多防火墙能检测到系统是否被扫描,并自动阻断扫描企图。

(3) 反向映射。黑客向主机发送虚假消息,然后根据返回"hostunreachable"这一消息特征判断出哪些主机正在工作。由于正常的扫描活动容易被防火墙侦测到,黑客转而使用不会触发防火墙规则的常见消息类型。NAT 和非路由代理服务器能自动抵御此类攻击,也可在防火墙上过滤"hostunreachable"ICMP 应答。

(4) DNS 域转换。DNS 协议不对转换或信息的更新进行身份认证,这使得该协议可以不同方式被利用。对于一台公共 DNS 服务器,黑客只需实施一次 DNS 域转换操作就能得到所有主机的名称以及内部 IP 地址。可采用防火墙过滤掉域转换请求来避免这类攻击。

(5) Finger 服务。黑客可使用 Finger 命令来刺探 Finger 服务器以获取关于该系统的用户信息。采取关闭 Finger 服务并记录尝试连接该服务的对方 IP 地址,或者在防火墙上进行过滤,这样可预防该服务攻击。

#### 4. 虚假信息型攻击

虚假信息型攻击用于攻击目标配置不正确的消息,主要有高速缓存污染和伪造电子邮件两种形式。

(1) DNS 高速缓存污染。由于 DNS 服务器与其他域名服务器交换信息时并不进行身份验证,这就使得黑客可以将一些虚假信息掺入,并把用户引向黑客自己的主机。可采取在防火墙上过滤入站的 DNS 更新,外部 DNS 服务器不能更改内部服务器对内部机器的认识等措施预防该攻击。

(2) 伪造电子邮件。由于 SMTP 并不对邮件发送者的身份进行鉴定,因此黑客可以对网络内部客户伪造电子邮件,声称是来自某个客户认识并相信的人,并附带上可安装的木马程序,或者是一个引向恶意网站的连接。采用 PGP 等安全工具或电子邮件证书对邮件发送者进行身份鉴别措施可预防该攻击。

### 7.2.2 黑客攻击的目的、手段和工具

#### 1. 黑客攻击的目的

黑客攻击网络系统的目的通常有以下几种:

- 对系统的非法访问。

- 获取所需信息，包括科技情报、个人资料、金融账户、信用卡密码及系统信息等。
- 篡改、删除或暴露数据资料，达到非法目的。
- 获取超级用户权限。
- 利用系统资源，对其他目标进行攻击、发布虚假信息、占用存储空间等。
- 拒绝服务。

2. 黑客攻击的手段和工具

为了把损失降低到最低限度，我们一定要有安全观念，并掌握一定的安全防范措施，让黑客无任何机会可乘。我们先来了解和研究一下黑客的攻击手段，这样才能采取准确的对策对付网络攻击。

黑客常用的攻击手段有获取用户口令、放置木马程序、电子邮件攻击、网络监听、利用账号进行攻击、获取超级用户权限等。

黑客攻击系统通常使用的工具有扫描器、嗅探器、木马和炸弹等。

- 扫描器是检测本地或远程系统安全脆弱性的软件。利用它通过与目标主机的 TCP/IP 端口建立连接并请求某些服务，记录目标主机的应答，收集目标主机的相关信息，从而发现目标主机某些内在的安全弱点。
- 嗅探器是一种常用的收集有用数据的工具。利用它可收集用户的账号和密码，或是一些商业性机密数据。
- 著名的木马工具软件，如冰河木马、BO2000、NetSpy、广外女生等，功能都很强大，被黑客广泛利用。
- 被黑客常用的炸弹工具有邮件类炸弹、IP 类炸弹和 ICQ 类炸弹等。

### 7.2.3 黑客的攻击与防范

对于网络协议、操作系统、数据库和应用程序等，无论是其本身的设计缺陷，还是由于人为因素造成的各种漏洞，都可能被黑客利用来进行网络攻击。因此，要保证网络信息的安全，必须熟知黑客攻击网络的一般过程，在此基础上才能制定相应的防范策略，确保网络安全。

1. 黑客攻击的过程

网络攻击是一个系统性很强的工作，其主要有以下过程。

(1) 确定攻击目的

攻击者在进行一次完整的攻击之前，首先要确定攻击要达到的目的，即要给对方造成什么伤害。常见的攻击目的就是破坏和入侵。破坏型攻击就是破坏攻击目标，使其不能正常工作，而不随意控制目标的系统运行。要达到破坏性攻击的目的，主要的手段是拒绝服务(DoS)攻击。入侵型攻击就是入侵攻击目标，它是以获得一定的权限、控制攻击目标为目的。该类攻击比破坏型攻击更为普遍，威胁也更大。

(2) 收集信息

黑客在确定攻击目的后，还需进一步获取有关信息，如攻击目标机的 IP 地址、所在网络的操作系统类型和版本、系统管理人员的邮件地址等，根据这些信息进行分析，可得到有关被攻击方系统中可能存在的漏洞。收集信息的过程并不对目标本身造成危害，只是为进一步入侵提供有用的信息。

(3) 系统安全弱点的探测

在收集到攻击目标的一些网络信息后，黑客会探测目标网络上的每台主机，以寻求该系统的安全漏洞或安全弱点，黑客主要使用自编程序和利用扫描工具方式进行系统安全弱点的探测。

(4) 建立模拟环境，进行模拟攻击

黑客根据前几步所获得的信息，建立一个类似攻击对象的模拟环境，然后对模拟目标机进行一系列的攻击。在此期间，通过检查被攻击方的日志，观察检测工具对攻击的反应等，可以了解攻击过程中留下的"痕迹"及被攻击方的状态，这样攻击者就知道需要删除哪些文件来毁灭其入侵证据，以此又可制定一个系统的、周密的攻击策略。

(5) 实施网络攻击

入侵者以前几步所做工作为基础，再结合自身的水平及经验总结出相应的攻击方法，在进行模拟攻击的实践后，将等待时机，实施真正的网络攻击。通常，黑客实施的网络攻击可能包括以下操作：

- 通过猜测程序可对截获的用户账号和口令进行破译。
- 利用破译程序可对截获的系统密码文件进行破译。
- 通过得到的用户口令和系统密码远程登录网络，以此获得用户的工作权限。
- 利用本地漏洞获取管理员权限。
- 利用网络和系统本身的薄弱环节和安全漏洞实施电子引诱（如安放木马）等。
- 修改网页进行恶作剧，或破坏系统程序，或放置病毒使系统陷入瘫痪，或窃取政治、军事、商业秘密，或进行电子邮件骚扰，或转移资金账户，窃取金钱等。

### 2. 拒绝服务(DoS)攻击与防范

DoS攻击主要是攻击者利用TCP/IP协议本身的漏洞或网络中操作系统漏洞实现的。攻击者通过发送大量无效的请求数据包造成服务器进程无法短期释放，大量积累耗尽系统资源，使得服务器无法对正常请求进行响应，造成服务器瘫痪。这种攻击主要是用来攻击域名服务器、路由器以及其他网络操作服务，攻击之后造成被攻击者无法正常工作和提供服务。

在DoS攻击中，攻击者加载过多的服务将系统资源（如CPU时间、磁盘空间、打印机，甚至是系统管理员时间）全部或部分占用，使得没有多余资源供其他用户使用。由于DoS攻击工具的技术要求不高，效果却比较明显，因此成为当今网络中被黑客广为使用的一种十分流行的攻击手段。

众所周知，在TCP/IP传输层，TCP连接的建立要通过三次握手机制来完成。客户端首先发送SYN信息（第1次握手），服务器发回SYN/ACK信息（第2次握手），客户端连接后再发回ACK信息（第3次握手），此时连接建立完成。若客户端不发回ACK，则服务器在超时后处理其他连接。在连接建立后，TCP层实体即可在已建立的连接上开始传输TCP数据段。

TCP的三次握手过程常常被黑客利用进行DoS攻击。DoS攻击的原理是：客户机先进行第1次握手；服务器收到信息后进行第2次握手；正常情况客户机应该进行第3次握手。但因为被黑客控制的客户端(攻击者)在进行第1次握手时修改了自己的地址，即将一个实际上不存在的IP地址填充在自己的IP数据包的发送者IP栏中，这样，由于服务器发送的第2次握手信息没人接收，所以服务器不会收到第3次握手的确认信号，这样服务器端会一直等待直至超时。当有大量的客户发出请求后，服务器就会有大量的信息在排队等待，直到所有的资源被用光而不能再接收客户机的请求。当正常的用户向服务器发出请求时，由于没有了资源就会被拒绝服务。

SYN Flood(洪泛)攻击是典型的DoS攻击。SYN Flood常常是源IP地址欺骗攻击的前奏，又称"半连接"式攻击。SYN Flood攻击处于TCP/IP协议的传输层。首先，攻击者向被攻击对象发送虚假源地址的SYN报文段，当被攻击对象收到该SYN报文段后把该源地址作为目的地址发送SYN/ACK报文段，同时被攻击对象建立起一个处于SYN_RCVD状态的等待连接。如果具有该虚假源地址的系统不可到达，被攻击对象将收不到响应的RST报文段或ACK报文段，从而一直等待，直到超时。由于攻击者不间歇地发送这样的SYN报文段，被攻击对象将不断建立这样的半连接(只有发送，收不到响应)，最终被攻击对象所建立的连接数达到其所允许的最大值后，服务器不再响应合法用户的正常请求，引起了DoS攻击。

可采用防火墙系统、入侵检测系统(IDS)和入侵防护系统(IPS)等技术措施防范DoS攻击。此外，从网络的全局着眼，在网间基础设施的各个层面上采取应对措施，包括在局域网层面上采用特殊措施，在网络传输层面上进行必要的安全设置，并安装专门的DoS识别和预防工具(如Extreme Ware管理套件)，提供了有效的识别机制和强硬的控制手段，这样才能最大限度地减少DoS攻击所造成的损失。

对于DoS攻击，可采取的一些具体措施有：

- 对于信息淹没攻击，应关掉可能产生无限序列的服务来防止这种攻击。比如，我们可以在服务器端拒绝所有的ICMP包，或在该网段路由器上对ICMP包进行带宽限制，控制其在一定的范围内。
- 要防止SYN数据段攻击，应对系统设定相应的内核参数，使得系统强制对超时的SYN请求连接数据包复位，同时通过缩短超时常数和加长等候队列使得系统能迅速处理无效的SYN请求数据包。
- 建议在该网段的路由器上做些诸如限制SYN半开数据包流量和个数配置的调整。
- 建议在路由器的前端做必要的TCP拦截，使得只有完成TCP三次握手过程的数据包才可进入该网段，这样可以有效地保护本网段内的服务器不受此类攻击。

对于正在实施的DoS攻击，只有追根溯源去找到正在进行攻击的机器和攻击者。要追踪攻击者不是一件容易的事情，一旦其停止了攻击行为就很难被发现。唯一可行的方法就是在其进行攻击的时候，根据路由器的信息和攻击数据包的特征，采用逐级回溯的方法来查找其攻击源头。

### 3. 分布式拒绝服务(DDoS)攻击与防范

随着Internet的发展，出现了越来越多的对网络体系进行故意破坏的黑客团体。他们研究出了各种攻击方法，其中最难防范的也是最具破坏性的要属分布式拒绝服务(DDoS)攻击了。DDoS是一种特殊形式的拒绝服务攻击，采用一种分布、协作的大规模攻击方式，主要瞄准如商业公司、搜索引擎和政府部门网站等比较大的站点。DDoS攻击是目前黑客经常采用而难以防范的攻击手段。为了最大限度地阻止DDoS攻击，了解DDoS的攻击方式和防范手段已是网络安全人员所必备的。

(1) DDoS攻击的概念及原理

DoS的攻击方式有很多种，最基本的DoS攻击就是用超出被攻击目标处理能力的海量数据包消耗可用系统、带宽资源，致使网络服务瘫痪。在早期，DoS攻击主要是针对处理能力较弱的单机，而对拥有高带宽连接、高性能设备的网站影响不大。单一的DoS攻击一般是采用一对一方式的，DoS攻击的明显效果是使被攻击目标的CPU速度、内存和网络带宽等各项性能指标变低。随着计算机处理能力和内存容量的迅速增加，这就降低了DoS攻击的风险和危害，目标主机对恶意攻击包的"消化能力"也增强了。比如攻击者的攻击软件每秒钟可以发送3000个攻击包，但用户的主机与网络带宽每秒钟可以处理10 000个攻击包，这样攻击就不会产生什么效果。因而就出现了DDoS攻击手段。

DDoS攻击就是在传统的DoS攻击基础之上产生的一种攻击方式。试想如果计算机与网络的处理能力加大了10倍，用一台攻击机来攻击不会起作用，但攻击者要是用10台、100台攻击机同时攻击呢？这就是DDoS攻击的思路，它就是利用更多的被控制机发起进攻，以比从前更大的规模来进攻受害者。如图7.1所示，为完成DDoS攻击，黑客首先要拥有和控制三种类型的计算机：攻击者计算机(黑客本人使用，黑客通过它发布实施DDoS的指令)、控制傀儡机(一般不属黑客所有，黑客在这些计算机上安装上特定的主控制软件)和攻击傀儡机。每个攻击傀儡机也是一台已被入侵并运行代理程序的系统主机，每个响应攻击命令的攻击傀儡机会向被攻击目标主机发送DoS数据包。

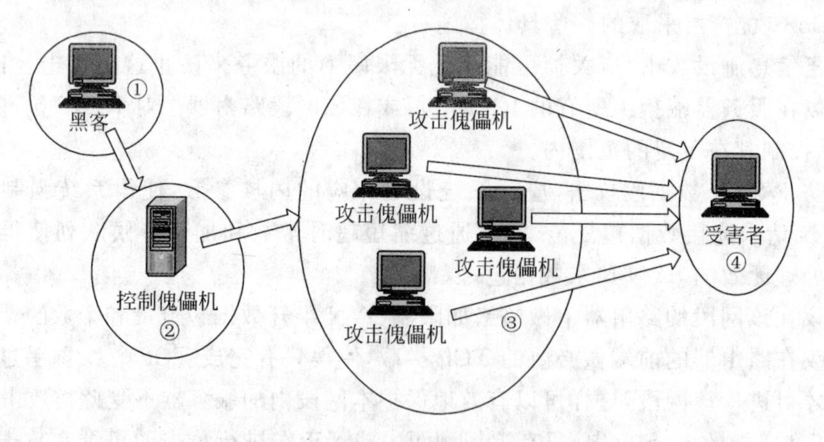


图7.1 分布式拒绝服务攻击示意图

DDoS攻击包是从攻击傀儡机上发出的，控制傀儡机只发布命令而不参与实际的攻击。黑客对这两类计算机有控制权或部分的控制权，并把相应的DDoS程序上传到这些平台上，这些程序与正常的程序一样运行并等待来自黑客的指令。平时攻击傀儡机并没有什么异常，只是一旦被黑客控制并接收到指令，他们就成为害人者去发起攻击了。

一般来说，黑客的DDoS攻击分为以下几个阶段：

① 准备阶段。在这个阶段,黑客搜集和了解目标的情况(主要是目标主机数目、地址、配制、性能和带宽)。该阶段对于黑客来说非常重要,因为完全了解目标的情况,才能有效地进行进攻。对于 DDoS 攻击者,要攻击某个站点,首先要确定到底有多少台主机在支持这个站点,一个大的网站可能有很多台主机利用负载均衡技术提供同一个网站的 WWW 服务。

② 占领傀儡机。该阶段实际上是使用了利用型攻击手段。简单地说,就是占领和控制傀儡机,取得最高的管理权限,或至少得到一个有权限完成 DDoS 攻击任务的账号。

③ 植入程序。占领傀儡机后,黑客在控制傀儡机上安装主控制软件 master,在攻击傀儡机上安装守护程序 daemon。攻击傀儡机上的代理程序在指定端口上监听来自控制傀儡机发送的攻击命令,而控制傀儡机接受从攻击者计算机发送的指令。

④ 实施攻击。经过前 3 个阶段的精心准备后,黑客就开始瞄准目标准备攻击了。黑客登录到控制傀儡机,向所有的攻击机发出攻击命令。这时候潜伏在攻击机中的 DDoS 攻击程序就会响应控制台的命令,一起向受害主机高速发送大量的数据包,导致受害者死机或是无法响应正常的请求。

(2) DDoS 攻击的防范

目前,对 DDoS 攻击的防御还是比较困难的,但实际上防止 DDoS 并不是绝对不可行的事情。一个企业内部网的管理者往往也是网络安全员。在他维护的网络中有一些服务器需要向外提供 WWW 服务,因而不可避免地成为 DDoS 的攻击目标,他可以从对主机与网络两个角度考虑进行安全设置。

在主机上可使用网络和主机扫描工具检测脆弱性、采用 NIDS 和嗅探器、及时更新系统补丁等措施防范 DDoS。

在网络的防火墙上可以采取禁止对主机的非开放服务的访问、限制同时打开的 SYN 最大连接数、限制特定 IP 地址的访问、严格限制开放的服务器的对外访问等设置;在网络的路由器上可采取检查每一个经过路由器的数据包、设置 SYN 数据包流量速率、在边界路由器上部署策略、使用 CAR 限制 ICMP 数据包流量速率等设置。

**4. 缓冲区溢出攻击与防范**

(1) 缓冲区溢出攻击的概念及原理

缓冲区是用户为程序运行时在计算机中申请的一段连续的内存,它保存给定类型的数据。缓冲区溢出是指通过向程序的缓冲区写入超出其长度的内容,造成缓冲区的溢出,从而破坏程序的堆栈,使程序转而执行其他的指令,以达到攻击的目的。缓冲区溢出攻击是一种常见且危害很大的系统攻击手段,这种攻击可以使一个匿名的 Internet 用户有机会获得一台主机的部分或全部的控制权。

缓冲区溢出攻击是最为常见的一种攻击形式,占据远程网络攻击的绝大多数。有资料显示,80%的攻击事件与缓冲区溢出漏洞有关。目前公开的安全漏洞也有相当一部分属于缓冲区溢出漏洞。

1988 年的莫里斯蠕虫就利用 UNIX fingered 程序不限制输入长度的漏洞,输入 512 个字符后使缓冲区溢出。该蠕虫程序以 root(根)身份执行,并感染到其他机器上。Slammer 蠕虫也是利用未及时更新补丁的 MS SQL Server 数据库缓冲区溢出漏洞,采用不正确的方式将数据发到 MS SQL Server 的监听端口,这个错误可以引起缓冲溢出攻击;攻击代码通过缓冲溢出获得非法权限后，被攻击主机上的 SQL server.exe 进程会尝试向随机的 IP 地址不断发送攻击代码，感染其他机器，最终形成 UDP Flood，造成网络堵塞甚至瘫痪。

缓冲区溢出攻击的工作原理是：向一个有限空间的缓冲区中拷贝过长的字符串。这将带来两种后果：一是过长的字符串覆盖了相邻的存储单元而造成程序瘫痪，甚至造成宕机、系统或进程重启等；二是可让攻击者运行恶意代码，执行任意指令，甚至获得超级权限。

缓冲区溢出攻击的目的在于扰乱具有某些特权运行的程序功能，使攻击者取得程序的控制权，如果该程序具有足够的权限，那么整个主机就被控制了。为了达到这个目的，攻击者一是要在程序的地址空间里安排适当的代码，二是要通过适当地初始化寄存器和存储器，让程序跳转到事先安排的地址去执行。因此采用在程序的地址空间里安排适当的代码、控制程序的执行流程使之跳转到攻击代码、综合代码植入和流程控制方法实现缓冲区溢出攻击。

缓冲区溢出攻击屡次得逞主要利用了 C 程序中数组边境条件、函数指针等设计不当的漏洞，大多数 Windows、Linux、UNIX 和数据库系列的开发都依赖于 C 语言，而 C 语言的缺点是缺乏类型安全，所以这种攻击成为操作系统、数据库等大型应用程序最普遍的漏洞之一。

(2) 缓冲区溢出攻击的防范

缓冲区溢出是一种流行的网络攻击方法，它易于实现且危害严重，给系统的安全带来了极大的隐患。值得关注的是，防火墙对这种攻击方式无能为力，因为攻击者传输的数据分组并无异常特征，没有任何欺骗。另外可以用来实施缓冲区溢出攻击的字符串非常多样化，无法与正常数据进行有效区分。缓冲区溢出攻击不是一种窃密和欺骗手段，而是从计算机系统的最底层发起的攻击，因此在它的攻击下系统的身份验证和访问权限等安全策略形同虚设。

可以采用以下几种基本的方法保护缓冲区免受溢出攻击：

① 编写正确的代码。人们开发了一些工具和技术来帮助程序员编写安全正确的程序，如编程人员可以使用具有类型安全的语言 Java 以避免 C 的缺陷；在 C 开发环境下编程应避免使用 Gets、Sprintf 等未限定边界溢出的危险函数；使用检查堆栈溢出的编译器（如 Compaq C 编译器）等。

② 非执行缓冲区保护。通过使被攻击程序的数据段地址空间不可执行，从而使得攻击者不可能植入缓冲区的代码，这就是非执行缓冲区保护。

③ 数组边界检查。这种检查可防止缓冲区溢出的产生。为了实现数组边界检查，所有对数组的读写操作都应当被检查以确保在正确的范围内对数组的操作。最直接的方法是检查所有的数组操作，但是通常可以采用一些优化的技术来减少检查的次数。

④ 程序指针完整性检查。这种检查可在程序指针被引用之前检测到它的改变。因此，即便一个攻击者成功地改变了程序的指针，由于系统事先检测到了指针的改变，这个指针就不会被使用。

此外，在产品发布前仍需要仔细检查程序溢出情况，将威胁降至最低。作为普通用户或系统管理员，应及时为自己的操作系统和应用程序更新补丁，以修补公开的漏洞，减少不必要的开放服务端口，合理配置自己的系统。

# 7.3 入侵检测与入侵防护系统

在网络中，黑客首先确定目标并且收集相关信息(包括邮件地址、相关 IP 地址、漏洞等)，然后根据得到的信息进行渗透，这就是黑客入侵。总的说来入侵者就是要尽可能地获得足够的权限，接着就做他们愿意做的事情，如获得机密、进行破坏等。

## 7.3.1 入侵检测系统概述

### 1. 入侵检测系统的概念和功能

入侵检测系统(Intrusion Detection System，IDS)就是用来监视和检测入侵事件的系统。IDS 使网络安全管理员能及时地处理入侵警报，尽可能减少入侵对系统造成的损害。由于入侵事件的危害越来越大，人们对 IDS 的关注也越来越多。对入侵攻击的检测与防范，保障计算机系统、网络系统及整个信息基础设施的安全等已经成为人们关注的重要课题。IDS 也已成为网络安全体系中的一个重要环节。

IDS 不仅能监测外来干涉的入侵者，同时也能监测内部的入侵行为，这就弥补了防火墙在这方面的不足。防火墙为网络安全提供了第一道防线，IDS 作为防火墙之后的第二道安全闸门，在不影响网络性能的情况下能对网络进行监测，提供对内部攻击、外部攻击和误操作的实时保护，从而也极大地减少了网络各种可能攻击的损害。

IDS 可通过向管理员发出入侵或入侵企图来加强当前的访问控制系统，识别防火墙通常不能识别的(如来自企业内部的)攻击，在发现入侵企图后提供必要的信息，提示网络管理员有效地监视、审计并处理系统的安全事件。

与其他安全产品不同的是，IDS 需要更多的智能，它必须能对得到的数据进行分析，并得出有用的结果。

一个成功的 IDS 不但能大大地简化管理员的工作，保证网络安全的运行，使系统管理员时刻了解网络系统(包括程序、文件和硬件设备等)的任何变更，还能给网络安全策略的制订提供指导。入侵检测的规模应根据网络威胁、系统构造和安全需求的改变而改变。IDS 在发现入侵后，会及时做出响应，包括切断网络连接、记录事件和报警等。因此，IDS 通常具有以下功能：

- 监视用户和系统的运行状况，查找非法用户和合法用户的越权操作。
- 对系统的构造和弱点进行审计。
- 识别分析著名攻击的行为特征并报警。
- 对异常行为模式进行统计分析。
- 评估重要系统和数据文件的完整性。
- 对操作系统进行跟踪审计管理，并识别用户违反安全策略的行为。
- 容错功能。即使系统发生崩溃，也不会丢失数据，或在系统重新启动时重建自己的信息库。

### 2. 入侵检测系统的原理

入侵检测可分为实时入侵检测和事后入侵检测两种类型。

实时入侵检测是在网络连接过程中进行的，系统根据用户的历史行为模型、存储在计算机中的专家知识和神经网络模型对用户当前的操作进行判断，一旦发现入侵迹象，就立即断开入侵者与主机的连接，并收集证据和实施数据恢复。这个检测过程是循环进行的。

事后入侵检测是由网络管理人员进行的。他们具有网络安全的专业知识，根据计算机系统对用户操作所做的历史审计记录判断是否有入侵行为，如果有就断开连接，并记录入侵证据，进行数据恢复。事后入侵检测是由管理员定期或不定期进行的，不具有实时性，因此防御入侵的能力也不如实时入侵检测。

从宏观角度看，入侵检测的基本原理很简单。入侵检测与其他检测技术有同样的原理，那就是：从收集到的一组数据中，检测出符合某一特点的数据。入侵者在攻击时会留下一些痕迹，这些痕迹与系统正常运行时产生的数据混合在一起。入侵检测的任务就是要从这样的混合数据中找出具有特征的数据，判断是否有入侵。如果从特征数据中判断有入侵的痕迹，就产生报警信号。

### 3. 入侵检测的过程

从总体来说，IDS进行入侵检测有信息收集和信息分析两个过程。

1）信息收集

信息收集的内容包括系统、网络、数据及用户活动的状态和行为。应在计算机网络系统中的若干不同关键点（不同网段和不同主机）收集信息。入侵检测很大程度上依赖于收集到的信息的可靠性和正确性。因此，有必要利用真正的和精确的软件来报告这些信息，因为黑客经常替换软件以搞混和移走这些信息，例如替换被程序调用的子程序、库和其他工具。黑客对系统的修改可能使系统功能失常，但看起来跟正常的一样，而实际上则不是。这需要保证用来检测网络系统软件的完整性，特别是IDS软件本身应具有相当强的坚固性，防止因被篡改而收集到错误的信息。

2）信息分析

一般通过模式匹配、统计分析和完整性分析三种技术手段对收集到的系统、网络、数据及用户活动的状态和行为等信息进行分析。其中前两种方法用于实时入侵检测，而完整性分析则用于事后分析。

（1）模式匹配

模式匹配就是将收集到的信息与已知的网络入侵和系统已有的模式数据库进行比较，从而发现违反安全策略的行为。该方法的优点是只需收集相关的数据集合，减少系统负担，且技术已相当成熟；但缺点是需要不断的升级以对付不断出现的黑客攻击，不能检测从未出现过的攻击。

（2）统计分析

统计分析方法首先给系统对象（如用户、文件、目录和设备等）创建一个统计描述，统计正常使用时的一些测量属性（如访问次数、操作失败次数和延时等）。测量属性的平均值将被用来与网络、系统的行为进行比较，任何观察值在正常值范围之外时，就认为有入侵发生。

该方法的优点是可检测到未知的入侵和更为复杂的入侵；缺点是误报、漏报率高，且不适应用户正常行为的突然改变。

(3) 完整性分析

完整性分析主要关注某个文件或对象是否被更改。它利用强有力的加密机制能识别很微小的变化。其优点是不管模式匹配方法和统计分析方法能否发现入侵，只要是攻击导致了文件或其他对象的任何改变，它都能够发现；缺点是一般以批处理方式实现，用于事后分析而不用于实时响应。

**4. 入侵检测系统的分类**

按照检测对象划分，入侵检测技术有基于主机的 IDS、基于网络的 IDS 和混合 IDS 三类。

(1) 基于主机的入侵检测系统

基于主机的入侵检测系统(HIDS)通常是安装在被重点检测的主机上，往往以系统日志、应用程序日志等作为数据源，当然也可以通过其他手段对所在的主机收集信息进行分析。HIDS 主要是对该主机的网络实时连接以及系统审计日志进行智能分析和判断。如果其中主体活动十分可疑，HIDS 就会采取相应措施。

HIDS 的优点是监视所有的系统行为，系统误报率低，检测数据流简单，系统简单，适应交换和加密，不要求额外硬件；HIDS 的弱点是看不到网络活动状况，运行审计功能要占用系统资源，主机监视感应器对不同平台不通用，管理和实施比较复杂。

(2) 基于网络的入侵检测系统

基于网络的入侵检测系统(NIDS)设置在比较重要的网段内，其数据源是网络上的数据包。NIDS 往往将一台机器的网卡设于混杂模式，不停地监视本网段中的各种数据包，对每一个数据包进行特征分析和判断。如果数据包与系统内置的某些规则吻合，NIDS 就会发出警报甚至直接切断网络连接。目前，大部分 IDS 产品是基于网络的。NIDS 由遍及网络的传感器(sensor)组成，传感器是一台将以太网卡置于混杂模式的计算机，用于嗅探网络上的数据包。

NIDS 的优点是能检测出来自网络的攻击和超过授权的非法访问，不影响机器的 CPU、I/O 与磁盘等资源的使用，系统发生故障时不影响正常业务的运行，系统风险比 HIDS 风险小得多，系统安装方便，实时性好；NIDS 的弱点是对加密通信无能为力，对高速网络无能为力，不能预测命令的执行后果。

(3) 混合式入侵检测系统

NIDS 和 HIDS 都有不足之处，单纯使用某一类系统会造成主动防御体系的不全面。由于两者的优缺点是互补的，如果将这两类系统结合起来部署在网络内，则会构成一套完整立体的主动防御体系。综合了基于网络和基于主机两种结构特点的 IDS，既可发现网络中的攻击信息，也可从系统日志中发现异常情况。

IDS 能在入侵攻击前检测到入侵攻击，并利用报警与防护系统阻止入侵攻击；在入侵攻击过程中减少入侵攻击所造成的损失；在入侵攻击后收集入侵的相关信息，作为防范系统的知识添加入知识库内，以增强系统的防范能力。

### 7.3.2 入侵检测技术及发展趋势

入侵检测技术是为保证计算机网络系统的安全而设计与配置的一种能够及时发现并报告系统异常现象的技术，是一种用于检测计算机网络中违反安全策略行为的技术。从具体的检测理论来看，IDS 的检测分析技术主要有误用检测技术和异常检测技术两大类。

#### 1. 误用检测技术

误用检测技术应用了系统缺陷和特殊入侵的累积知识，因此它也称为基于知识的检测技术或模式匹配检测技术。误用检测技术假定所有的入侵行为和手段都能够表达一种模式或特征。如果将以往发现的所有网络攻击的特征总结出来，并建立一个入侵信息库，则 IDS 可以将当前捕获到的网络行为特征与入侵信息库中的特征信息相比较，如果匹配，则当前行为就被认定是入侵行为。误用检测技术可对已知的入侵行为和手段进行分析，提取检测特征，构建攻击模式，通过系统当前状态与攻击模式的匹配，判断入侵行为。

误用检测可以准确地检测出已知的入侵行为，并对每一种入侵都能提供详细的资料，使得使用者能够方便地做出响应，但它不能检测出未知的入侵行为。

误用检测技术具有检测准确度高、技术相对成熟、便于进行系统防护等优点，但它也有入侵信息的收集和更新困难、难以检测本地入侵和新的入侵行为、维护特征库的工作量巨大等缺点。

#### 2. 异常检测技术

异常检测技术是指根据用户的行为和系统资源的使用状况判断是否存在网络入侵，因此又被称为基于行为的入侵检测技术。异常检测技术首先假定网络攻击行为是不常见的或异常的，区别于所有的正常行为。如果能够为用户和系统的所有正常行为总结活动规律并建立行为模型，那么 IDS 可以将当前捕获到的网络行为与行为模型进行比较，若入侵行为偏离了正常行为轨迹，就可以被检测出来。

异常检测可识别主机或网络中不寻常的行为，识别攻击与正常的活动的差异。异常检测先收集一段时间操作活动的历史数据，再建立代表主机、用户或网络连接的正常行为描述；然后收集事件数据并使用一些不同的方法来决定所检测到的事件活动是否偏离了正常行为模式，从而判断是否发生了入侵。

异常检测的优点是能够检测出新的入侵或从未发生过的入侵，对操作系统的依赖性较小，可检测出属于滥用权限型的入侵；但其缺点是报警率高和行为模型建立困难。

#### 3. 入侵检测技术的发展趋势

随着 Internet 的发展与广泛应用，无论从规模还是方法上，网络入侵的手段与技术也都有了"进步与发展"。入侵技术的发展主要反映出入侵的综合化与复杂化、主体对象的隐蔽化、规模的扩大化和技术的分布化等特点。

根据入侵技术的发展特点，今后的入侵检测技术大致可向分布式入侵检测、智能化入侵检测、全面的安全防御方案、改进分析技术和高度可集成化等方向发展。

## 7.3.3　入侵防护系统

### 1. 入侵防护系统的概念

防火墙旨在拒绝那些明显可疑的网络流量，但仍允许某些流量通过，因此它对很多入侵攻击无计可施。IDS 通过监视网络和系统资源，寻找违反安全策略的行为，并发出警报，因此 IDS 只能被动地检测攻击，而不能主动地把变化莫测的威胁阻止在网络之外。目前，企业所面临的安全问题越来越复杂，如蠕虫、DDoS 攻击、垃圾邮件等极大地困扰着用户，给企业网络造成严重的破坏。因此，人们迫切需要找到一种主动防护入侵的解决方案，以确保企业网络在各种威胁和攻击的环境下正常运行。

入侵防护系统（Intrusion Prevention System，IPS）则能提供主动性的防护，其设计旨在预先对入侵活动和攻击性网络流量进行拦截，避免其造成损失，而不是简单地在恶意流量传送时或传送后才发出警报。IPS 是通过直接嵌入到网络流量中而实现这一功能的，即通过一个网络端口接收来自外部系统的流量，经过检查确认其中不包含异常活动或可疑内容后，再通过另外一个端口将它传送到内部系统中。这样一来，有问题的数据包和所有来自同一数据流的后续数据包，都能够在 IPS 设备中被清除掉。

虽然 IDS 可以监视网络传输并发出警报，但它并不能拦截攻击。而 IPS 则是一种主动的、积极的入侵防范和阻止系统。它部署在网络的进出口处，当它检测到攻击企图后，就会自动地将攻击包丢掉或采取措施将攻击源阻断。因此，从实用效果上看，与 IDS 相比，入侵防御系统 IPS 又有了新的发展，能够对网络起到较好的实时防护作用。

### 2. 入侵防护系统的原理

随着网络系统漏洞不断被发现和入侵事件的不断增多，企业网络遇到的攻击越来越多。不过尽管这些攻击可以绕过传统的防火墙，但设置在网络周边或内部网络中的入侵防护系统（IPS）仍然能够有效地阻止这些攻击，为那些未添加补丁或配置不当的服务器提供保护。

IPS 能够对所有数据包仔细检查，立即确定是许可还是禁止这些包的访问。IPS 拥有多个过滤器，能够防止系统中各种类型的弱点免受攻击。当新的漏洞或攻击手段被发现之后，IPS 就会创建一个新的过滤器，并将其纳入自己的管辖之下，试探攻击这些漏洞的任何恶意企图都会受到拦截。如果有攻击者利用第 2 层（介质访问控制）至第 7 层（应用）的弱点进行入侵，IPS 就能够从数据流中检查出这些攻击并加以阻止。传统的防火墙只能对第 3 或第 4 层进行检查，而不能检测应用层的内容。

IPS 数据包处理引擎是专业化定制的集成电路，它集合了大规模并行处理硬件，能够同时执行数千次的数据包过滤检查。并行过滤处理可以确保数据包能够不间断地快速通过系统，不会对速度造成影响。IPS 过滤引擎对数据包进行过滤检查时，可以检查数据包中的每一个字节。IPS 利用过滤器对数据流中的全部内容进行检查。每个过滤器都包含一系列规则，只有满足这些规则的数据包才会被确认为不包含恶意攻击内容。为了确保准确性，这些规则的定义非常广泛。在对传输内容进行分类时，数据包处理引擎必须参照数据包的信息参数，并将其解析至一个有意义的域进行上下文分析。例如，在对付缓冲区溢出攻击时，引擎给出一个应用层中的缓冲参数，评估其特性并探测是否存在攻击行为。为了防止攻击到达攻击目标，在某一数据流被确定有恶意攻击时，属于该数据流的所有数据包都将被丢弃。

作为一种透明设施，入侵防护系统是整个网络连接中的一部分。为了防止IPS成为网络中性能薄弱的环节，IPS需要具有出色的冗余能力和故障切换机制，这样就可以确保网络在发生故障时依然能够正常运行。除了作为防御前沿，IPS还是网络中的清洁工具，能够清除格式不正确的数据包和非关键任务应用，使网络带宽得到保护。

### 3. 入侵防护系统的分类

IPS不仅可进行检测，还能在攻击造成损坏之前阻断攻击，从而将入侵检测系统提升到一个新水平。

IPS技术包括基于主机的入侵防护系统和基于网络的入侵防护系统两大类。

(1) 基于主机的入侵防护系统(HIPS)

HIPS通过在主机/服务器上安装代理程序，防止网络攻击者入侵操作系统以及应用程序。HIPS可保护服务器的安全漏洞不被入侵者所利用。HIPS可阻断缓冲区溢出、改变登录口令、改写动态链接库等入侵行为，整体提升主机的安全水平。在技术上，HIPS采用独特的服务器保护途径，由包过滤、状态包检测和实时入侵检测组成分层防护体系。由于HIPS工作在受保护的主机/服务器上，它不但能利用特征和行为规则进行检测，阻止像缓冲区溢出之类的已知攻击，还能防范未知攻击，防止针对Web页面、应用和资源的任何非法访问。

(2) 基于网络的入侵防护系统(NIPS)

NIPS通过检测流经的网络流量，提供对网络系统的安全保护。在技术上，NIPS吸取了NIDS的所有成熟技术，包括特征匹配、协议分析和异常检测。特征匹配是最广泛的应用技术，具有准确率高、速度快等特点。基于状态的特征匹配不仅可以检测攻击行为的特征，也可以检测当前网络的会话状态，避免受到欺骗攻击。

NIPS工作在网络上，直接对数据包进行检测和阻断，与具体的主机/服务器操作系统平台无关。这种实时检测和阻断功能很有可能出现在未来的交换机上。随着处理器性能的提高，每一层次的交换机都有可能集成入侵防护功能。

### 4. 应用入侵防护系统(AIP)

近年来，网络攻击的发展趋势是逐渐转向高层应用。据Gartner分析，目前对网络的攻击有70%以上是集中在应用层，并且这一数字呈上升趋势。应用层的攻击有可能会造成非常严重的后果，比如用户账号丢失、公司机密泄露等。因此，对具体应用的有效保护就显得越发重要。为了解决日益突出的应用层防护问题，IPS的一个更高层次的产品——应用入侵防护系统(Application Intrusion Prevention，AIP)出现并且得到日益广泛的应用。

通常，对应用层的防范比内网的防范难度更大，因为这些应用要允许外部的访问。防火墙的访问控制策略中必须开放应用服务对应的端口，如Web的80端口。当黑客通过这些端口发起攻击时防火墙就无法识别和控制。IDS并不是针对应用协议进行设计的，所以同样也无法检测对相应协议漏洞的攻击。而应用入侵防护系统AIP则能够弥补防火墙和入侵检测系统的不足，对特定应用进行有效保护。

AIP是用来保护特定应用服务(如Web和数据库应用)的网络设施,通常部署在应用服务器之前。通过AIP系统安全策略的控制来防止基于应用协议漏洞和设计缺陷的恶意攻击。大部分对应用层的攻击都是通过HTTP协议(80端口)进行。据国外权威机构统计,97%的Web站点存在一定的应用协议问题。虽然这些站点通过部署防火墙在网络层以下进行了很好的防范,但其应用层的漏洞仍可被利用,进而受到入侵和攻击。因此对于Web等应用协议,AIP应用比较广泛。通过制订合理的安全策略,AIP能够对恶意脚本、Cookie投毒、隐藏域修改、缓存溢出、参数篡改、强制浏览、SQL插入、已知漏洞攻击等Web攻击进行有效的防范。虽然AIP刚出现近两年,但其发展迅速。Yankee Group预测在未来的五年里,AIP将和防火墙、IDS和反病毒等安全技术一起,成为网络安全整体解决方案的重要组成部分。

## 7.4　网络扫描与网络监听

### 7.4.1　网络系统漏洞

影响网络系统安全的因素很多,但不外乎来自系统内部的漏洞(缺陷或脆弱性)和来自网络系统外部的威胁。下面就网络系统漏洞和网络系统受到的主要威胁进行探讨。

#### 1. 网络系统漏洞的概念

在计算机网络安全领域,网络系统漏洞是指网络系统硬件、软件或策略上存在的缺陷或脆弱性。计算机网络本身存在着一些漏洞,非授权用户利用这些漏洞可对网络系统进行非法访问。这种非法访问可能使系统内数据的完整性受到威胁,也可能使信息遭到破坏而不能继续使用,更为严重的是有价值的信息被窃取而不留任何痕迹。

#### 2. 网络系统漏洞的主要表现

计算机网络系统的硬件和软件缺陷可影响系统的正常运行,严重时系统会停止工作。

1) 网络系统硬件缺陷

网络系统硬件的缺陷主要有硬件故障、网络线路威胁、电磁辐射和存储介质脆弱等方面。

- 网络系统的硬件故障通常有硬盘故障、电源故障、芯片主板故障、驱动器故障等。
- 网络系统的通信线路面对各种威胁就显得非常脆弱,非法用户可对线路进行物理破坏、搭线窃听、通过未保护的外部线路访问系统内部信息等。
- 网络系统中的网络端口、传输线路和各种处理机都有可能因屏蔽不严或未屏蔽而造成电磁信息辐射,从而造成有用信息甚至机密信息泄露。
- 各种存储器中存储大量的信息,这些存储介质很容易被盗窃或损坏,造成信息丢失。
- 被丢弃的且没有被消磁的存储介质中通常还会残存相关信息。

2) 软件安全漏洞

软件漏洞是指在计算机程序、系统或协议中存在的安全漏洞,它已成为被攻击者用来非法侵入他人系统的主要渠道。虽然网络系统是由硬件和软件共同组成的,但由于软件程序的复杂性和编程的多样性，软件中更容易有意或无意地留下一些不易发现的安全漏洞，这些漏洞恰恰是黑客攻击系统的首选目标。显然，从安全角度考虑软件方面的安全更为重要。

基于应用层次的不同，软件方面的漏洞可分为应用软件漏洞、操作系统漏洞、数据库系统漏洞、通信协议漏洞和网络软件及网络服务漏洞。

(1) 应用软件漏洞

在软件程序员开发应用软件时，常插入一些小段程序，其目的是测试某个模块，或为了连接将来的更改和升级程序，或是在维护维修时为程序员提供方便。这些小程序也叫陷门(陷阱或后门)。虽然它们一般不为人们所知，但一旦这些“后门”洞开，黑客们就会长驱直入，造成不可避免的损失。

(2) 操作系统的安全漏洞

由于操作系统在本身结构设计和代码设计时偏重于考虑系统使用的方便性，这就可能导致系统在远程访问、权限控制和口令等许多方面存在安全漏洞。操作系统主要有输入/输出(I/O)非法访问和操作系统陷门两大类安全漏洞。

(3) 数据库的安全漏洞

数据库的全部数据都记录在存储媒体上，并由 DBMS 统一管理。数据库应用中可能存在存储介质内破坏、无独立的用户身份验证机制、对用户访问数据库的时间和地点无限制、数据库数据无加密保护等问题。

(4) 通信协议的安全漏洞

在制定网络通信协议 TCP/IP 之初，对安全问题考虑的不多。TCP/IP 协议及其 FTP、E-mail、NFS、WWW 等应用协议都存在安全漏洞。TCP/IP 协议支持各种互联网络，其异种机型间资源共享的背后会存在大量的漏洞和缺陷，如脆弱的认证机制、容易被窃听和监视、易受欺骗、复杂的设置和控制、基于主机的安全不易扩展、IP 地址的不保密性等。

(5) 网络软件与网络服务漏洞

比较常见的网络软件与网络服务漏洞有 Finger 漏洞、匿名 FTP、远程登录、电子邮件和密码设置漏洞等。

一般来说，软件漏洞一旦被检测出来，相关的软件厂商都会在最短时间内发布相应的补丁程序。但是问题在于当黑客发现漏洞存在后，他就会尽快设计出一种可利用这些漏洞的新型恶意代码。针对各种软件漏洞，最好的应对策略就是下载相应的补丁程序。

### 7.4.2 网络扫描

防火墙是设置在不同网络之间的网络安全设施，是保证网络安全的第一道屏障。它能根据企业的安全政策控制(允许或拒绝)出入网络的信息流，且本身具有较强的抗攻击能力。但是它也存在一些诸如不能防止来自内部网络用户的攻击、不能防止绕过它的攻击、不能防止带病毒文件的传输等不足之处。入侵检测系统是网络安全的第二道闸门，是防火墙的必要补充。然而，由于网络入侵检测系统也存在一些局限性，现已出现 IDS 躲避技术和越过网络入侵检测系统的新技术。因此，对付破坏系统企图的理想方法就是建立一个完全安全(没有漏洞)的系统，但实际上这是根本不可能的。美国威斯康星大学的 Miller 公布的一份有关现今流行的操作系统和应用程序的研究报告指出，软件中不可能没有漏洞和缺陷。

对付破坏系统企图的实用方法，就是建立比较容易实现的安全系统，同时按照一定的安全策略建立相应的安全辅助系统。网络扫描程序（扫描器）就是这样一类实用的安全系统。

1. 网络扫描与扫描器

就目前系统的安全状况而言，系统中存在着一定的漏洞，如果我们能够根据具体的应用环境，尽可能早地通过网络扫描来发现这些漏洞，并及时采取适当的处理措施进行修补，就可有效地阻止入侵事件的发生。网络扫描就是对计算机系统或其他网络设备进行相关的安全检测，以便发现安全隐患和可被黑客利用的漏洞。系统管理员可根据安全策略，使用网络扫描工具实现对系统的安全保护。

网络扫描是网络管理系统的重要组成部分，它不仅可以实现复杂繁琐的信息系统安全管理，而且可从目标信息系统和网络资源中采集信息，帮助用户及时找出网络中存在的漏洞，分析来自网络外部和内部的入侵信号和网络系统中的漏洞，有时还能实时地对攻击做出反应。

网络扫描是保证系统和网络安全必不可少的手段，必须仔细研究利用。网络扫描通常采用两种策略，一种是被动式策略，另一种是主动式策略。被动式策略是基于主机的，对系统中不合适的设置、脆弱的口令以及其他与安全规则抵触的对象进行检查；而主动式策略是基于网络的，通过执行一些脚本文件模拟对系统进行攻击的行为并记录系统的反应，从而发现其中的漏洞。

在 Internet 安全领域，扫描器是最出名的破解工具。扫描器实际上是一种自动检测远程或本地主机安全性弱点的程序。通过与目标主机 TCP/IP 端口建立连接，并请求某些服务（如 Telnet、FTP），记录目标主机的应答，搜集目标主机相关的信息，以此获得关于目标机的信息，理解和分析这些信息，就可能发现破坏目标机安全性的关键因素。扫描器的重要性在于把极为复杂的安全检测通过程序来自动完成，这不仅减轻了管理者的工作，而且缩短了检测时间，使问题发现更快。

扫描器并不直接攻击网络漏洞，而是仅仅能帮助我们发现目标主机的某些内在弱点。一个好的扫描器能对它得到的数据进行分析，帮助查找目标主机的漏洞。但它不会提供进入一个系统的详细步骤。

网络扫描器的主要功能是仿真黑客入侵的手法去测试系统上有没有安全漏洞，进而从扫描出来的安全漏洞报告里告诉使用者，系统安全漏洞有多少，如何去修补，到哪里下载 Patches（补丁程序）等。

2. 扫描器分类

根据工作模式的不同，扫描器一般可分为网络型扫描器和主机型扫描器两大类。其中前者基于网络，通过请求/应答方式远程检测目标网络和主机系统的安全漏洞；后者基于主机，通过在主机系统本地运行代理程序来检测系统漏洞，如操作系统漏洞扫描器和数据库系统漏洞扫描器。

（1）网络型扫描器

网络型扫描器主要是仿真黑客经由网络端发出封包，以主机接收到封包时的响应作为判断标准，进而了解主机的操作系统、服务及各种应用程序的漏洞。网络型扫描器可以放置于Internet端点，即可以放在家里去扫描本单位主机的漏洞，这样等于是在仿真一个黑客从Internet去攻击本单位的主机。也可以把扫描器放在防火墙之前去进行扫描，由得出来的报告了解防火墙拦截了多少非法封包，由此可知道防火墙设定的是否良好。通常，即使有防火墙把关，也还是能扫描出漏洞，因为除了人为设定的疏失外，最重要的是防火墙还会打开一些特定的端口，让封包流进来。

网络型扫描器具有服务扫描检测、后门程序扫描检测、密码破译扫描检测、应用程序扫描检测、阻断服务扫描测试、系统安全扫描检测和分析报表等功能。

(2) 主机型扫描器

主机型扫描器主要是针对操作系统内部的问题作更深入的扫描，如对UNIX、Windows NT、Linux系统的扫描。它可弥补网络型扫描器只从外面通过网络检查系统安全的不足。一般采用Client/Server模式，有一个统一控管的主控台(Console)和分布于各重要操作系统的代理(Agents)，然后由Console端下达命令给Agents进行扫描，各Agents再回报给Console扫描的结果，最后由Console端呈现出安全漏洞报表。

主机型扫描器具有重要资料的锁定、密码检测、系统日志文件和文字文件分析、加密和分析报表等功能。

### 3. 端口扫描

网络上计算机之间的通信都是通过端口进行的，不同的通信内容被分派在不同的端口上。端口扫描的目的是探测主机开放了哪些端口。实现的方法是对目标主机的每个端口发送信息，于是就用扫描器对着目标主机查询，最终就会查出哪些主机开放了哪些端口。某些特定的端口是一些服务或程序默认的。一些比较重视安全的服务器可能会更改默认端口，这样就比较安全了，因为改变端口就可以起到迷惑攻击者的作用。

一个端口就是一个潜在的入侵通道。对目标计算机进行端口扫描，能得到许多有用的信息，从而发现系统的安全漏洞。支持TCP/IP协议的主机和设备，都是以开放端口来提供服务的。端口可以说是系统对外的窗口，漏洞也往往通过端口暴露出来。因此，网络扫描器为了提高扫描效率，首先需要判断系统的哪些端口是开放的，然后对开放的端口执行某些扫描脚本，以进一步寻找安全漏洞。

常见的TCP端口有21H(FTP)、23H(Telnet)、25H(SMTP)、70H(Gopher)、79H(Finger)、80H(HTTP)、110H(POP3)、119H(News Server)、139H(NetBIOS)等；常见的UDP端口有53H(DNS)、69H(TFTP)、88H(Kerberos)、110H(POP3)、119H(News Server)、139H(NetBIOS)等。

扫描器一般集成了以下几种主要的端口扫描技术：

(1) TCP connect ()扫描

TCP connect ()扫描是最基本的TCP扫描。该扫描技术的一大优点是不需要任何权限，系统中的任何用户都有权利使用这个调用；另一大优点就是速度快。但它的缺点是很容易被发觉并被过滤掉。

(2) TCP SYN扫描

TCP SYN扫描通常称为“半开放”扫描，这是因为扫描程序不必打开一个完全的

TCP连接。扫描程序发送的是一个SYN数据包，一个SYN/ACK返回信息表示端口处于监听状态；一个RST返回信息表示端口没有处于监听状态。如果收到一个SYN/ACK，则扫描程序必须再发送一个RST信号，来关闭这个连接过程。这种扫描技术的优点是一般不会在目标计算机上留下记录，缺点是必须要有root权限才能建立自己的SYN数据包。

(3) TCP FIN扫描

TCP FIN扫描的思路是关闭的端口使用适当的RST来回复FIN数据包，而打开的端口会忽略对FIN数据包的回复。

(4) UDP recvfrom()和write() 扫描

当非root用户不能直接读到“端口不能到达”错误时，Linux能间接地在它们到达时通知用户。比如，对一个关闭的端口的第二个write()调用将失败。在非阻塞的UDP套接字上调用recvfrom()时，如果ICMP出错，还没有到达时会返回EAGAIN(重试)；如果ICMP到达时会返回ECONNREFUSED(连接被拒绝)。

端口扫描的种类繁多，但所有的扫描方式都是通过发送特定类型的TCP报文给所要扫描的服务器的特定端口，诱使服务器发送响应报文，分析从服务器返回的响应报文来推断出服务器特定端口的当前状态。

#### 4. Ping扫描

Ping扫描可完成映射出网络拓扑结构的任务，为黑客向网络攻击做准备。Ping扫描有两种实现方式：

(1) ICMP Ping扫描

该类扫描处于TCP/IP协议的网络层，它向被扫描的网络中的所有IP地址发送ICMP ECHO-REQUEST数据报。若收到从某IP地址返回的ICMP REPLY数据报，则表示拥有该IP地址的主机是存在的并处于活动状态，扫描者从而可统计出该网络中所有活动主机的IP地址，即可找到网络中所有存在的主机，得到整个网络的拓扑结构。当有防火墙存在或主机不响应ICMP ECHO-REQUEST数据报时，主机将不返回ICMP REPLY数据报，所以在这种情况下，ICMP Ping扫描将不能得到该网络中全部活动主机的IP地址，从而导致网络信息的缺失。

(2) TCP Ping扫描

该扫描方式处于TCP/IP协议的传输层。它也向被扫描的网络中发送特定的数据报，根据网络中主机返回的信息得到网络的拓扑结构。只是其使用TCP-ACK报文段代替ICMP返回请求数据报发送到目标网络中，网络上所有的活动主机会向扫描者返回一个TCP-RST报文段。扫描者收到TCP-RST报文段，说明该报文段的源IP地址的主机是存在并打开的。因为防火墙允许外部网访问Web网站，所以TCP Ping向被扫描网络的80端口发送TCP-ACK报文段可穿透防火墙，到达防火墙后面网络中的主机，因此该扫描方式可获得防火墙背后的内部网信息。

### 7.4.3 网络监听

#### 1. 网络监听的概念

网络监听是管理员为了进行网络安全管理，利用相应的工具软件监视网络的状态和数据流动情况，以便及时发现网络中的异常情况和不安全因素。网络监听工具就是提供给管理员使用的一类网络监听工具软件。使用这种工具软件，网络管理员可以监视网络的状态、数据流动情况以及网络上传输的信息。

网络监听可以在网上的任何一个位置实施，如局域网中的一台主机、网关上或远程网络的调制解调器之间等。但监听效果最好的地方是在网关、路由器、防火墙一类的设备处。使用最方便的是在一个以太网中的任何一台上网的主机上进行监听。

但是网络监听也是黑客们常用的手段。当信息以明文形式在网络上传输时，黑客便可以使用网络监听方式来进行攻击。将网络接口设置在监听模式，便可以源源不断地将网上传输的信息截获。当黑客成功地登录一台网络上的主机，并取得这台主机的超级用户权限之后，往往要扩大战果，尝试登录或夺取对网络中其他主机的控制权。

对于一个施行网络攻击的人来说，能攻破网关、路由器、防火墙的情况极为少见。在这里完全可以由安全管理员安装一些设备，对网络进行监控，或者使用一些专门的设备，运行专门的监听软件。然而，潜入一台不引人注意的计算机中，悄悄地运行一个监听程序，黑客是完全可以做到的。监听是非常消耗 CPU 资源的，在一个担负繁忙任务的计算机中进行监听，可能会立即被管理员发现，因为计算机的响应速度慢得令人难以忍受。

对于一台联网的计算机，最方便的是在以太网中进行监听。这只需安装一个监听软件，然后就可以坐在机器旁浏览监听到的信息了。

#### 2. 网络监听的检测

在通常的网络环境之下，用户的信息包括口令都是以明文方式在网上传输的，因此通过网络监听而获得用户信息并不是一件很难的事情，只要掌握有初步的 TCP/IP 协议知识就可以轻松地监听到了。网络监听本来是为了管理网络、监视网络的状态和数据流动情况，但是由于它能有效地截获网上的数据，因此也成了网上黑客使用得最多的方法。这要有一个前提条件，那就是监听只能在同一网段的主机上进行，这里同一网段是指物理上的连接。因为不是同一网段的数据包，在网关就被滤掉，传不到另外的网段。否则一个 Internet 上的一台主机便可以监视整个 Internet 了。

网络监听是很难被发现的。运行网络监听程序的主机只是被动地接收在局域网上传输的信息，并没有主动的行动。既不会与其他主机交换信息，也不能修改在网上传输的信息包。这些都决定了对网络监听的检测是非常困难的。

一个理论上可行的检测监听的办法是搜索所有主机上运行的进程。但这几乎是不可能的，因为我们很难同时检查所有主机上的进程。但是至少管理员可以确定是否有一个进程被从管理员机器上启动。使用 UNIX 和 Windows NT 的机器可以很容易地通过检查运行进程得到当前进程的清单。

一般来讲，人们真正关心的是那些秘密数据(如用户名和口令)的安全传输、不被监听和偷换。如果这些信息以明文形式传输，就很容易被截获而且被阅读。对这些信息进行加密是一个很好的办法，如果利用称为安全外壳(Secure Shell，SSH)的协议进行加密，是很容易实现的，而且效率很高。SSH 是一种在像 Telnet 那样的应用环境中提供保密通信的协议，它实现了一个密钥交换，以及主机及客户端认证。它像许多协议一样，是建立在客户/服务器模型之上的。SSH 完全排除了在不安全的信道上通信被监听的可能性。

**3. 网络监听的防范**

(1) 从逻辑或物理上对网络分段

网络分段通常被认为是控制网络广播风暴的一种基本手段，但其实也是保证网络安全的一项措施。其目的是将非法用户与敏感的网络资源相互隔离，从而防止可能的非法监听。

(2) 使用交换式集线器

对局域网的中心交换机进行网络分段后，局域网监听的危险仍然存在。这是因为网络最终用户的接入往往是通过分支集线器而不是中心交换机，而分支集线器通常是共享式集线器。这样，当用户与主机进行数据通信时，两台计算机之间的数据包(单播包)是会被同一台集线器上的其他用户所监听。因此，应该以交换式集线器代替共享式集线器，使单播包仅在两个节点之间传送，从而防止非法监听。

(3) 使用加密技术

数据经过加密后，虽然通过监听仍然可以得到传送的信息，但这些信息是无法理解的密文。使用加密技术的缺点是影响数据传输速度。系统管理员和用户往往需要根据网络速度和安全性要求进行折中考虑。

(4) 划分 VLAN

运用 VLAN(虚拟局域网)技术，将以太网的广播式通信变为点到点通信，这样可以防止大部分基于网络监听的入侵。

### 7.4.4 网络嗅探器

**1. Sniffer 的概念**

Sniffer(网络嗅探器)是一种常用的收集和分析网络数据的工具(程序)。它接收和分析的数据可以是用户的账号和密码，也可以是一些商用机密数据等。在 Internet 安全隐患中扮演重要角色之一的 Sniffer 已受到人们越来越多的关注。利用 Sniffer 能够收集和窃听网络报文。网上的 Sniffer 可以理解为一个安装在计算机上的窃听工具，它可以用来窃听计算机在网络上的信息。

当然，系统管理员可使用 Sniffer 来分析网络信息流量并且找出网络上何处发生问题。一个安全管理员可以同时用多种 Sniffer，将它们放置在网络的各处，形成一个入侵警报系统。因此，对于系统管理员来说 Sniffer 是一个非常好的工具，但是它同样是一个可被黑客使用的工具。黑客在入侵网络前，往往会利用 Sniffer 对网络进行嗅探，获得用户名和账号、信用卡号码、个人信息和其他的信息等，或找出网络的漏洞，进而攻击网络。因此说，Sniffer也是一把“双刃剑”，既可以为网络管理员所用做有益的事，也可被黑客利用起破坏作用。

在网络中，网络管理员可使用Sniffer分析网络信息流量并且找出网络上何处发生问题。通过Sniffer还可以诊断出大量不可见的模糊问题，这些问题涉及两台乃至多台计算机之间的通信，有些甚至涉及到各种协议。借助于Sniffer，管理员可以方便地确定出哪些通信量属于哪个网络协议，安装主要通信协议的主机是哪一台，大多数通信目的地是哪些主机，报文发送占用多少时间和主机的报文传送间隔等，这些信息为管理员判断网络问题、管理网络区域提供了非常重要的依据。

#### 2. Sniffer的功能

(1) 专家分析系统

Sniffer与其他网络协议分析仪最大的差别在于它的专家系统(Expert System)。有了专家系统，用户无需知道哪些数据包构成的网络问题，也不必熟悉网络协议，更不用去了解这些数据包的内容，便能轻松地解决问题。此外，Sniffer还提供了专家配制功能，用户可以自己设定专家系统判断故障发生的触发条件。Sniffer能够自动实时地监视网络、捕捉数据、识别网络配置，自动发现网络故障并进行报警。

(2) 实时的监控统计和报警

根据用户习惯，Sniffer可提供实时数据或图表显示统计结果，统计内容包括网络统计、协议统计、差错统计、站统计、帧长统计等内容。

(3) 报表生成

Sniffer报表生成器允许用户创建图形报告。那些经预先存储的、易于生成的报告可以提供快速显示受监测网段的全部统计数据以及网络层主机、矩阵和协议分配。Sniffer报表生成器在网络性能下降以致成为严重的网络故障之前，协助用户预测并更正这些问题。

(4) Sniffer的增强功能

Sniffer还提供故障定位及排除、预防问题、优化性能和整体网络运行的健康分析及发展趋势分析等增强功能。

## 7.5 计算机紧急响应

### 7.5.1 紧急响应

#### 1. 紧急响应的概念

互联网是一个高速发展、自成一体且又结构复杂的组织，很难进行统一管理，因此网络安全工作的管理也很困难。随着网络用户的不断增多、安全缺陷的不断发现和广大用户对网络的日益依赖，只从防护方面考虑网络安全问题已无法保证满足要求。这就需要一种服务，该服务能够在安全事件发生时进行紧急援助，避免造成更大的损失。这种服务就是紧急响应。

在现实网络应用中，紧急响应环节往往没有得到真正的重视。用户总是觉得已经投入了很多资金购置了全套的网络设备，不能理解为什么还要不断地支出一笔似乎看不到回报的费用。可是现实越来越证明，缺少了高质量的紧急响应，攻击者总是可以想办法进入系统，网络就存在安全风险。

1988年美国的莫里斯蠕虫事件，导致上千台计算机崩溃，造成了巨大的损失。使人们认识到网络安全状况的脆弱性和突发性，以及对网络安全事件进行紧急响应的重要性。1989年在美国国防部的资助下，卡内基梅隆大学软件工程研究中心成立了世界上第一个计算机紧急响应小组协调中心(Computer Emergency Response Team / Coordination Center，CERT/CC)。十余年来，CERT在反击大规模的网络入侵方面起到了重要作用。CERT的成功经验为许多国家所借鉴。许多国家和一些网络运营商以及一些大企事业单位都相继成立了相应的计算机紧急响应小组。我国的计算机紧急响应小组简称CNCERT，不同机构也有相应的计算机紧急响应小组，如上海交通大学的计算机紧急响应小组叫sjtu CERT。国际上众多的计算机紧急响应小组(CERT)组织了一个紧密合作的国际性组织——事件响应与安全组织论坛(FIRST)。各小组通过FIRST论坛共享信息，互通有无，成为打击计算机网络犯罪的一个联盟。

### 2. 紧急响应的主要阶段

紧急响应可分为以下几个阶段的工作：准备、事件检测、抑制、根除、恢复、报告等。

- 准备阶段。在事件真正发生之前应该为事件响应做好准备，这一阶段十分重要。准备阶段的主要工作包括建立合理的防御和控制措施，建立适当的策略和程序，获得必要的资源和组建响应队伍等。
- 检测阶段。检测阶段要做出初步的动作和响应。根据获得的初步材料和分析结果，估计事件的范围，制订进一步的响应战略，并且保留可能用于司法程序的证据。
- 抑制阶段。抑制的目的是限制攻击的范围。抑制措施十分重要，因为太多的安全事件可能迅速失控，典型的例子就是具有蠕虫特征的恶意代码的传播。可能的抑制策略一般包括：关闭所有的系统，从网络上断开相关系统，修改防火墙和路由器的过滤规则，封锁或删除被攻破的登录账号，提高系统或网络行为的监控级别，设置陷阱，关闭服务，反击攻击者的系统等。
- 根除阶段。在事件被抑制之后，通过对有关恶意代码或行为的分析结果，找出事件根源并彻底清除。对于单机上的事件，主要可以根据各种操作系统平台的具体检查和根除程序进行操作；但是大规模爆发的恶意程序几乎都带有蠕虫性质，要根除各个主机上的这些恶意代码，是一个十分艰巨的任务。很多案例的数据表明，众多的用户并没有真正关注他们的主机是否已经遭受入侵，有的甚至持续一年多，任由感染蠕虫的主机在网络中不断地搜索和攻击别的目标。造成这种现象的重要原因是各网络之间缺乏有效的协调，或者是在一些商业网络中，网络管理员对接入到网络中的子网和用户没有足够的管理权限。
- 恢复阶段。恢复阶段的目标是把所有被攻破的系统和网络设备彻底恢复到它们正常的任务状态。恢复工作应该十分小心，避免出现误操作导致数据的丢失。另外，恢复工作中如果涉及到机密数据，需要遵照机密系统的额外恢复要求进行。对不同任务恢复工作的承担单位，要有不同的担保。如果攻击者获得了超级用户的访问权，一次完整的恢复后应该强制性地修改所有的口令。

• 报告和总结阶段。这是最后一个阶段，但却是绝对不能忽略的重要阶段。这个阶段的目标是回顾并整理发生事件的各种相关信息，尽可能地把所有情况记录到文档中。这些记录的内容，不仅对有关部门的其他处理工作具有重要意义，而且对将来应急工作的开展也是非常重要的积累。

### 7.5.2 蜜罐技术

应急处理的常用技术和前沿技术有蜜罐技术、漏洞再现及状态模拟应答技术、沙盒技术、状态追踪技术、应用层协议分析技术等。在这里简单介绍蜜罐技术。

#### 1. 蜜罐技术概述

蜜罐(HoneyPot)系统是试图将攻击者从关键系统引诱开并能记录其一举一动的诱骗系统。蜜罐系统充满了看来很有诱惑力的信息，但是这些信息实际上是一个“陷阱”。当检测到对蜜罐系统的访问时，很可能就有攻击者闯入。蜜罐系统的另一个目的是诱惑攻击者在该系统上浪费时间，以延缓对真正目标的攻击。

老练的入侵者会想尽一切办法来掩盖自己的痕迹。要想进行监视而不惊动这些入侵者是十分困难的。这时，就可以利用蜜罐系统进行监视。

利用蜜罐技术构建一个蜜罐系统，主要就是要观察入侵者，收集信息。蜜罐系统的精髓就是它的监视功能。利用蜜罐系统能从尽可能多的来源收集尽量多的信息，虽然收集到的许多数据可能毫无用处，但监视系统任一部分崩溃或是安全受到威胁，都不应该导致蜜罐系统丧失功能。因此，一方面，构建蜜罐系统从单一的模仿系统到分布在网络的正常系统和资源中，利用闲置的服务端口来充当欺骗；另一方面，利用计算机系统的多宿主能力，使只有一块以太网卡的计算机具有多个IP地址，而且每个IP地址还具有它们自己的MAC地址。这项技术可用于建立填充一大段地址空间的欺骗，使入侵者很难区分哪些服务是真，哪些服务是假，浪费入侵者的入侵时间，消耗入侵者的资源，从而可以更好地观察入侵的行为和方式。通过网络流量仿真、网络动态配置、多重地址转换和组织信息欺骗等来增强网络欺骗，这些技术的应用和研究是蜜罐技术不断发展的主要方向。当入侵者进入一个蜜罐系统时，他的目的无非是获得系统信息或利用系统资源入侵别的系统。这时一方面可通过模仿网络流量(如采用实时方式或重现方式复制真正的网络流量并限制外发的数据包)来限制入侵者利用系统资源入侵别的系统；另一方面，可通过网络动态配置(如模仿实际网络工作时间、人员的登录状况等)、多重地址转换(如动态设定IP地址或将欺骗服务绑定在与提供真实服务主机相同类型和配置的主机上)和组织信息欺骗(如构建DNS的虚拟管理系统、NFS的虚拟服务系统)等，使入侵者获得的系统信息是设计者提供的欺骗信息。

#### 2. 蜜罐技术的实现

蜜罐系统是一个诱骗系统，引诱黑客前来攻击；蜜罐系统也是一个情报收集系统。因此，当攻击者入侵后，通过蜜罐系统就可以知道他是如何得逞的，随时了解针对网络系统服务器发动的最新攻击和漏洞。蜜罐系统还可以通过窃听黑客之间的联系，收集黑客所用的各种工具，并且掌握他们的社交网络。

设置蜜罐系统并不难，只要在外部因特网上有一台计算机运行没有打上补丁的微软Windows系统或者Red Hat Linux系统即可。因为黑客可能会设陷阱，以获取计算机的日志和审查功能。在计算机和因特网连接部位安置一套蜜罐系统，这样就可悄悄记录下进出计算机的所有流量，然后静静地坐下来，等待攻击者自投罗网。

蜜罐系统的监控者只要记录下进出系统的每个数据包，就能够对黑客的所作所为一清二楚。蜜罐系统本身的日志文件也是很好的数据来源，但这些日志文件很容易被攻击者删除。所以通常的办法，就是让蜜罐系统向处于同一网络上，但防御机制更完善的远程系统日志服务器发送日志备份。

#### 3. 蜜罐技术的优势

蜜罐技术的优点之一就是可大大减少所要分析的数据。在通常的网站或邮件服务器上，攻击流量常会被合法流量所淹没，而进出蜜罐系统的数据大部分是被“过滤”出的攻击流量，因而，浏览数据、查明攻击者的实际行为也就容易多了。

蜜罐系统主要是一种研究工具，但同样有着真正的商业应用。把蜜罐系统设置在与网络系统的Web服务器或邮件服务器相邻的IP地址上，就可以了解它所遭受到的攻击。

蜜罐技术是现阶段诱骗技术的主要应用。一个“蜜罐”就是一个用来观测入侵者如何探测并最终入侵系统的系统，这意味着它包含一些并不威胁网络系统的机密数据或应用程序，同时对于入侵者来说又具有很大的诱惑力。网络上的一台计算机表面看来像一台普通的机器，但对它通过一些特殊配置就可引诱潜在的黑客并捕获他们的踪迹。“蜜罐”并不是用来抓获入侵者，而是只想知道入侵者在并不知道自己被观测的情况下如何工作。入侵者呆在“蜜罐”里的时间越长，他们的行为就暴露的越多。而“蜜罐”收集到的这些信息可以被用来评估入侵者的技术水平，了解他们使用的攻击工具。通过了解他们使用的工具和思路，可以更好地保护我们的系统和网络。而且利用蜜罐系统收集的信息对那些从事网络安全威胁趋势分析的人来说也是有价值的。

蜜罐技术充分体现了网络入侵检测系统的防御功能，尤其对收集入侵者的威胁信息或收集证据来采取法律措施至关重要。

## 7.6　一种防病毒软件的应用实例——卡巴斯基防病毒软件应用

科技的进步，总是带来技术的飞跃，技术的飞跃又总是带来新的课题。如今，计算机病毒变得非常活跃，木马、蠕虫、后门病毒等轮番攻击互联网。2000年以来，由于病毒的基本技术和原理被越来越多的人所掌握，新病毒的出现以及原有病毒的变种层出不穷，病毒的增长速度也远远超过以往任何时期。根据最新的病毒统计报告表明，仅2008年上半年新增病毒就达11万余种，其中以盗取用户信息为主的木马程序占到了70%。

下面就以市面上流行的杀毒软件——卡巴斯基为例介绍查杀病毒的过程(卡巴斯基软件的下载和安装就不在此介绍了)。图7.2所示为卡巴斯基反病毒软件系统的主界面。

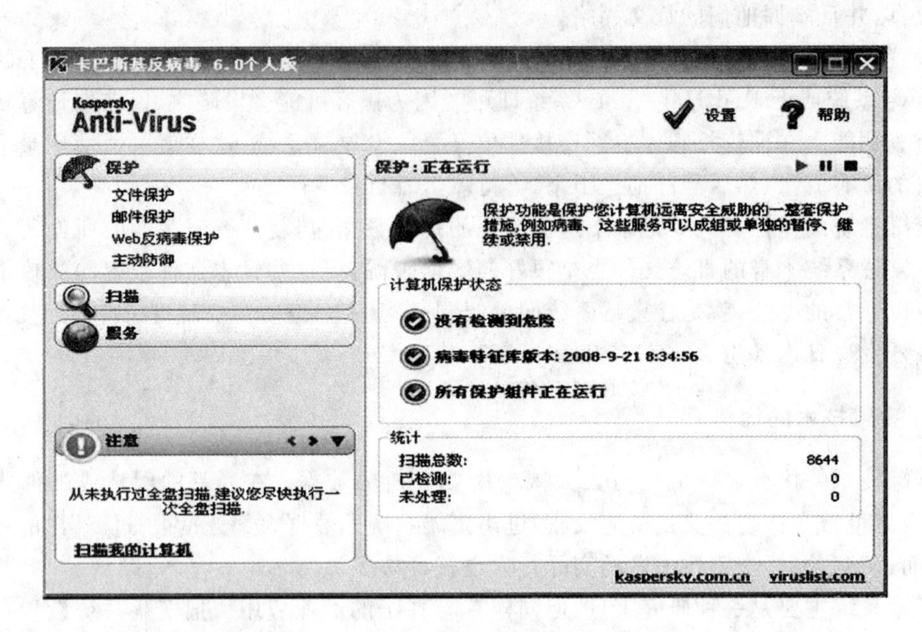


图 7.2　卡巴斯基反病毒软件系统主界面

### 1. 卡巴斯基反病毒软件简介

卡巴斯基反病毒软件单机版为家庭用户的个人电脑提供超级病毒防护，它具有最尖端的反病毒技术，时刻监控病毒可能入侵的途径。同时该产品应用独有的 iCheckerTM 技术，使处理速度比同类产品快 3 倍，而且它还应用第二代启发式病毒分析技术识别未知恶意程序代码，成功率约达 100%。目前卡巴斯基病毒数据库样本数已经超过 10 万种，并且拥有世界上最快的升级速度，每小时常规升级一次，以使系统随时保持抗御新病毒侵害的能力。

卡巴斯基反病毒软件可以基于 SMTP/POP3 协议来检测进出系统的邮件，可实时扫描各种邮件系统全部接收和发出的邮件，检测其中的所有附件，包括压缩文件和文档、嵌入式 OLE 对象及邮件体本身。它还新增加了个人防火墙模块，可有效保护运行 Windows 操作系统的 PC，探测对端口的扫描、封锁网络攻击并向管理员提出报告，系统可在隐形模式下工作，封锁所有来自外部网络的请求，使用户隐形和安全地在网上遨游。

卡巴斯基反病毒软件可检测出上千种以上的压缩格式文件和文档中的病毒，并可清除 ZIP、ARJ、CAB 和 RAR 文件中的病毒。卡巴斯基提供 7×24 小时全天候技术服务。

### 2. 卡巴斯基反病毒软件应用实例

利用卡巴斯基反病毒软件查杀病毒的过程如下：

(1) 打开卡巴斯基系统(6.0 个人版)，系统主界面如图 7.2 所示。

(2) 我们发现主界面左侧有一个扫描选项。点选它之后会出现三个选项，卡巴斯基按照扫描的范围不同分为关键区域、我的电脑和启动对象三个扫描区域，如图 7.3 所示。可以根据扫描范围的不同选择相应的选项进行操作。

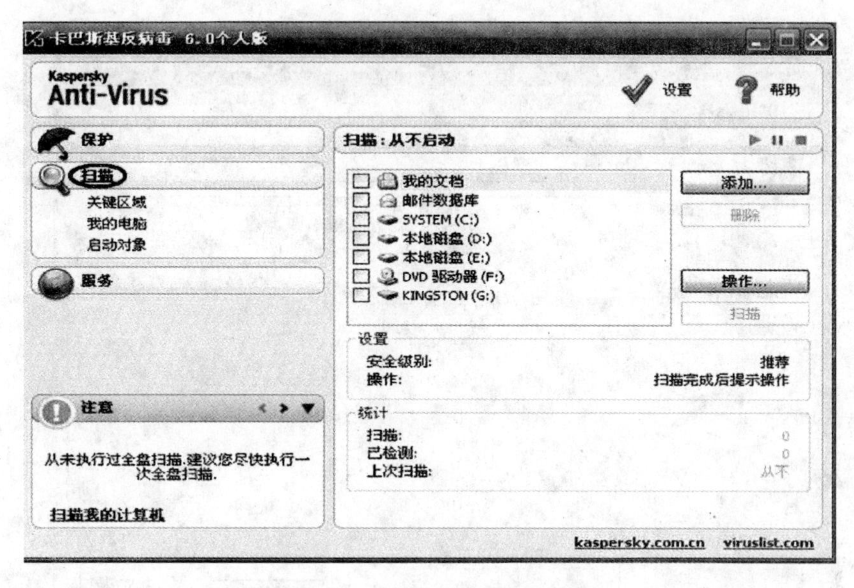


图 7.3　卡巴斯基扫描病毒区域

(3) 现在单击“关键区域”,可以看到如图 7.4 所示的中间区域。这是根据不同的要求变化扫描的具体内容,如全部选择或部分选择系统内存、启动对象、引导扇区、system32 等范围。

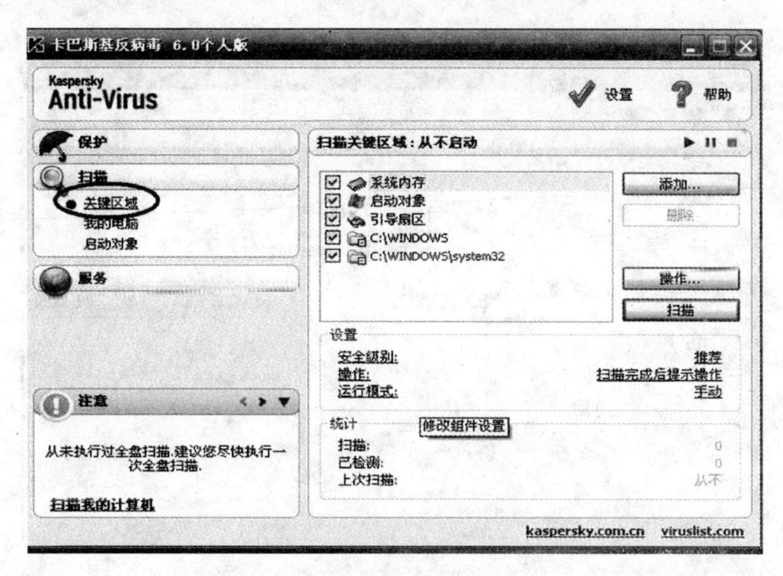


图 7.4　卡巴斯基扫描的关键区域

(4) 单击图 7.4 右侧的“扫描”按钮可进行扫描杀毒。图 7.5 所示为正在扫描过程中的状态。扫描结束后,单击“关闭”按钮完成此次扫描和查杀,可查看到如图 7.6 所示的扫描结果。

(5) 当我们只想扫描计算机的内存和引导区范围是否有病毒侵害时,可以选择单击“扫描”项下的“启动对象”,如图 7.7 所示。这时中间区域会出现“系统内存”、“启动对象”和“引导扇区”三个选择对象。可以根据需要进行全部选择或部分选择设置。

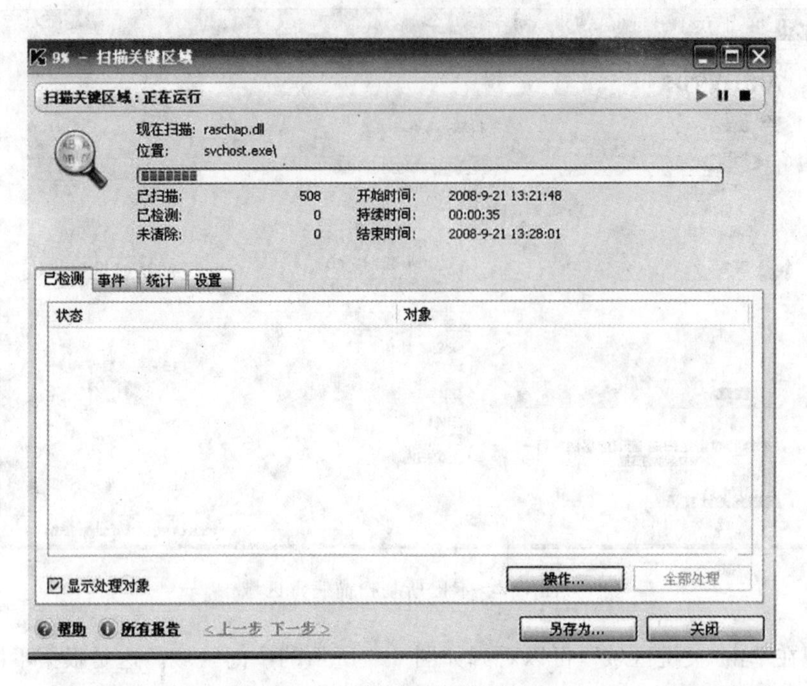


图 7.5　病毒扫描过程状态

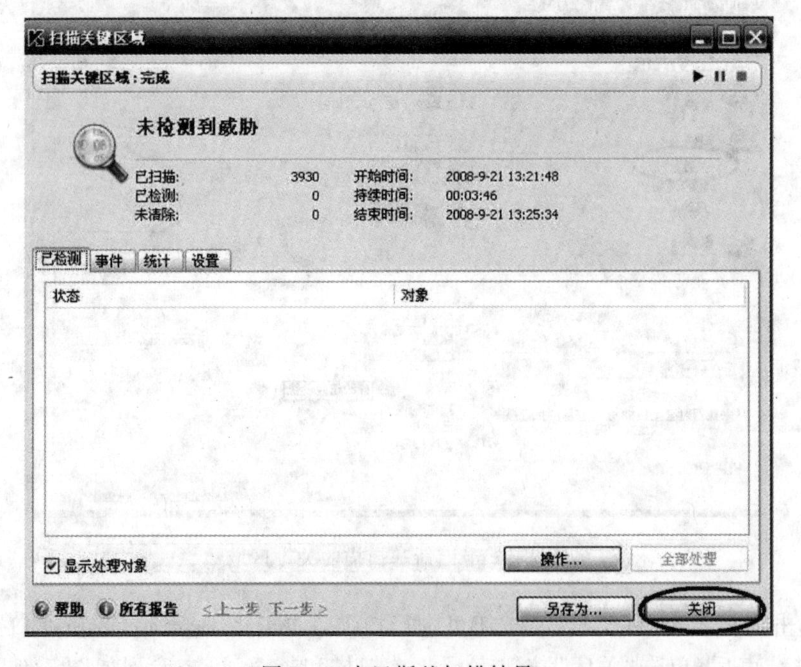


图 7.6　卡巴斯基扫描结果

(6) 单击图 7.7 右侧的“扫描”按钮进行扫描和查杀。图 7.8 所示为正在进行的扫描过程。

(7) 扫描查杀后单击“关闭”按钮，可看到扫描“启动对象”过程完成及扫描结果。

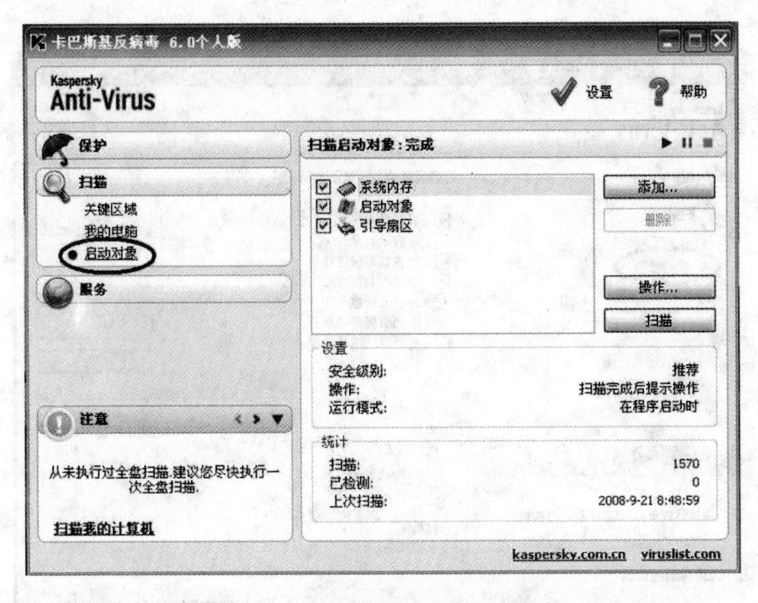


图 7.7　设定“启动对象”扫描区域

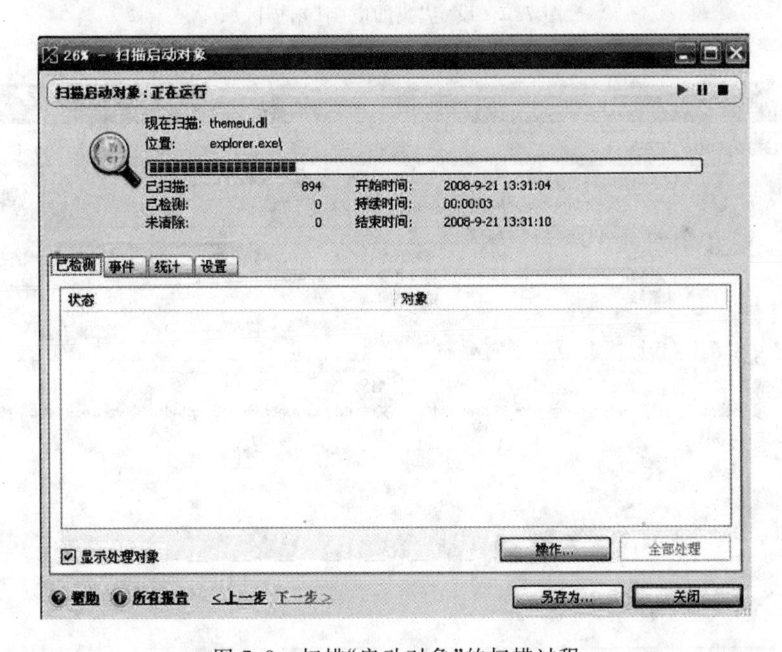


图 7.8　扫描“启动对象”的扫描过程

说明：扫描查杀“关键区域”和“启动对象”只是对计算机内存、引导区或开机后抢占进程的病毒的扫描措施，它查杀病毒或恶意程序的范围比较小。如果需要全面地查杀病毒，则选择“我的电脑”区域并进行扫描查杀。

(8) 单击图 7.3 左侧“扫描”项下的“我的电脑”，出现如图 7.9 所示画面。图中间区域有多项的扫描范围，我们可根据需要全部或部分选择之。然后单击右侧的“扫描”按钮进行扫描查杀，图 7.10 所示为扫描进行中状态。当扫描到病毒后，可以选择右下角的“全部处理”按钮进行查杀。

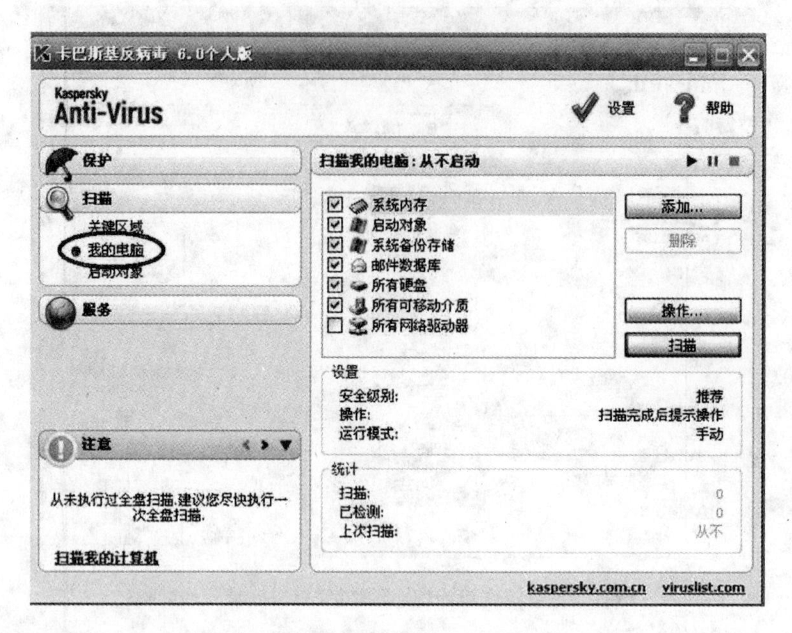


图 7.9 设定“我的电脑”扫描区域

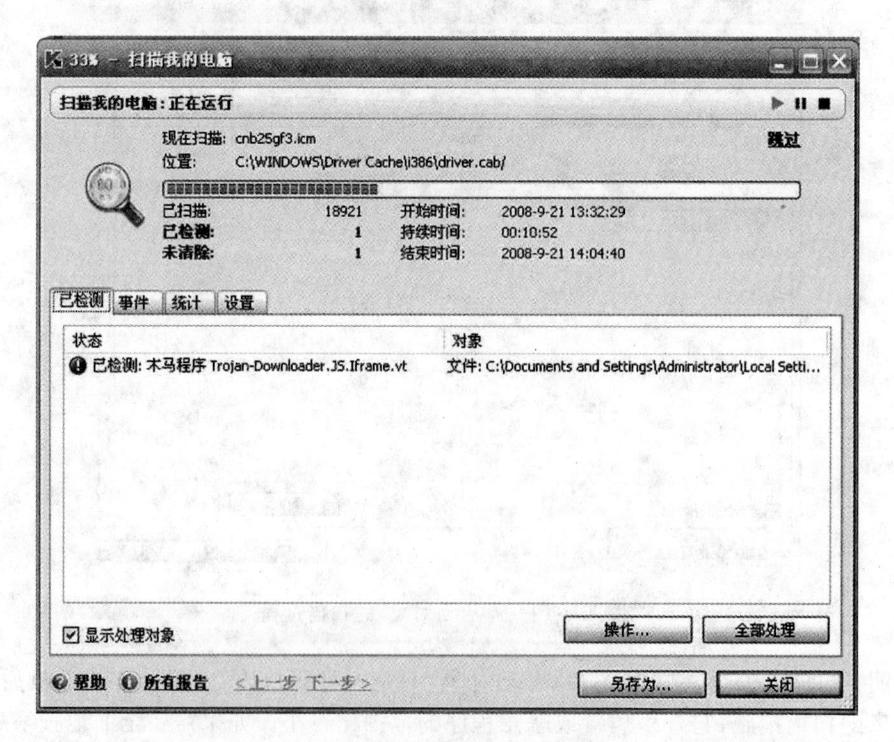


图 7.10 “我的电脑”的扫描过程

(9) 查杀完毕后，单击“关闭”按钮退出，如图 7.11 所示。

至此，使用卡巴斯基反病毒工具查杀病毒的过程就全部完成了。

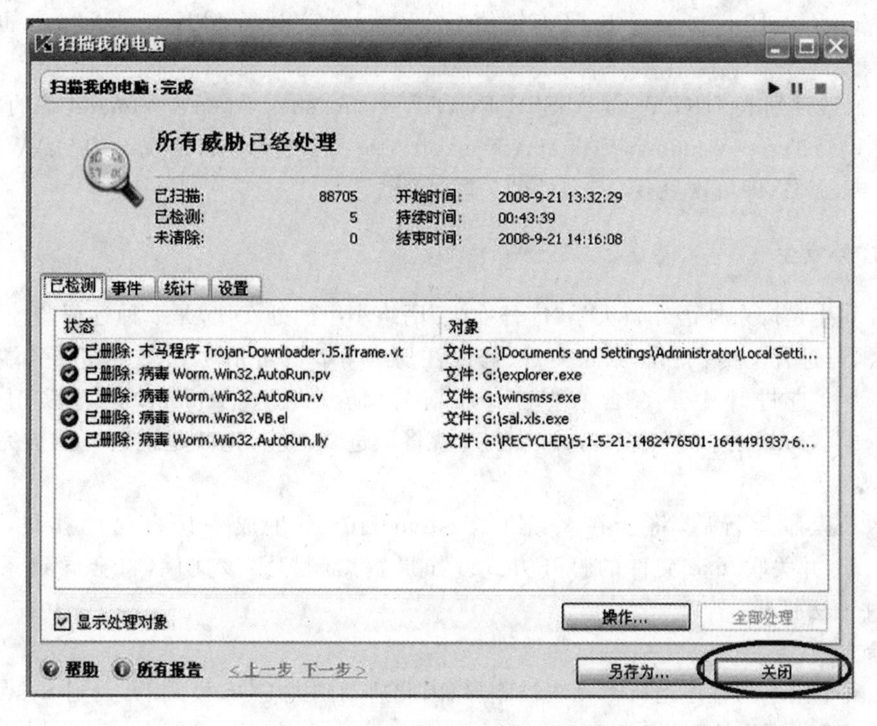


图 7.11 扫描"我的电脑"的处理结果

## 7.7 常见国产木马的清除方法

以下介绍的常见的国产木马,为网络用户带来了不同程度的危害和影响。根据木马的工作原理和危害,可采用相应的方法防御和清除这些木马。

### 1. 冰河

冰河可以说是最有名的木马了,就连刚接触电脑的用户可能也听说过它。作为木马,冰河创造了最多人使用、最多人中弹的奇迹。后来网上又出现了许多的冰河变种程序。

冰河的服务器端程序为 G-server. exe,客户端程序为 G-client. exe,默认连接端口为 7626。一旦运行 G-server,那么该程序就会在 C:\Windows\System 目录下生成 Kernel32. exe 和sysexplr. exe,并删除自身。Kernel32. exe 在系统启动时自动加载运行,sysexplr. exe 和 TXT 文件关联,即使你删除了 Kernel32. exe,但只要打开 TXT 文件,sysexplr. exe 就会被激活,它将再次生成 Kernel32. exe,于是冰河又回来了。这就是冰河屡删不止的原因。

**清除方法:**

(1) 删除 C:\Windows\System 下的 Kernel32. exe 和 Sysexplr. exe 文件。

(2) 冰河会在注册表 HKEY_LOCAL_MACHINE\software\microsoft\windows\CurrentVersion\Run 下扎根,键值为 C:\Windows\System\Kernel32. exe,将该键值删除。

(3) 在注册表的 HKEY_LOCAL_MACHINE\software\microsoft\windows\

CurrentVersion\ Runservices 下，还有键值 C:\Windows\System\Kernel32. exe，也要将其删除。

(4) 修改注册表 HKEY_CLASSES_ROOT\txtfile\shell\open\command 下的默认值，由感染木马后的 C:\Windows\System\Sysexplr. exe %1 改为正常情况下的 C:\Windows\notepad. exe %1，即可恢复 TXT 文件的关联功能。

### 2. 广外女生

广外女生是广东外语外贸大学"广外女生"网络小组的处女作，是一种远程监控工具，破坏性很大，可远程上传、下载、删除文件、修改注册表等。其可怕之处在于其服务端被执行后，会自动检查进程中是否含有"金山毒霸"、"防火墙"、"tcmonitor"、"实时监控"、"lockdown"、"kill"、"天网"等字样，如果发现就将该进程终止，也就是说这些防护完全失去作用。

该木马程序运行后，将会在系统的 System 目录下生成一份自己的拷贝，名称为 diagcfg. exe，并关联. exe 文件的打开方式。如果贸然删掉了该文件，将会导致系统所有. exe 文件无法打开。

**清除方法：**

(1) 由于该木马程序运行时无法被删除，因此启动到纯 DOS 模式下，找到 System 目录下的 diagcfg. exe，将其删除。

(2) 由于 diagcfg. exe 文件已经被删除，因此在 Windows 环境下任何. exe 文件都将无法运行。可找到 Windows 目录中的注册表编辑器"Regedit. exe"，将它改名为"Regedit. com"。

(3) 回到 Windows 模式下，运行 Windows 目录下的 Regedit. com 程序(就是刚改名的文件)。

(4) 找到 HKEY_CLASSES_ROOT\exefile\shell\open\command，将其默认键值改为"%1" %*。

(5) 找到 HKEY_LOCAL_MACHINE\SOFTWARE\Microsoft\Windows\CurrentVersion\ RunServices，删除其中名称为"Diagnostic Configuration"的键值。

(6) 关掉注册表编辑器，回到 Windows 目录，将"Regedit. com"改为"Regedit. exe"。

### 3. 网络精灵

网络精灵的英文名为 Netspy，是国产木马，默认连接端口为 7306。该系统具有注册表编辑功能和浏览器监控功能，客户端现在可以不用 Net Monitor，通过 IE 或 Navigator 就可以进行远程监控了。其强大之处丝毫不逊于冰河和 BO 2000。服务端程序被执行后，会在 C:\Windows\System 目录下生成 netspy. exe 文件。同时在注册表 HKEY_LOCAL_MACHINE\software\microsoft\windows\CurrentVersion\Run\下建立键值 C:\Windows\System\netspy. exe，用于在系统启动时自动加载运行。

**清除方法：**

(1) 重新启动计算机并在出现 Staring Windows 提示时，按 F5 键进入命令行状态。在 C:\Windows\System\目录下输入命令 del netspy. exe，将其删除。

(2) 进入注册表 HKEY_LOCAL_MACHINE\Software\microsoft\windows\Current

Version\Run\，删除 Netspy 的键值，即可安全清除 netspy。

### 4. 黑洞 2001

黑洞 2001 是国产木马程序，默认连接端口为 2001，故以其命名。黑洞的可怕之处在于它有强大的杀除进程功能。也就是说控制端可以随意终止被控端的某个进程，如果这个进程是天网之类的防火墙，那么其保护作用就全没了，黑客可以由此而长驱直入，在你的系统中肆意破坏。

黑洞 2001 服务端被执行后，会在 C:\Windows\System 下生成两个文件：一个是 S_Server. exe，该文件是服务端的直接复制，用的是文件夹的图标；另一个是 Windows. exe，文件大小为 255 488 字节，用的是未定义类型的图标。黑洞 2001 是典型的文件关联型木马，Windows. exe 文件用来在机器开机时立刻运行，并打开默认连接端口 2001，S_Server. exe 文件用来和 TXT 文件打开方式连起来（即关联）。当受害者发现自己中了木马而在 DOS 下把 Windows. exe 文件删除后，服务端就暂时被关闭，木马暂时删除。当任何文本文件被运行时，隐蔽的 S_Server. exe 木马文件就又被激活了，于是它再次生成 Windows. exe 文件，即木马又被种入。

**清除方法：**

(1) 将 HKEY_CLASSES_ROOT\txtfile\shell\open\command 下的默认键值由 S_SERVER. EXE %1 改为 C:\WINDOWS\NOTEPAD. EXE %1。

(2) 将 HKEY_LOCAL_MACHINE\Software\CLASSES\txtfile\shell\open\command 下的默认键值由 S_SERVER. EXE %1 改为 C:\WINDOWS\NOTEPAD. EXE %1。

(3) 将 HKEY_LOCAL_MACHINE\Software\Microsoft\Windows\CurrentVersion\Run Services\下的串值 Windows 删除。

(4) 将 HKEY_CLASSES_ROOT 和 HKEY_LOCAL_MACHINE\Software\CLASSES 下的 Winvxd 主键删除。

(5) 到 C:\Windows\System 下，删除 Windows. exe 和 S_Server. exe 这两个木马文件。

要注意的是，如果已经中了黑洞 2001，那么 Windows. exe 文件在 Windows 环境下是无法直接删除的，这时可以在 DOS 方式下将它删除，或者用进程管理软件终止 Windows. exe 进程，然后再将它删除。

### 5. 火凤凰

火凤凰又称 WAY2. 4、无赖小子，是国产木马程序，默认连接端口是 8011。众多木马高手在介绍该木马时都对其强大的注册表操控功能赞不绝口，也正因为如此它的威胁就更大了。WAY2. 4 的注册表操作很有特色，它对受控端注册表的读写就和本地注册表读写一样方便。

WAY2. 4 服务端被运行后在 C:\Windows\System 下生成 msgsvc. exe 文件，图标是文本文件，很隐蔽，文件大小为 235 008 字节，文件修改时间为 1998 年 5 月 30 日。看来它想冒充系统文件 msgsvc32. exe。同时，WAY2. 4 在注册表 HKEY_LOCAL_MACHINE\SOFTWARE\Microsoft\Windows\CurrentVersion\Run 下建立串值 Msgtask，其键值为 C:\Windows\System\msgsvc. exe。此时如果用进程管理工具查看，就会发现进程 C:\

Windows\System\msgsvc. exe 的存在。

**清除方法：**

要清除 WAY2. 4，只要删除它在注册表中的键值，再删除 C:\Windows\System 下的 msgsvc. exe 文件就可以了。但在 Windows 下直接删除 msgsvc. exe 是不可能的，此时可以先用进程管理工具终止它的进程，然后再删除它；或者到 DOS 下删除 msgsvc. exe。如果服务端已经和可执行文件绑在一起，那就只有将那个可执行文件也删除了。注意在删除前请做好备份。

### 6. 初恋情人

初恋情人的英文名为 Sweet Heart，是国产木马，默认连接端口是 8311。自启动程序为 C:\Windows\Temp\Aboutagirl. exe，与 TXT 关联的文件为 C:\Windows\System\girl. exe。该木马作者故意设下陷阱，将服务端和客户端名字交换了，压缩包内的文件 gf_client. exe 不是用户端而是服务端程序，gf_server. exe 不是服务端而是用户端程序。

**清除方法：**

(1) 删除 C:\Windows\Temp 下的 Aboutagirl. exe 文件。

(2) 然后，将 HKEY_CLASSES_ROOT\txtfile\shell\open\command 下的默认键值由 girl. exe %1 改为 C:\Windows\Notepad. exe %1。

(3) 再将 HKEY_LOCAL_MACHINE\Software\CLASSES\txtfile\shell\open\command 下的默认键值由 girl. exe %1 改为 C:\Windows\notepad. exe %1。

### 7. 网络神偷

网络神偷的英文名为 Nethief，是第一个"反弹端口型"木马。与一般的木马相反，反弹端口型木马的服务端(被控制端)使用主动端口，客户端(控制端)使用被动端口。当要建立连接时，由客户端通过 FTP 主页空间告诉服务端"现在开始连接我吧"，并进入监听状态；服务端收到通知后，就会开始连接客户端。为了隐蔽起见，客户端的监听端口一般开在 80，这样，即使用户使用端口扫描软件检查自己的端口，发现的也是类似"TCP 服务端的 IP 地址 1026，客户端的 IP 地址 80 ESTABLISHED"的情况，客户就会以为是自己在浏览网页。防火墙也会如此认为，因为没有哪个防火墙会不给用户向外连接 80 端口。

**清除方法：**

(1) 发现注册表 HKEY_LOCAL_MACHINE\SOFTWARE\Microsoft\Windows\CurrentVersion\Run 下建立有键值"internet"，其值为"internet. exe /s"，将该键值删除。

(2) 删除其自启动程序 C:\Windows\System\internet. exe。

### 8. 网络公牛

网络公牛又名 Netbull，是国产木马，默认连接端口是 234444。服务端程序 newserver. exe 运行后，会自动脱壳成 checkdll. exe，位于 C:\Windows\System 下，下次开机时 checkdll. exe 将自动运行，因此很隐蔽、危害性很大。同时，服务端运行后会自动捆绑以下文件：

Windows 9x 下：notepad. exe、write. exe、regedit. exe、winmine. exe、winhelp. exe。

Windows NT/2000 下：notepad. exe、regedit. exe、reged32. exe、drwtsn32. exe、winmine. exe。

服务端运行后还会捆绑在开机时自动运行的第三方软件(如：realplay. exe、QQ、ICQ等)。在注册表中网络公牛也悄悄地扎下了根。

网络公牛没有采用文件关联功能，采用的是文件捆绑功能，与上述的文件捆绑在一块，要清除非常困难。采用捆绑方式的木马比较容易暴露，只要是稍微有经验的用户，就会发现文件长度发生了变化，从而怀疑自己中了木马。

**清除方法：**

(1) 删除网络公牛的自启动程序 C:\Windows\System\CheckDll. exe。

(2) 把网络公牛在注册表中所建立的键值全部删除。

(3) 检查上面列出的文件，如果发现文件长度发生变化，就删除它们。然后再使用干净软盘将这些文件恢复。如果是开机时自动运行的第三方软件，如 realplay. exe、QQ、ICQ 等被捆绑上了，那就要把这些文件删除，再重新安装。

### 9. 聪明基因

聪明基因也是国产木马，默认连接端口为 7511。服务端文件为 genueserver. exe，用的是 HTM 文件图标。如果你的系统设置为不显示文件扩展名，那么就会以为这是个 HTM 文件，很容易上当。如果不小心运行了服务端文件 genueserver. exe，就会启动 IE，让你进一步以为这是一个 HTM 文件，并且还在运行之后生成 genueserver. htm 文件。

聪明基因是文件关联型木马，服务端运行后会生成三个文件：C:\Windows\MBBManager. exe、Explore32. exe 和 C:\Windows\system\editor. exe。这三个文件用的都是 HTM 文件图标。

Explore32. exe 用来和 HLP 文件关联，MBBManager. exe 用来在启动时加载运行，editor. exe 用来和 TXT 文件关联。如果你发现并删除了 MBBManager. exe，但却没有真正清除它，一旦打开 HLP 文件或文本文件，Explore32. exe 和 editor. exe 就被激活，它将再次生成守护进程 MBBManager. exe。

聪明基因最可怕之处是其永久隐藏远程主机驱动器的功能，如果控制端选择了这个功能，那么受控端很难找回驱动器。

**清除方法：**

(1) 删除有关文件。删除 C:\Windows 下的 MBBManager. exe 和 Explore32. exe，再删除 C:\Windows\System 下的 editor. exe 文件。如果服务端已经运行，那么就要用进程管理软件终止 MBBManager. exe 进程，然后在 Windows 下将其删除。也可到纯 DOS 下删除 MBBManager. exe，editor. exe 在 Windows 下可直接删除。

(2) 删除自启动文件。查看注册表到 HKEY_LOCAL_MACHINE\SOFTWARE\Microsoft\Windows\Current Version\ Run 下，删除键值“MainBroad BackManager”，其值为 C:\Windows\MBBManager. exe，它每次在开机时就被加载运行。

(3) 恢复 TXT 文件关联。聪明基因将注册表 HKEY_CLASSES_ROOT\txtfile\shell\open\command 下的默认键值由 C:\Windows\ notepad. exe %1 改为 C:\Windows\System\editor. exe %1，因此要将其恢复成原值。同理，到注册表的 HKEY_LOCAL_

MACHINE\Software\CLASSES\txtfile\shell\open\command下，将此时的默认键值由C:\Windows\System\editor.exe %1改为C:\Windows\notepad.exe %1，这样就将TXT文件关联恢复了。

(4) 恢复HLP文件关联。聪明基因将注册表HKEY_CLASSES_ROOT\hlpfile\shell\open\command下的默认键值改为C:\Windows explore32.exe %1，因此要恢复成原值C:\Windows\WINHLP32.exe%1。同理，到注册表的HKEY_LOCAL_MACHINE\Software\CLASSES\hlpfile\shell\open\command下，将此时的默认键值由C:\Windows\explore32.exe %1改为C:\Windows\winhlp32.exe %1。这样就将HLP文件关联恢复了。

10．SubSeven

SubSeven的功能比BO 2000有过之而无不及，其默认连接端口为27374。其服务端程序为server.exe，客户端程序为subseven.exe。它很容易被捆绑到其他软件而不被发现。SubSeven服务端被执行后，变化多端，每次启动的进程名都会发生变化，因此很难检测。

**清除方法：**

(1) 打开注册表Regedit，点击至HKEY_LOCAL_MACHINE\SOFTWARE\Microsoft\Windows\Current Version\Run和RunService下，如果发现加载文件，就删除右边的项目：加载器="C:\Windows\System\ ***"。

(2) 打开win.ini文件，检查"run="后有没有加上某个可执行文件名，如有则将其删除。

(3) 打开system.ini文件，检查"shell=explorer.exe"后是否有某个文件，如有则将其删除。

(4) 重新启动Windows，删除相对应的木马程序。

上述国内最流行的十大木马都是按默认情况(即服务端没有被配置)介绍的。若服务端配置后，就可以任意改名、改连接端口、改关联文件等。但万变不离其宗，掌握了上述方法，木马再怎么隐藏也能被发现。从上述不难看出，木马的隐蔽之处无非就是注册表、Win.ini、System.ini、Autoexec.bat、Congfig.sys、Winstart.bat、Wininit.ini、启动组等地方。

## 7.8 一种网络扫描软件应用实例——Nmap的应用

Nmap是著名的免费端口扫描器软件，被称为扫描之王。可从www.insecure.org/nmap站点上免费下载，下载格式可以是tgz格式的源码或RPM格式。端口扫描器不仅是黑客们喜爱的工具，也是网络管理员和用户了解自己系统的最好助手。端口扫描是检测服务器上运行了哪些服务和应用、向Internet或其他网络开放了哪些联系通道的一种办法，不仅速度快，而且效果也很好。

目前支持Windows 2000/XP的端口扫描器已有很多，部分还提供了GUI(图形用户界面)。Nmap是众多的端口扫描器中的佼佼者。它提供了大量的命令行选项，能够灵活地满足各种扫描要求，而且输出格式丰富。Nmap原先是为UNIX平台开发的，是许多UNIX管理员不可缺少的工具，后来被移植到 Windows 平台。

### 1. 安装 Nmap

Nmap 要用到一个称为“Windows 包捕获库”的驱动程序 WinPcap。WinPcap 的作用是帮助调用程序(Nmap)捕获通过网卡传输的原始数据。WinPcap 的最新版本可在 http://netgroup-serv.polito.it/winpcap 上得到，它支持 Windows 9x/2000/XP 全系列操作系统，下载得到的是一个可执行文件，双击安装，一路“确认”使用默认设置即可。安装好之后需要重新启动机器。

接下来再下载 Nmap。下载之后解压缩，不需要安装。除了执行文件 nmap.exe 之外，它还有下列参考文档：

- nmap-os-fingerprints：列出了 500 多种网络设备和操作系统的堆栈标识信息。
- nmap-protocols：Nmap 执行协议扫描的协议清单。
- nmap-rpc：远程过程调用(RPC)服务清单，Nmap 用它来确定在特定端口上监听的应用类型。
- nmap-services：一个 TCP/UDP 服务的清单，Nmap 用它来匹配服务名称和端口号。

除了命令行版本之外，www.insecure.org 还提供了一个带 GUI 的 Nmap 版本。与其他常见的 Windows 软件一样，GUI 版本需要安装。GUI 版的功能基本上和命令行版本一样。

### 2. Nmap 的应用

Nmap 的语法相当简单，其不同选项和-s 标志组成了不同的扫描类型。比如，一个 Ping-scan 命令就是“-sP”。在确定了目标主机和网络之后，即可进行扫描。如果以 root 来运行 Nmap，Nmap 的功能会大大的增强，因为超级用户可以创建便于 Nmap 利用的定制数据包。

在目标机上，Nmap 运行灵活。使用 Nmap 进行单机或整个网络的扫描很简单，只要将带有“/mask”的目标地址指定给 Nmap 即可。

解开 Nmap 命令行版的压缩包之后，进入 Windows 的命令控制台，再转到安装 Nmap 的目录(如果经常要用 Nmap，最好把它的路径加入到 PATH 环境变量)。不带任何命令行参数运行 Nmap，Nmap 显示出命令语法，如图 7.12 所示。

Nmap 支持的四种最基本的扫描方式是：

- Ping 扫描(-sP)。
- TCP SYN 扫描(-sS)。
- TCP connect() 扫描(-sT)。
- UDP 扫描(-sU)。

如果要勾画一个网络的整体情况，Ping 扫描和 TCP SYN 扫描最为实用。Ping 扫描通过发送 ICMP 回应请求数据包和 TCP 应答(ACK)数据包，确定主机的状态，非常适合于检测指定网段内正在运行的主机数量。

(1) Ping 扫描(-sP)

扫描者(用户、网络管理员或黑客)使用 Nmap 扫描整个网络寻找目标。通过使用

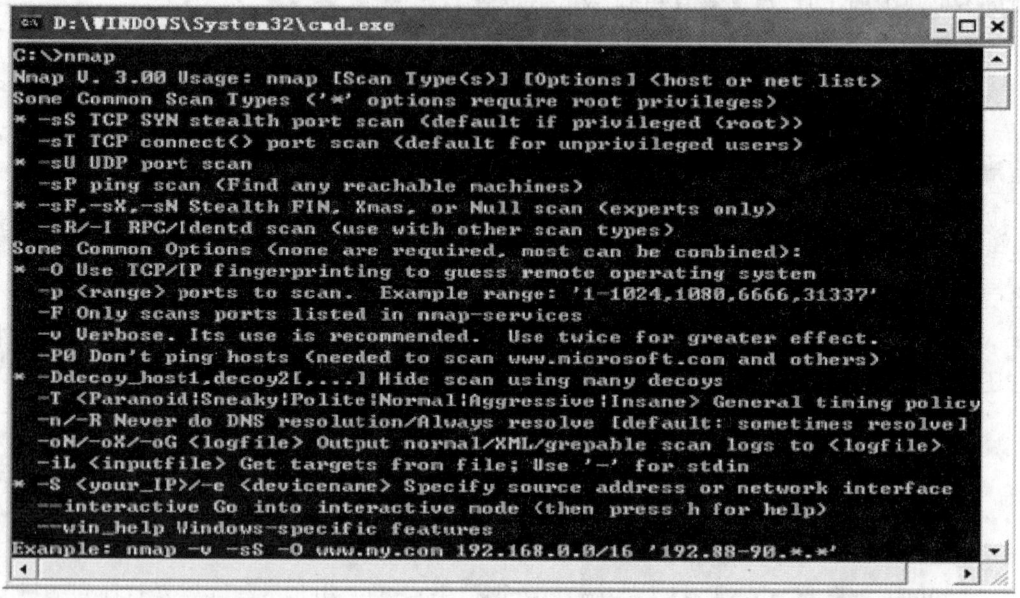

```
D:\WINDOWS\System32\cmd.exe
C:\>nmap
Nmap V. 3.00 Usage: nmap [Scan Type(s)] [Options] <host or net list>
Some Common Scan Types ('*' options require root privileges)
* -sS TCP SYN stealth port scan (default if privileged (root))
  -sT TCP connect() port scan (default for unprivileged users)
* -sU UDP port scan
  -sP ping scan (Find any reachable machines)
* -sF,-sX,-sN Stealth FIN, Xmas, or Null scan (experts only)
  -sR/-I RPC/Identd scan (use with other scan types)
Some Common Options (none are required, most can be combined):
* -O Use TCP/IP fingerprinting to guess remote operating system
  -p <range> ports to scan.  Example range: '1-1024,1080,6666,31337'
  -F Only scans ports listed in nmap-services
  -v Verbose. Its use is recommended.  Use twice for greater effect.
  -P0 Don't ping hosts (needed to scan www.microsoft.com and others)
* -Ddecoy_host1,decoy2[,...] Hide scan using many decoys
  -T <Paranoid|Sneaky|Polite|Normal|Aggressive|Insane> General timing policy
  -n/-R Never do DNS resolution/Always resolve [default: sometimes resolve]
  -oN/-oX/-oG <logfile> Output normal/XML/grepable scan logs to <logfile>
  -iL <inputfile> Get targets from file; Use '-' for stdin
* -S <your_IP>/-e <devicename> Specify source address or network interface
  --interactive Go into interactive mode (then press h for help)
  --win_help Windows-specific features
Example: nmap -v -sS -O www.my.com 192.168.0.0/16 '192.88-90.*.*'
```

图 7.12 Nmap 命令显示

“-sP”命令进行 ping 扫描。默认情况下，Nmap 给每个扫描到的主机发送一个 ICMP echo 和一个 TCP ACK，主机的任何一种响应都会被 Nmap 得到。

例如，扫描 192.168.7.0 网络如下：

```
# nmap - sP 192.168.7.0/24
Starting nmap V. 2.12 by Fyodor (fyodor@dhp.com,www.insecure.org/nmap/)
Host (192.168.7.11) appears to be up.
Host (192.168.7.12) appears to be up.
Host (192.168.7.76) appears to be up.
Nmap run completed -- 256 IP addresses (3 hosts up) scanned in 1 second
```

如果不发送 ICMP echo 请求，但要检查系统的可用性，这种扫描可能得不到一些站点的响应。在这种情况下，一个 TCP“ping”就可用于扫描目标网络。TCP“ping”扫描将发送一个 ACK 到目标网络上的每个主机。网络上的主机如果在线，则会返回一个 TCP RST 响应。使用带有 ping 扫描的 TCP ping 选项(PT)，可以对网络上指定端口进行扫描(本例中默认端口是 80)，它将可能通过目标边界路由器甚至防火墙。

例如，扫描 192.168.7.0 网络指定的 80 端口如下：

```
# nmap - sP - PT80 192.168.7.0/24
TCP probe port is 80
Starting nmap V. 2.12 by Fyodor (fyodor@dhp.com,www.insecure.org/nmap/)
Host (192.168.7.11) appears to be up.
Host (192.168.7.12) appears to be up.
Host (192.168.7.76) appears to be up.
Nmap run completed -- 256 IP addresses (3 hosts up) scanned in 1 second
```

当潜在入侵者发现了在目标网络上运行的主机，下一步是进行端口扫描。Nmap 支持不同类别的端口扫描 TCP 连接。

(2) TCP SYN 扫描(-sS)

如果扫描者不愿在扫描时使其信息被记录在目标系统日志上，TCP SYN 扫描可以帮忙。通过发送一个 SYN 包开始一次 SYN 扫描。任何开放的端口都将有一个 SYN/ACK 响应。然而，扫描者发送一个 RST 替代 ACK，连接中止。三次握手得不到实现，也就很少有站点能记录这样的探测。"-sS"命令将发送一个 SYN 扫描探测主机或网络如下：

```
# nmap - sS 192.168.7.9
Starting nmap V. 2.12 by Fyodor (fyodor@dhp.com,www.insecure.org/nmap/)
Interesting ports on saturnlink.nac.net (192.168.7.9):
Port State Protocol Service
21 open tcp ftp
25 open tcp smtp
53 open tcp domain
80 open tcp http
...
Nmap run completed -- 1 IP address (1 host up) scanned in 1 second
```

(3) TCP connect() 扫描(-sT)

扫描者使用 TCP 连接扫描很容易被发现，因为 Nmap 可使用 connect()系统调用打开目标机上相关端口的连接，并完成三次握手。一个 TCP 连接扫描使用"-sT"命令如下：

```
# nmap - sT 192.168.7.16
Starting nmap V. 2.12 by Fyodor (fyodor@dhp.com,www.insecure.org/nmap/)
Interesting ports on (192.168.7.16):
Port State Protocol Service
7 open tcp echo
9 open tcp discard
13 open tcp daytime
19 open tcp chargen
21 open tcp ftp
Nmap run completed -- 1 IP address (1 host up) scanned in 3 seconds
```

(4) UDP 扫描(-sU)

如果扫描者寻找一个流行的 UDP 漏洞，比如 rpcbind 漏洞或 cDc Back Orifice，为了查出哪些端口在监听，进行 UDP 扫描，则即可知哪些端口对 UDP 是开放的。Nmap 将发送一个 UDP 包到每个端口，如果主机返回端口不可达，则表示端口是关闭的。但这种方法受时间的限制，因为大多数的 UNIX 主机限制 ICMP 错误速率。

```
# nmap - sU 192.168.7.7
WARNING: - sU is now UDP scan -- for TCP FIN scan use - sF
Starting nmap V. 2.12 by Fyodor (fyodor@dhp.com,www.insecure.org/nmap/)
Interesting ports on saturnlink.nac.net (192.168.7.7):
Port State Protocol Service
53 open udp domain
111 open udp sunrpc
123 open udp ntp
137 open udp netbios - ns
138 open udp netbios - dgm
177 open udp xdmcp
```

```
1024 open udp unknown
Nmap run completed -- 1 IP address (1 host up) scanned in 2 seconds
```

图 7.13 是一次对 sP、sS、sT 扫描时间分别测试的结果。由图可见，TCP SYN 扫描速度要超过 TCP connect()扫描。采用默认计时选项，在 LAN 环境下扫描一个主机，Ping 扫描耗时不到 10 秒，TCP SYN 扫描需要 13 秒多，而 TCP connect()扫描耗时最多，需要大约 7 分钟。

```
D:\WINDOWS\System32\cmd.exe
C:\>nmap -sP 192.168.7.8

Starting nmap 3.27 ( www.insecure.org/nmap ) at 2003-06-16 08:20 中国标准时间
Host 192.168.7.8 appears to be up.
Nmap run completed -- 1 IP address (1 host up) scanned in 9.750 seconds

C:\>nmap -sS 192.168.7.8

Starting nmap 3.27 ( www.insecure.org/nmap ) at 2003-06-16 08:21 中国标准时间
Interesting ports on 192.168.7.8:
(The 1619 ports scanned but not shown below are in state: closed)
Port       State       Service
135/tcp    open        loc-srv
139/tcp    open        netbios-ssn
445/tcp    open        microsoft-ds
1025/tcp   open        NFS-or-IIS

Nmap run completed -- 1 IP address (1 host up) scanned in 13.578 seconds

C:\>nmap -sT 192.168.7.8

Starting nmap 3.27 ( www.insecure.org/nmap ) at 2003-06-16 08:22 中国标准时间
Interesting ports on 192.168.7.8:
(The 1612 ports scanned but not shown below are in state: filtered)
Port       State       Service
80/tcp     open        http
81/tcp     open        hosts2-ns
82/tcp     open        xfer
83/tcp     open        mit-ml-dev
135/tcp    open        loc-srv
139/tcp    open        netbios-ssn
445/tcp    open        microsoft-ds
1025/tcp   open        NFS-or-IIS
1080/tcp   open        socks
5190/tcp   open        aol
8080/tcp   open        http-proxy

Nmap run completed -- 1 IP address (1 host up) scanned in 416.625 seconds
```

图 7.13　扫描时间测试结果

Nmap 支持丰富、灵活的命令行参数。如果要扫描 192.168.7 号网络，可以用 192.168.7.1/24 或192.168.7.0-255 的形式指定 IP 地址范围。指定端口范围使用-p 参数，如果不指定要扫描的端口，Nmap 默认扫描从 1 到 1024 再加上 nmap-services 列出的端口。

如果要查看 Nmap 运行的详细过程，只要启用 verbose 模式，加上-v 参数或加上-vv 参数获得更加详细的信息。例如，nmap -sS 192.168.7.1-255 -p 20,21,53-110,30 000- -v 命令，表示执行一次 TCP SYN 扫描，启用 verbose 模式，要扫描的网络是 192.168.7，检测 20、21、53 到 110 以及 30 000 以上的端口（指定端口清单时中间不要插入空格）。

### 3. 注意事项

也许你对其他类型端口扫描器比较熟悉，但 Nmap 绝对值得一试。建议先用 Nmap 扫描一个熟悉的系统，感觉一下 Nmap 的基本运行模式，熟悉之后，再将扫描范围扩大到其他系统。首先扫描内部网络看看 Nmap 报告的结果，然后从一个外部 IP 地址扫描，注意防火墙、入侵检测系统（IDS）以及其他工具对扫描操作的反应。通常，TCP connect()会引起 IDS 系统的反应，但 IDS 不一定会记录 TCP SYN 扫描。最好将 Nmap 扫描网络的报告整理存档，以便日后参考。

如果你打算熟悉和使用 Nmap，下面几点经验可供参考：

- 避免误解。不要随意选择测试 Nmap 的扫描目标。许多单位把端口扫描视为恶意行为，所以测试 Nmap 最好在内部网络进行。如有必要，应该告诉同事你正在试验端口扫描，因为扫描可能引发 IDS 警报以及其他网络问题。
- 关闭不必要的服务。根据 Nmap 提供的报告（同时考虑网络的安全要求），关闭不必要的服务，或调整路由器的访问控制列表（ACL）规则，禁用网络开放给外界的某些端口。
- 建立安全基准。在 Nmap 的帮助下加固网络、搞清楚哪些系统和服务可能受到攻击，下一步就从这些已知的系统和服务出发建立一个安全基准。

## 7.9 缓冲区溢出攻击实例

缓冲区溢出是一种在各种操作系统、应用软件中广泛存在且危险的漏洞。利用缓冲区溢出攻击可以导致程序运行失败、系统崩溃，甚至利用它可以执行非授权指令，可以取得系统特权，进而进行各种非法操作。

### 1. 缓冲区基础

缓冲区存在于“堆”或者“栈”中，这取决于缓冲区的分配方式。因此，缓冲区溢出分为“堆溢出”和“栈溢出”，这两种溢出的利用方式是不同的。

(1) 几个重要的寄存器及其作用

eax 寄存器：通常用于存放函数的返回值。

eip 寄存器：存放要执行的下一条指令的地址。

ebp 寄存器：栈帧的基址。

esp 寄存器：栈顶的地址。

栈帧其实就是栈中一小片连续的内存。在程序执行过程中，一个函数会调用另一个函数，属于这个函数的栈部分就叫该函数的栈帧，属于另一个函数的栈部分就叫另一个函数的栈帧。

(2) 堆和栈的分配

new 和 malloc 的变量都位于堆中，而局部变量则位于栈中。

传统的说法都是堆位于比栈更低的地址，但在 Windows 中，堆是位于比栈更高的地址。用 VC 写个程序就可以看到这种现象，堆是位于 0x003XXXXX，而栈是位于 0x0012XXXX 或者 0x0013XXXX。

栈是由高地址向低地址增长的，而堆和其他的内存使用都是从低地址到高地址。

(3) 栈的环境演示

函数 1 调用函数 2，函数 2 调用函数 3，……，函数 $n-1$ 调用函数 $n$，栈帧如图 7.14 所示。再把栈“放大”一点，以便看得更详细，如图 7.15 所示。

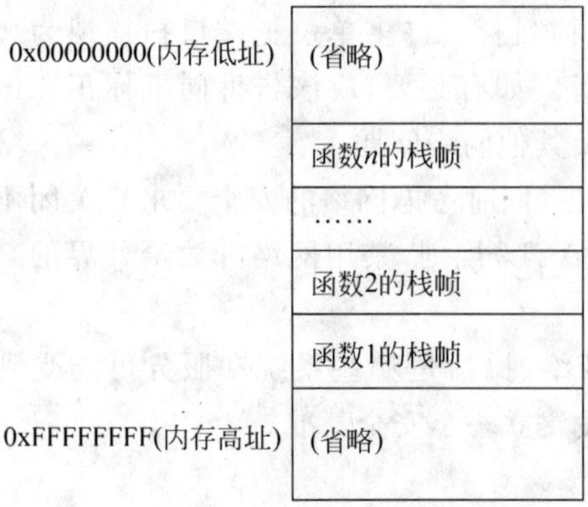

| 0x00000000(内存低址) | (省略) |
|---|---|
| | 函数n的栈帧 |
| | …… |
| | 函数2的栈帧 |
| | 函数1的栈帧 |
| 0xFFFFFFFF(内存高址) | (省略) |

图 7.14　栈帧图(1)

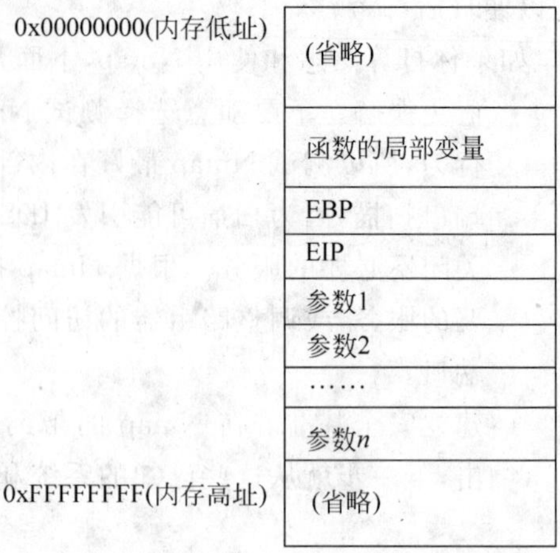

| 0x00000000(内存低址) | (省略) |
|---|---|
| | 函数的局部变量 |
| | EBP |
| | EIP |
| | 参数1 |
| | 参数2 |
| | …… |
| | 参数n |
| 0xFFFFFFFF(内存高址) | (省略) |

图 7.15　栈帧图(2)

调用一个函数时，会把该函数的参数从右到左一个一个地压入栈里，因此，首先压入栈的是最后一个参数，最后压入栈的是第一个参数。

从 ebp 往下(往高地址)包括 ebp 的地方都是调用函数的栈帧，从 ebp 往上(往低地址)不包括 ebp，是被调用函数的栈帧。

(4) call 和 ret 的原理

call 和 ret 这两条指令是很重要的，必须搞清楚 CPU 执行这两条指令时的工作。

调用一个函数时，在压完这个函数的所有参数后，就开始执行 call 指令执行该函数。call 指令做的事情是，首先 CPU 会把下一条指令的地址压入栈中，以便该函数执行完后知道回到哪里继续执行，这就是著名的“返回地址”。如：

| | | |
|---|---|---|
| 00421E23 | . 51 | push　ecx |
| 00421E24 | . E8 F8F3FDFF | call　00401221 |
| 00421E29 | . 83C4 0C | add　esp,0C |
| 00421E2C | . 8945 E4 | mov　dword ptr [ebp-1C],eax |
| 00421E2F | . 8B55 E4 | mov　edx,dword ptr [ebp-1C] |

这里要执行 0x00401221 函数，CPU 会把返回地址(0x00421E29)压入栈中，然后就跳到 0x00401221 处执行。栈顶也就由

| | | |
|---|---|---|
| 0012FF88 | 00000001 | |
| 0012FF8C | 003B1028 | |
| 0012FF90 | 003B10B0 | |
| 0012FF94 | 7C930738 | ntdll. 7C930738 |

变为

| | | |
|---|---|---|
| 0012FF84 | 00421E29 | 返回到 seh.＜模块入口点＞+0E9 来自 she.00401221 |
| 0012FF88 | 00000001 | |
| 0012FF8C | 003B1028 | |
| 0012FF90 | 003B10B0 | |
| 0012FF94 | 7C930738 | ntdll. 7C930738 |

在执行完函数后，会执行 ret 指令，如：

| 004015DA | . 8BE5 | mov esp,ebp |
|---|---|---|
| 004015DC | . 5D | pop ebp |
| 004015DD | . C3 | retn |
| 004015DE | . CC | int3 |

ret 指令会把栈顶的“返回地址”弹回 eip 中，然后执行“返回地址”处的指令，在本例中，就是执行 0x00421E29 处的“add esp,0c”指令。

### 2. 缓冲区溢出实例说明

我们看一下如下小程序：

```
/ * the overflow of the stack * /
void Func(char * str)
{
    char buffer[4];
    strcpy(buffer,str);
}
int main(int argc,char * argv[])
{
    int i; char largestr[128];
    for(i = 0; i<128; i++ )
        largestr[i] = 'A';
    func(largestr);
    return 0;
}
```

该程序就会产生缓冲区溢出。很明显 buffer 只有 4 字节，却用一个 128 字节来填充它，于是溢出就发生了。

缓冲区溢出破坏了程序的堆栈，使程序出现特殊的问题转而执行其他指令。一般的溢出只是让程序运行失败。但如果黑客们精心设计溢出字符串，则可以达到攻击的目的。最常见的手段是通过制造缓冲区溢出使程序运行一个用户 shell，再通过 shell 执行其他命令。如果该程序属于 root 且有 SUID 权限，攻击者就会获得一个有 root 权限的 shell，继而就可以对系统进行任意操作了。

1) Windows 下的例子

在执行溢出的机器上开 DOS(shell)，只要很简单的如下一段程序：

```
/ *  running in windows open command.com * /
#include <windows.h>
#include <winbase.h>
typedef void ( * MYPROC)(LPTSTR);
int main()
{
   HINSTANCE LibHandle;
   MYPROC ProcAdd;
   LibHandle = (MYPROC) GetProcAddress(LibHandle,"System"); //查找 system 函数地址
```

```
    (ProcAdd)("command.com"); //相当于执行 system("command.com")
    return 0;
}
```

2）Linux 下的例子

```
////////////////////////////////////////////////////////////
/* open a shell -- for linux */
#include<stdio.h>
void main()
{
    char *name[2];
    name[0] = "/bin/sh"; //开个 bash
    name[1] = NULL;
    execve(name[0],name,NULL); //调用程序
}
```

只要到这里就获得一个 shell，再通过 shell 执行其他命令，黑客就拥有了一台所掌控的机器。

缓冲区溢出攻击之所以成为一种常见的安全攻击手段，其原因在于缓冲区溢出漏洞普遍存在且易于实现。缓冲区溢出漏洞为攻击者希望得到的一切提供了植入并执行攻击代码的便利，因此缓冲区溢出已成为远程攻击的主要手段。被植入的攻击代码以一定的权限运行有缓冲区溢出漏洞的程序，从而得到被攻击主机的控制权。

### 3. 缓冲区攻击步骤

对 root 程序进行试探性攻击，然后执行类似 exec(sh)的执行代码来获得具有 root 权限的 shell。

该攻击分为代码安排(在程序的地址空间里安排适当的代码)和控制程序执行流程(通过适当初始化寄存器和内存使程序跳到安排的地址空间执行预先设定好的程序)两个步骤。

(1) 在程序的地址空间安排适当的代码

在程序的地址空间安排适当的代码的方法有以下两种：

① 植入法。攻击者向被攻击的程序输入一个字符串，程序会把这个字符串放到缓冲区里。这个字符串包含的资料是可以在这个被攻击的硬件平台上运行的指令序列。在这里，攻击者用被攻击程序的缓冲区来存放攻击代码。

② 利用已经存在的代码。该方法的前提是攻击者想要的代码已经在被攻击的程序中。攻击者所要做的只是对代码传递一些参数。如攻击代码要求执行 exec（“/bin/sh”），而在 libc 库中的代码执行 exec（arg），其中 arg 是指向一个字符串的指针参数，那么攻击者只要把传入的参数指针改为指向/bin/sh 即可。

(2) 控制程序转移到攻击代码

该方法可通过溢出一个没有边界检查的缓冲区，扰乱程序的正常执行顺序。通过溢出缓冲区，攻击者可以用暴力的方法改写相邻的程序空间而直接跳过系统的检查。

使用暴力方法寻求改变程序指针有如下三种方法：

① 堆栈溢出攻击。该方法强制改变函数结束时返回的地址。这样当函数调用结束时，程序就跳转到攻击者设定的地址，而不是原先的地址。此为最常用的缓冲区溢出攻击方式。

② 函数指针。该方法通过改变函数指针来定位任何地址空间。如 void (* foo)()表明一个返回值为 void 的函数指针变量 foo,所以攻击者只需在任何空间内的函数指针附近找到一个能够溢出的缓冲区,然后溢出这个缓冲区来改变函数指针。在某一时刻,当程序通过函数指针调用函数时,程序的流程就按攻击者的意图实现了。

③ 长跳转缓冲区。该方法有点类似于函数指针,setjmp/longjmp 也是跳转。

## 习题和思考题

### 一、问答题

1. 简述病毒的特征、类型和危害。
2. 简述网络病毒的传播途径和特点。
3. 简述病毒的发展趋势。
4. 何为木马和蠕虫?简述木马和蠕虫的特点、危害和预防措施。
5. 黑客进行的攻击主要有哪几种类型?
6. 简述黑客攻击的手段和工具。
7. 简述入侵检测系统的功能、类型和检测过程。
8. 简述入侵防护系统的功能和应用。
9. 网络系统漏洞主要表现在哪几个方面?
10. 何为网络扫描,何为网络监听?什么样的用户可以进行网络扫描和网络监听?
11. 有哪几种主要的端口扫描技术?
12. 说出几种你熟悉或使用的防病毒软件、网络扫描软件和网络监听软件。
13. 何为紧急响应?紧急响应主要有哪几个阶段的工作?

### 二、填空题

1. 网络病毒传播的途径一般有________、________和________三种。

2. 因特网可以作为文件病毒传播的________,通过它,文件病毒可以很方便地传送到其他站点。

3. 按破坏性的强弱不同,计算机病毒可分为________病毒和________病毒。

4. 网络病毒具有传播方式复杂、________、________和破坏危害大等特点。

5. 防范病毒主要从________和________两方面入手。

6. 黑客进行的网络攻击通常可分为________型、________型、________型和虚假信息型攻击。

7. ________攻击是指通过向程序的缓冲区写入超出其长度的内容,从而破坏程序的堆栈,使程序转而执行其他的指令,以达到攻击的目的。

8. ________攻击是攻击者通过各种手段来消耗网络带宽或服务器系统资源,最终导致被攻击服务器资源耗尽或系统崩溃而无法提供正常的网络服务。

9. 入侵检测系统 IDS 是一种________的安全防护措施。

10. 计算机网络系统漏洞的主要表现有系统的________和________。

11. IPS 技术包括基于________的 IPS 和基于网络的 IPS 两大类。

12. 中国计算机紧急响应小组简称为________。

## 三、单项选择题

1. 网络病毒不具有（　　）的特点。

A. 传播速度快　　B. 清除难度大　　C. 传播方式单一　　D. 破坏危害大

2.（　　）是一种基于远程控制的黑客工具，它通常寄生于用户的计算机系统中，盗窃用户信息，并通过网络发送给黑客。

A. 文件病毒　　B. 木马　　C. 引导型病毒　　D. 蠕虫

3.（　　）是一种可以自我复制的完全独立的程序，它的传播不需要借助被感染主机的其他程序。它可以自动创建与其功能完全相同的副本，并在没人干涉的情况下自动运行。

A. 文件病毒　　B. 木马　　C. 引导型病毒　　D. 蠕虫

4. 端口扫描是一种（　　）型网络攻击。

A. DoS　　B. 利用　　C. 信息收集　　D. 虚假信息

5.（　　）攻击是一种特殊形式的拒绝服务攻击，它采用分布协作式的大规模攻击方式。

A. DDoS　　B. DoS　　C. 缓冲区溢出　　D. IP 电子欺骗

6. 拒绝服务攻击的后果是（　　）。

A. 被攻击服务器资源耗尽　　B. 无法提供正常的网络服务

C. 被攻击者系统崩溃　　D. A、B、C 都可能

7. 在网络安全领域，网络系统“漏洞”是指网络系统硬件、软件或策略上存在的缺陷或脆弱性。网络系统＿（1）＿主要有硬件故障、网络线路威胁、电磁辐射和存储介质脆弱等方面；各种存储器中存储大量的信息，这些＿（2）＿很容易被盗窃或损坏，造成信息的丢失；网络系统的＿（3）＿通常有硬盘故障、电源故障、芯片主板故障、驱动器故障等；＿（4）＿也面对各种威胁，非法用户可对其进行物理破坏、搭线窃听、通过未保护的外部线路访问系统内部信息等。

(1) A. 硬件方面的漏洞　　B. 软件方面的漏洞　　C. 硬件故障　　D. 存储介质

(2) A. 硬件方面的漏洞　　B. 软件方面的漏洞　　C. 硬件故障　　D. 存储介质

(3) A. 电源故障　　B. 通信线路　　C. 硬件故障　　D. 存储介质

(4) A. 电源故障　　B. 通信线路　　C. 硬件故障　　D. 存储介质

8. 入侵防护系统的缩写是＿（1）＿，＿（2）＿是指计算机紧急响应小组，＿（3）＿是认证中心，而＿（4）＿是入侵检测系统的缩写。

(1) A. IDS　　B. IPS　　C. CERT　　D. CA

(2) A. IDS　　B. IPS　　C. CERT　　D. CA

(3) A. IDS　　B. IPS　　C. CERT　　D. CA

(4) A. IDS　　B. IPS　　C. CERT　　D. CA

# 第8章

# Internet安全

**本章要点**

- TCP/IP 协议及其安全；
- Web 站点安全；
- 电子邮件安全及安全设置实例；
- Internet 欺骗及防范；
- 360 安全卫士的应用实例。

## 8.1　TCP/IP 协议及其安全

TCP/IP 是美国 DARPA 为 ARPANET 制定的一种异构网络互联的通信协议，通过它可实现各种异构网络或异种机之间的互联通信。TCP/IP 虽然不是国际标准，但已被世界广大用户和厂商所接受，成为当今计算机网络最成熟、应用最广的互联协议。国际互联网 Internet 上采用的就是 TCP/IP 协议。TCP/IP 协议也可用于任何其他网络，如局域网，以支持异种机的联网或异构型网络的互联。TCP/IP 同样适用于在一个局域网中实现异种机的互联通信。网络上各种各样的计算机上只要安装了 TCP/IP 协议，它们之间就能相互通信。运行 TCP/IP 协议的网络是一种采用包(分组)交换的网络。

### 8.1.1　TCP/IP 的层次结构及主要协议

#### 1. TCP/IP 协议的层次结构

Internet 网络体系结构是以 TCP/IP 协议为核心的。基于 TCP/IP 协议的网络体系结构与 OSI/RM 相比，结构更简单。TCP/IP 协议分为 4 层，即网络接口层、网络层(IP 层)、传输层(TCP 层)和应用层。TCP/IP 的层次结构及与 OSI 结构的比较如图 8.1 所示。

- 网络接口层。网络接口层与 OSI 模型中的数据链路层和物理层相对应。事实上，TCP/IP 本身并没有这两层，而是其他通信网上的数据链路层和物理层与 TCP/IP 的网络接口层进行连接。网络接口层负责接收 IP 数据报，并把这些数据报发送到指定网络中。
- 网络层。网络层要解决主机到主机的通信问题。在发送端，网络层接受一个请求，将来自传输层的一个报文分组，连同发给目标主机的表示码一起发送出去。网络层把这个报文分组封装在一个 IP 数据报中，再填好数据报报头。使用路由选择算法，确定是将该数据报直接发送到目标主机，还是发送给一个网间连接器，然后把数据报传递给相应的网络接口再发送出去。在接收端，网络层还处理到来的数据报，校验数据报的有效性，删除报头，使用路由选择算法确定该数据报应当在本地处理还是转发出去等。

| TCP/IP | OSI |
| --- | --- |
| 应用层 | 应用层<br>表示层<br>会话层 |
| 传输(TCP)层 | 传输层 |
| 网络(IP)层 | 网络层 |
| 网络接口层 | 数据链路层<br>物理层 |

图 8.1　TCP/IP 层次结构及与 OSI 结构的比较

- 传输层。传输层的基本任务是提供应用程序之间的通信，这种通信通常叫做端到端通信。传输层可能对信息流有调节作用，也能提供可靠传送，确保数据到达无差错、不乱序。为此，在接收端具备发回确认功能和要求重发丢失报文的功能。传送软件把发送的数据流分成若干小段，有时把这些小段称为报文分组。把每个报文分组连同一个目标地址一道传递给网络层，以便发送。TCP/IP 为传输层提供了两个主要的协议，即传输控制协议 TCP 和用户数据报协议 UDP。
- 应用层。应用层为协议的最高层，在该层应用程序与协议相互配合，发送或接收数据。每个应用程序应选用自己的数据形式。数据形式可以是一系列报文，也可以是一种字节流。不管哪种形式，都要把数据传递给传输层，以便递交出去。TCP/IP 的应用层大致和 OSI 的会话层、表示层和应用层对应，但没有明确的划分。它包含远程登录（Telnet）、文件传输（FTP）、电子邮件（SMTP）、域名（DNS）等服务。

### 2. TCP/IP 的主要协议

从名字上看 TCP/IP 似乎只包括了两个协议，即 TCP 协议和 IP 协议，但事实上它不只两个协议，而是由 100 多个协议组成的协议集。TCP 和 IP 是其中两个最重要的协议，因此以此命名。TCP 和 IP 两个协议分别属于传输层和网络层，在 Internet 中起着不同的作用。

此外，TCP/IP 协议集还包括一系列标准的协议和应用程序，如在应用层上有远程登录（Telnet）协议、文件传输协议（FTP）和电子邮件协议（SMTP）等，它们构成了 TCP/IP 的基本应用程序。这些应用层协议为任何联网的单机或网络提供了互操作能力，满足了用户计算机入网共享资源所需的基本功能。

IP 协议（Internet Protocol）是 Internet 中的基础协议，由 IP 协议控制的协议单元称为 IP 数据报。IP 协议提供不可靠的、尽最大努力的、无连接的数据报传递服务。IP 协议的基本任务是通过互联网传输数据报，各个 IP 数据报独立传输。IP 协议不保证传送的可靠性，在主机资源不足的情况下，它可能丢弃某些数据报，同时 IP 协议也不检查被数据链路层丢弃的报文。如目的主机直接在本地网中，IP 协议将直接把数据报传送给本地网中的目的主机；如目的主机是在远程网上，则 IP 将数据报再传送给本地路由器，由本地路由器将数据报传送给下一个路由器或目的主机。

TCP 协议（Transmission Control Protocol）尽管是 TCP/IP 协议集中的主要成员，但它

有很大的独立性，它对下层网络协议只有基本的要求，很容易在不同的网络上应用，因而可以被用于众多的网络上。TCP 协议是在 IP 协议提供的服务基础上，支持面向连接的、可靠的传输服务。发送方 TCP 模块在形成 TCP 报文的同时形成一个类似于校验和的“累计核对”，随 TCP 报文一同传输。接收方 TCP 模块据此判断传输的正确性，若不正确则接收方丢弃该 TCP 报文，否则进行应答。发送方若在规定时间内未获得应答则自动重传。TCP 协议内部通过一套完整状态转换机制来保证各个阶段的正确执行，为上层应用程序提供双向、可靠、顺序及无重复的数据流传输服务。

UDP(User Data Protocol)协议是 TCP/IP 协议集中与 TCP 协议同处于传输层的通信协议。它与 TCP 协议不同的是，UDP 是直接利用 IP 协议进行 UDP 数据报的传输，因此 UDP 协议提供的是无连接、不保证数据完整到达目的地的传输服务。由于 UDP 比 TCP 简单得多，又不使用很繁琐的流控制或错误恢复机制，只充当数据报的发送者和接收者，因此开销小，效率高，适合于高可靠性、低延迟的 LAN。

在局域网中所有站点共享通信信道，使用网络介质访问控制层的 MAC 地址来确定报文的发往目的地，而在 Internet 中目的地地址是靠 IP 地址来确定的。由于 MAC 地址与 IP 地址之间没有直接的对应关系，因此需要通过 TCP/IP 中的两个协议动态地发现 MAC 地址和 IP 地址的关系。这两个协议是地址解析协议 ARP(Address Resolution Protocol)和逆向地址解析协议 RARP(Reverse Address Resolution Protocol)。利用 ARP 协议可求出已知 IP 地址主机的 MAC 地址，而 RARP 协议的功能是由已知主机的 MAC 地址解析出其 IP 地址。

ICMP 就是一种面向连接的协议，用于传输错误报告控制信息。由于 IP 协议提供了无连接的数据报传送服务，在传送过程中若发生差错或意外情况则无法处理数据报，这就需要 ICMP 协议来向源节点报告差错情况，以便源节点对此做出相应的处理。大多数情况下，ICMP 发送的错误报文返回到发送原数据的设备，因为只有发送设备才是错误报文的逻辑接受者。发送设备随后可根据 ICMP 报文确定发生错误的类型，并确定如何才能更好地重发失败的数据报。

### 8.1.2 TCP/IP 层次安全

TCP/IP 的层次不同提供的安全性也不同，例如，在网络层提供虚拟专用网络，在传输层提供安全套接层服务等。

#### 1. 网络接口层的安全

网络接口层与 OSI 模型中的数据链路层和物理层相对应。物理层安全主要是保护物理线路的安全，如保护物理线路不被损坏，防止线路的搭线窃听，减少或避免对物理线路的干扰等。数据链路层安全主要是保证链路上传输的信息不出现差错，保护数据传输通路畅通，保护链路数据帧不被截收等。

网络接口层安全一般可以达到点对点间较强的身份验证、保密性和连续的信道认证，在大多数情况下也可以保证数据流的安全。有些安全服务可以提供数据的完整性或至少具有防止欺骗的能力。

### 2. 网络层的安全

网络层安全主要是基于以下几点考虑：

- 控制不同的访问者对网络和设备的访问。
- 划分并隔离不同安全域。
- 防止内部访问者对无权访问区域的访问和误操作。

IP分组是一种面向协议的无连接的数据包，不同于WAN中使用的其他技术，因此要对其施以安全保护。IP包是可共享的，用户间的数据在子网中要经过很多节点进行传输。从安全角度讲，网络组件对下一个邻近节点并不了解。因为每个数据包可能来自网络中的任何地方，因此如认证、访问控制等安全服务必须在每个包基础上执行。又由于IP包的长度不同，可能要考虑每个数据包以获得与安全相关的信息。

国际上有关组织已经提出了一些对网络层的安全协议进行标准化的方案，如安全协议3号(SP3)就是美国国家安全局以及标准技术协会作为安全数据网络系统(SDNS)的一部分而制定的，网络层安全协议(NLSP)是由国际标准化组织为无连接网络协议(CLNP)制定的安全协议标准，等等。事实上，这些安全协议都使用IP封装技术。IP封装技术将纯文本的包加密、封装在外层IP报头里，当这些包到达另一端时，外层的IP报头被拆开，报文被解密，然后交付给收端用户。网络层安全协议可用来在Internet上建立安全的IP通道和虚拟专用网。其本质是：纯文本的包被加密，封装在外层的IP报头里，用来对加密的包进行Internet上的路由选择；到达另一端时，外层的IP报头被拆开，报文被解密，然后送到收报地点。

### 3. 传输层的安全

由于TCP/IP协议本身很简单，没有加密、身份验证等安全特性，因此必须在传输层建立安全通信机制为应用层提供安全保护。传输层网关在两个节点之间代为传递TCP连接并进行控制。常见的传输层安全技术有SSL、SOCKS和PCT等。

在Internet应用程序中，通常使用广义的进程间通信(IPC)机制来与不同层次的安全协议打交道。比较流行的两个IPC编程界面是BSD Sockets和传输层界面(TLI)。

在Internet中提供安全服务的一个想法，便是强化它的IPC界面，如BSD Sockets。具体做法包括双端实体的认证、数据加密密钥的交换等。Netscape通信公司遵循了这个思路，制定了建立在可靠的传输服务(如TCP/IP所提供)基础上的安全套接层(SSL)协议。

### 4. 应用层的安全

网络层的安全协议可为网络连接建立安全的通信信道，传输层的安全协议可为进程之间的数据通道增加安全属性。本质上，这意味着真正的数据通道还是建立在主机(或进程)之间，但却不可能区分在同一通道上传输的一个具体文件的安全性要求。比如说，如果一个主机与另一个主机之间建立起一条安全的IP通道，那么所有在这条通道上传输的IP包就都要自动地被加密。同样，如果一个进程和另一个进程之间通过传输层安全协议建立起了一条安全的数据通道，那么两个进程间传输的所有消息就都要自动地被加密。

如果确实想要区分一个具体文件的不同安全性要求，那就必须借助于应用层的安全性。

提供应用层的安全服务实际上是最灵活的处理单个文件安全性的手段。例如，一个电子邮件系统可能需要对要发出信件的个别段落实施数据签名。较低层的协议提供的安全功能一般不会知道任何要发出的信件的段落结构，从而不可能知道该对哪一部分进行签名。只有应用层是唯一能够提供这种安全服务的层次。

提供应用层的安全服务，实际上是最灵活的处理单个文件安全性的手段。应用层提供的安全服务，通常都是对每个应用（包括应用协议）分别进行修改和扩充，加入新的安全功能。现已实现的 TCP/IP 应用层的安全措施有：基于信用卡安全交易服务的安全电子交易（SET）协议，基于信用卡提供电子商务安全应用的安全电子付费协议（SEPP），基于 SMTP 提供安全电子邮件安全服务的私用强化邮件（PEM），基于 HTTP 协议提供 Web 安全使用的安全性超文本传输协议（S-HTTP），等等。

## 8.2 Web 站点安全

### 8.2.1 Web 概述

#### 1. Web

Web 又称 World Wide Web（万维网），它就像一张附着在 Internet 上的覆盖全球的信息“蜘蛛网”，镶嵌着无数以超文本形式存在的信息。它把 Internet 上现有的资源统统连接起来，使用户能在 Internet 上已经建立 Web 服务器的所有站点提供超文本媒体资源文档。这是因为 Web 能把各种类型的信息（静止图像、文本声音和影像）紧密地集成在一起，它不仅提供了图形界面的快速信息查找，还可以通过同样的图形界面（GUI）与 Internet 的其他服务器对接。

Web 是 Internet 中最受欢迎的一种多媒体信息服务系统。整个系统由 Web 服务器、浏览器和通信协议组成。通信协议 HTTP 能够传输任意类型的数据对象来满足 Web 服务器与客户之间多媒体通信的需要。Web 带来的是世界范围的超级文本服务。用户可通过 Internet 从全世界任何地方调来所希望得到的文本、图像（包括活动影像）和声音等信息。另外，Web 还可提供其他的 Internet 服务，如 Telnet、FTP、Gopher 和 Usenet 等。

在 Web 网站上，不仅可以传递文字信息，还可以传递图形、声音、影像、动画等多媒体信息。Web 的成功在于使用了 HTTP 超文本传输协议，制定了一套标准的、易为人们掌握的超文本标记语言 HTML，使用了信息资源的统一定位格式 URL。我们可以把 Web 看做是一个图书馆，而每一个网站就是这个图书馆中的一本书。每个网站都包含许多画面，进入该网站时显示的第一个画面就是“主页”或“首页”（相当于书的目录），而同一个网站的其他画面都是“网页”（相当于书页）。

#### 2. HTTP 协议

从网络协议的角度看，HTTP 是对 TCP/IP 协议集的扩展，作为浏览器与服务器间的通信协议，处于 TCP/IP 层次中的应用层。

HTTP 是一种无状态协议，即服务器不保留与客户交易时的任何状态。这可大大减轻服务器的存储负担，从而保持较快的响应速度。HTTP 又是一种面向对象的协议，允许传送任意类型的数据对象。它通过数据类型和长度来标识所传送的数据内容和大小，并允许对数据进行压缩传送。浏览器软件配置于用户端计算机上，用户发出的请求通过浏览器分析后，按 HTTP 规范送给服务器，服务器按用户需求，将 HTML（超文本标记语言）文档送回给用户。

### 3. 超文本标记语言（HTML）

HTML 是 Web 的描述语言。设计 HTML 语言的目的是为了能把存放在一台电脑中的文本或图形与另一台电脑中的文本或图形方便地联系在一起，形成有机的整体。人们不用考虑具体信息是在当前电脑上还是在网络的其他电脑上。这样用户只要使用鼠标在某一文档中点击一个图标，Internet 就会马上转到与此图标相关的内容上去，而这些信息可能存放在网络的另一台电脑中。

### 4. Web 服务器和浏览器

Internet 上有大量的 Web 服务器，这些 Web 服务器上汇集了大量的信息。Web 服务器就是管理这些信息，并与 Web 浏览器打交道。Web 服务器处理来自 Web 浏览器的用户请求，将满足用户要求的信息返回给客户。

Web 浏览器是客户阅读 Web 上信息的客户端软件。如果用户在本地机器上安装了 Web 浏览器软件，就可读取 Web 服务器上的信息。Web 浏览器将 Web 上的多媒体信息转换成我们可以看得到、听得见的文字、图形和声音。现在越来越多的浏览器都提供了插件型多媒体播放功能。常用的 Web 浏览器软件有 Netscape Communicator 和 Internet Explorer（简称 IE）。IE 中文版是微软公司推出的 Web 客户端程序，是专门为 Windows 设计的访问 Internet 的 Web 浏览工具，它基于 Windows 9x/NT/2000/XP 等环境。使用 Web 浏览器可在 Internet 上方便地浏览网页文件，这些网页文件包括文本、图形图像、语音等多媒体信息。

### 5. Web 服务的基本过程

Web 最吸引人的地方是它的“简单性”，其工作过程也是客户机/服务器模式。Web 的工作可分为四个基本阶段：连接、请求、响应和关闭，它们都属于 HTTP 的下层基础。这四个过程是：信息资源以网页（HTML 文件）形式存储在 Web 服务器中，当用户希望得到某种信息时，要先与 Internet 沟通连接（上网），然后用户通过 Web 客户端程序（浏览器）向 Web 服务器发出请求；Web 服务器根据客户的请求给予响应，将在 Web 服务器中存放的、符合用户要求的某个网页发送给客户端，浏览器在收到该页面后对其进行解释，最终将图文等信息呈现给客户；一次 Web 服务操作结束后，关闭此次连接，或用户根据需要再进行下一次的请求。这样，我们可以通过网页中的链接，方便地访问位于其他 Web 服务器中的页面或其他类型的网络信息资源。

Web 服务器集成了所有的视觉辅助效果来表示信息，这些信息可以有多种格式存在，易于浏览和理解。例如，在讨论复杂问题时，可以使用图表、影像剪辑甚至交互式应用程序，而不仅仅是字符文本，这样便于解释论题，使人一目了然。与其他信息发布工具相比，Web 服务由于所需的费用很低并且覆盖面广，因而具有很大的吸引力。另外，使用各种搜索机制和 Web 站点分类目录数据库注册一个 Web 站点，可以使客户在需要时得到所需的信息。

### 8.2.2 Web 的安全需求

#### 1. Web 应用的威胁

Web 服务在为人们带来大量信息的同时，也接受了严峻的考验，即 Web 应用的安全性受到了极大的威胁。Web 应用面临的主要威胁有：

- 信息泄露。攻击者可通过各种手段，非法访问 Web 服务器或浏览器，获取敏感信息；或中途截获 Web 服务器和浏览器之间传输的敏感信息；或由于系统配置、软件等原因无意泄露敏感信息。
- 拒绝服务。攻击者可在短时间内向目标机器发送大量的正常的请求包，并使目标机器维持相应的连接；或发送需要目标机器解析的大量无用的数据包，使得目标机器的资源耗尽，根本无法响应正常的服务。
- 系统崩溃。攻击者可通过 Web 篡改、毁坏信息，甚至篡改、删除关键性文件、格式化磁盘等使 Web 服务器或浏览器崩溃。

#### 2. Web 服务器的安全需求

(1) Web 服务器的不安全因素

Web 服务器上的漏洞可涉及以下几方面因素：

- 在 Web 服务器上存在秘密文件、目录或重要数据。
- 从远程用户向服务器发送信息时，特别是信用卡之类东西时，中途可能遭不法分子非法拦截。
- Web 服务器本身存在一些漏洞，使得一些人可能侵入到主机系统，破坏一些重要的数据，甚至造成系统瘫痪。
- 用 CGI 脚本编写的程序，当涉及到远程用户从浏览器中输入表格，并进行检索或在主机上直接操作命令时，可能会给 Web 主机系统造成危险。

因此，不管是配置服务器，还是在编写 CGI 程序时都要注意系统的安全性。尽量堵住任何存在的漏洞，创造安全的环境。

(2) Web 服务器的安全需求

- 维护公布信息的真实性和完整性。
- 维护 Web 服务的安全可用。
- 保护 Web 访问者的隐私。
- 保护 Web 服务器不被攻击者作为“跳板”。

(3) Web 服务器的安全防护措施

- 限制在 Web 服务器开账户，定期删除一些中断进程的用户。
- 对在 Web 服务器上开的账户，在口令长度及定期更改方面作出要求，防止被盗用。
- 尽量与 FTP 服务器、E-mail 服务器等分开，去掉无关的应用。
- 在 Web 服务器上将那些绝对不用的系统删除掉。

- 定期查看服务器中的日志 logs 文件，分析一切可疑事件。
- 设置好 Web 服务器上系统文件的权限和属性，对允许访问的文档分配一个公用的组（如 WWW 组），并只给它分配"只读"权限。把所有的 HTML 文件归属 WWW 组，由 Web 管理员管理 WWW 组。对于 Web 配置文件仅授予 Web 管理员"写"权限。

### 3. Web 浏览器的安全要求

Web 浏览器可为客户提供一个简单实用且功能强大的图形化界面，使得客户不必经过专业化训练即可在网络里漫游。但使用 Web 浏览器的客户可能随时遇到安全问题，因此，一般对 Web 浏览器也有如下安全要求：

- 确保运行浏览器的系统不被病毒或其他恶意程序侵害而被破坏。
- 确保客户个人安全信息不外泄。
- 确保交互的站点的真实性，以免被欺骗，遭受损失。

### 4. Web 传输的安全要求

在 Internet 上，Web 服务器和 Web 浏览器之间的信息交换是通过数据包在 Internet 中传输实现的。那么，这些传输过程的安全要求是很重要的。因为 Web 数据的传输过程直接影响着 Web 应用的安全。不同的 Web 应用对安全传输有不同的要求，通常有：

- 保证传输信息的真实性。
- 保证传输信息的完整性。
- 保证传输信息的保密性。
- 保证信息的不可否认性。
- 保证信息的不可重用性。

### 5. Web 安全

浏览 Web 页面或许是人们最常用的访问 Internet 的方式。一般的浏览也许并不会让人产生不妥的感觉，可是当用户填写表单数据时，用户有没有意识到自己的私人敏感信息可能被一些居心叵测的人截获，而如果用户或用户的公司要通过 Web 进行一些商业交易，又如何保证交易的安全呢？

一般来讲，Web 站点上的交易可能带来的安全问题有：

- 诈骗。建立网站是一件很容易且花钱不多的事，有人甚至直接拷贝别人的页面。因此伪装一个商业机构非常简单，然后它就可以让访问者填一份详细的注册资料，还假装保证个人隐私，而实际上就是为了获得访问者的隐私。调查显示，邮件地址和信用卡号的泄露大多是这样的。
- 泄露。当交易的信息在 Internet 上明码传播时，窃听者可以很容易地截取并提取其中的敏感信息。
- 篡改。攻击者截取了信息后还可以做一些更"高明"的工作，可以将其中某些域的值替换成自己所需要的信息，如姓名、信用卡号，甚至金额，以达到自己的目的。
- 攻击。主要是对 Web 服务器的攻击，例如著名的 DDoS（分布式拒绝服务攻击）。攻击的发起者可以是心怀恶意的个人，也可以是同行的竞争者。

为了透明地解决 Web 应用的安全问题，最合适的入手点是浏览器。现在，无论是 Internet Explorer，还是 Netscape Navigator，都支持 SSL 协议。这是一个在传输层和应用层之间的安全通信层，在两个实体进行通信之前，先要建立 SSL 连接，以此实现对应用层透明的安全通信。利用 PKI(公钥基础设施)技术，SSL 协议允许在浏览器和服务器之间进行加密通信。此外，还可以利用数字证书保证通信安全，服务器端和浏览器端分别由可信的第三方颁发数字证书。这样，在交易时双方可以通过数字证书确认对方的身份。需要注意的是，SSL 协议本身并不能提供对不可否认性的支持，这部分工作必须由数字证书完成。

结合 SSL 协议与数字证书，PKI 技术可以保证 Web 交易多方面的安全需求，使 Web 上的交易和面对面的交易一样安全。

## 8.3 电子邮件安全

### 8.3.1 电子邮件的安全漏洞和威胁

电子邮件服务十分脆弱，用户向 Internet 上的另一个人发送 E-mail 时，不仅信件像明信片一样是公开的，而且也不知道在到达目的地之前，信件经过了多少节点。E-mail 服务器向全球开放，它们很容易受到黑客的袭击。Web 提供的阅读器也容易受到类似的侵袭。Internet 像一个蜘蛛网，E-mail 到达收件人之前，会经过很多机构和 ISP，因此任何人，只要可以访问这些服务器，或访问 E-mail 经过的路径，就可以阅读这些信息。

E-mail 上存在如下一些安全漏洞。

#### 1. Web 信箱的漏洞

Web 信箱是通过浏览器访问的，部分技术水平不高的站点存在着严重的安全漏洞。比如用户在公共场所(例如网吧)上网浏览自己的邮件，那么在你关掉当前浏览页面离开后，别人利用浏览器做简单操作后即可看到用户刚才浏览过的邮件。如果用户在该机器上注册了新的信箱，其个人资料就会很容易地泄密。

#### 2. 密码问题

很多人都在强调密码的重要性，然而事实上，很多用户名设置的密码都是很简单、可猜测的。如果要想设置一个好的密码，就要站在一个破解者的角度去思考。破解者最容易想到的就是生日、用户名、电话号码、信用卡号码、执照或证书号码等，虽然这些是我们生活中最容易记住的，但也是最容易被别人猜到的。如果选择的密码在字母中夹杂一些数字和符号，其安全性就要好得多。

#### 3. 监听问题

邮件监听可分为局域网内的监听和来自信箱内部的监听两种监听方式。一般，使用嗅探器可对局域网内传输的数据进行监听。因为 POP3 协议通常都是明文传输，所以很容易就被嗅探器嗅探到邮箱密码。而使用浏览器进行收发邮件就显得相对安全一些。当用户密码被破解之后，攻击者并没有修改密码，而是把信箱设置成转发邮件到攻击者的信箱；然后再在他的信箱中设置转发邮件到这个被破解密码的信箱，同时设置“保留备份”。这样攻击者就可以完全控制该信箱的流量了，因为当他想让用户收邮件的时候就转发，不想让收邮件时就取消转发，这种方法相当隐蔽。

#### 4. 缓存的危险

用IE浏览器在浏览网页时，会在硬盘上开一个临时交换空间，这就是缓存。缓存可能成为攻击者的目标，因为有些信箱使用Cookie程序（浏览器中一种用来记录访问者信息的文件）并以明文形式保存密码，同时浏览过的所有的网页都在这个缓存内，如果缓存被拷贝，用户的私人信息就不存在秘密了。

#### 5. 冒名顶替

由于普通的电子邮件缺乏安全认证，所以冒充别人发送邮件并不是难事。曾几何时，假借某某公司发送中奖信息的电子邮件就不知道害了多少人。如果用户不想让别人冒充自己的名义发送邮件，可以采用数字证书发送签名/加密邮件，这种方式已经被证明是解决邮件安全问题的好办法。

#### 6. 病毒、蠕虫和木马

病毒、蠕虫和木马这三种恶意代码通常附加在电子邮件的附件中，用户一旦打开这些附件就可能运行这些代码，并可能破坏主机系统的数据或将计算机变成可被远程控制的“肉鸡”，甚至可以导致收件人经济上的巨大损失。比如有一种称为键盘记录器的木马，可以秘密地记录系统活动，可以诱使外部的恶意用户访问公司的银行账户、企业的内部网站及其他的秘密资源。

#### 7. 网络钓鱼

网络钓鱼（Phishing）是通过大量发送声称来自于银行或其他知名机构的欺骗性垃圾邮件，引诱收信人给出敏感信息的一种攻击方式。攻击者利用欺骗性的电子邮件和伪造的Web站点来进行网络诈骗活动。受骗者往往会泄露自己的私人资料，如信用卡号、银行卡账户、身份证号等内容。诈骗者通常会将自己伪装成网络银行、在线零售商和信用卡公司等可信的品牌，骗取用户的私人信息。

#### 8. 垃圾邮件

垃圾邮件虽然不像病毒感染一样是一种明显的威胁，但可以很快充满用户的收件箱，使得用户难以接收合法的电子邮件。垃圾邮件还是钓鱼者和病毒制造者喜欢的传播媒介。

### 8.3.2 电子邮件欺骗

#### 1. 匿名转发

在正常的情况下，发送电子邮件都会将发送者的名字和地址包含进邮件的附加信息中。但是，有时发送者将邮件发送出去后不希望收件者知道是自己发的，因此将附加信息中的名字和地址改为他人的。这种发送邮件的方法被称为匿名转发。

实现匿名转发的一种最简单的方法就是改变电子邮件软件里发送者的名字。但这是一种表面现象,因为通过信息表头中的其他信息,仍能够跟踪发送者。而让发信者地址完全不出现在邮件中的唯一方法是让其他人转发该邮件,邮件中的发信人地址就变成了转发者的地址了。

现在 Internet 上有大量的匿名转发者(或称为匿名服务器),发送者将邮件发送给匿名转发者,并告诉这个邮件希望发送给谁。该匿名转发者删去所有的返回地址信息,再转发给真正的收件人,并将自己的地址作为返回地址插入邮件中。

有人认为,使用匿名转发的动机是可疑的,发送的可能是非法的、恐怖的、不健康的信息。实际上并不尽然。匿名转发有一些重要的合法使用,例如一些胆怯的人可以参加某种心理方面的讨论组,可以就一些难以启齿的问题向专家咨询等。从安全的角度考虑,匿名转发也是有利的。例如发送敏感信息,隐藏发送者的信息可以使窥窃者不知道信息的来源及这一信息是否有用。

### 2. 垃圾邮件

垃圾邮件,顾名思义就是不请自来的、大量散发的、对接收者无用的邮件。垃圾邮件是未经收件者同意,即大量散发的邮件,信件内容多半以促销商品为目的。它们可能是某些有商业企图的人想利用 Internet 散播广告或色情的媒介。

严格说来,垃圾邮件是一种剽窃行为。传送 Mail 者只需花极少的代价,即可造成收件者的重大损失。假设一个人在每星期收到几十封垃圾邮件,个人用户的损失并非立即显现,但若企业内每个人都收到此类信件时,这对企业网络环境的影响就不仅仅是一件麻烦事了。这些垃圾邮件对企业无任何益处,但是 SMTP 服务器却要承担这些邮件的处理和转发工作。CPU、服务器硬盘空间、终端机用户硬盘空间都因此而影响了速度和空间。网络资源被这些毫无价值的信件利用来分类、存储和寄发,而那些真正对接收者有用的、含有重大商机的邮件却被淹没在垃圾邮件中。垃圾邮件除了浪费网络资源外,更令人担心的是其附件文件可能夹带病毒,这些病毒将会危害企业网络;附件网址可能附加 Java 或 ActiveX 等恶性程序,许多特洛伊木马病毒就会借此大量扩散。可以想象,如果让这些未经许可的垃圾邮件继续为所欲为,将造成企业多大的损失。

虽然垃圾邮件可能以任何形式出现,但还是有迹可寻的,它们有以下特点:

- 发信者本身的邮件地址也是假冒的。当用户收到各项难以置信的中奖通知、特价优惠等好消息时需要提高警觉。
- 邮件内容的文法或错字百出。
- 频繁使用大写字体和惊叹语词。
- 大部分的内容为广告或电话服务。

### 3. 电子邮件炸弹

电子邮件炸弹是指发送者以来历不明的邮件地址,重复地将电子邮件邮寄给同一个收信人。由于这就像战争中利用某种战争工具对同一个地方进行的大轰炸一样,因此称为电子邮件炸弹。电子邮件炸弹是最古老的匿名攻击方法之一。这种以重复的信息不断地进行的电子邮件轰炸操作，可以消耗大量的网络资源。因为互联网上网络主机系统分配给一般账户的硬盘容量是有限的，而在这有限的容量中，除了要处理电子邮件外，一般还会用来下载软件或存储个人主页等。用户如果在短时间内收到大量的电子邮件，总容量将超过用户电子邮箱所能承受的负荷。这样，用户的邮箱不仅不能再接收其他人寄来的电子邮件，还会由于“超载”而导致用户端的电子邮件系统功能瘫痪。

有些用户可能会想到利用电子邮件的回复和转发功能还击，将整个炸弹“回复”给发送者。但如果对方将邮件的“from”和“to”都改为用户的电子邮件地址，这就可想而知这种“回复”的后果，所还击的“炸弹”都会“反弹”回来炸着了自己。如果邮件服务器接收到大量的重复信息和“反弹”信息，邮件总容量迅速膨胀，邮件服务器忙于处理超大容量的信息，有可能导致邮件服务器脱网，系统可能崩溃。即使是邮件系统还能工作，但也会变得非常迟钝，电子邮件处理的速度会慢得令人难以忍受。

用户无法知道自己何时会遭遇电子邮件炸弹的袭击，因此，平时采取相应的防范措施是很必要的。较有效的防范电子邮件炸弹的策略是采取防火墙或过滤路由器系统，这些系统可阻止恶意信息的传播。

平时可采取以下方法防范电子邮件炸弹：

- 使用 Outlook 或 Foxmail 等系统的 POP3 收信工具接收邮件。
- 当你的邮箱被不停地攻击时，先打开一封邮件查看对方地址，然后在收件工具的过滤器中选择不再接收来自该地址的信件，而是将其直接从电子邮件服务器上删除。
- 接收邮件时，一旦发现邮件列表的数量大大超过平时邮件的数量时，应立即停止下载邮件，然后删除这些邮件炸弹。
- 对邮件地址进行配置，自动删除来自同一主机的过量或重复的消息。

### 8.3.3 电子邮件病毒

电子邮件病毒实际上与普通病毒一样，只不过是因为传播途径主要是通过电子邮件。邮件病毒通常是被附加在邮件的附件中，当用户打开邮件附件时，它就侵入了用户计算机。如今，电子邮件已被广泛应用，它也正成为病毒传播的主要途径之一。由于恶意者可同时向多个用户或整个计算机系统群发电子邮件，一旦一个站点被感染病毒，病毒邮件就会在短时间内大规模地复制和传播，因此整个系统就会迅速被感染，从而可能导致邮件服务器资源耗尽，并严重影响网络运行。部分病毒甚至可能破坏用户本地硬盘上的数据和文件。

根据病毒的破坏能力，电子邮件病毒可分为无害型、无危险型、危险型和非常危险型。

- 无害型病毒除了传染时占用磁盘的可用空间外，对系统没有其他影响。
- 无危险型病毒仅仅占用内存空间、显示图像、发出声音等，无其他危险。
- 危险型病毒在计算机系统操作中可能造成严重错误。
- 非常危险型病毒可删除程序、破坏数据、清除系统内存区和操作系统中重要的信息。

电子邮件病毒的传播速度快，传播范围广，有的破坏力强，绝大多数电子邮件病毒都有自我复制能力。

电子邮件病毒能主动选择用户邮箱地址簿中的地址发送邮件，或者在用户发送邮件时将被病毒感染的文件附在邮件上一起发送。这种成指数增长的传播速度可以使病毒在很短的时间内遍布整个网络。当电子邮件病毒发作时，往往会造成整个网络瘫痪，其损失往往是难以估计的。2000年爆发的“爱虫”病毒，在第一天就有六万多台计算机被感染，在短短不到一个月时间就造成超过67亿美元的损失。

对电子邮件系统进行病毒防护可从以下几个方面着手：

**1. 思想上要有防病毒意识**

首先不要轻易打开陌生人来信中的附件，尤其是一些.exe、.com类的可执行文件，因为这些附件极有可能带有计算机病毒或黑客程序，运行后会带来不可预测的后果；其次，对于比较熟悉的朋友发来的电子邮件，如果带有附件却未加说明，最好也不要轻易打开，以防由于他们的系统感染了病毒而继续传染；第三，不要轻易打开附件中的文件，可先用“另存为”命令将其保存在本地硬盘中，再用查杀病毒软件进行检查，确认无毒后方可打开使用；第四，切忌盲目转发邮件，给别人发送程序文件或电子贺卡时，可先在自己的计算机里试试，确信没有问题后再发出去，以免自己无意中成为病毒的传播者。

**2. 使用优秀的防病毒软件进行保护**

首先防病毒软件必须有能力发现并杀灭任何类型的病毒，无论这些病毒是隐藏在邮件文本中，还是躲藏在附件内。当然，有能力扫描压缩文件也是必需的。其次，防病毒软件还必须在收到邮件的同时对该邮件进行病毒扫描，并在每次打开、保存和发送后再进行扫描。

**3. 使用防病毒软件同时保护客户机和服务器**

一方面，只有客户机的防病毒软件才能访问个人目录，并防止病毒从外部入侵；另一方面，只有服务器的防病毒软件才能进行全局检测和查杀病毒。因此，防毒软件可以同时保护客户机和服务器，这是防止病毒在整个系统中扩散的唯一途径，也是阻止病毒入侵没有本地保护但连接到邮件系统的计算机的唯一方法。

### 8.3.4 电子邮件加密

Internet是一个包含了成千上万服务器、路由器和中继器的大型网络，用户所发送的电子邮件在到达目的地之前需要经过若干个地方，在任意一个地方，只要懂得一些访问以及网络知识的人都知道如何来阅读电子邮件。从技术上看，没有任何方法能够阻止攻击者截取电子邮件数据包，用户无法确定自己的邮件将会经过哪些路由器，也不能确定经过这些路由器时会发生什么。保证电子邮件安全的方法就是对邮件进行加密和数字签名处理，使攻击者即使得到邮件数据包后也无法阅读它。作为Internet标准而提出的增强型加密软件PEM和PGP软件是实现文件和邮件加密的两个具有代表性的加密软件。

邮件加密可以保护用户的秘密，确保邮件不能被无关人员阅读，除非有人知道用户的密码以及解密的口令。

如果用户的E-mail软件中设置了加密的功能，就可以通过点击某个按钮的操作来加密用户的邮件。那么就只有合法收件人能够阅读信件，他必须要有一个相匹配的密钥和正确的口令。对于其他人来说这封信可能是空的，也可能是乱码。可以使用PGP软件来产生自己的密钥对，或者通过数字认证的方式产生密钥。

只实现数字签名的邮件在传输中仍是明文，明文邮件有可能在传输过程中被截获而泄露，因此还必须对其进行加密，使其在传输中是密文。这样，即使邮件在中途被截获，截收者得到的也是密文，从而保证了邮件内容的安全性。因此，一般情况下，安全电子邮件的发送必须经过邮件签名和邮件加密两个过程，而在接收端，要经过相应的邮件解密和邮件验证两个过程方可接收到安全的电子邮件。

为电子邮件加密主要提供邮件的保密性服务，为电子邮件签名主要提供邮件的完整性和不可抵赖性服务。一般，随机地生成一个会话密钥，采用对称密码算法加密邮件体，利用消息摘要、公钥算法实现邮件的签名与验证。

对于邮件加密，需要考虑采用什么样的加密方法。对称密码算法加密简便高效，也较安全，但其密钥管理十分困难；公钥密码算法加密密钥管理方便，也便于数字签名，但加密解密速度慢，效率低。所以在实际使用中将两者结合起来使用，充分发挥各自的优势。

使用数字信封技术实现会话密钥的传送，从而有机地将这两种加密技术结合起来，使邮件加密完全高效，同时又具有良好的密钥管理和签名功能。接收端在收到电子邮件后，首先将邮件按照相应协议拆分为经相应公钥算法加密的会话密钥和经相应对称算法加密的签名邮件两部分；然后用收件人的私钥解密会话密钥；最后用会话密钥解密邮件，得到签名的明文邮件。

当邮件接收者得到签名邮件后，先按照相关协议将其分为数字签名和原始邮件两部分；然后用发送者的公开密钥解密数字签名得到数字摘要；再利用相应的摘要算法对得到的原始邮件重新计算其数字摘要，并将两个摘要进行比较。如果相等，则该邮件通过完整性验证，邮件来源于发送者；否则，邮件验证失效，该邮件不可信。

## 8.4 Internet 欺骗及防范

所谓欺骗就是指攻击者通过伪造一些容易引起错觉的信息来诱导受骗者做出错误的、与安全有关的决策。电子欺骗是通过伪造源于一个可信任地址的数据包以使一台机器认证另一台机器的网络攻击手段。Internet 欺骗有 ARP 电子欺骗、DNS 电子欺骗、IP 电子欺骗和 Web 电子欺骗几种类型。

### 8.4.1 ARP 电子欺骗

ARP 协议是一种将 IP 地址转换成 MAC 地址的协议。它靠维持在内存中保存的一张表来使 IP 得以在网络上被目标机器应答。通常主机在发送一个 IP 包之前，它要到该转换表中寻找与 IP 包对应的 MAC 地址。如果没有找到，该主机就发送一个 ARP 广播包去寻找，该转换表以外的对应 IP 地址的主机则响应该广播，应答其 MAC 地址。于是，主机刷新自己的 ARP 缓存，然后发出该 IP 包。

#### 1. ARP 欺骗

ARP 电子欺骗就是一种更改 ARP Cache 的技术。Cache 中含有 IP 与 MAC 地址的对应表(映射信息),如果攻击者更改了 ARP Cache 中的 MAC 地址,来自目标的响应数据包就能将信息发送到攻击者的 MAC 地址,因为依据映射信息,目标机已经信任攻击者的机器了。

现在我们来看一个在网络中如何实现 ARP 欺骗的例子。一个入侵者想非法进入某台主机,他知道这台主机的防火墙只对 192.0.0.3 开放 23 号端口(Telnet),而他必须要使用 Telnet 来进入这台主机,所以他要进行如下操作:

- 研究 192.0.0.3 这台主机,发现如果他发送一个洪泛(Flood)包给 192.0.0.3 的 139 端口,该机器就会应包而死。
- 主机发到 192.0.0.3 的 IP 包将无法被机器应答,系统开始更新自己的 ARP 对应表,将 192.0.0.3 的项目删去。
- 入侵者把自己的 IP 改成 192.0.0.3,再发一个 ping 命令给主机,要求主机更新 ARP 转换表。
- 主机找到该 IP,然后在 ARP 表中加入新的 IP 包与 MAC 的对应关系。
- 这样,防火墙就失效了,入侵的 IP 变成合法的 MAC 地址,可以进行 Telnet 了。

现在,假如该主机不只提供 Telnet,它还提供 r 命令(rsh、rcopy、rlogin 等),那么,所有的安全约定都将无效,入侵者可以放心地使用这台主机的资源而不用担心被记录什么。

上面就是一个 ARP 欺骗的过程,这是在同网段发生的情况。利用交换式集线器或网桥是无法阻止 ARP 欺骗的,只有路由分段是有效的阻止手段,因为 IP 包必须经过路由转发。在有路由转发的情况下,在发送包的 IP 主机的 ARP 对应表中,IP 的对应值是路由的 MAC 而非目标主机的 MAC。ARP 欺骗如配合 ICMP 欺骗将对网络造成极大的危害,从某种角度讲,这时入侵者可以跨过路由监听网络中任何两点的通信。

利用 ARP 欺骗,入侵者可以进行以下活动:

- 利用基于 IP 的安全性不足,冒充一个合法 IP 来进入主机。
- 躲过基于 IP 的许多程序的安全检查,如 NSF、r 系列命令等。

#### 2. ARP 欺骗的防范

可采用如下措施防止 ARP 欺骗:

- 不要把网络的安全信任关系仅建立在 IP 基础上或 MAC 基础上,而是应该建立在 IP+MAC 基础上(即将 IP 和 MAC 两个地址绑定在一起)。
- 设置静态的 MAC 地址到 IP 地址对应表,不要让主机刷新设定好的转换表。
- 除非很有必要,否则停止使用 ARP,将 ARP 作为永久条目保存在对应表中。
- 使用 ARP 服务器,通过该服务器查找自己的 ARP 转换表来响应其他机器的 ARP 广播,确保这台 ARP 服务器不被攻击。
- 使用"proxy"代理 IP 的传输。
- 使用硬件屏蔽主机,设置好路由,确保 IP 地址能到达合法的路径。
- 管理员要定期从响应的 IP 包中获得一个 RARP 请求,然后检查 ARP 响应的真实性。
- 管理员要定期轮询,检查主机上的 ARP 缓存。
- 使用防火墙连续监控网络。

### 8.4.2 DNS 电子欺骗

DNS是TCP/IP协议体系中的应用程序，其主要功能是进行域名和IP地址的转换，这种转换也叫解析。当攻击者危害DNS服务器并明确地更改主机名与IP地址映射表时，DNS欺骗(DNS spoofing)就会发生。这些更改被写入DNS服务器上的转换表，因此当一个客户机请求查询时，用户只能得到这个更改后的地址。该地址是一个完全处于攻击者控制下的机器的IP地址。因为网络上的主机都信任DNS服务器，所以一个被破坏的DNS服务器可以将客户引导到非法服务器上，也可欺骗服务器相信一个IP地址确实属于一个被信任的客户。

#### 1. DNS的安全威胁

DNS存在如下安全威胁：

- DNS存在简单的远程缓冲区溢出攻击。
- DNS存在拒绝服务攻击。
- 设置不当的DNS会泄露过多的网络拓扑结构。如果DNS服务器允许对任何机构都进行区域传输，那么整个网络中的主机名、IP列表、路由器名、路由IP列表，甚至计算机所在位置等都可能被轻易窃取。
- 利用被控制的DNS服务器入侵整个网络，破坏整个网络的安全。当一个入侵者控制了DNS服务器后，他就可以随意篡改DNS的记录信息，甚至使用这些被篡改的记录信息来达到进一步入侵整个网络的目的。
- 利用被控制的DNS服务器绕过防火墙等其他安全设备的控制。现在一般的网站都设置防火墙，但由于DNS的特殊性，在UNIX机器上，DNS需要的端口是UDP 53和TCP 53，它们都需要使用root执行权限。因此，防火墙就很难控制对这些端口的访问，入侵者可以利用DNS的诸多漏洞获取DNS服务器的管理员权限。
- 如果内部网络设置不合理，例如DNS服务器的管理员密码和内部主机管理员密码一致，DNS服务器和内部其他主机就处于同一网段，DNS服务器就处于防火墙的可信任区域内，这就等于给入侵者提供了一个打开系统大门的捷径。

#### 2. DNS欺骗原理

在域名解析的整个过程中，客户端首先以特定的标识向DNS服务器发送域名查询数据报，在DNS服务器查询之后以相同的ID号给客户端发送域名响应数据报。这时，客户端会将收到的DNS响应数据报的ID和自己发送的查询数据报的ID相比较，如匹配则表明接收到的正是自己等待的数据报，如果不匹配，则丢弃之。

假如入侵者伪装成DNS服务器提前向客户端发送响应数据报，那么客户端的DNS缓存里的域名所对应的IP就是它们自己定义的IP，同时客户端也就被带入入侵者希望的地方。入侵者的欺骗条件只有一个，那就是发送的与ID匹配的DNS响应数据报在DNS服务器发送响应数据报之前到达客户端。这就是著名的DNS ID欺骗。

DNS欺骗有以下两种情况：

- 本地主机与DNS服务器,本地主机与客户端主机均不在同一个局域网内。这时,黑客入侵的可能方法有两种:一是向客户端主机随机发送大量的DNS响应数据报;二是向DNS服务器发起拒绝服务攻击和BIND漏洞。
- 本地主机至少与DNS服务器或客户端主机中的某一台处于同一个局域网内,可以通过ARP欺骗来实现可靠而稳定的DNS ID欺骗。

3. DNS欺骗的防范

- 直接使用IP地址访问重要的服务,可以避开DNS对域名的解析过程,因此也就避开了DNS欺骗攻击。但最根本的解决办法还是加密所有对外的数据流,服务器应使用SSH(Secure Shell)等具有加密功能的协议,一般用户则可使用PGP类软件加密所有发送到网络上的数据。
- 如果遇到DNS欺骗,先断开本地连接,然后再启动本地连接,这样就可以清除DNS缓存。
- 用转化得到的IP地址或域名再次作反向转换验证。

有一些例外情况不存在DNS欺骗:如果IE中使用代理服务器,那么DNS欺骗就不能进行,因为此时客户端并不会在本地进行域名请求;如果访问的不是本地网站主页,而是相关子目录文件,这样在自定义的网站上不会找到相关的文件,DNS欺骗也会以失败告终。

### 8.4.3 IP电子欺骗

IP电子欺骗(IP spoof)攻击是指利用TCP/IP本身的缺陷进行的入侵,即用一台主机设备冒充另外一台主机的IP地址,与其他设备通信,从而达到某种目的的过程。它不是进攻的结果,而是进攻的手段,实际上是对两台主机之间信任关系的破坏。

IP电子欺骗是攻击者攻克Internet防火墙系统最常用的方法,也是许多其他攻击方法的基础。IP电子欺骗就是通过伪造某台主机的IP地址,使得某台主机能够伪装成另外一台主机,而这台主机往往具有某种特权或被另外的主机所信任。对于来自网络外部的IP电子欺骗,只要配置一下防火墙就可以了,但对同一网络内的机器实施攻击则不易防范。

IP电子欺骗是一种攻击方法,即使主机系统本身没有任何漏洞,但入侵者仍然可以使用各种手段来达到攻击目的。这种欺骗纯属技术性的,一般都是利用TCP/IP协议本身存在的一些缺陷。当然,进行这样的欺骗也是有一定难度的。

1. IP电子欺骗原理

IP是网络层面向无连接的协议,IP数据包的主要内容由源IP地址、目的IP地址和所传数据构成。IP的任务就是根据每个数据报文的目的地址和路由,完成报文从源地址到目的地址的传送。IP不会考虑报文在传送过程中是否丢失或出现差错。IP数据包只是根据报文中的目的地址发送,因此借助于高层协议的应用程序来伪造IP地址是比较容易实现的。

IP电子欺骗是利用了主机之间的正常信任关系来实现的。比如,在UNIX主机中,存在着一种特殊的信任关系。假设有两台主机A和B上各有一个账户Tomy。使用中会发现,在主机 A 上使用时要输入主机 A 上的相应账户 Tomy,在主机 B 上使用时必须输入主机 B 的账户 Tomy。主机 A 和主机 B 上的两个 Tomy 账户是两个互不相关的用户,这显然有些不便。为了减少这种不便,可以在主机 A 和主机 B 中建立起两个账户的相互信任关系。在主机 A 和主机 B 上 Tomy 的 home 目录中创建.rhosts 文件。在主机 A 的 home 目录中用相应命令实现主机 A 与主机 B 的信任关系。这时,用户从主机 B 上就能方便地使用任何以 r 开头的远程调用命令,如 rlogin、rsh、rcp 等,而无需输入口令验证就可以直接登录到主机 A 上。这些命令将允许以 IP 地址为基础的验证,允许或者拒绝以 IP 地址为基础的存取服务。这样的信任关系是基于 IP 地址的。

假如某人能够冒充主机 B 的 IP 地址,就可以使用 rlogin 登录到主机 A,而不需任何口令验证。这就是 IP 电子欺骗的最根本的理论依据。但是,事情远没有这么简单。虽然可以通过编程的方法随意改变发出的数据包的 IP 地址,但 TCP 协议对 IP 进行了进一步的封装,它是一种相对可靠的协议,不会让黑客轻易得逞。

TCP 作为两台通信设备之间保证数据顺序传输的协议,是面向连接的,它需要在连接双方都同意的情况下才能进行通信。任意两台设备之间欲建立 TCP 连接都需要一个双方确认的起始过程,即"三次握手"。

由此我们可以想到,假如想冒充主机 B 对主机 A 进行攻击,就要先使用主机 B 的 IP 地址发送 SYN 标志给主机 A,但是当主机 A 收到后,并不会把 SYN/ACK 发送到冒充者的主机上,而是发送到真正的主机 B 上。这时,因为主机 B 根本没发送 SYN 请求,冒充者的企图将会立即被揭穿。因此,要冒充主机 B,首先要让主机 B 失去工作能力。比如利用 DoS 攻击,让主机 B 瘫痪。

### 2. IP 电子欺骗过程解析

IP 电子欺骗由若干步骤组成。首先假定信任关系已经被发现。黑客为了进行 IP 电子欺骗,首先要使被信任关系的主机失去工作能力,同时利用目标主机发出的 TCP 序列号,猜测出它的数据序列号;然后伪装成被信任的主机,同时建立起与目标主机基于地址验证的应用连接。连接成功后,黑客就可以设置后门以便日后使用。

为了伪装成被信任主机而不露馅,需要使其完全失去工作能力。由于攻击者将要代替真正的被信任主机,他必须确保真正的被信任主机不能收到任何有效的网络数据,否则将会被揭穿。有许多方法可以达到这个目的(如 SYN 洪泛攻击等)。

对目标主机进行攻击,必须知道目标主机的数据包序列号。通常是先与被攻击主机的一个端口(如 25)建立起正常连接。往往这个过程被重复 $n$ 次,并将目标主机最后所发送的初始序列号(ISN)存储起来;然后还需要估计他的主机与被信任主机之间的往返时间,这个时间是通过多次统计平均计算出来的。

一旦估计出 ISN 的大小,就开始着手进行攻击。当然,攻击者的虚假 TCP 数据包进入目标主机时,如果刚才估计的序列号是准确的,进入的数据将被放置在目标主机的缓冲区中。但是在实际攻击过程中往往不能这么容易得逞,如果估计的序列号小于正确值,那么将被放弃;如果估计的序列号大于正确值,并且在缓冲区的大小之内,那么该数据被认为是一个未来的数据,TCP 模块将等待其他的数据;如果估计的序列号大于期待的数字且不在缓冲区之内,TCP 将会放弃它并返回一个期望获得的数据序列号。

入侵者可伪装成被信任的主机IP，然后向目标主机的513端口发送连接请求。目标主机立刻对连接请求做出反应，发送更新SYN/ACK确认包给被信任主机。因为此时被信任主机仍然处于瘫痪状态，它当然无法收到这个包。紧接着攻击者向目标主机发送ACK数据包，该包使用前面估计的序列号加1。如果攻击者估计正确，目标主机将会接收该ACK。连接就正式建立，可开始数据传输。如果达到这一步，一次完整的IP电子欺骗就算完成了。入侵者已经在目标主机上得到了一个Shell，接下来就是利用系统的溢出或错误配置扩大权限。

IP电子欺骗攻击的整个过程可简要概括为：

(1) 使被信任主机的网络暂时瘫痪，以免对攻击造成干扰。

(2) 连接到目标主机的某个端口来猜测ISN基值和增加规律。

(3) 把源地址伪装成被信任主机，发送带有SYN标志的数据段请求连接。

(4) 等待目标机发送SYN/ACK包给已经瘫痪的主机。

(5) 再次伪装成被信任的主机向目标机发送ACK，此时发送的数据段带有预测的目标机的ISN+1。

(6) 连接建立，发送命令请求。

#### 3. IP电子欺骗的预防

- 抛弃基于地址的信任策略。阻止IP欺骗的简单方法是放弃以IP地址为基础的验证。不允许使用r类远程调用命令，删除rhosts和/etc/hosts.equiv文件，使所有用户使用其他远程通信手段。
- 进行包过滤。如果用户的网络是通过路由器接入Internet的，则可利用路由器进行包过滤。应保证只有用户网络内部的主机之间可以定义信任关系，而内部主机与网外主机通信时要慎重处理。另外，使用路由器还可以过滤掉所有来自外部的与内部主机建立连接的请求，至少要对这些请求进行监视和验证。
- 使用加密方法。在通信时要求加密传输和验证，也是一种预防IP欺骗的可行性方法。在有多种手段并存时，这种方法是最为合适的。
- 使用随机的初始序列号。随机地选取初始序列号可防止IP欺骗攻击。每一个连接都建立独立的序列号空间，这些序列号仍按以前的方式增加，但应使这些序列号空间中没有明显的规律，从而不容易被入侵者利用。

### 8.4.4 Web电子欺骗

#### 1. Web欺骗攻击

Web欺骗就是一种网络欺骗，攻击者构建的虚拟网站就像真实的站点一样，有同样的连接和页面。攻击者切断从被攻击者主机到目标服务器之间的正常连接，建立一条从被攻击者主机到攻击者主机，再到目标服务器的连接。实际上，被欺骗的所有浏览器用户与这些伪装页面的交互过程都受到攻击者的控制。虽然这种攻击不会直接造成计算机的软、硬件损坏，但它所带来的损失也是不可忽视的。通过攻击者计算机，被攻击者的一切信息都会一览无余。攻击者可以轻而易举地得到合法用户输入的用户名、密码等敏感资料,且不会出现用户主机死机、重启等现象,用户不易觉察。这也是Web欺骗最危险的地方。

用户如果仔细观察,也会发现一些迹象。比如在浏览某个网站时,如果速度明显地慢并出现一些其他异常现象,就要留心这是否潜藏着危险。可以将鼠标移到网页中的一条超级链接上,看看状态行中的地址是否与要访问的一致,或者直接查看地址栏中的地址是否正确;还可以查看网页的源代码,如果发现代码的地址被改动了,即可初步判定是受到了攻击。

攻击者利用Web功能进行欺骗攻击,很容易侵害WWW用户的隐私和数据完整性。这种入侵可在现有的系统上实现,危害Web浏览器用户,包括Netscape用户和IE用户。

Web欺骗允许攻击者创建整个WWW的拷贝。映像Web的入口在攻击者的Web服务器,经过攻击者主机的过滤后,攻击者可以监控合法用户的任何活动,窥视用户的所有信息。攻击者也能以合法用户的身份将错误的数据发送到真正的Web服务器,还能以Web服务器的身份发送数据给被攻击者。总之,如果攻击成功,攻击者就能观察和控制着合法用户在Web上做的每一件事。

欺骗攻击有时看起来就像是一场虚拟游戏。如果该虚拟世界是真实的,那么用户所做的一切都是无可厚非的。但攻击者往往都有险恶的用意,这个逼真的环境可能会给用户带来灾难性的损失。

Web站点提供给用户的是丰富多彩的各类信息,人们通过浏览器随意翻阅网页。Web网页上的文字、图像和声音可以给人们留下深刻的印象,也正是在这种背景下,人们往往能够判断出该网页的地址。

### 2. Web欺骗原理

Web欺骗是一种电子信息欺骗,攻击者创建了一个完全错误的但却似令人信服的Web拷贝,这个错误的Web看起来十分逼真,它拥有大家熟悉的网页和链接。然而攻击者控制着虚假的Web站点,造成被攻击者浏览器和Web之间的所有网络信息都被攻击者所截获。

攻击者可以观察或修改任何从被攻击者到Web服务器的信息,也能控制从Web服务器返回用户主机的数据,这样,攻击者就能自由地选择发起攻击的方式。

由于攻击者可监视合法用户的网络信息,记录他们访问的网页和内容,所以当用户填写完一个表单并提交后,这些应被传送到服务器的数据,先被攻击者得到并被处理。Web服务器返回给用户的信息,也先由攻击者经手。绝大部分在线企业都使用表单来处理业务,这意味着攻击者可轻易地获得用户的账号和密码。在得到必要的数据后,攻击者可通过修改被攻击者和Web服务器间传输的数据,来进行破坏活动。攻击者可修改用户的确认数据,例如用户在线订购某个产品时,攻击者可以修改产品代码、数量及邮购地址等。攻击者也能修改Web服务器返回的数据,插入易于错误的资料,破坏用户与在线企业的关系等。

攻击者进行Web欺骗时,不必存取整个Web上的内容,只需要伪造出一条通向整个Web的链路。在攻击者伪造提供某个Web站点时,只需要在自己的服务器上建立一个该站点的拷贝,来等待受害者自投罗网。

Web欺骗成功的关键在于用户与其他Web服务器之间建立Web欺骗服务器。攻击者在进行 Web 欺骗时，一般会采取如下方法：

- 改写 URL。
- 表单陷阱。
- 不安全的“安全链接”。
- 诱骗。

攻击者的这些 Web 欺骗之所以成功，是因为攻击者在某些 Web 网页上改写所有与目标 Web 站点有关的链接，使得不能指向真正的 Web 服务器，而是指向攻击者设置的伪服务器。攻击者的伪服务器设置于受骗用户与目标 Web 服务的必经之路上。当用户点击这些链接时，首先指向了伪服务器。攻击者向真正的服务器索取用户所需界面，当获得 Web 送来的页面后，伪服务器改写连接并加入伪装代码，送给被欺骗的浏览器用户。

#### 3. Web 欺骗的预防

Web 欺骗攻击是 Internet 上相当危险且不易被觉察的欺骗手法，其危害性很大，受骗用户可能会不知不觉地泄露机密信息，还可能受到经济损失。采用如下措施可防范 Web 欺骗：

- 在欺骗页面上，用户可通过使用收藏夹功能，或使用浏览器中的“Open Location”变换到其他 Web 页面下，就能远离攻击者设下的陷阱。
- 禁止浏览器中的 JavaScript 功能，使攻击者试图改写页面上的信息时难度加大；同时确保浏览器的连接状态栏是可见的，并时刻观察状态栏显示的位置信息有无异常。
- 改变浏览器设置，使之具有反映真实 URL 信息的功能。
- 通过真正安全的链接建立从 Web 到浏览器的会话进程，而不只是表示一种安全链接状态。

## 8.5 电子邮件安全设置

电子邮件已成为人们日常生活和工作中不可缺少的工具和手段。随着 Internet 的发展和电子邮件的广泛应用，垃圾邮件、邮件炸弹、邮件病毒等影响邮件安全的事件屡屡发生，因此电子邮件的安全问题也突显出来，受到人们的广泛关注。

电子邮件的安全问题主要包括两个方面：一方面是电子邮件服务器的安全，包括网络安全和如何从服务器端防范垃圾邮件、病毒邮件和钓鱼邮件等，这是电子邮件服务的基本要求；另一方面是如何确保用户的电子邮件内容不被窃取、篡改和防止非法用户登录合法用户的电子邮件账号。对用户来说后者更为重要。

#### 1. 电子邮件安全的策略和管理措施

用户为保证邮件本身的安全及电子邮件的系统安全性可采用如下安全策略和管理措施：

(1) 使用安全的邮件客户端

客户端系统是用户用来编写、发送和接收电子邮件的软件。保障电子邮件系统安全的基本要求就是采用一个安全的邮件客户端系统。有些邮件客户端的漏洞较多,而厂商的补丁又很滞后,这就为黑客攻击提供了方便。

(2) 给电子邮件加密

从邮件本身安全的角度看,既要保证邮件不被无关的人窃取或更改,又要使接收者能确定该邮件是由合法发送者发出的。可以使用公用密钥系统来达到这个目的。相关加密的内容已在第5章做了介绍。在实际使用中,用户自己持有一把密钥(私钥),将另一把密钥(公钥)公开。当用户向外发送邮件时,首先使用一种单向摘要函数从邮件中得到固定长度的信息摘要值,该值与邮件的内容相关,也称为邮件指纹。然后使用自己的密钥对指纹进行加密。接收者可以使用用户的公钥进行解密,重新生成指纹,将该指纹与发送者发送的指纹进行比较,即可确定该邮件是由合法用户发送而非假冒,同时也保证邮件在发送过程中没有被更改,这就是数字签名。发送者也可以使用接收者的公钥进行加密,这可保证只有拥有对应密钥的真实接收者才能进行解密,得到电子邮件的明文信息。

(3) 把垃圾邮件放到垃圾邮件活页夹里

如果邮件很多,则需要分类和管理所收到的邮件,清除垃圾邮件是必要的。大多数邮件阅读器都提供垃圾邮件过滤器或一些规则,使用户能清除那些看起来像垃圾的邮件。由于邮件过滤器并不完美,因此不要使用自动清除功能,而应把它们移到垃圾邮件活页夹里不用。偶尔可检查一下这些活页夹,防止丢掉被错当成垃圾的重要邮件。

(4) 不随意公开或有意隐藏自己的邮件地址

有许多用户可能不明白,那些垃圾邮件制造者不知道自己的电子邮件地址,怎么能发邮件给自己呢?其实并非这些垃圾邮件制造者多么神通广大,而是用户自己在不经意间把自己的地址留在了Internet上。那些垃圾邮件制造者使用一种叫"bot"的专用应用程序可搜索Internet上的E-mail地址。他们的搜索目标可能是各个网址、聊天室、网上讨论区、新闻组、公共讨论区以及其他任何能够充实他们的邮件地址数据库的地方。所以用户避免收到过多垃圾邮件的方法之一就是不随意公开自己的邮件地址。

在实际使用中,有时还不可避免地要在一些公共场合中留下自己的邮件地址。为防止非法用户利用这个机会来窃取地址信息,可以对自己要公布的邮件地址进行一下"修饰",使对方能看懂自己的地址而计算机却不能识别。如用户真实的邮件地址是gongchangzhang@163.com,在电子邮件地址的用户名或主机名前面加上几个字符,如abc,这样经过修饰后的地址形式就是gongchangzhang@abc.163.com,然后把该地址填写在邮件编辑窗口的发信人或回复文本栏里。用户可事先与对方约定,比如在正文中加一个注释以提醒对方在回复时要修改地址。这样就把真实的地址隐藏起来了,垃圾邮件制造者自动搜索器搜索到的只能是修饰后的地址而不是原地址。

(5) 采用邮件规则过滤功能

在电子邮件中安装过滤器(如E-mail notify)是一种最有效的防范垃圾邮件的措施。一个优秀的垃圾邮件过滤器能够区分合法邮件和垃圾邮件,并可以使用户的收件箱免受垃圾邮件之苦。在接收任何电子邮件之前预先检查发件人的资料,如果觉得有可疑之处,可以将之删除,不让它进入你的电子邮件系统,从而保证了你的邮箱安全。但使用这种组件需要一定的技巧和正确操作,否则就有可能删除掉合法邮件,而保留一些垃圾邮件。但现在的垃圾邮件过滤技术已经很可靠了。

如果你收到一封带有附件的电子邮件，且附件的扩展名为.exe一类的文件，这时千万不要随意点击运行它，因为这个不明真相的程序，很有可能是一个系统破坏程序。攻击者常把系统破坏程序换一个名字用电子邮件发给你，并带有一些欺骗性主题。

因邮件附件中的某些文件可能附带恶意代码，因此在收到带有附件的陌生人的邮件时用户需要格外谨慎。在进行规则设置时应予以考虑。在防范邮件附件可能带有恶意代码时，用户应采取如下基本策略：

- 除非自己确实需要某个附件，否则不要下载或打开它。
- 在确信邮件附件的安全性之前，不要打开它。
- 在打开一个附件中的可执行文件之前需要保持高度的警惕。

(6) 谨慎使用自动回信功能

所谓自动回信就是指当对方发来一封邮件而你没有及时收取时，邮件系统会按照你事先的设定自动给发信人回复一封确认收到该邮件的回信。该功能本来可给用户带来方便，但也有可能形成邮件炸弹。试想，如果对方使用的邮件系统也开启了自动回信功能，那么当收到你自动回复的确认信时，恰巧他也没有及时收取信件，那么他的系统又会自动给你发送一封确认收到邮件的回信。这时，这种自动回复的确认信便会在双方的邮件系统中不断重复发送，直到形成邮件炸弹使双方的邮箱都爆满为止。因此一定要慎重使用自动回信功能。

(7) 保护邮件列表中的E-mail地址

如果用户与许多人通过E-mail就某个主题进行讨论，从而要把E-mail地址列入公共邮件地址清单中，这种讨论组类似于新闻组，只不过它是通过E-mail进行的。这些公共讨论经常加载在网上，这对于垃圾邮件制造者来说是很有吸引力的。把E-mail地址列入单向邮件列表或通过有良好信誉的地方登记到邮件公告板上，可避免使用户的地址列入垃圾邮件制造者的名单。好的邮件公告板组织的软件会有严格的保护措施来防止外来者获取注册者地址。

### 2. 电子邮件的安全设置

针对电子邮件的安全问题，用户可有目的地增加邮件规则和进行系统安全方面的设置。一般不同的邮件服务商会提供不同的Web管理方式，通过Web进入自己的邮箱（如Hotmail邮箱、Yahoo邮箱等），可以在邮件系统的帮助下进行邮件的安全设置。还有Outlook Express和Foxmail等专用的邮件收发和管理工具，这些工具对电子邮件的安全有更方便的地方。

(1) 浏览器的安全设置

浏览器种类很多，这里以IE浏览器为例。进入IE浏览器，选择"工具"→"Internet属性"，进入"安全"选项卡，在这里可以对四种不同区域(Internet、本地Intranet、受信任的站点和受限制的站点)分别进行安全设置，如图8.2所示。选择"Internet"区域单击"自定义级别"按钮，出现如图8.3所示窗口。在此窗口用户可按照自己的安全考虑选择相关组件和设定安全级别。在图8.2所示的"隐私"选项卡中进行设置可以适当保护用户自己的隐私。如果担心信件内容的泄露，可以在图8.2所示的"内容"选项卡中进行证书设置。

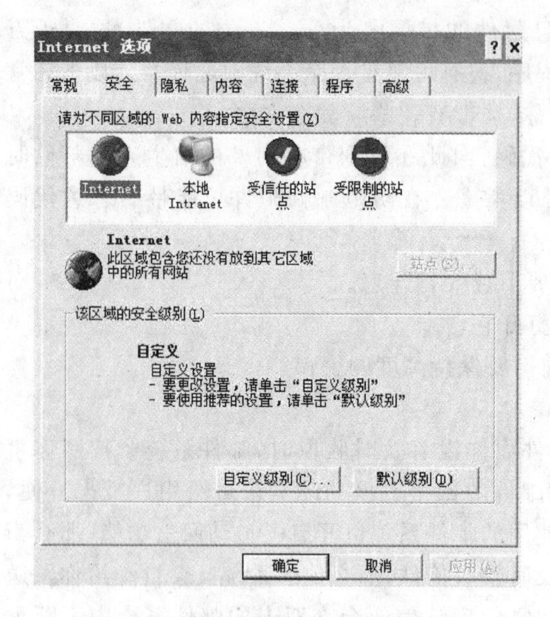


图 8.2　浏览器 Internet 选项

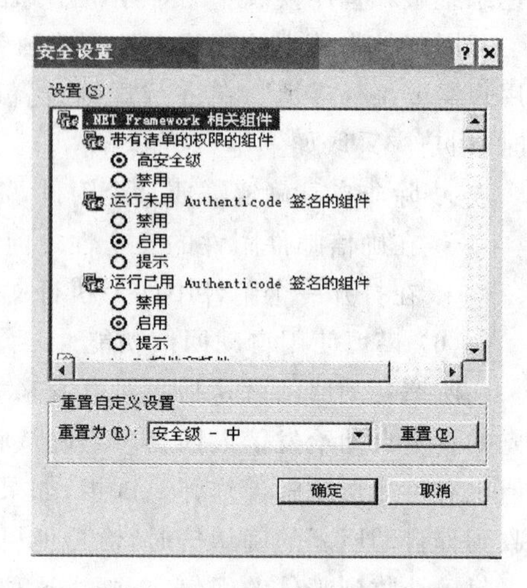


图 8.3　Internet 自定义安全设置

（2）邮件规则的设置

下面以微软的 Outlook Express 为例介绍邮件规则的安全设置。打开 Outlook Express，依次选择“工具”→“邮件规则”→“邮件”，弹出“新建邮件规则”窗口。然后在“选择规则条件”栏勾选需要的条件后，再在“选择规则操作”栏勾选需要的操作，然后在“规则描述”中就自动出现了新建的邮件规则说明。如在“选择规则条件”栏勾选“若邮件带有附件”，在“选择规则操作”栏勾选“移动到指定的文件夹”和“将邮件标记为被跟踪或忽略”两项，则在“规则描述”中就出现“若邮件带有附件移动到指定的文件夹和将邮件标记为被监测，如图 8.4 所示；如在“选择规则条件”栏勾选“若邮件长度大于指定的大小”，在“选择规则操作”栏勾选“删除”，则在“规则描述”中就出现“若邮件长度大于指定的大小删除”，如图 8.5 所示。

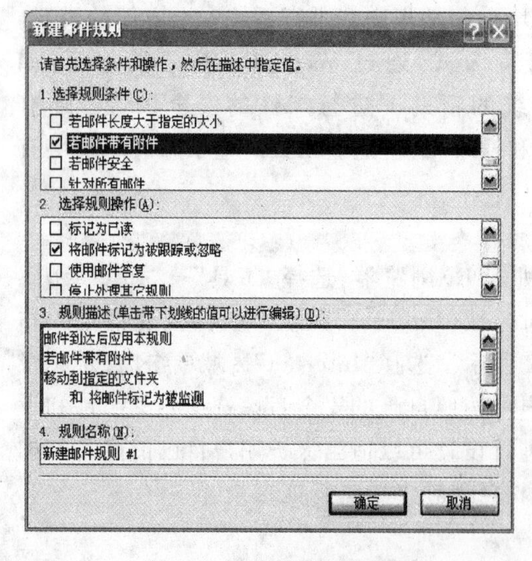


图 8.4　新规则设置(1)

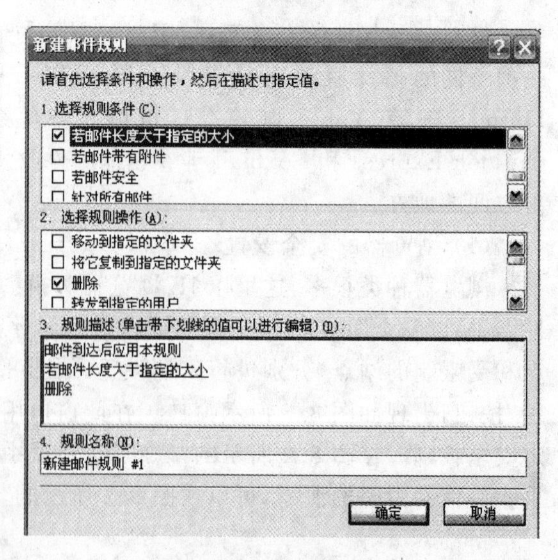


图 8.5　新规则设置(2)

当用户连续收到很多不熟悉的发件人的邮件,特别是多次收到一个地址的邮件或带有很大附件的邮件时,就要考虑这些可能是垃圾邮件了。这就可以通过设置过滤规则对垃圾邮件进行限制。如打开 Outlook Express,依次选择"工具"→"邮件规则"→"阻止发件人名单",在弹出的"邮件规则"窗口中,单击"添加"按钮,输入你想阻止的电子邮件地址(如abcd@163.com),确定后显示在窗口中,如图 8.6 所示。还可以继续"添加"其他的想要阻止的发送人地址。这样,你就不会再收到这些被阻止的邮件地址发来的邮件了。

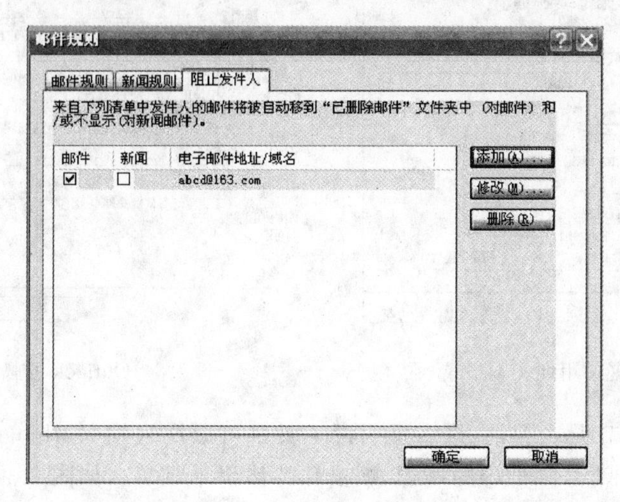


图 8.6 "阻止发件人"设置

(3) 使用纯文本格式

HTML 格式的文档可能含有在未得到用户许可的情况下就能够执行某些操作的因素,在用户单击时,它就可能将用户带到一个陌生的网站。虽然多数客户端软件可以起到保护作用,但用户最好禁用 HTML 格式,而采用纯文本格式。

Outlook Express 下使用纯文本的方法:打开 Outlook Express,选择"工具"→"选项",单击"阅读"选项卡,选中"用纯文本格式阅读所有信息"并单击"确定"按钮即可,如图 8.7 所示。

(4) 使用多层防御

就像对付恶意软件一样,要保护邮件系统的安全,需要采用多种防御措施,使这些措施能有效地对付网络威胁。

① 客户端的安全设置。事实上,所有主要的邮件客户端都提供安全设置特性、反垃圾邮件、防钓鱼等功能。用户可通过这些功能阻止相关的威胁。

② 使用防火墙。许多企业级防火墙不但可以阻止网络攻击,还可以通过过滤附件中的恶意代码而保障邮件系统的安全性。当然这需要预先在防火墙中设置相关的规则。

③ 加密邮件。保护电子邮件安全不但要防止恶意邮件到达用户桌面,还要保护发出邮件的安全和保密。采用加密措施,即可将发送的邮件变为一种非授权人员无法阅读的形式,从而保护电子邮件的机密性。在发送电子邮件过程中,用户还可以采用加密的传输通道。如在 Outlook Express 中,选择"工具"→"选项",单击"安全"选项卡,如图 8.8 所示。在这里用户除了勾选相应的项目外,还应进行"数字标识"(证书)和"获取数字标识"等设置。

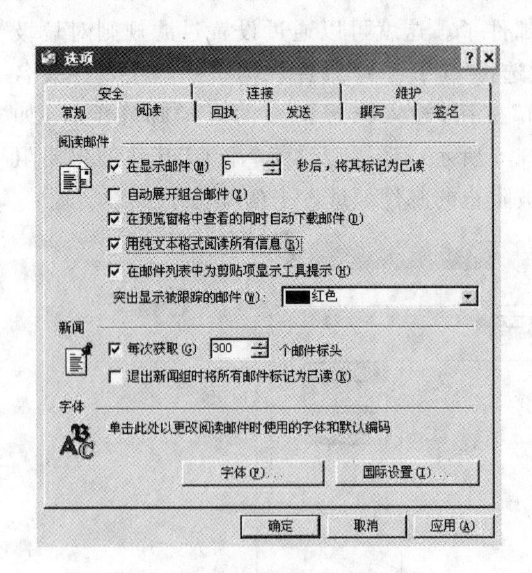


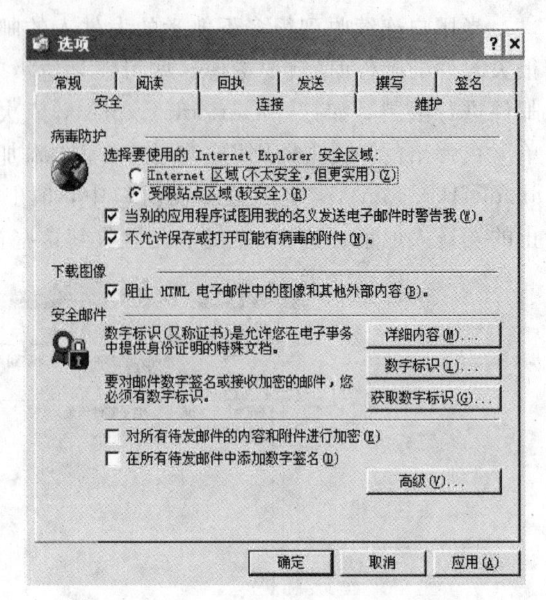


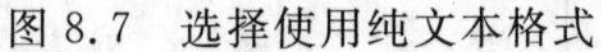

图 8.7 选择使用纯文本格式　　图 8.8 Outlook 的邮件加密设置

④ 运用反病毒工具。目前，许多反病毒工具都可以嵌入到 Outlook Express 等邮件客户端，并可以查找和清除邮件中的病毒、蠕虫和特洛伊木马等。如图 8.9 所示的 NOD32 软件就具有病毒防护和 Web 保护等功能。

图 8.9 NOD32 的病毒防护和 Web 保护功能

(5) 备份邮件资料

与系统和服务器一样，Outlook Express 也可以对重要的资料进行备份，以便在资料丢失或当资料被破坏时可以及时恢复。默认情况下，Outlook Express 邮件的保存位置是 C: WINDOWS\...\ApplicationData\Identities{4C0ABEE0-5D39-11D6-B814-9E1F7480B676}\

Microsoft\OutlookExpress 文件夹，其中{ }中的符号不是固定的，它与不同用户的计算机环境有关。将该文件夹中的所有文件复制到 E：mymail 的操作步骤为：在 Outlook Express 中选择“工具”→“选项”，选中“维护”选项卡，单击“存储文件夹”按钮，在弹出的“存储位置”窗口中单击“更改”按钮，指定存储位置为 E：mymail 文件夹，最后单击“确定”按钮即可，如图 8.10 所示。同样，我们可以对通讯簿进行转移，Outlook Express 的通讯簿文件保存在 C：WINDOWS\...\ApplicationData\Microsoft\Address Book 文件夹中，将这个文件夹中的.wab 文件复制到其他文件夹中如：E：mytx 注册表编辑器，依次找到 HKEY_CURRENT_USERSoftwareMicrosoftWABWAB4WabFileName 子键分支，然后将其默认值更改为自己的文件夹 E:mytx 即可。

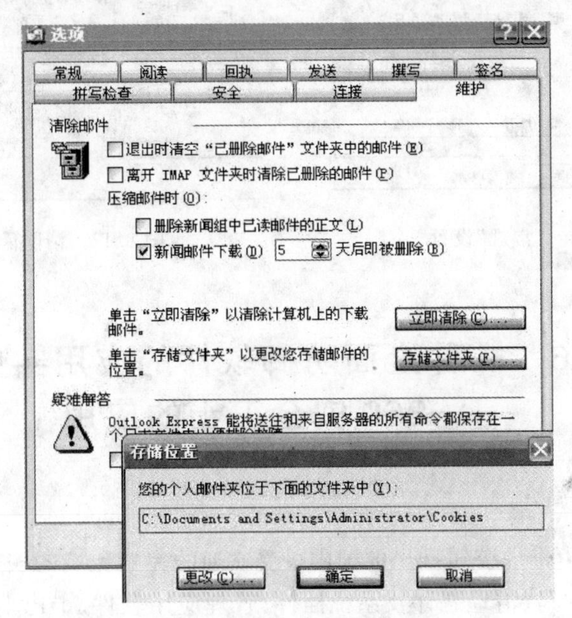


图 8.10 备份邮件资料的存储设置

(6) 拒绝 Cookie 信息

许多网站会使用一些不易被察觉的技术，暗中搜集你填写在表格中的电子邮件信息，最常见的就是利用 Cookie 程序记录访客上网的浏览行为和习惯。如果你不想让 Cookie 程序记录你的个人隐私信息，则可以在浏览器中做一些必要的设置，要求浏览器在接受 Cookie 之前提醒你，或者干脆拒绝它们。随着时间的推移，Cookie 程序记录信息可能越来越多。为了确保安全，应将这些已有的 Cookie 信息从硬盘中清除掉，并在浏览器中调整 Cookie 设置，让浏览器拒绝接受 Cookie 信息。屏蔽 Cookie 的操作步骤为：在图 8.2 所示“安全”选项卡下，单击“自定义级别”按钮；在打开的如图 8.3 所示的“安全设置”对话框中找到关于 Cookie 的设置，然后选择“禁用”或“提示”。

如果在公共场所收发信件，保护信件内容的隐私性是很重要的。可以通过“Internet 选项”的“常规”选项卡，如图 8.11 所示。单击“删除文件”、“清除历史记录”以及“删除 Cookies”即可清除一些隐私信息。另外，还可以到如图 8.12 所示的“内容”选项卡的“个人信息”栏单击“自动完成”按钮自动完成设置、清除表单及密码等。

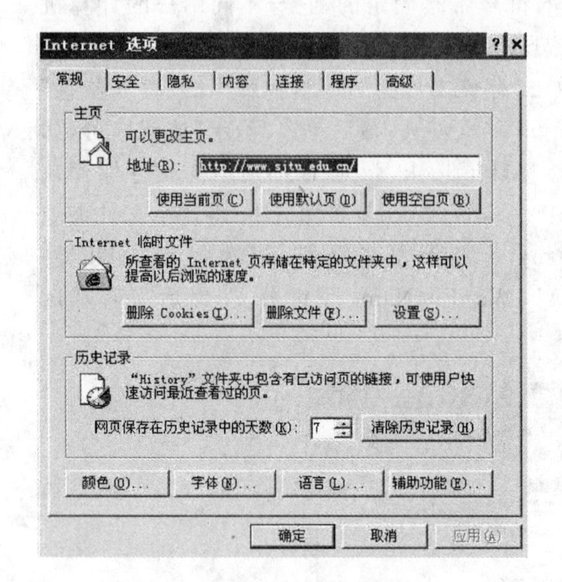


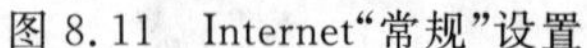
图 8.11　Internet“常规”设置

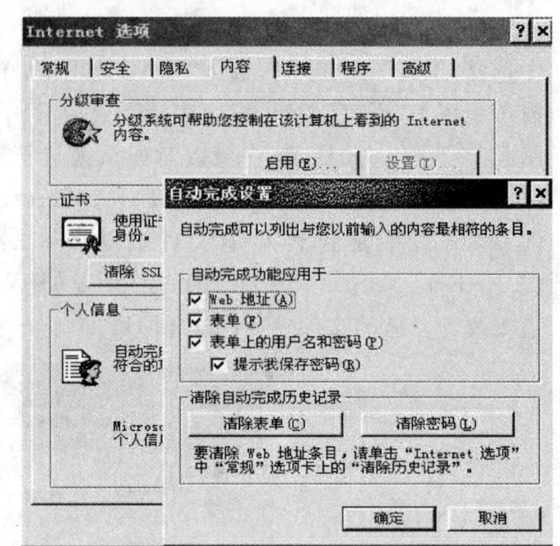


图 8.12　清除隐私的自动设置

## 8.6　一种全面防御软件的应用实例——360 安全卫士的应用

### 1. 360 安全卫士简介

360 安全卫士是由奇虎公司推出的国内最受欢迎的完全免费的安全类上网辅助工具软件，它拥有查杀流行木马、清理恶评及系统插件、管理应用软件、卡巴斯基杀毒、系统实时保护、诊断及修复系统漏洞等多个强劲功能，同时还提供系统全面诊断、弹出插件免疫、清理使用痕迹以及系统还原等特定辅助功能，并且提供对系统的全面诊断报告，方便用户及时定位问题所在，真正为每一位用户提供全方位的系统安全保护。

360 安全卫士官方下载地址：http://www.360.cn/down/soft_down2-3.html。

更多 360 功能集成下载地址：http://hi.baidu.com/xxcxz/blog/item/8147c28bf2e1ddd7fc1f10a5.html。

360 安全中心的专家认为：“要真正摆脱恶意软件的梦魇，被动查杀是远远不够的，360 安全卫士的实时保护功能，它就像杀毒软件那样，常驻内存，能够随时监测系统安全状况，一旦有恶意软件试图侵入，将报警提示，并做相应处理。”360 安全卫士在着力加强对新出现的突发式恶意软件查杀的同时，持续做着对提升用户查杀体验方面的努力，不断有新版本登陆。

360 安全卫士主要有以下功能：

- 主动防御全面保护。该软件能阻止恶意程序安装，保护系统的关键位置；拦截恶意钓鱼网站，防止账号、QQ 号、密码等丢失；每日更新拦截数据库，让系统每时每刻处于保护之中。

- 查杀能力与时俱进。该软件可进行一周数次的恶意软件特征库更新，一周一次的查杀引擎更新。驱动免疫、特征查杀、行为预判等独门绝技确保超强的查杀能力，一改同类软件查得到杀不干净的尴尬，全面彻底查杀最新流行木马，如机器狗4代、新型AV终结者等，让新老恶意软件无所遁形。能够直接删除掉恶意软件的驱动，对用户电脑进行保护的“破冰”技术，追击查杀广告软件asn.2、灰鸽子等最新变种。
- 随时卸载多余插件。该软件可完全卸载8大类共400多种插件，可大幅度提高电脑运行速度。每个插件均有详细的功能描述，供用户方便判断。
- 精准诊断智能修复。该软件推出最全面的系统诊断方式，提供强大的漏洞扫描功能，可全面检测数百个系统漏洞，扫描系统200多个可疑位置，知识库提供3万多条进程知识解释，可智能修复IE浏览器、网络连接等设置。增强漏洞补丁模块，漏洞补丁即下即装，智能修复更快捷方便，全面保证用户的系统安全。
- 免费强劲病毒查杀。该软件集成了卡巴斯基杀毒软件，使用户可免费享受卡巴斯基正版杀毒服务，查杀20余万种病毒，7×24小时(全天候)免费技术服务，每小时病毒库增量更新。
- 增强痕迹清理功能，全面保护上网隐私。该软件可彻底地清理系统使用痕迹，保护上网隐私，优化系统速度。
- 双重备份使用更安全。该软件具有独特的网络设置备份与系统还原备份，使用户随时可以还原系统到查杀之前的原有设置，不用担心误操作带来的负面影响。

**2. 360安全卫士应用**

这里以目前最新的360安全卫士V4.2为例进行介绍。该软件主要有“常用”、“杀毒”、“高级”、“保护”等功能项。

1)“常用”功能项

“常用”功能项具有查杀木马、清理恶评软件、修复系统漏洞、系统全面诊断、清理使用痕迹等常用功能。

(1)“常用”功能项

360安全卫士的常用功能的基本状态如图8.13所示。单击“立即检测”后将显示检测结果。如果检测结果显示系统有漏洞和风险，则要进行相应的查看或扫描，还要继续进行其他操作。

(2) 清理使用痕迹

单击右上角的“清理使用痕迹”选项卡，再直接单击左下角的“全选”后单击“立即清理”即可。

(3) 修复系统漏洞

该功能可简单快捷地为系统及软件打上补丁，所有的补丁均来自微软官方。单击“修复系统漏洞”选项卡出现如图8.14所示界面。

无论是系统漏洞还是软件漏洞，只要显示有漏洞，就单击“查看并修复漏洞”，如图8.14所示，可显示机器上的漏洞项目。如系统中有多个漏洞可逐个勾选或“全选”，再选择“修复选中漏洞”，如图8.15所示，即可进行漏洞修复。

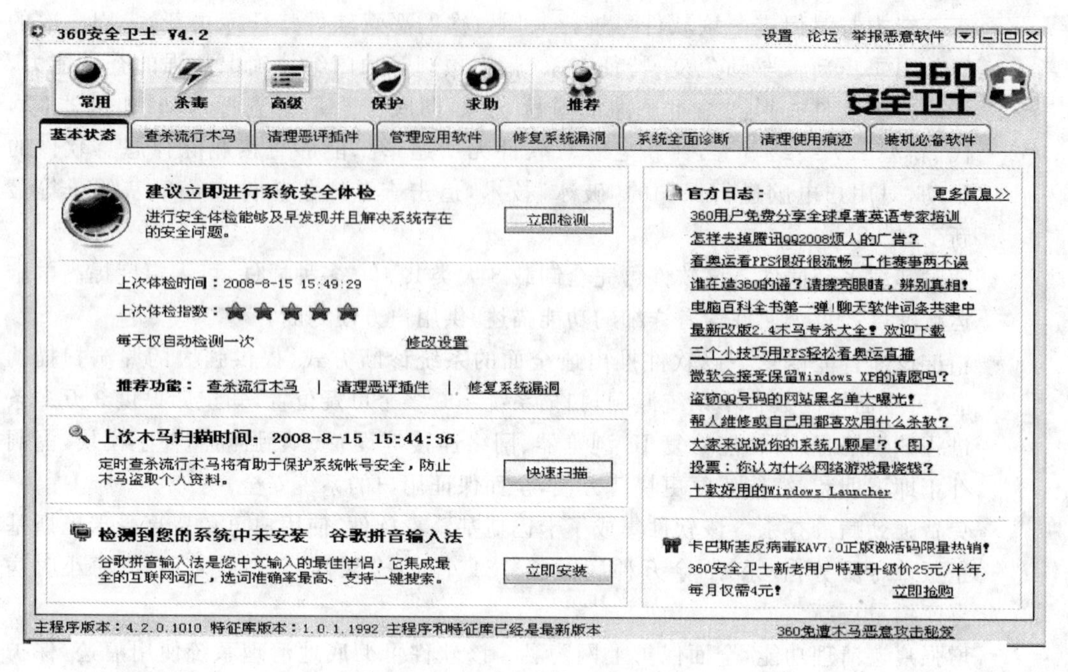


图 8.13　360 安全卫士基本功能状态

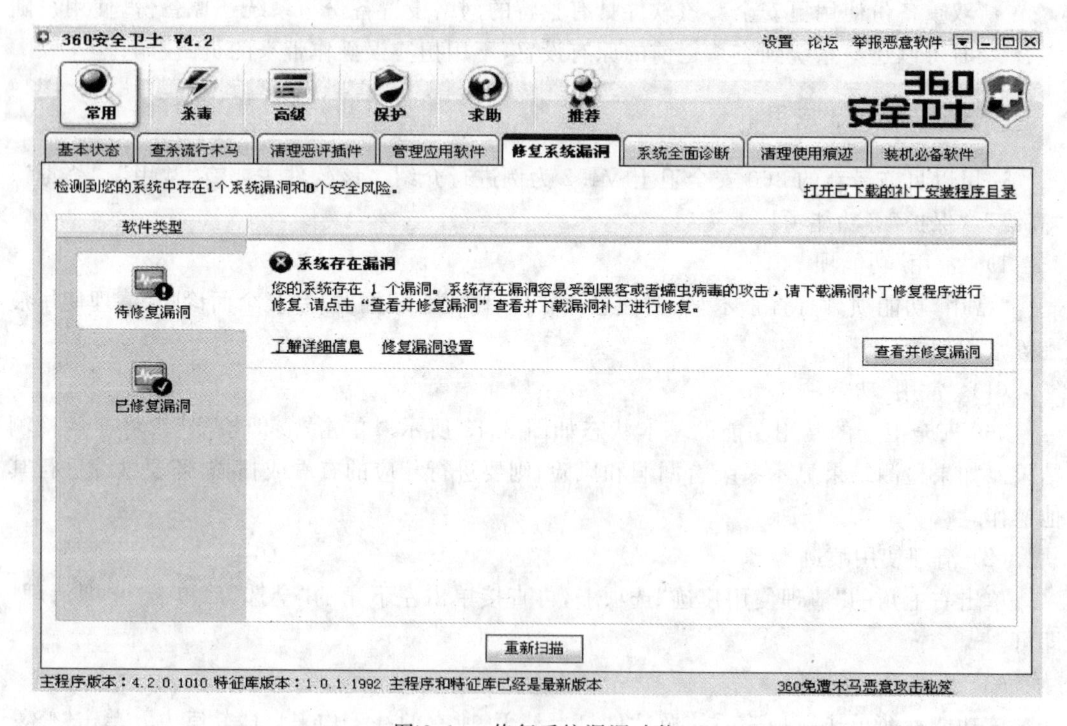


图 8.14　修复系统漏洞功能

（4）查杀流行木马

建议选择“全盘扫描”，再把下面的“增强功能选择”的两个可选项都选上，单击“开始扫描”，如图 8.16 所示。

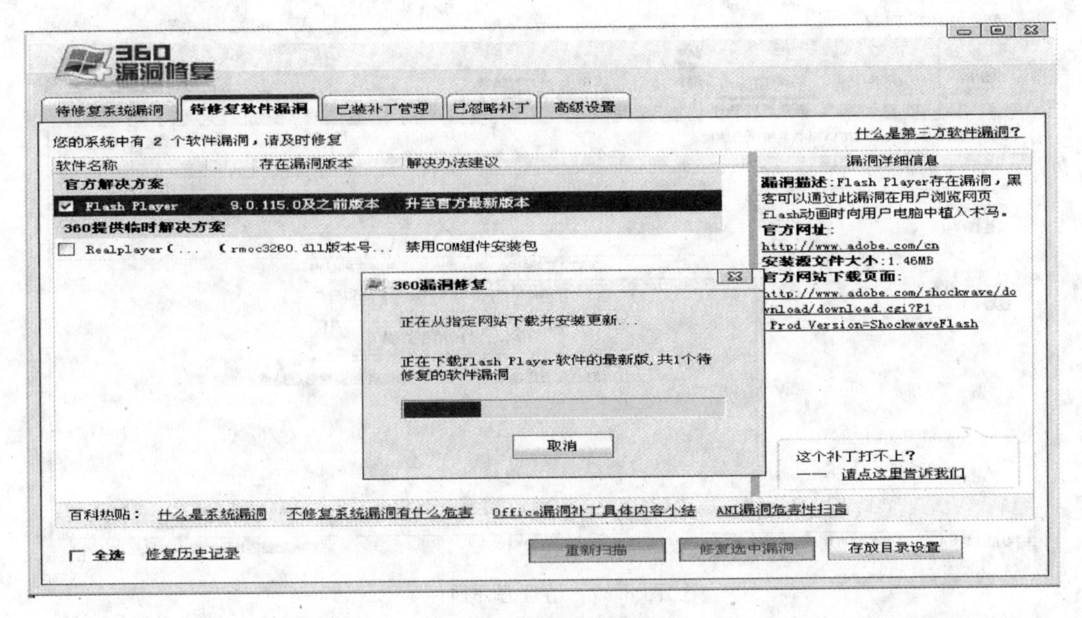


图 8.15　修复选中漏洞

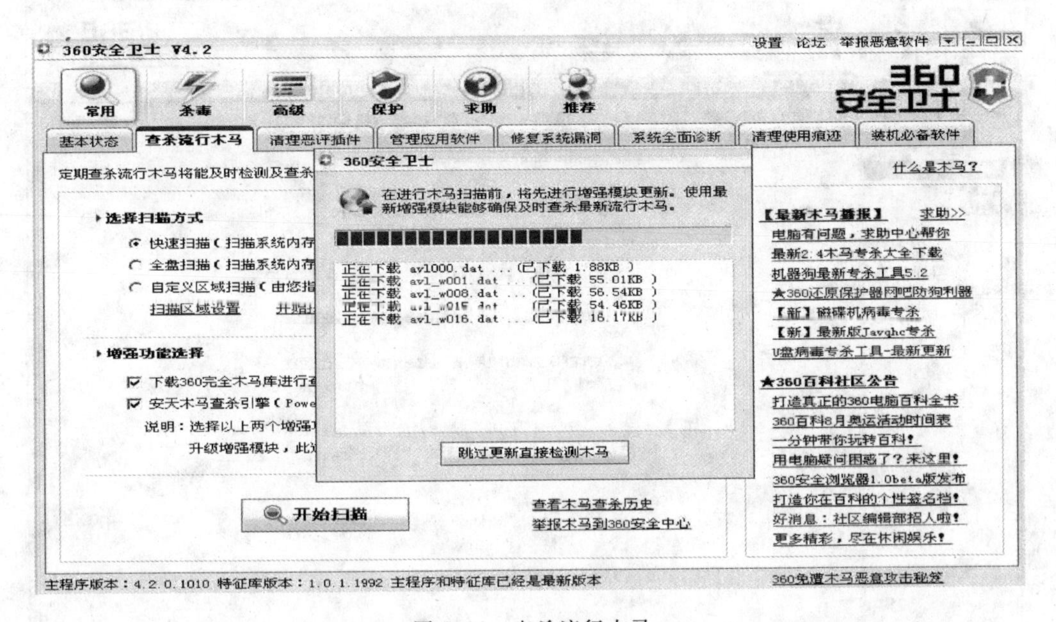


图 8.16　查杀流行木马

如果扫描完毕显示有木马存在，则逐个勾选或“全选”木马后“立即查杀”，建议选择“强力查杀”。

(5) 清理恶评插件

单击“清理恶评插件”选项卡，再单击中间的“开始扫描”，如图 8.17 所示。

扫描结果如显示存在“恶评插件”(其后数字非 0)，就直接点击，选择左下角的全选并单击“立即清理”按钮。当前机器上显示没有恶评插件，如图 8.18 所示，只有“其他插件”和“信任插件”。

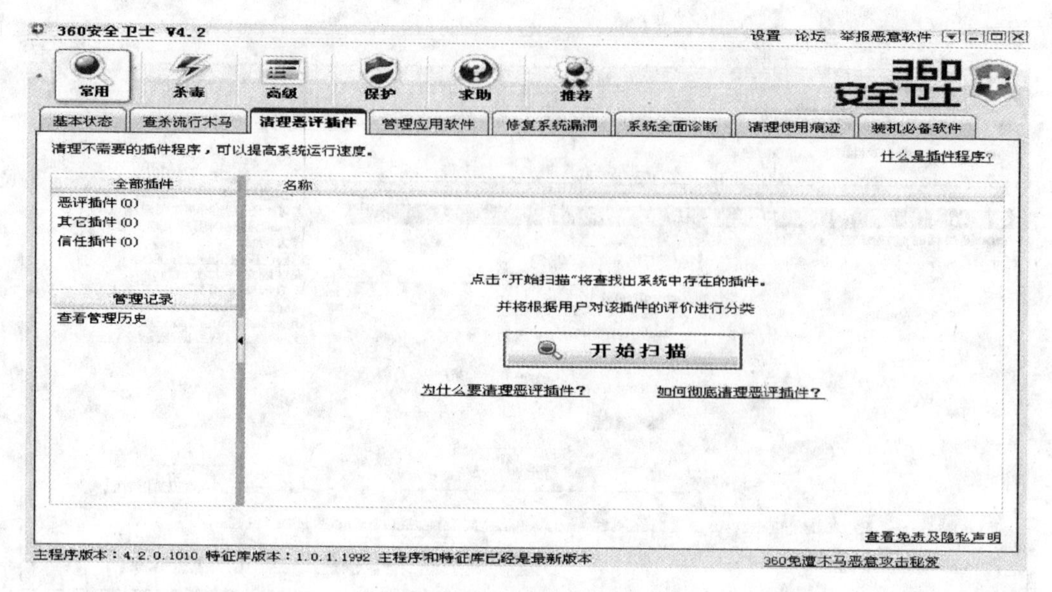


图 8.17 清理恶评插件

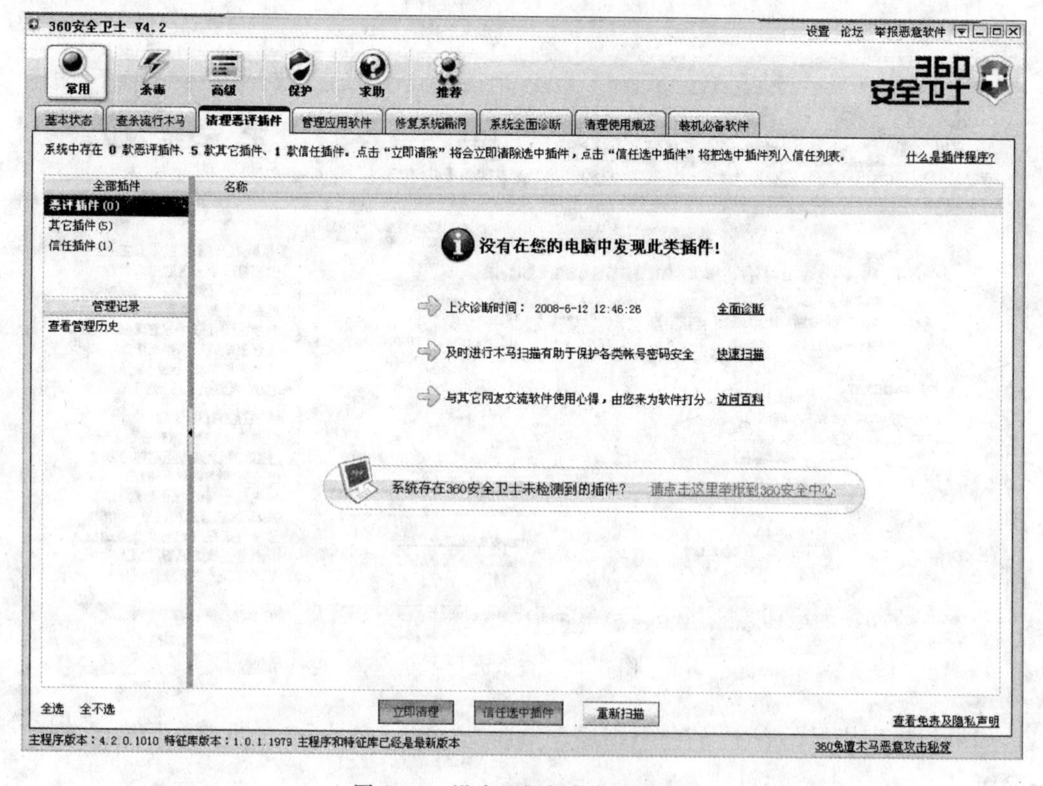


图 8.18 没有恶评插件提示窗口

(6) 管理应用软件

该功能可查看装机必备软件、开机启动软件、正在运行软件和已安装软件内容。在已安装的软件里，360会搜索出机器安装过的软件，如不想要哪款软件，就单击软件下面的“卸载”按钮，这与控制面板的卸载方式相同。

查看并显示正在运行的软件如图 8.19 所示，查看最新流行软件如图 8.20 所示，查看装机必备软件如图 8.21 所示。

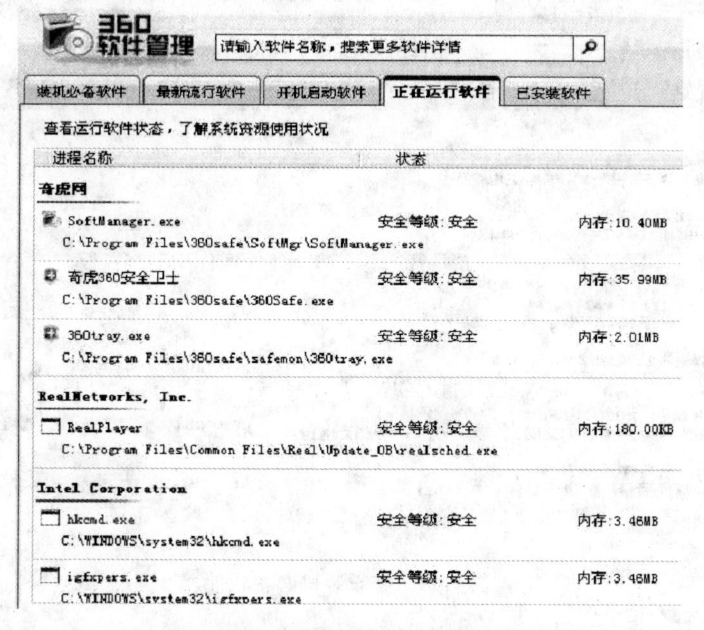


图 8.19　查看正在运行的软件

图 8.20　查看最新流行软件

(7) 系统全面诊断

如图 8.22 所示，如果其中有几项风险，可选中后根据具体情况进行“修复选中项”和“导出诊断报告”。

图 8.21　查看装机必备软件

图 8.22　系统全面诊断

2）“杀毒”功能项

“杀毒”功能项包括在线杀毒、病毒专杀工具和恶评软件专杀工具。在线杀毒可利用卡巴斯基反病毒软件进行查杀病毒，如图 8.23 所示。

该项中 360 安全卫士为用户提供了“病毒专杀工具”(如图 8.24 所示)和“恶评插件专杀工具”下载。

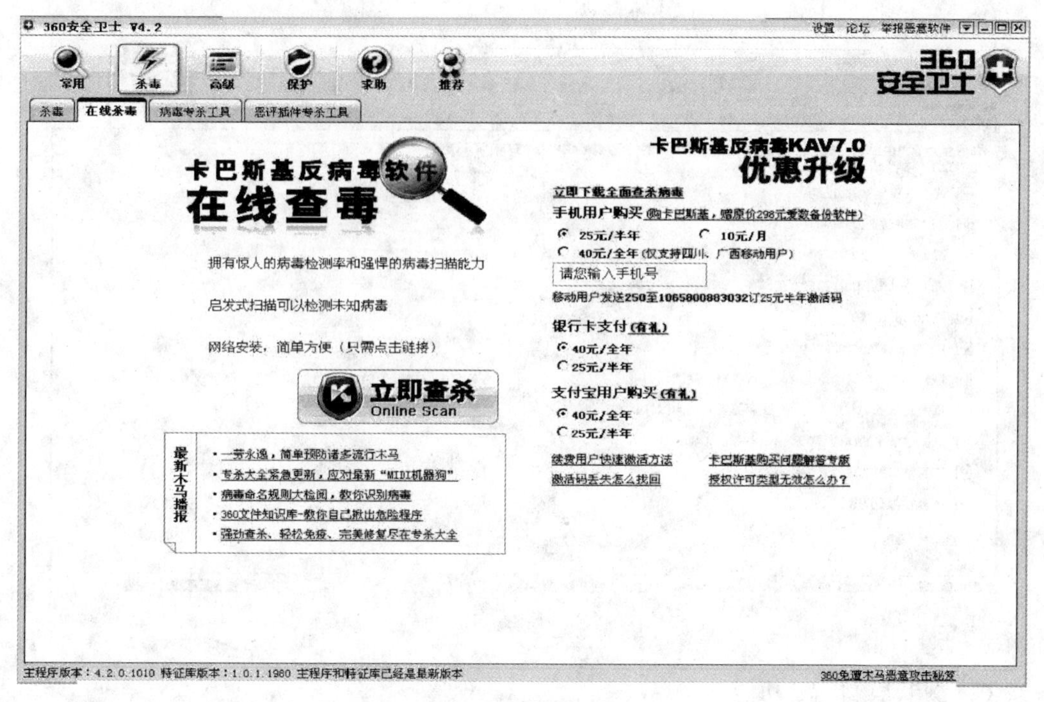


图 8.23 系统查杀病毒

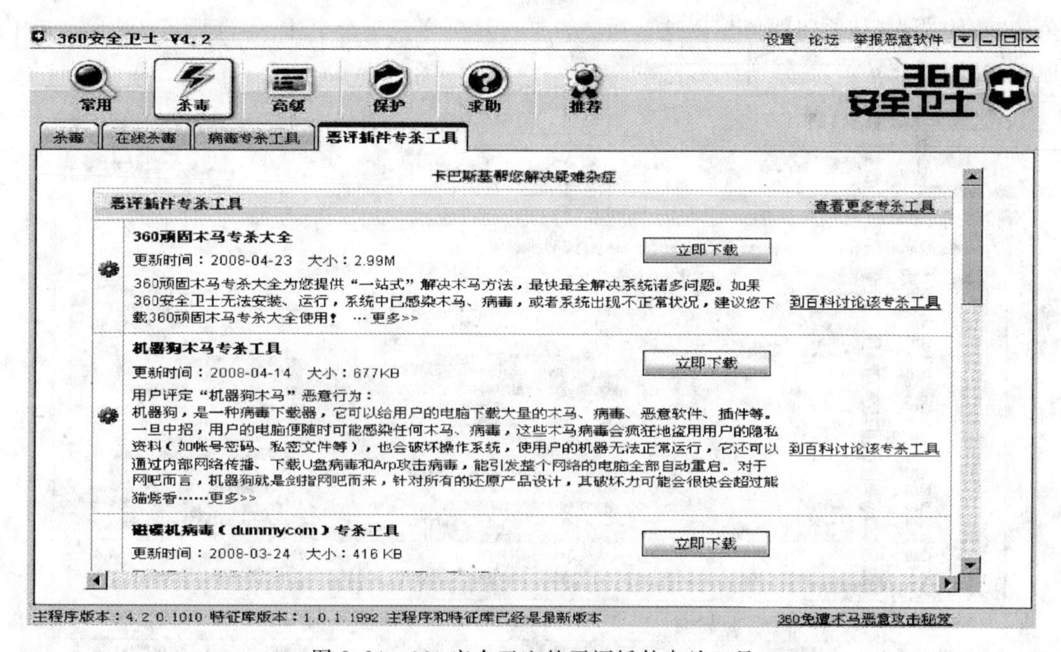


图 8.24 360 安全卫士的恶评插件专杀工具

3)“高级”功能项

“高级”功能项包括修复 IE、启动项状态、系统服务状态、网络连接状态等。

(1)“修复 IE”功能

该功能为用户提供快捷、安全的智能修复方式,帮助用户快速修复系统中的问题,如图 8.25 所示,选择要修复的项目,单击“立即修复”进行修复,将显示修复结果。

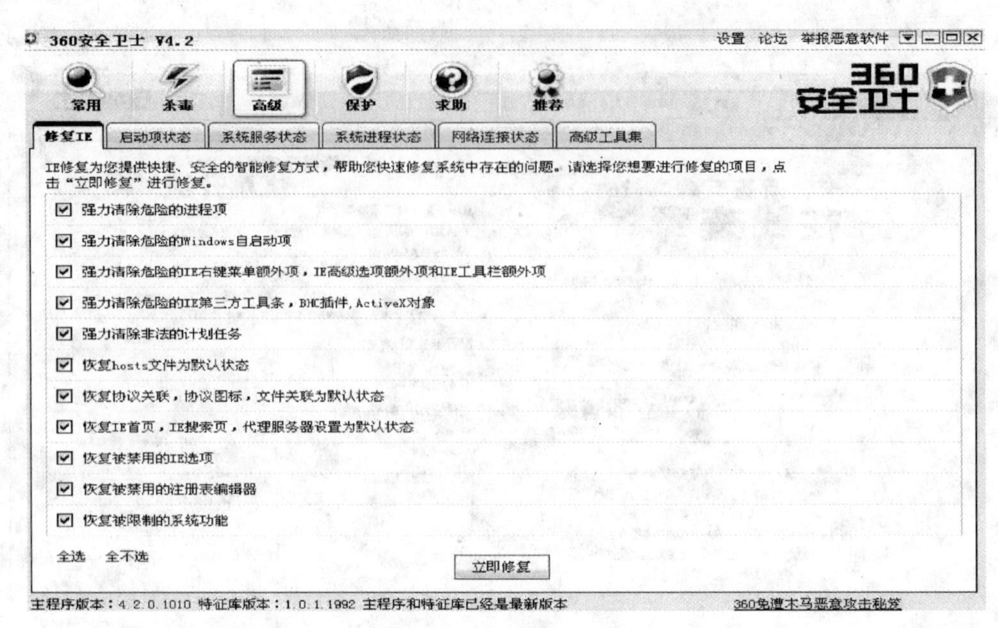


图 8.25 “修复 IE”功能

(2)“启动项状态”功能

利用如图 8.26 所示的“启动项状态”功能，用户可将打算禁用的启用项勾选，单击右下角的“禁用选中项”按钮即可禁用这些项；如果打算再恢复某个禁用，勾选后单击“开启选中项”按钮即可。

图 8.26 “启动项状态”功能

在“高级”功能项中还可查看“系统服务状态”、“网络连接状态”、“高级工具集”等，在此略过。

4)“保护”功能项

“保护”功能项包括“开启实时保护”和“保护 360”功能。如不是局域网用户，建议全部开启这些实时保护，如图 8.27 所示。

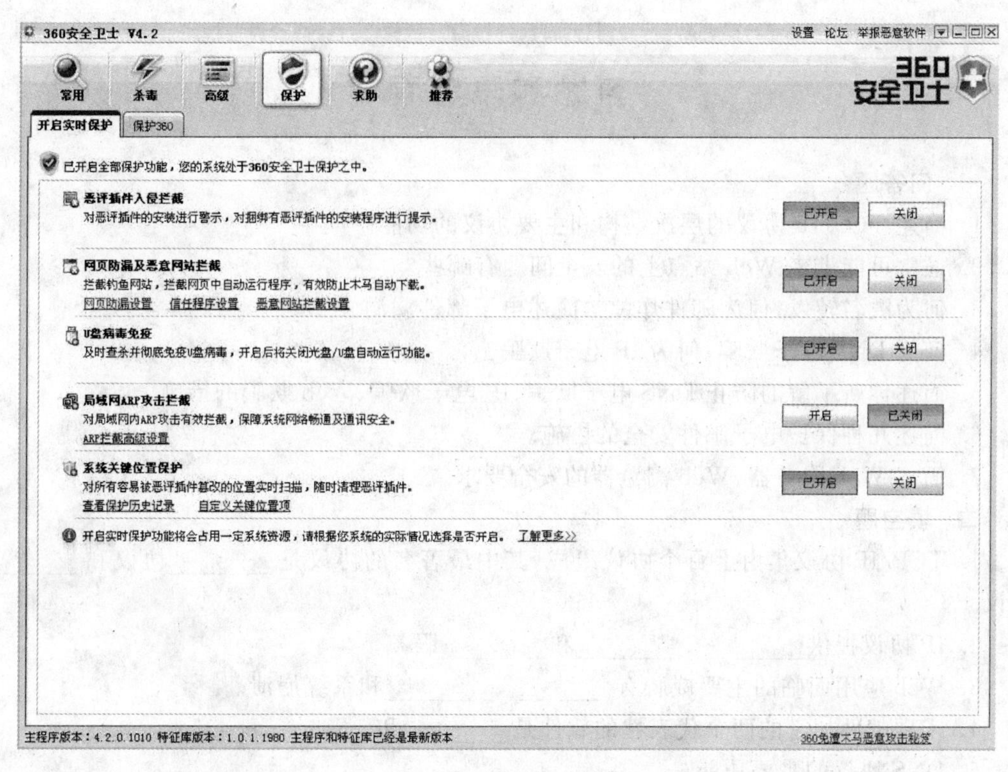


图 8.27 “保护”功能项

“保护 360”功能是 360 安全卫士的自我保护功能，一定要开启，如图 8.28 所示。

图 8.28 “保护 360”功能

## 习题和思考题

### 一、问答题

1. 简述TCP/IP协议的层次结构和主要协议的功能。
2. 通常可能带来Web站点上的安全问题有哪些？
3. 何为匿名转发，何为邮件炸弹？简述电子邮件漏洞。
4. 何为DNS电子欺骗，何为IP电子欺骗？
5. 简述你所了解的防止DNS电子欺骗、IP电子欺骗、Web欺骗的措施。
6. 简述几种保护电子邮件安全的措施。
7. 简述Web服务器、Web浏览器的安全要求。

### 二、填空题

1. TCP/IP协议集由上百个协议组成，其中最著名的协议是________协议和________协议。
2. IP协议提供________、________和________服务。
3. Web应用面临的主要威胁有________、________和系统崩溃。
4. 实现邮件加密的两个代表性的软件是________和________。
5. DNS协议的主要功能是________________。
6. 避免ARP欺骗可采用绑定________的方法。

### 三、单项选择题

1. 由于IP协议提供无连接的服务，在传送过程中若发生差错就需要（　　）协议向源节点报告差错情况，以便源节点对此做出相应的处理。

   A. TCP　　B. UDP　　C. ICMP　　D. RARP

2. 下列（　　）项不是Internet服务的安全隐患。

   A. E-mail缺陷　　B. FTP缺陷　　C. Usenet缺陷　　D. 操作系统缺陷

3. TCP/IP应用层的安全协议有（　　）。

   A. 安全电子交易协议(SET)　　B. 安全电子付费协议(SEPP)
   C. 安全性超文本传输协议(S-HTTP)　　D. A、B、C都对

# 习题答案

## 第1章

二、1. 可靠性 2. 可用性 3. 自然环境 对网络中信息 4. 故意 5. 无意
6. 主动 7. 信息内容 8. 7 D A C2
三、1. (1) B (2) A (3) C (4) D 2. (1) A (2) C (3) B (4) D (5) A

## 第2章

二、1. 强制访问控制 2. 自主访问控制 3. 数字证书 用户的生理特征
4. 主域模型 完全信任模型 5. 账号规则 审核规则
三、1. (1) D (2) C (3) D 2. (1) C (2) D (3) C (4) A (5) C

## 第3章

二、1. A级 B级 C级 2. 交流工作地 直流工作地 防雷保护地
3. 防火 防水 防静电 4. 10～35 30％～80％
5. 设备保护 区域保护 通信线路保护
6. 客户端 认证系统 认证服务器 7. ACL

## 第4章

二、1. 完全备份 增量备份 差别备份 2. 全盘恢复 个别文件恢复
3. 基础 4. 完整性 5. 系统 信息 6. 并发控制
7. 数据库恢复 8. 数据备份 9. 硬件故障 网络故障
三、1. D 2. A 3. A

## 第5章

二、1. 密码分析学 攻破 2. 加密 密文 明文 3. 链路加密 4. DES RSA
5. 公开的 保密的 公开的 6. 保护 分发
7. 保证信息的保密性 保证信息的完整性 保证不可否认性
8. 报文鉴别 口令 个人持证 个人特征 9. IDEA RSA 10. 加密 鉴别 单独
三、1. B 2. A 3. C 4. D 5. (1) B (2) D 6. D

## 第6章

二、1. 交界 2. 个人防火墙 3. 内部防火墙
4. 不能防范绕过它的连接 不能防御全部威胁 5. 双穴主机 子网过滤
三、1. (1) C (2) A (3) D 2. (1) A (2) B (3) D

## 第7章

二、1. 网络　移动式存储介质　通信系统　2. 媒介　3. 良性　恶性
4. 传播范围广　清除难度大　5. 管理　技术　6. DoS　利用　信息收集
7. 缓冲区溢出　8. DoS　9. 被动
10. 系统硬件的缺陷　系统软件的安全漏洞　11. 主机　12. CNCERT
三、1. C　2. B　3. D　4. C　5. A　6. D
7. (1) C　(2) D　(3) C　(4) D　8. (1) B　(2) C　(3) D　(4) A

## 第8章

二、1. IP　TCP　2. 无连接的　尽最大努力的　不可靠的　3. 信息泄露　拒绝服务
4. PEM　PGP　5. 实现域名与IP地址的转换　6. IP地址和MAC地址
三、1. C　2. D　3. D

# 参 考 文 献

1. 冯登国. 计算机通信网络安全. 北京：清华大学出版社，2001
2. 陈明. 网络安全教程. 北京：清华大学出版社，2004
3. 张友纯. 计算机网络安全. 武汉：华中科技大学出版社，2006
4. 石志国等. 计算机网络安全教程. 北京：清华大学出版社，2007
5. 谢冬青等. 计算机网络安全技术教程. 北京：机械工业出版社，2004
6. 邵波. 计算机网络安全技术及应用. 北京：电子工业出版社，2005
7. 林涛. 计算机网络安全技术. 北京：人民邮电出版社，2007
8. 梁亚声等. 计算机网络安全技术教程. 北京：机械工业出版社，2004
9. 胡昌振. 网络入侵检测原理与技术. 北京：北京理工大学出版社，2006
10. 张敏波. 网络安全实战详解. 北京：电子工业出版社，2008
11. 徐茂智等. 信息安全与密码学. 北京：清华大学出版社，2007
12. 王群. 计算机网络安全技术. 北京：清华大学出版社，2008
13. 张庆华. 网络安全与黑客攻防宝典. 北京：电子工业出版社，2007
14. http://www.chianFIRST.org.cn（中国信息安全论坛）
15. http://www.cns911.com（中国网络安全响应中心）
16. http:// tech.ccidnet.com/pub/column/c1100.html（赛迪网技术应用）
17. http:// www.chinaspnet.com/（中国安防技术网）
18. http://www.nsfocus.net（中联绿盟信息技术有限公司技术版）
19. http://www.cert.org.cn/（国家计算机网络应急技术处理协调中心）
20. http://www.iduba.net（金山毒霸）
21. http://www.jiangmin.com（北京江民科技有限公司）
22. http://www.cnhonker.net（红客联盟）
23. http://www.chinawill.com（中国鹰派联盟）
24. http://www.pgpi. org（国际 PGP 网站）
25. http://bbs.hackbase.com/forumdisplay.php? fid=128&page=2（系统攻防技术黑客论坛）
26. http://www.cert.org.cn/（CNCERT/CC 网站）
27. http://www.360.cn（360 安全卫士官方网站）
28. http://czpzc.bokee.com/1847050.html
29. http://www.teacher.com.cn/netcourse/tjs001a/lmdb/article/506.htm
30. http://tech.sina.com.cn/s/2006-09-22/09131153800.shtml
31. http://www.enet.com.cn/article/2004/0929/A20040929348820.shtml
32. http://www.51cto.com/art/200511/10760.htm
33. http://www.cndw.com/news/4/2006031924117.asp
34. http://www.net130.com/2004/10-19/93811.html
35. http://www.cndw.com/tech/communicate/2006051975277.asp
36. http://hi.baidu.com/3door/blog/item/406848fa34d1909358ee9012.html
37. http://www.bitscn.com/cisco/switchconfigure/200711/118066.html

# 高等学校教材·计算机科学与技术
## 系列书目

| 书号 | 书名 | 作者 |
| --- | --- | --- |
| 9787302103400 | C++程序设计与应用开发 | 朱振元等 |
| 9787302135074 | C++语言程序设计教程 | 杨进才等 |
| 9787302140962 | C++语言程序设计教程习题解答与实验指导 | 杨进才等 |
| 9787302124412 | C语言程序设计教程习题解答与实验指导 | 王敬华等 |
| 9787302162452 | Delphi程序设计教程(第2版) | 杨长春 |
| 9787302091301 | Java面向对象程序设计教程 | 李发致 |
| 9787302159148 | Java程序设计基础 | 张晓龙等 |
| 9787302158004 | Java程序设计教程与实验 | 温秀梅等 |
| 9787302133957 | Visual C#.NET程序设计教程 | 邱锦伦等 |
| 9787302118565 | Visual C++面向对象程序设计教程与实验 | 温秀梅等 |
| 9787302112952 | Windows系统安全原理与技术 | 薛质 |
| 9787302133940 | 奔腾计算机体系结构 | 杨厚俊等 |
| 9787302098409 | 操作系统实验指导——基于Linux内核 | 徐虹等 |
| 9787302118343 | Linux操作系统原理与应用 | 陈莉君等 |
| 9787302148807 | 单片机技术及系统设计 | 周美娟等 |
| 9787302097648 | 程序设计方法解析——Java描述 | 沈军等 |
| 9787302086451 | 汇编语言程序设计教程 | 卜艳萍等 |
| 9787302147640 | 汇编语言程序设计教程(第2版) | 卜艳萍等 |
| 9787302147626 | 计算机操作系统教程——核心与设计原理 | 范策等 |
| 9787302092568 | 计算机导论 | 袁方等 |
| 9787302137801 | 计算机控制——基于MATLAB实现 | 肖诗松等 |
| 9787302116134 | 计算机图形学原理及算法教程(Visual C++版) | 和青芳 |
| 9787302137108 | 计算机网络——原理、应用和实现 | 王卫亚等 |
| 9787302126539 | 计算机网络安全 | 刘远生等 |
| 9787302116790 | 计算机网络实验 | 杨金生 |
| 9787302153511 | 计算机网络实验教程 | 李馥娟等 |
| 9787302143093 | 计算机网络实验指导 | 崔鑫等 |
| 9787302118664 | 计算机网络基础教程 | 康辉 |
| 9787302139201 | 计算机系统结构 | 周立等 |
| 9787302134398 | 计算机原理简明教程 | 王铁峰等 |
| 9787302111467 | 计算机组成原理教程 | 张代远 |
| 9787302130666 | 离散数学 | 李俊锋等 |
| 9787302104292 | 人工智能(AI)程序设计(面向对象语言) | 雷英杰等 |
| 9787302141006 | 人工智能教程 | 金聪等 |
| 9787302136064 | 人工智能与专家系统导论 | 马鸣远 |
| 9787302093442 | 人机交互技术——原理与应用 | 孟祥旭等 |
| 9787302129066 | 软件工程 | 叶俊民 |
| 9787302162315 | 软件体系结构设计 | 李千目等 |

| 书　号 | 书　名 | 作　者 |
| --- | --- | --- |
| 9787302117186 | 数据结构——Java语言描述 | 朱战立 |
| 9787302093589 | 数据结构(C语言描述) | 徐孝凯等 |
| 9787302093596 | 数据结构(C语言描述)学习指导与习题解答 | 徐孝凯等 |
| 9787302079606 | 数据结构(面向对象语言描述) | 朱振元等 |
| 9787302099840 | 数据结构教程 | 李春葆 |
| 9787302108269 | 数据结构教程上机实验指导 | 李春葆 |
| 9787302108634 | 数据结构教程学习指导 | 李春葆 |
| 9787302112518 | 数据库系统与应用(SQL Server) | 赵致格 |
| 9787302149699 | 数据库管理与编程技术 | 何玉洁 |
| 9787302155409 | 数据库技术——设计与应用实例 | 岳昆 |
| 9787302160151 | 数据库系统教程 | 苑森淼等 |
| 9787302106319 | 数据挖掘原理与算法 | 毛国君 |
| 9787302126492 | 数字图像处理与分析 | 龚声蓉 |
|  | 数字图像处理与图像通信 | 蓝章礼 |
| 9787302146032 | 数字图像处理 | 李俊山等 |
| 9787302146032 | 数字图像处理 | 李俊山等 |
| 9787302124375 | 算法设计与分析 | 吕国英 |
| 9787302103653 | 算法与数据结构 | 陈媛 |
| 9787302150343 | UNIX系统应用编程 | 姜建国等 |
| 9787302136767 | 网络编程技术及应用 | 谭献海 |
| 9787302150503 | 网络存储导论 | 姜宁康等 |
| 9787302148845 | 网络设备配置与管理 | 甘刚等 |
| 9787302071310 | 微处理器(CPU)的结构与性能 | 易建勋 |
| 9787302109013 | 微机原理、汇编与接口技术 | 朱定华 |
| 9787302140689 | 微机原理、汇编与接口技术学习指导 | 朱定华 |
| 9787302145257 | 微机原理、汇编与接口技术实验教程 | 朱定华 |
| 9787302128250 | 微机原理与接口技术 | 郭兰英 |
| 9787302084471 | 信息安全数学基础 | 陈恭亮 |
| 9787302128793 | 信息对抗与网络安全 | 贺雪晨 |
| 9787302112358 | 组合理论及其应用 | 李凡长 |
| 9787302154211 | 离散数学 | 吴晟等 |